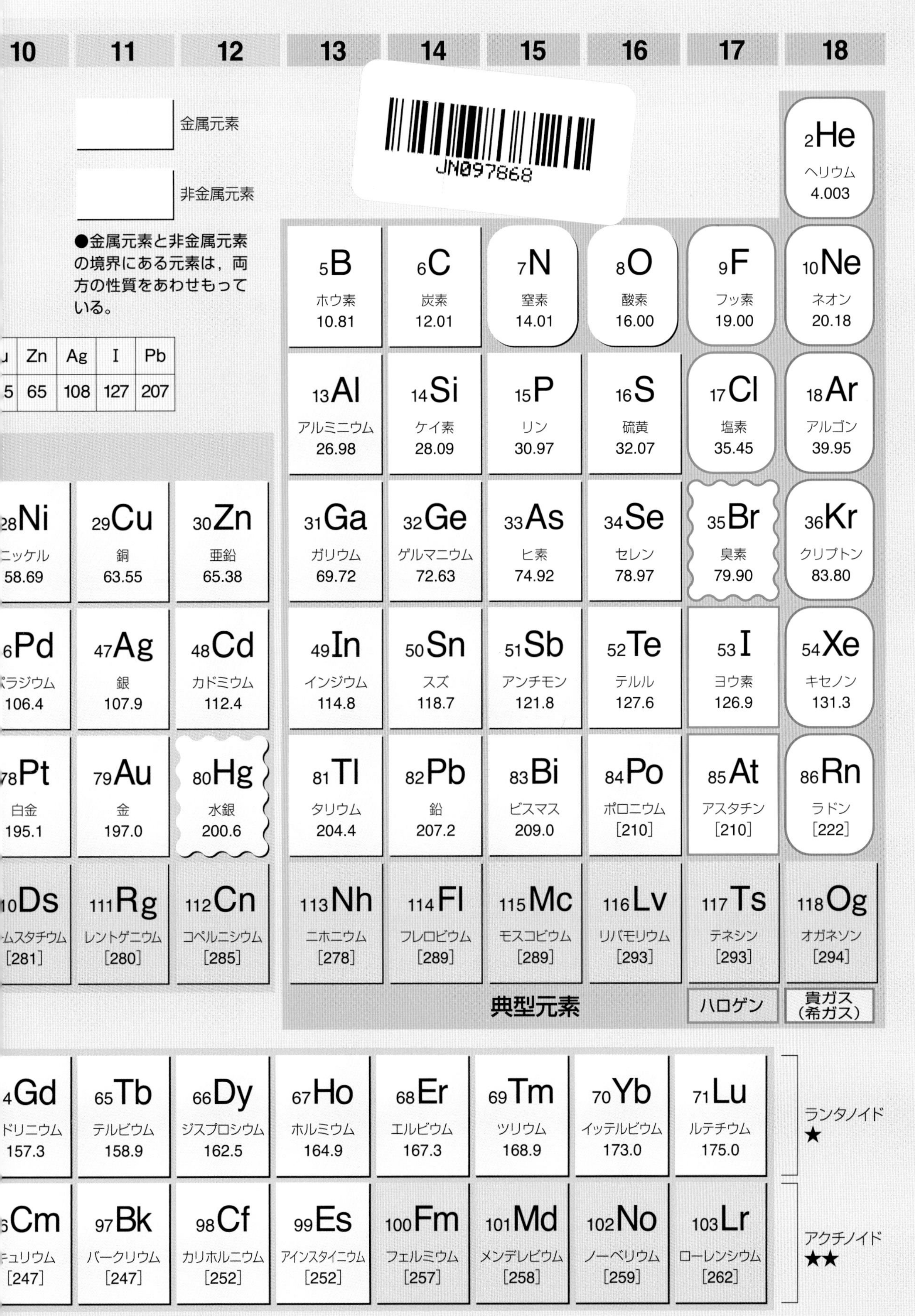
10 11 12 13 14 15 16 17 18
金属元素
非金属元素
●金属元素と非金属元素の境界にある元素は，両方の性質をあわせもっている。
u Zn Ag I Pb
5 65 108 127 207
2He ヘリウム 4.003
5B ホウ素 10.81
6C 炭素 12.01
7N 窒素 14.01
8O 酸素 16.00
9F フッ素 19.00
10Ne ネオン 20.18
13Al アルミニウム 26.98
14Si ケイ素 28.09
15P リン 30.97
16S 硫黄 32.07
17Cl 塩素 35.45
18Ar アルゴン 39.95
28Ni ニッケル 58.69
29Cu 銅 63.55
30Zn 亜鉛 65.38
31Ga ガリウム 69.72
32Ge ゲルマニウム 72.63
33As ヒ素 74.92
34Se セレン 78.97
35Br 臭素 79.90
36Kr クリプトン 83.80
6Pd ラジウム 106.4
47Ag 銀 107.9
48Cd カドミウム 112.4
49In インジウム 114.8
50Sn スズ 118.7
51Sb アンチモン 121.8
52Te テルル 127.6
53I ヨウ素 126.9
54Xe キセノン 131.3
78Pt 白金 195.1
79Au 金 197.0
80Hg 水銀 200.6
81Tl タリウム 204.4
82Pb 鉛 207.2
83Bi ビスマス 209.0
84Po ポロニウム [210]
85At アスタチン [210]
86Rn ラドン [222]
10Ds ームスタチウム [281]
111Rg レントゲニウム [280]
112Cn コペルニシウム [285]
113Nh ニホニウム [278]
114Fl フレロビウム [289]
115Mc モスコビウム [289]
116Lv リバモリウム [293]
117Ts テネシン [293]
118Og オガネソン [294]
典型元素
ハロゲン
貴ガス（希ガス）
4Gd ドリニウム 157.3
65Tb テルビウム 158.9
66Dy ジスプロシウム 162.5
67Ho ホルミウム 164.9
68Er エルビウム 167.3
69Tm ツリウム 168.9
70Yb イッテルビウム 173.0
71Lu ルテチウム 175.0
ランタノイド ★
6Cm ュリウム [247]
97Bk バークリウム [247]
98Cf カリホルニウム [252]
99Es アインスタイニウム [252]
100Fm フェルミウム [257]
101Md メンデレビウム [258]
102No ノーベリウム [259]
103Lr ローレンシウム [262]
アクチノイド ★★

原子とイオンの大きさ

● 原子が共有結合〔金属の場合は金属結合〕するときの半径〔18族元素ではファンデルワールス半径〕
● イオンがイオン結合するときの半径

数値は化学便覧第6版と化学大事典による。 単位は nm

周期＼族	1	2	13	14	15	16	17	18
1	H 0.030							He 0.140
2	Li 0.152 Li^{+} 0.090	Be 0.111 Be^{2+} 0.059	B 0.081	C 0.077	N 0.074	O 0.074 O^{2-} 0.126	F 0.072 F^{-} 0.119	Ne 0.154
3	Na 0.186 Na^{+} 0.116	Mg 0.160 Mg^{2+} 0.086	Al 0.143 Al^{3+} 0.068	Si 0.117	P 0.110	S 0.104 S^{2-} 0.170	Cl 0.099 Cl^{-} 0.167	Ar 0.188
4	K 0.230 K^{+} 0.152	Ca 0.198 Ca^{2+} 0.114	Ga 0.124 Ga^{3+} 0.076	Ge 0.122 Ge^{4+} 0.067	As 0.121	Se 0.117 Se^{2-} 0.184	Br 0.114 Br^{-} 0.182	Kr 0.202
5	Rb 0.247 Rb^{+} 0.166	Sr 0.215 Sr^{2+} 0.132	In 0.163 In^{3+} 0.094	Sn 0.151 Sn^{4+} 0.083	Sb 0.145	Te 0.137 Te^{2-} 0.207	I 0.133 I^{-} 0.206	Xe 0.216
6	Cs 0.266 Cs^{+} 0.181	Ba 0.217 Ba^{2+} 0.149	Tl 0.170 Tl^{3+} 0.103	Pb 0.175 Pb^{4+} 0.092	Bi 0.154			

実験・探究活動を行う際の注意マーク

- 保護メガネをかける
- 感電に注意する
- やけどや薬品に注意し，直接触れない
- 気体を吸い込まないよう，換気に注意する
- 引火に注意する

凡例

Beginning	学習を見通すことができる，学習内容に関連した問いかけを示しています。
Key concept	化学における重要な概念や原理に関する学習内容を示しています。
参考	本文の内容に関連した参考事項を別枠で掲載しています。
▶p.123	本文の内容に関連する学習内容の該当ページを示しました。
問	本文の理解を確認できる基本的な問題です。
Thinking Point 1	学習内容や教科書の図・表，実験に関連した思考・判断する題材です。
Note	学習とともに参照した方がよい注記を示しています。
物理 生物	物理や生物，家庭科など，他の教科や分野に関連する内容を示しています。
例題	問に比べてやや応用力を必要とする問題です。解法を詳しく解説しています。
類題	例題をもとにして考える問題です。
まとめ	各章の最後に，学習内容を振り返ることができるようにしています。
from Beginning	Beginning の問いかけについて解説しています。
論述問題	学習内容を整理しながら，思考・判断し表現することを目的とした問題です。

QR 学習項目に関連したインターネット上のコンテンツや，参考となる Web サイトを通して学習することができます。下の URL に直接または右の二次元コードからアクセスしてご利用ください。

http://www.jikkyo.co.jp/web_ni_link/primary_university_chemistry.html

※通信料は，自己負担となります。

Primary 大学テキスト

これだけはおさえたい

化学

CHEMISTRY

改訂版

大野公一・村田 滋・齊藤幸一 ほか……著

Primary academic text

実教出版

目 次 Contents

※問, 類題, 論述問題, 節末問題, 章末問題の解答は実教 Web サイトにて閲覧することができます。
方法は, 前見返し裏か奥付をご覧下さい。

序章 化学と人間生活

Chemistry and Human life

化学とは，物質を基本とした学問であり，物質の組成，性質や構造，物質間の反応を学ぶものである。ここでは，代表的な物質を取り上げ，人間生活と物質の関わりについて考えてみる。また，現代生活での化学の主要な役割についても取り上げる。

1 生活の中の化学 ―材料としての物質と人間生活の関わり―

A 人類の発展と化学

人類は，金属をはじめとするさまざまな物質をつくり，材料として利用してきた。人間と物質は，深く，長く関わっており，その中で化学という学問が形成され，物質の探索や新物質の合成に大きな役割を果たしてきた。

◆青銅から鉄へ　金属は，加工が容易であるとともにかたさや強度に優れているため，古来，武具や農耕具，装飾品として用いられてきた。純金属よりも**合金**（2種類以上の金属などが融かし合わされたもの）という形で使われることが多く，古代において銅とスズの合金である青銅が広く用いられてきたことはよく知られている。近代に至り，産業革命によって，鉄を大量に生産する技術がもたらされ，人類の生活は大きく向上した。

ツタンカーメンの面

◆天然繊維からプラスチックへ　古来，人類は綿や羊毛などの天然繊維を衣料品などに用いてきた。人工的に合成された繊維であるナイロンが1935年に開発されたのを皮切りに，石油から **合成繊維** や **プラスチック**（**合成樹脂**）がつくり出されるようになった。

天然繊維でつくられた中世の壁掛け

◆石器・土器からセラミックスへ　石からつくられた石器は，人類がはじめて手にした道具といわれている。人類は，火を扱う技術を身につけたことで，石や粘土の粉を焼き固めた土器をつくれるようになった。その後につくられるようになった陶磁器やガラスなどは，現代では **セラミックス** といわれている。

安土桃山時代につくられた茶碗

物質がもつそれぞれの性質を活かすことで，私たちの生活は豊かになっている。

◆金属・プラスチック・セラミックスの比較　金属，プラスチック，セラミックスの性質を互いに比較すると，次のようにまとめることができる。

⬇金属・プラスチック・セラミックスの性質の比較

	金　属	プラスチック	セラミックス
耐熱性	比較的高い	弱い（燃えやすい）	高い
かたさ	比較的かたい	やわらかい	かたい
耐衝撃性	強い	比較的強い	弱い
電気伝導性	電気を通す	電気を通さない（通すものもある）	電気を通さない（通すものもある）
加工のしやすさ	箔状や線状に加工することが容易	さまざまな形に加工することが容易	複雑な形をつくることが難しい

◆性質の違いの利用　身のまわりの製品では，金属，プラスチック，セラミックスが，その性質の違いを活かして，それぞれ適したところに用いられている。たとえば，携帯電話を分解してみると，タッチパネル膜はプラスチック，カード差込みスロットやシールドケースは金属，コンデンサーはセラミックスを含む材料でつくられていることがわかる。

このように，私たちの生活は，さまざまな物質によって支えられている。

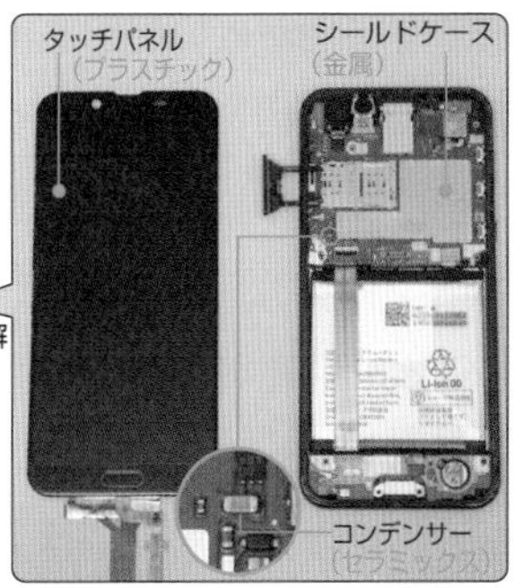

⬆携帯電話に使われている物質例

◆複合材料　より優れた材料を生み出すために，異なる物質を組み合わせた複合材料が開発されている。軽量で非常に強い炭素繊維とプラスチックを複合化したものは，軽量でありながら一層強度を高めた材料として，自動車，航空機，スポーツ用品などに広く用いられている。より小さい物質を複合化させる試みも進められており，非常に小さい物質を扱う技術である **ナノテクノロジー** が重要な役割を果たしている。

F1レーシングカー　航空機　スポーツ用品

⬆炭素繊維系の複合材料の使用例

2 これからの化学の役割

化学の果たす役割は多岐にわたっている。私たちの生活を豊かにするとともに，持続可能な社会を構築するために，化学への期待は大きい。

◆エネルギー問題　エネルギー問題は，化学の貢献が期待される分野の1つである。携帯電話やプラグインハイブリッド車などで用いられるリチウムイオン電池の小型化・高容量化が例としてあげられる。また，地球温暖化の原因物質と考えられている二酸化炭素を排出しない，水素エネルギーを活用した社会の実現にむけ，水素貯蔵材料などの開発も重要である。

水素エネルギーを活用した社会の実現

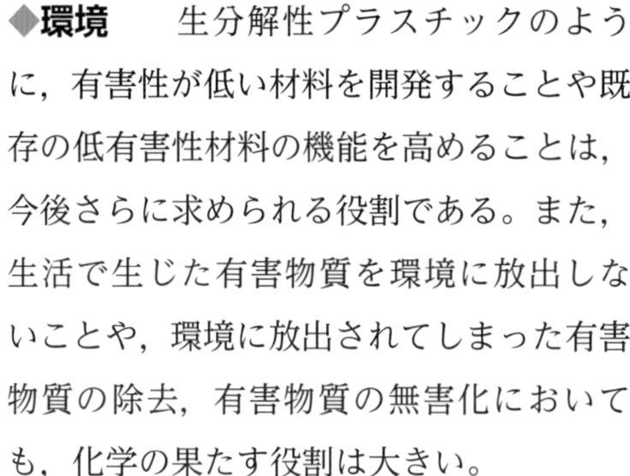

◆環境　生分解性プラスチックのように，有害性が低い材料を開発することや既存の低有害性材料の機能を高めることは，今後さらに求められる役割である。また，生活で生じた有害物質を環境に放出しないことや，環境に放出されてしまった有害物質の除去，有害物質の無害化においても，化学の果たす役割は大きい。

廃棄されても微生物によって分解される生分解性プラスチックの高機能化

◆医療・健康　医療や健康の分野では，治療法の発展のために，新しい薬の分子設計や合成が必要となる。特に，複雑な分子を正確に合成するために，化学の発展が期待されている。

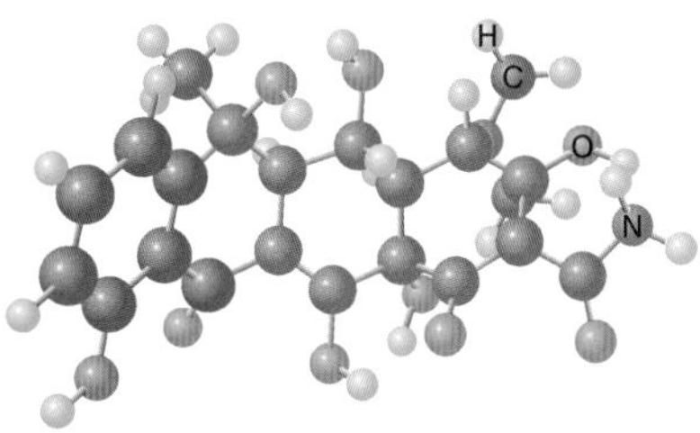

抗生物質の例（テトラサイクリン類の一種）
新しい抗生物質の合成と医療の発展

◆セントラルサイエンス　微生物やヒトを含む生物から地球などの天体まで，どれも原子や分子などの粒子によって構成されており，いずれも物質ととらえることができる。そのため，物質を探究する学問である化学は，自然科学の多くの対象と密接に関係し，あらゆる分野を結びつけることができる。

このことから，自然科学の根幹をなす学問として，化学は **セントラルサイエンス** とよばれる。化学を通じ，自然や物質を巨視的・微視的に探究し，より深く理解することで，自然科学が発展し，私たちの生活を豊かにすることができるのである。

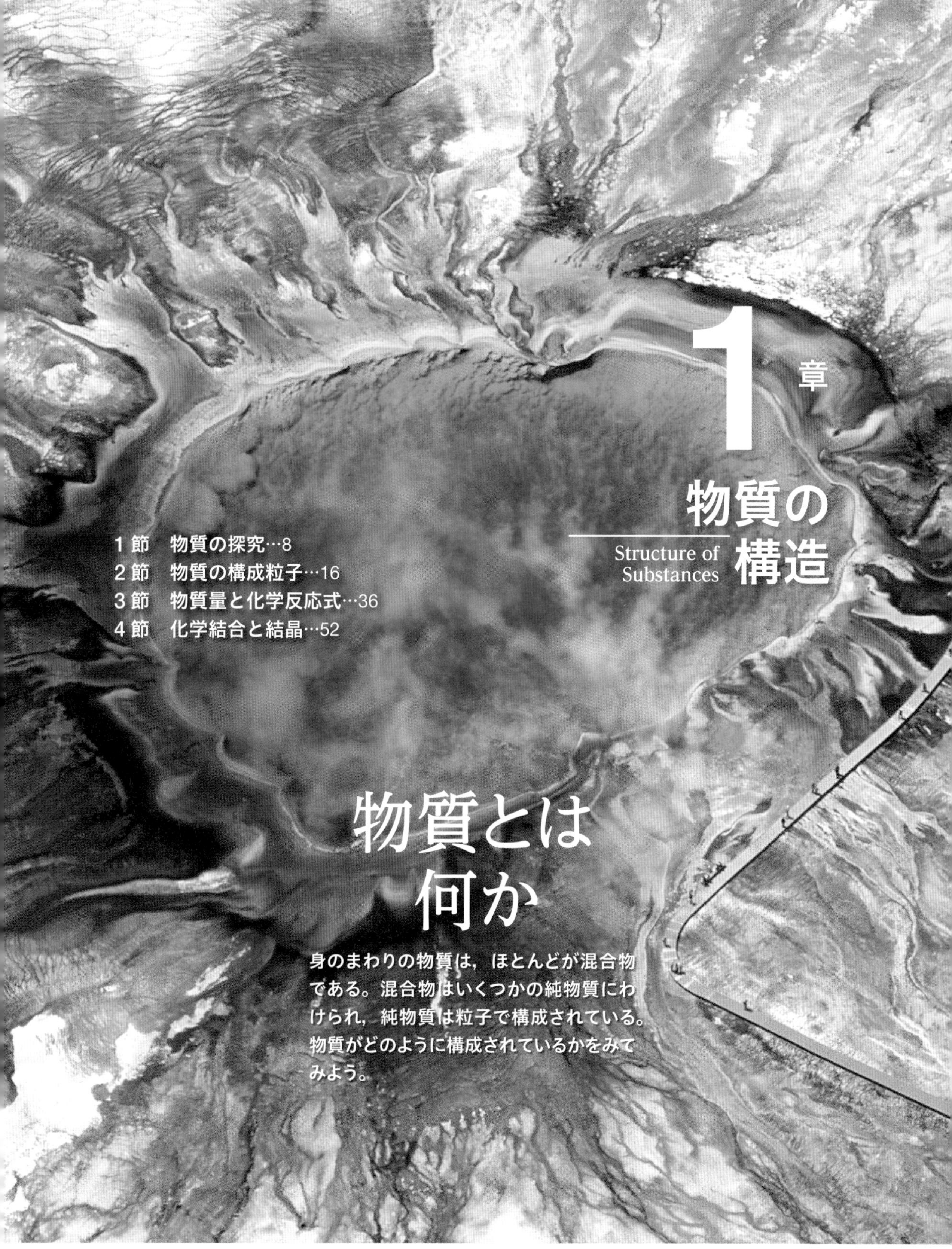

1章 物質の構造

Structure of Substances

物質とは何か

身のまわりの物質は，ほとんどが混合物である。混合物はいくつかの純物質にわけられ，純物質は粒子で構成されている。物質がどのように構成されているかをみてみよう。

グランドプリズマティックスプリング（アメリカ）
直径が約 113 m の熱水泉で，わきあがる熱水はさまざまなイオンなどを含む混合物である。中央の青い部分は温度が高く生物は存在しないが，温度が低くなっている周囲の部分では微生物が生息しており，微生物によって緑から赤への色彩が見られる。

1節 物質の探究

Research of Substances

再現された，リービッヒが実験講義に使った実験室（ドイツ）

Beginning

1 市販されている純金は純物質だろうか？

2 原子と元素や単体の違いはなんだろうか？

1 物質の分離と精製

Beginning 1

A 混合物の分離と精製

◆**分離と精製**　身のまわりの物質は，2種類以上の純粋な物質(**純物質** pure substance)がさまざまな割合で混じりあった **混合物** (mixture)[❶]が多い。物質を探究するためには，混合物からその成分である物質を取り出す必要がある。この操作を **分離** (separation) といい，取り出した物質から不純物を除いて，純度をより高めることを **精製** (purification) という。純物質は融点，沸点，密度などの特性が一定であるから，混合物から純物質を分離することができる。

❶ 混合物には，部分によって組成割合が不均一な不均一混合物と組成割合が均一な均一混合物がある。

水 96.5 %
海水
溶けている固体物質
塩化ナトリウム 77.8 %
塩化マグネシウム 10.9 %
硫酸マグネシウム 4.7 %
硫酸カルシウム 3.6 %
その他
海水から水を蒸発させたときに得られる固体物質の質量パーセント

▲図1　混合物である海水に含まれる純物質
（出典：化学大辞典2縮刷版）

◆**ろ過**　液体とその液体に溶けない固体の混合物を，ろ紙などを用いて分離する操作を **ろ過** (filtration) という。ろ紙を通過した液体を **ろ液** (filtrate) という。

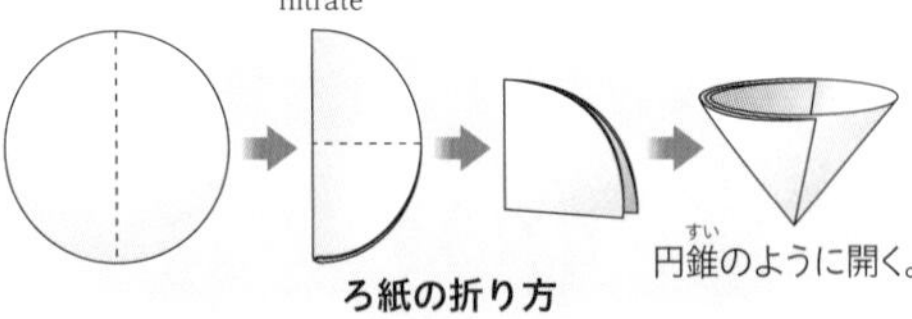

ガラス棒
ガラス棒を伝わせて入れる。
砂を含む硫酸銅(Ⅱ)水溶液
ろ紙
ろうと
ろ紙を水でぬらしてろうとに密着させる。
ろ液
ろうとの先をビーカーの内壁につける。
砂

▲図2　ろ過（例 砂を含む硫酸銅(Ⅱ)水溶液）

◆**再結晶**　構成粒子が規則正しく並んでいる固体を **結晶** (crystal) という。物質が一定量の液体(溶媒)に溶解できる量(**溶解度** solubility ▶p.119)は温度によって異なり，多くの物質では，溶媒の温度が高いほど，溶媒に溶ける固体の量が多くなる。このことを利用して，少量の不純物が混じった固体を熱水などに溶かし，冷却すると，ほぼ純粋な結晶として取り出すことができる。この操作を **再結晶** (recrystallization ▶p.119) という。

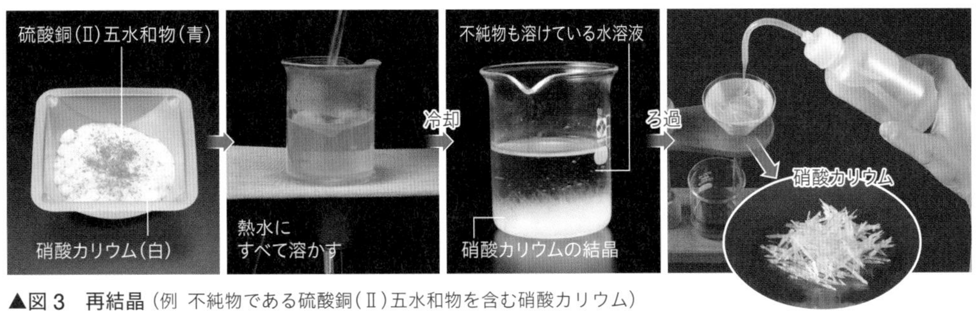

▲図3　**再結晶**（例 不純物である硫酸銅(Ⅱ)五水和物を含む硝酸カリウム）

◆**蒸留**　2種類以上の物質を含む混合物の液体を加熱して沸騰させ，生じた蒸気を冷却して液体にすることにより，蒸発しやすい物質を，蒸発しにくい物質から分離する操作を **蒸留**(distillation) という。

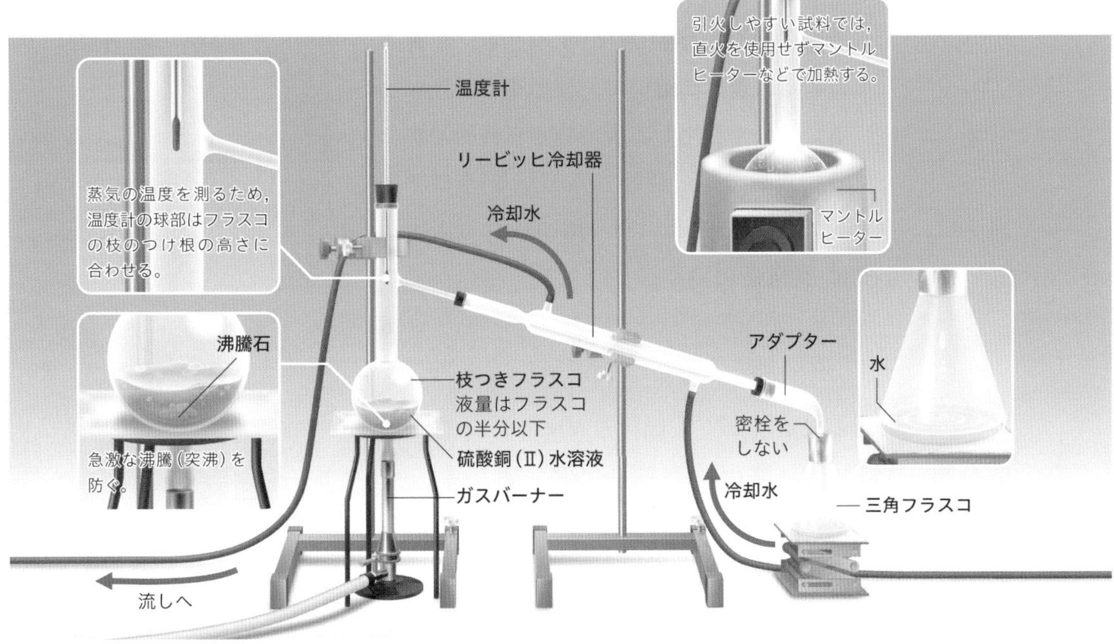

▲図4　**蒸留**（例 硫酸銅(Ⅱ)水溶液の蒸留）

◉**分留**　2種類以上の液体の混合物を，沸点の差を利用して，蒸留によって各成分の液体にわける操作を **分留**(ぶんりゅう)(fractional distillation)（**分別蒸留**）という。たとえば，原油をガソリン，灯油，軽油などにわけるために分留を行っている。また，冷却して液体とした空気（液体空気）から窒素や酸素をわける操作も分留である。

◆**抽出**　物質によって溶媒への溶解のしやすさが異なる。このことを利用して混合物を分離することができる。溶媒を用いて，目的とする物質を固体や液体の中から分離する操作を **抽出**(extraction) という。溶液中の成分を抽出するために，**分液ろうと**(ぶんえき)(separatory funnel) がよく用いられる。

▲図5　**紅茶の抽出**　紅茶や緑茶は，乾燥させた茶の葉から，香りや色の成分などを，溶媒である湯の中に抽出したもの。

1章　物質の構造

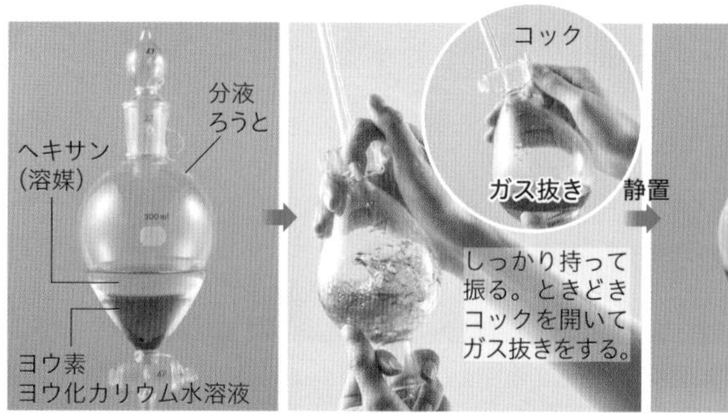

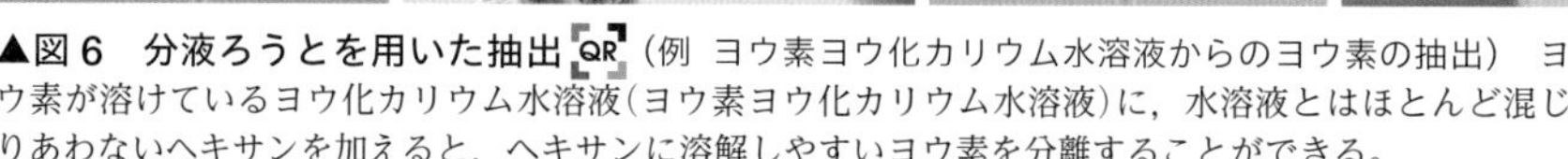

▲図 6　分液ろうとを用いた抽出（例 ヨウ素ヨウ化カリウム水溶液からのヨウ素の抽出）　ヨウ素が溶けているヨウ化カリウム水溶液（ヨウ素ヨウ化カリウム水溶液）に，水溶液とはほとんど混じりあわないヘキサンを加えると，ヘキサンに溶解しやすいヨウ素を分離することができる。

◆クロマトグラフィー　溶媒に溶かした物質がろ紙やシリカゲルなどの吸着剤の表面を移動（展開）するとき，**物質による吸着力の違いで，移動速度が異なる。**これを利用して混合物から目的とする物質を分離・精製する方法を **クロマトグラフィー**（chromatography）という。用いられる溶媒は **展開液**（developer）という。

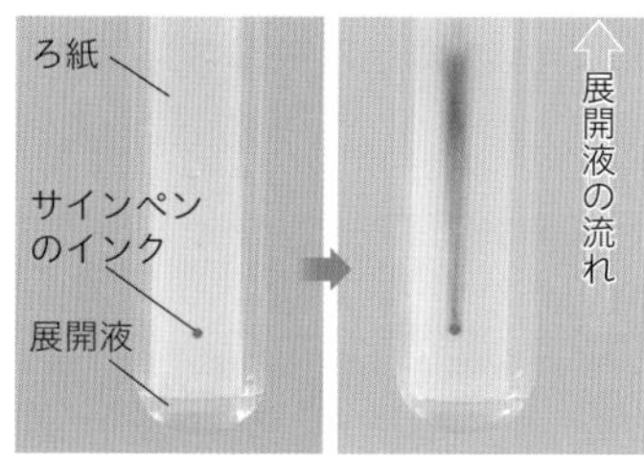

▲図 7　ペーパークロマトグラフィー
ろ紙上を下から上へ移動してきた展開液により，サインペンの色素成分が分離される。

◆昇華法　固体が直接気体になる変化を **昇華**（sublimation ▶ p.96）という。また，固体→気体→固体の一連の変化も昇華とよぶ。この変化を利用して，昇華しやすい性質をもつヨウ素やナフタレンなどの物質を，固体の混合物から分離・精製することができる。この分離・精製方法を **昇華法** という。

昇華しにくい不純物を含むヨウ素を加熱すると，ヨウ素のみが昇華し，気体となる。

ヨウ素の気体は，冷水の入ったフラスコの底面で冷やされ，純粋なヨウ素の固体となる。

▲図 8　昇華法（例 不純物を含むヨウ素の昇華）

from Beginning　市販されている純金は純物質だろうか？

市販の純金は，一般に，約99.99 % の純度といわれ，10000 g の中に含まれている不純物が 1 g 以下になります。つまり，**純金も厳密には混合物です。**しかし，純度を100 % にすることは非常に難しいため，含まれる不純物の割合が非常に少ないとき，その物質を純物質として扱います。

物質の学問である化学では，純度の高い物質を用いる必要があるため，不純物を減らす分離・精製はとても重要な操作です。

2 物質と元素

A 元素

◆**元素**　物質は，**原子**（atom）というきわめて小さい固有の粒子でできている。この原子の種類を**元素**（element）といい，物質を構成する基本的な成分である。現在知られている元素は約120種類であり，そのうち約90種類が自然界に存在している。

◆**元素記号**　元素を表すには，**元素記号**（symbol of element）を用いる。元素記号は，アルファベットの大文字1文字，あるいは大文字1文字と小文字1文字で表される。また，元素記号は原子を表す記号としても用いられる。

水素　ナトリウム
H　Na
大文字　小文字
アルファベット2文字の場合は，1文字目を大文字，2文字目を小文字にする。

▲図9　元素記号

▼表1　元素の日本語名と元素記号の例

	日本語名	元素記号	英語名	元素記号の由来
非金属	水素	H	Hydrogen	ギリシア語の「水hydro」と「つくるものgenes」
	ヘリウム	He	Helium	ギリシア語の「太陽helios」
	炭素	C	Carbon	ラテン語の「木炭carbo」
	窒素	N	Nitrogen	ギリシア語の「硝石nitrum」と「つくるものgenes」
	酸素	O	Oxygen	ギリシア語の「酸oxy」と「つくるものgenes」
	硫黄	S	Sulfur	ラテン語の「火の源sulphurium」
	塩素	Cl	Chlorine	ギリシア語の「黄緑色chloros」
金属	ナトリウム	Na	Sodium	ラテン語の「炭酸ナトリウムnatron」
	アルミニウム	Al	Aluminium	ラテン語の「ミョウバンalumen」
	鉄	Fe	Iron	ラテン語の「強固な　固いferrum」
	銅	Cu	Copper	ラテン語の「(銅鉱山があった)キプロス島cuprum」
	銀	Ag	Silver	ラテン語の「銀色argentum」
	金	Au	Gold	ラテン語の「太陽の輝きaurum」

B 単体と化合物

◆**単体と化合物**　水素 H_2，酸素 O_2 のように1種類の元素からできている純物質を**単体**（simple substance）といい，水 H_2O，塩化ナトリウム NaCl のように2種類以上の元素からできている純物質を**化合物**（compound）という。

●元素による純物質の分類

純物質─┬単　体　1種類の元素からできている純物質　例）水素 H_2，鉄 Fe
　　　　└化合物　2種類以上の元素からできている純物質　例）水 H_2O，塩化ナトリウム NaCl，硫酸銅(Ⅱ) $CuSO_4$

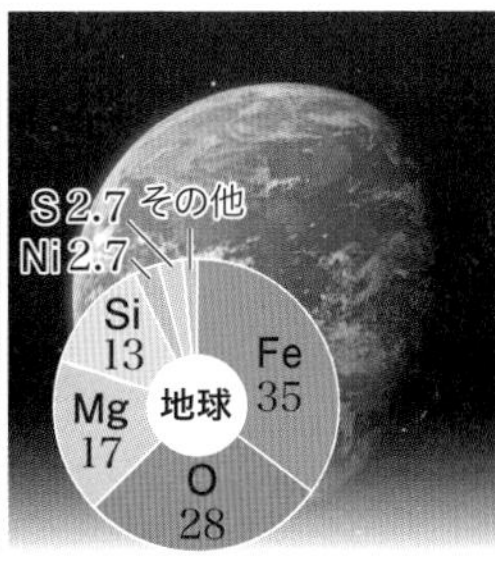

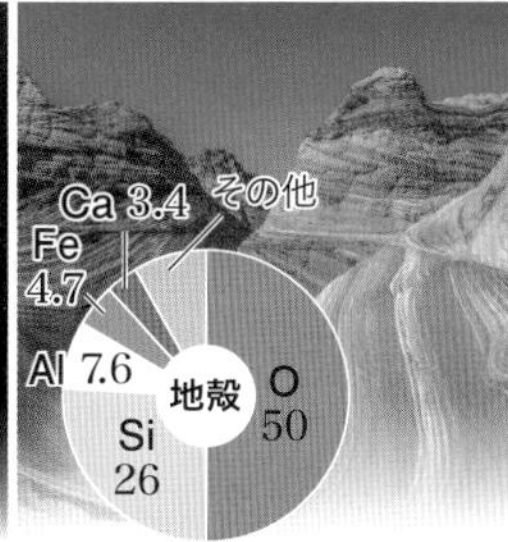

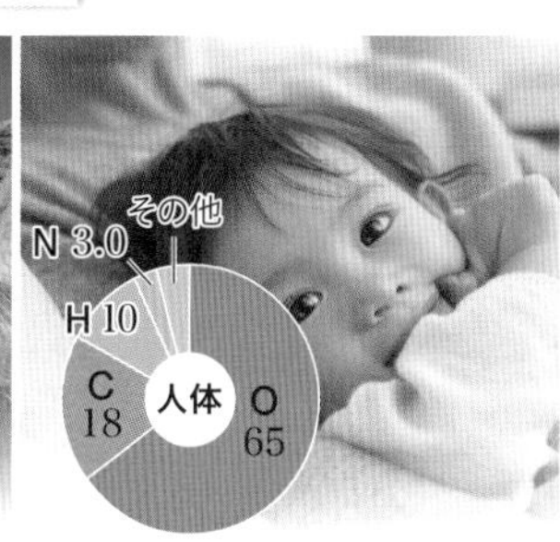

▲図10　自然界に存在する元素　含まれる成分元素の質量を百分率(%)で表している。(出典：一家に1枚元素周期表)

◆単体と元素　物質である単体と物質の成分である元素は，同じ名称でよばれることが多いので注意が必要である。「人体の質量の約60％は酸素である」というときの酸素は，化合物中の成分元素の意味であり，「空気の約20％は酸素である」というときの酸素は，単体の酸素ガスの意味である。

問1.　次の下線部の語句において，元素の意味で使われているものを選べ。
(1) 牛乳にはカルシウムが含まれている。
(2) 水を電気分解すると水素と酸素が得られる。
(3) 塩化ナトリウムは，ナトリウムと塩素からなる。

C 同素体

同じ元素の単体で，原子の結びつき方や配列が異なるために性質が異なる物質を互いに**同素体**(allotrope)であるという。たとえば，ダイヤモンド，黒鉛(こくえん)(グラファイト)や，フラーレン❶，カーボンナノチューブ❷などの一連の物質は，いずれも炭素Cの単体で互いに同素体である❸。ダイヤモンドは無色透明できわめてかたく，電気を通さないのに対して，黒鉛は黒色でやわらかく，電気をよく通す。炭素Cのほかに，酸素O，リンP，硫黄(いおう)Sにも同素体がある。

❶ 多数の炭素原子からなる球状の分子の一般名で，C_{60}，C_{70} などが知られている。
❷ 多数の炭素原子からなる円筒状(チューブ状)の構造をもつ物質の一般名。1つの円筒からなる単層のものと，2つ以上の円筒が重なった多層のものとがある。1991年，飯島澄男（日本）によって発見された。
❸ 炭素の同素体にはほかに黒鉛の網目構造の一層からなるグラフェンなどがある。

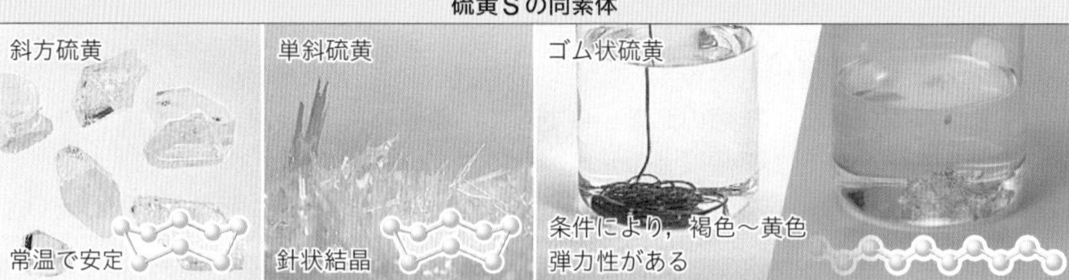

▲図11　同素体の例　純度の高い黄リンは，白色のため**白リン**ともよばれる。

問2.　次の(ア)～(エ)で互いに同素体であるものの組み合わせはどれか。
(ア) 水と過酸化水素　　(イ) ナトリウムとカリウム
(ウ) オゾンと酸素　　(エ) 鉛と亜鉛

D 成分元素の検出

単体や化合物に含まれる成分元素の種類を知るには，各元素に固有の性質を調べるとよい。

▲図12　花火　夜空を彩る花火の色は，さまざまな元素の炎色反応の組み合わせでつくられている。

◆炎色反応による検出 ナトリウム Na やカリウム K などの元素を含む化合物を炎の中に入れると，その元素に特有の炎の色を示す。これを **炎色反応**（flame reaction）といい，成分元素の存在を知る手がかりとなる。

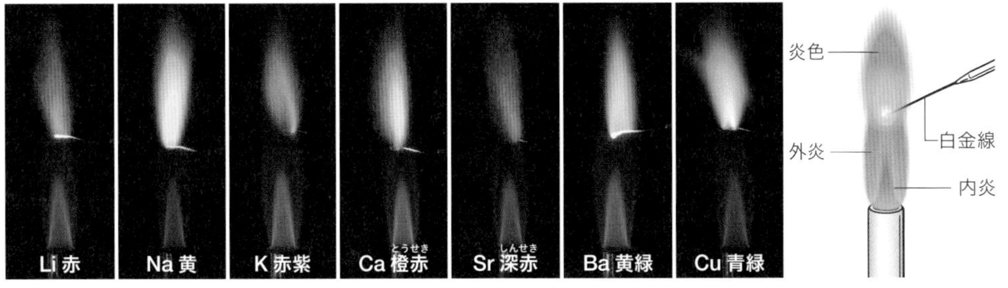

▲図13　炎色反応　化合物の水溶液を，白金線の先に少しつけて，ガスバーナーの外炎に入れると，炎が着色する。

◆沈殿反応による検出 化学反応などにより，溶液の中に溶けずに生じる固体を **沈殿**（precipitate）といい，沈殿が生じる化学変化を **沈殿反応** という。物質を水に溶かし，試薬を加え，沈殿反応が起これば，沈殿からもとの物質に含まれる成分元素を検出できることが多い。

◉塩素 Cl の検出 塩化ナトリウム水溶液(食塩水)のような塩素 Cl を含む水溶液に，硝酸銀 $AgNO_3$ 水溶液を加えると，水に溶けにくい塩化銀 AgCl の白色の沈殿を生じるため，水溶液が白く濁る。

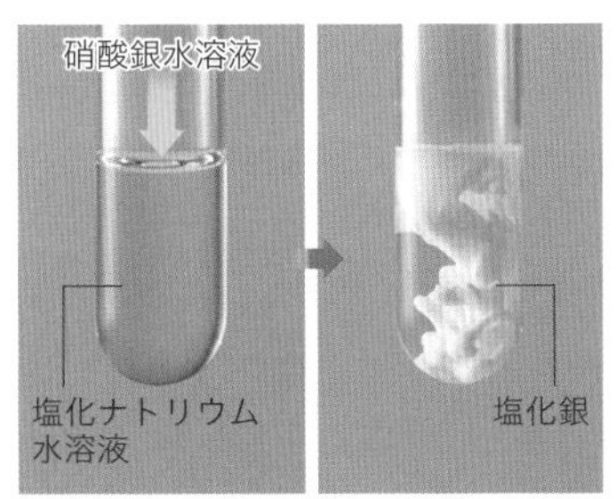

◀図14　塩素 Cl の検出　塩化ナトリウム水溶液に硝酸銀水溶液を加えると，塩化銀が沈殿する。

from Beginning　原子と元素や単体の違いはなんだろうか？　歴史

「万物の根源は何か？」という疑問に対し，ギリシアの哲学者アリストテレスがまとめた「万物の根源は，水・土・空気・火である」という四元素説が，古代から中世にかけて，広く信じられていました。しかし，1661年，イギリスのボイルは，著書『懐疑的な化学者』の中で，四元素説を批判し，実験に基づいて，それ以上分割できない基本的な物質を元素と定義しました。この定義では元素は具体的な物質であり，現在の化学に置き換えれば単体を意味します。この考え方に基づき，現在では，「元素は原子の種類であり，１種類の元素からできている純物質が単体である」という定義になっています。

まとめ

1. 物質と元素

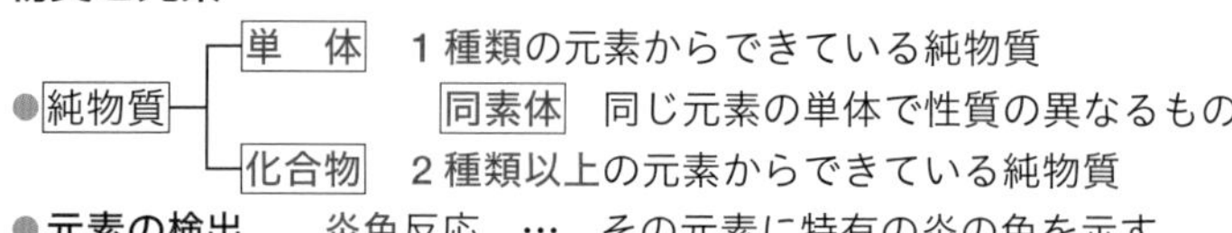

●元素の検出　炎色反応　…　その元素に特有の炎の色を示す
沈殿反応　…　成分元素を含む沈殿が生じる

論述問題　1章　1節

1 蒸留の実験①　蒸留の実験装置で，温度計について注意しなければならない点を記せ。

point 液体が沸騰して出てきた蒸気の温度を温度計で測定している。

2 蒸留の実験②　リービッヒ冷却器に流す冷却水を下から上に流す理由を説明せよ。

point 冷却器は水をすべての部分にいきわたるようにする。

3 蒸留の実験③　蒸留においてアダプターと三角フラスコの接続部分を密閉してはいけない。その理由を70字以内で説明せよ。

point 蒸留装置内の圧力が高まらないようにする。

節末問題　1章　1節

1 混合物の精製　下図は，食塩水の蒸留装置を示したものである。これについて(1)～(4)の問いに答えよ。

(1)　図の器具(a)，(b)の名称を記せ。

(2)　(a)の器具内の食塩水中に，突沸を防ぐために入れてある(A)は何か。

(3)　(b)の器具内に冷却水を通す場合，次のうちどちらの向きがよいか。
①　(ア)から(イ)　　②　(イ)から(ア)

(4)　温度計は，どの物質の沸点を示すか。最もふさわしい物質の番号を答えよ。
①　食塩水　　②　食塩　　③　水

温度計
スタンド
クランプ
アルミニウム箔
(ア)
アダプター
(a)
食塩水
(A)
金網
(イ)
(b)
三脚
ガスバーナー
蒸留水

2 混合物の分離　次の①～⑤の物質の分離方法について，(1)，(2)の問いに答えよ。

① 少量の不純物を含むAの固体結晶を高温の湯に溶かした後，冷却してAの結晶を析出させ，不純物とわける方法。

② 分離したい物質をよく溶かす溶媒を使って，混合物から目的の物質を溶かし出してわける方法。

③ 液体と液体に溶けない物質をろ紙を使ってわける方法。

④ 混合物を溶かした液体をろ紙にしみ込ませ，ろ紙を移動する物質の速さの違いを利用してわける方法。

⑤ 固体が液体を経ずに，直接気体になる変化を利用してわける方法。

(1) ①～⑤の分離方法の名称は何か。

(2) ①～⑤の実験例を，(a)～(e)より選べ。

(a) 防虫剤に使われるナフタレンと食塩の混合物から，食塩を分離する。

(b) 水にわずかに溶けているヨウ素を取り出す。

(c) 黒色サインペン中の色素を分離する。

(d) 泥水の泥と水を分離する。

(e) 硝酸カリウムの白色結晶に少量混ざった硫酸銅(Ⅱ)五水和物の青色結晶を除く。

3 成分元素の検出　次の(1)～(4)の化合物の組み合わせのうち，それぞれの水溶液に対して(a)，(b)のどちらの方法でも区別できないのはどれか。

(1) 硝酸ナトリウムと塩化ナトリウム　(2) 塩化ナトリウムと塩化バリウム

(3) 塩化マグネシウムと塩化アルミニウム　(4) 塩化カルシウムと硝酸カリウム

(a) 炎色反応を調べる。　(b) 硝酸銀水溶液を加える。

4 単体と化合物　次の(1)～(4)について，混合物の組み合わせにはA，単体の組み合わせにはB，化合物の組み合わせにはCを記せ。

(1) 水と二酸化炭素　(2) 海水と空気　(3) 水素と窒素　(4) 石油と砂

5 単体と元素　次の下線部の語句は，元素の意味で使われているか，単体の意味で使われているかを答えよ。

(1) 空気には，<u>窒素</u>①や<u>酸素</u>②が含まれる。

(2) 二酸化炭素は<u>炭素</u>①と<u>酸素</u>②からなる。

(3) <u>酸素</u>①とオゾンは<u>酸素</u>②の同素体である。

6 同素体　次の①～④のうち，互いに同素体でないものの組み合わせを1つ選べ。

① 黒鉛とダイヤモンド　② 単斜硫黄と斜方硫黄

③ ナトリウムと塩化ナトリウム　④ 赤リンと黄リン

2節 物質の構成粒子

Constituent Particles of Substances

空気中に含まれる原子によって色を変えるオーロラ

Beginning

1 原子の内部はどのようになっているのだろうか？
2 スポーツ飲料にはどのようなイオンが含まれているだろうか？
3 元素の周期表で，H と He の間のように，空白の部分があるのはなぜだろうか？

1 原子の構造

Beginning 1

A 原子

◆原子の存在 物質は **原子**(atom) というきわめて小さい固有の粒子からできている。元素は原子の種類を表しており，元素記号は原子を表す記号としても用いられる。特殊な電子顕微鏡などで原子を見ると，原子は球状で，その大きさは直径がおよそ100億分の1メートル(1×10^{-10} m)[❶]であることがわかる。

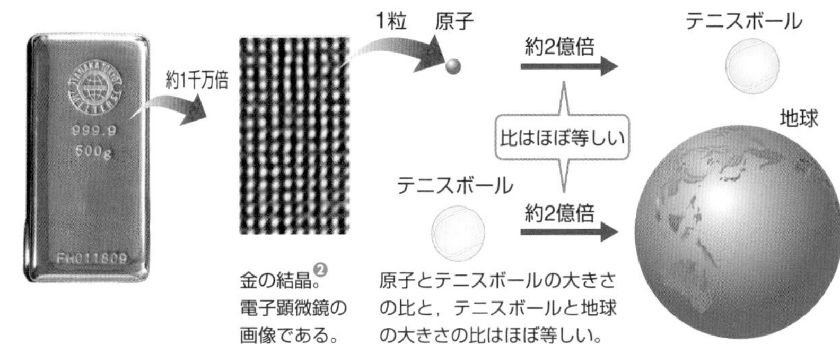

▲図1 原子の大きさ

B 原子の構造

物理

◆原子の構成要素 原子の中心には，正の**電荷**(でんか, charge)[❸]をもつ **原子核**(かく, nucleus) が存在する。原子核は，正の電荷をもつ **陽子**(ようし, proton) と電荷をもたない **中性子**(ちゅうせいし, neutron)[❹] からできている。原子核のまわりを負の電荷をもつ **電子**(でんし, electron)[❺] が取り巻いている。

◆質量と電荷 陽子と中性子の質量はほぼ等しく，電子の質量はそれらの約$\frac{1}{1840}$である。また，陽子1個がもつ電荷は，電子1個がもつ電荷と大きさが等しく，符号が反対である。原子核中の陽子の数と，そのまわりに存在する電子の数は等しいため，原子は，全体として電荷をもたず，電気的に中性である。1個の陽子または電子のもつ電荷の絶対値は，1.602×10^{-19} C(クーロン)である。これは，電気量の最小の単位で，**電気素量**(でんきそりょう, elementary electric charge) とよばれる。

❶ 100億 = 10 000 000 000 = 10^{10}，$10^{-10} = \frac{1}{10^{10}}$ = 0.000 000 000 1 である。1×10^{-9} m = $1 \times \frac{1}{10^9}$ m = 1 nm(ナノ) と表されるため，1×10^{-10} m = 0.1×10^{-9} m = 0.1 nm となる。

❷ 写真協力：東北大学多元物質科学研究所

❸ 物質が帯びる電気量を電荷という。電気量は C（クーロン）という単位で表され，1 C は 1 A（アンペア）の電流が1秒間流れたときの電気量である。

❹ 質量数1の水素原子は陽子1個と電子1個からなり，中性子をもたない。

❺ 原子核の正の電荷と電子の負の電荷は，互いに静電気的な引力で引きあっている。

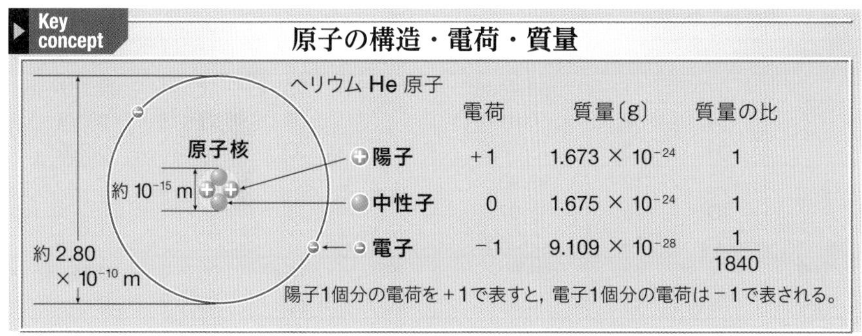

◆原子番号と質量数　原子核に含まれる陽子の数を **原子番号**（atomic number）という。原子核に含まれる陽子の数は，元素ごとに決まっており，同じ元素の原子は同じ原子番号になる。原子核に含まれる陽子の数と中性子の数の和を **質量数**（mass number）という。電子の質量が陽子や中性子に比べて非常に小さいので，原子の質量は，陽子と中性子の質量の和にほぼ等しく，質量数に比例すると考えてよい。必要に応じて，原子番号は元素記号の左下に，質量数は左上に付記する。

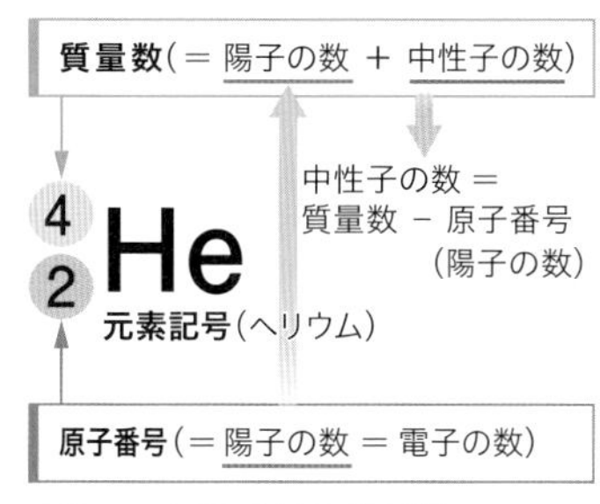

▲図 2　原子番号と質量数

問1.　$^{15}_{7}N$ と $^{39}_{19}K$ の元素名，原子番号，および，それぞれの原子1個に含まれる陽子・中性子・電子の数を答えよ。

C 同位体　物理

◆同位体　天然に存在する水素原子 H には，質量数が 1 の $^{1}_{1}H$ と，質量数が 2 の $^{2}_{1}H$ がある。このように，原子番号が等しく，質量数が異なる原子を互いに **同位体**（アイソトープ）（isotope）という。同位体は，中性子の数が異なるだけで，陽子の数は同じであるため，その化学的性質（電子の数で決まる）はほとんど同じである。

同位体	$^{1}_{1}H$	$^{2}_{1}H$⑥	$^{3}_{1}H$⑥
陽子 中性子 電子			
原子番号 陽子の数 電子の数	1	1	1
中性子の数	0	1	2
質量数	1	2	3

▲図 3　水素の同位体

⑥ $^{2}_{1}H$ は重水素（ジュウテリウム），$^{3}_{1}H$ は三重水素（トリチウム）とよばれ，それぞれ記号 D や T で表されることがある。

問2.　中性子の数が9の酸素の同位体の質量数はいくつか。

◆同位体の存在比　多くの元素には，数種類の同位体があり，それらは地球上にほぼ一定の割合で存在する。この割合（原子の数の割合）を同位体の **存在比** という。たとえば，$^{1}_{1}H$, $^{2}_{1}H$ の存在比は，それぞれ 99.9885%，0.0115% であり，Al，Na，F などは，安定な同位体が 1 種類である。

Note
同位体と同素体
同位体という用語は，同位体どうしの化学的性質がほとんど同じであるため，元素の周期表（▶p.31）で同じ位置に入るという意味で名づけられた。同じ元素の単体で性質の異なる同素体（▶p.12）と混同しないこと。

▼表1　同位体と存在比（出典：元素の同位体組成表（2015））

元素	同位体	質量数	存在比〔%〕	元素	同位体	質量数	存在比〔%〕
水素 $_1$H	$^1_1$H	1	99.9885	酸素 $_8$O	$^{16}_8$O	16	99.757
	$^2_1$H	2	0.0115		$^{17}_8$O	17	0.038
	$^3_1$H	3	ごく微量		$^{18}_8$O	18	0.205
炭素 $_6$C	$^{12}_6$C	12	98.93	塩素 $_{17}$Cl	$^{35}_{17}$Cl	35	75.76
	$^{13}_6$C	13	1.07		$^{37}_{17}$Cl	37	24.24
	$^{14}_6$C	14	ごく微量				
窒素 $_7$N	$^{14}_7$N	14	99.636	銅 $_{29}$Cu	$^{63}_{29}$Cu	63	69.15
	$^{15}_7$N	15	0.364		$^{65}_{29}$Cu	65	30.85

＊ごく微量に存在する $^3_1$H や $^{14}_6$C は放射性同位体である。

問3.　炭素の同位体には $^{12}_6$C と $^{13}_6$C がある。表1を参照して，天然に存在する炭素原子10000個のうち，$^{13}_6$C の原子の数を求めよ。

◆放射性同位体　**放射線**(radiation)とよばれる粒子やエネルギーを放出して，他の原子に変わる同位体を **放射性同位体**(radioisotope)（**ラジオアイソトープ**）という。天然には，$^3_1$H，$^{14}_6$C，$^{40}_{19}$K，$^{131}_{53}$I，$^{226}_{88}$Ra，$^{235}_{92}$U などの放射性同位体が微量に存在する。放射性同位体が出す放射線は，構成粒子や性質の違いから **α線**(アルファ, α rays)，**β線**(ベータ, β rays)，**γ線**(ガンマ, γ rays)，**中性子線** などに分類される。この放射線を出す性質を **放射能**(radioactivity) という。

放射線	実体	電荷	透過力
α線	$^4_2$Heの原子核	＋	小
β線	電子	−	中
γ線	電磁波❶	なし	大
中性子線	中性子	なし	大

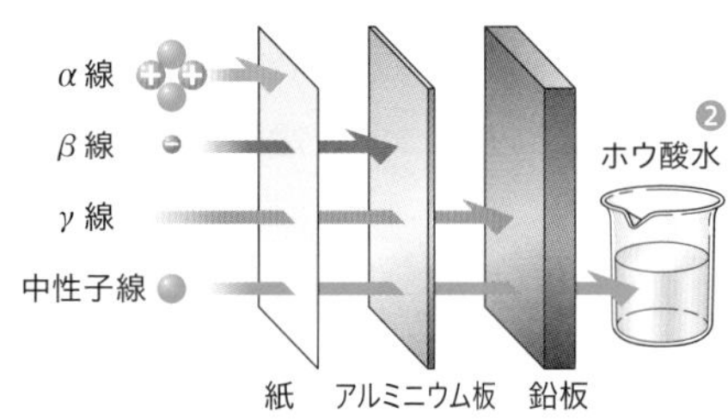

▲図4　放射線の種類と性質

❶　γ線のほかに，X線，紫外線，赤外線，可視光線などを総称して **電磁波** という。

❷　ホウ酸 H_3BO_3 の水溶液で，ホウ酸水に含まれるホウ素の同位体のうち，$^{10}_5$B が中性子線を吸収する。

放射線の種類によって透過力が異なる。放射線を遮蔽(しゃへい)するには，放射線の種類に応じて，材質を選択する必要がある。

◉放射性同位体の性質　放射性同位体の原子核は不安定なため，放射線を放出して他の元素に変化する。これを **壊変**（**崩壊**）(disintegration decay)という。たとえば，ウラン $^{235}_{92}$U は，α線を出しながら壊れ，トリウム $^{231}_{90}$Th に変化する。これを **α壊変**（**α崩壊**）という❸。放射性同位体が壊変してその数が半分になるまでの時間は，**半減期**(half-life) とよばれ，放射性同位体の種類によって決まっている。たとえば，$^{14}_6$C はβ線を出して $^{14}_7$N になり，半減期は5730年である。

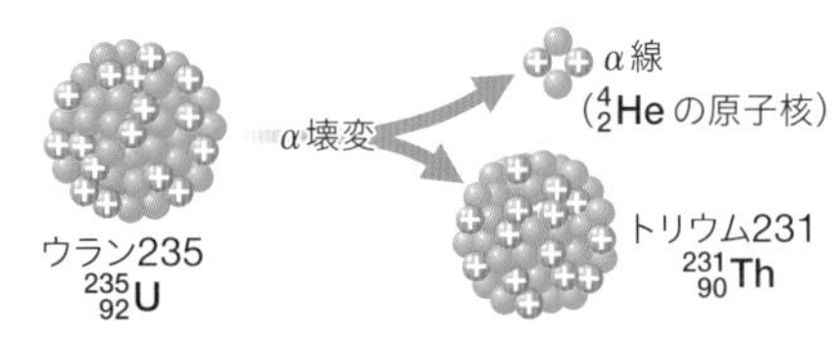

▲図5　α壊変

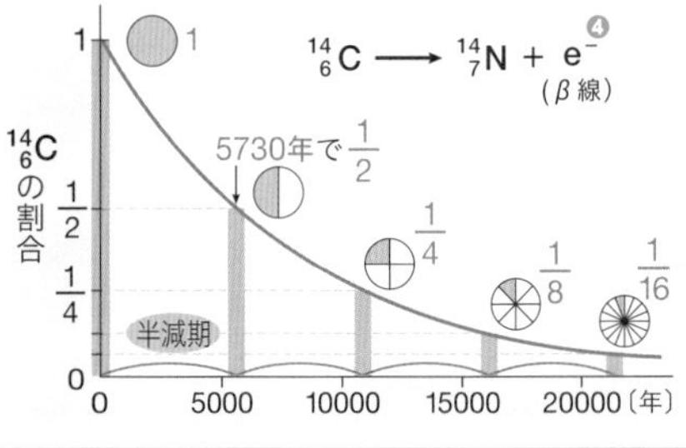

$^3_1$H	12.33年	$^{137}_{55}$Cs	30.2年
$^{14}_6$C	5730年	$^{235}_{92}$U	7.04億年
$^{131}_{53}$I	8.04日	$^{239}_{94}$Pu	2.41万年

▲図6　半減期（表出典：理化学辞典 第5版）

❸　β線，γ線を出す壊変を **β壊変**（**β崩壊**），**γ壊変**（**γ崩壊**）という。

❹　原子核が変化する反応を示すとき，元素記号は原子ではなく原子核のみを表す。

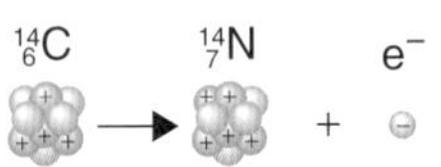

●**年代測定** 歴史　植物は，一定割合の $^{14}_{6}C$ を含む二酸化炭素 CO_2 を取り入れて光合成をしている。しかし，枯死したり，伐採されたりした木は，大気から CO_2 を取り入れないため，体内の $^{14}_{6}C$ が β 線を出して $^{14}_{7}N$ になり，一定の割合で減少していく。$^{14}_{6}C$ の半減期は5730年であるから，$^{14}_{6}C$ の残存する割合から遺跡などの年代を知ることができる。

$^{14}_{6}C$は，二酸化炭素としてたえず補給されているが，木が死ぬと補給が止まる。

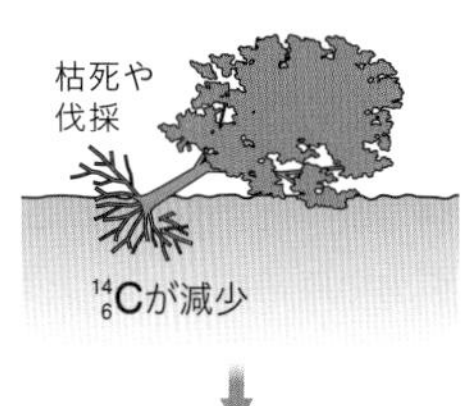

▲図7　$^{14}_{6}C$ による年代測定

参考　電子や原子核はどのように発見されたのか　歴史

19世紀のはじめ，イギリスのドルトンは，分割不可能な単位粒子を原子と考えた。しかし，その後のさまざまな実験結果から，現在では，原子は原子核と電子からなることが知られている。どのようにして電子や原子核が発見されたのだろうか。

●**電子の発見** QR　クルックス管（真空放電管）に高電圧をかけると，陰極から出てくる緑色の **陰極線**（cathode rays）を観察することができる。1897年，イギリスのJ. J. トムソンは，実験により，陰極線の正体が負の電荷をもったきわめて質量の小さな粒子であることを証明した。この粒子は原子よりも小さい電子である。

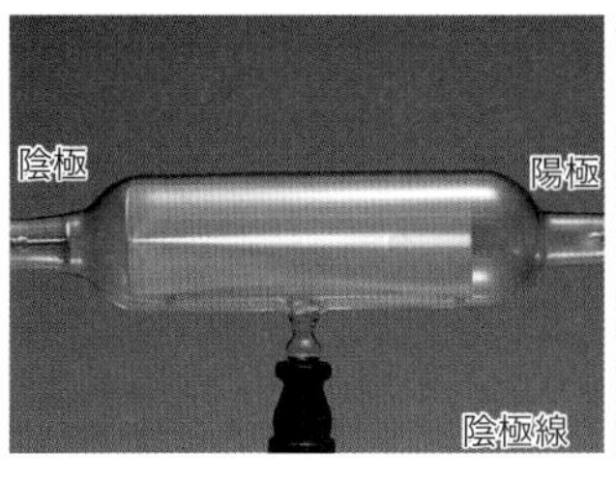

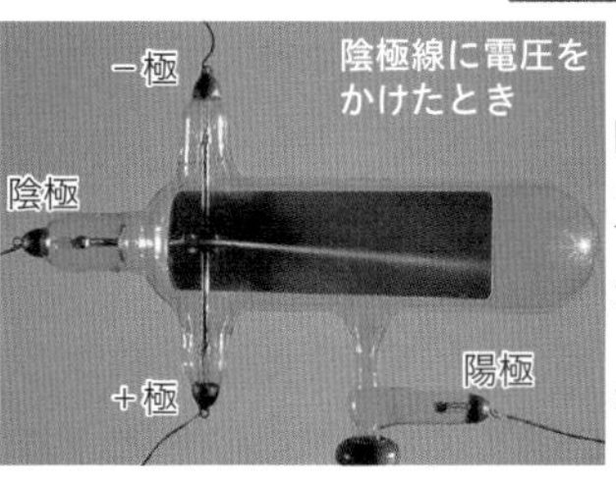

陰極線に対して垂直に電圧をかけると，下（＋極）側に陰極線が引き寄せられる。このことから，電子が負の電荷をもつことを確認できる。

●**原子核の発見**　1911年，イギリスのラザフォードは，薄い金箔に正の電荷をもつ α 線（$^{4}_{2}He$ の原子核）を照射する実験により，原子核の存在を実験的に証明した。金箔に照射された α 線のうち，大部分はすり抜けたが，ごく一部は大きく跳ね返されたり，方向を変えられたりした。この実験結果から，ラザフォードは，原子の構造は，大部分が空っぽで，中心に正の電荷と原子の質量のほとんどが集中していると結論づけた。

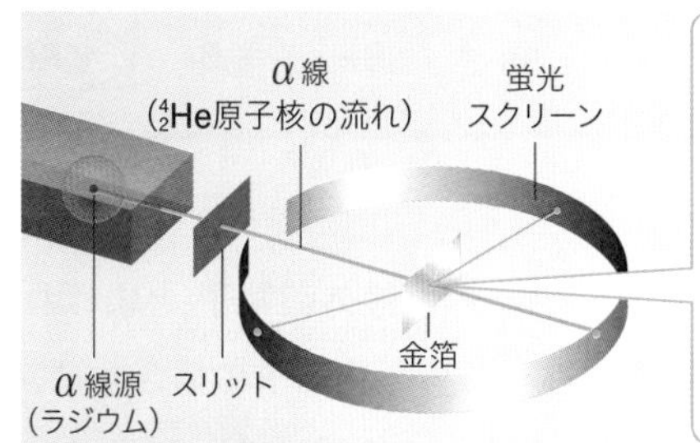

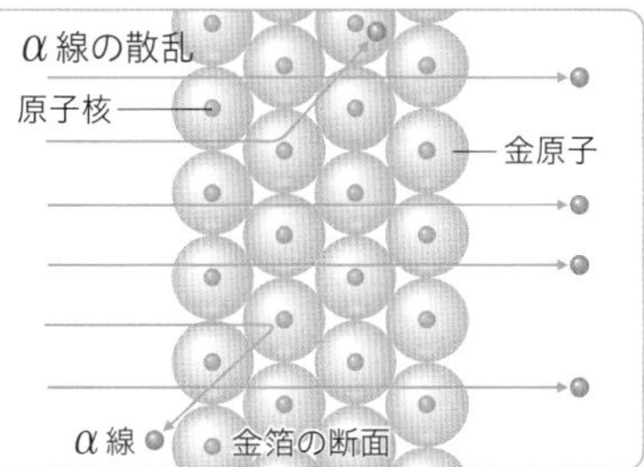

Thinking Point 1　ラザフォードが，金箔に α 線を照射する実験から，(1)，(2)のように結論づけたのはなぜだろうか。実験結果をもとに考え説明せよ。

(1)「原子の構造は，大部分が空っぽである。」
(2)「原子の中心の核に，正の電荷がある。」

1章　物質の構造

D 電子殻と電子配置

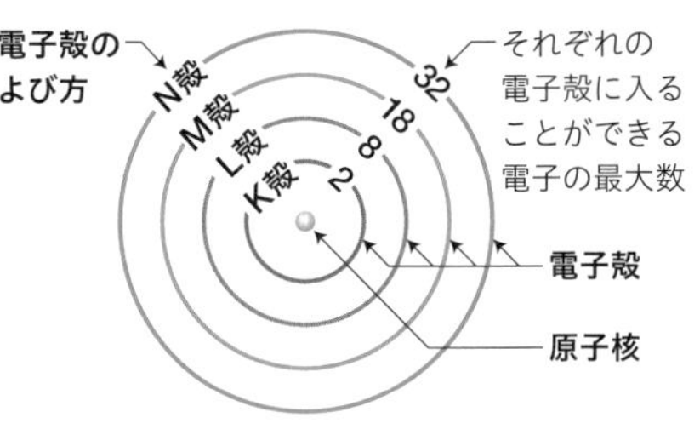

▲図 8 電子殻

◆電子殻 原子中の電子は, **電子殻**（electron shell）とよばれるいくつかの層にわかれて, 原子核のまわりに存在している。電子殻は, 原子核に近い内側から, 順に **K殻**, **L殻**, **M殻**, **N殻**, …とよばれる。それぞれの電子殻に入ることのできる電子の数には限度があり, K殻から順に, 2個, 8個, 18個, 32個, …（内側から n 番目の電子殻では $2n^2$ 個）と決まっている。

◆電子配置 原子には, 原子番号と同じ数の電子があり, これらの電子は, ふつう内側のK殻から順に収容される[1]。たとえば, ナトリウム $_{11}$Na 原子では, K殻に2個, L殻に8個, M殻に1個の電子が収容される。このような電子殻への電子の配列のしかたを原子の **電子配置**（electron configuration）という。

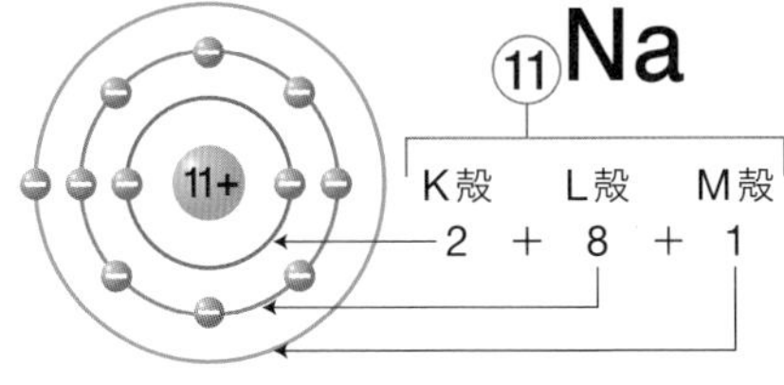

▲図 9 Na 原子の電子配置

[1] 電子は, 静電気的な引力で原子核に引きつけられるため, 内側の電子殻にあるほどエネルギーが低く安定である。

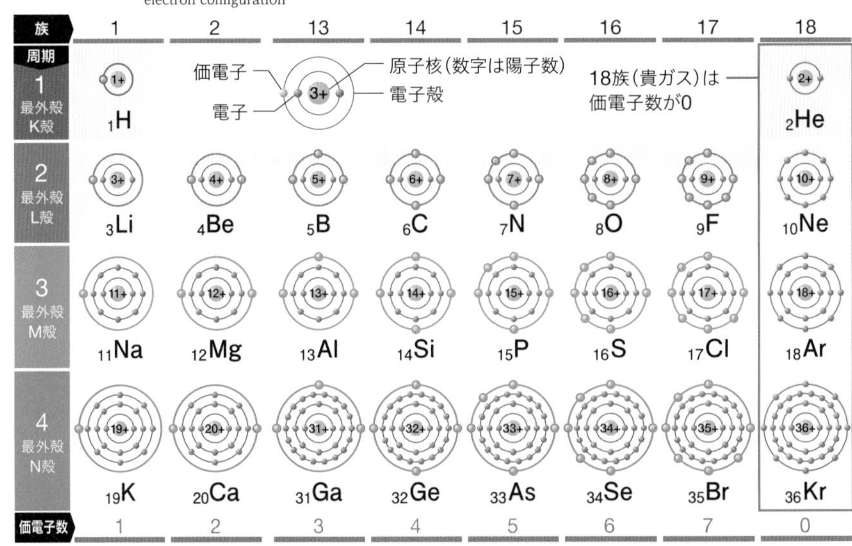

▲図10 原子の電子配置

◆価電子 原子の最も外側の電子殻にある電子は **最外殻電子**（outermost-shell electron）とよばれ, 他の電子と区別される。最外殻電子は, 次に述べる貴ガス原子の場合を除き, 他の原子と結合するときなどに重要な役割を果たし, **価電子**（valence electron）とよばれる。

> **Key concept 最外殻電子と価電子**
> - 価電子 他の原子と結合するときなどに重要な役割を果たす
> - 最外殻電子の数 ＝ 価電子の数 （貴ガス以外の原子）

◆貴ガス原子の電子配置

18族のヘリウム He，ネオン Ne，アルゴン Ar などは **貴ガス**(noble gas)(**希ガス**(rare gas))❷とよばれ，空気中に気体として微量に存在する。貴ガス原子は反応しにくいので，1個の原子が分子としてふるまう。つまり，貴ガスは **単原子分子**(monoatomic molecule)❸である。貴ガス原子の電子配置をみると，He は最外殻電子が2個，ほかは最外殻電子が8個になっている。このような電子配置は安定であり❹，貴ガス原子は他の原子と反応しにくいことから，価電子の数は0とみなす。

問4. 次の各原子について，電子配置と価電子の数を例にならって示せ。
(例)リチウム　K2，L1，1個
(1)酸素　(2)マグネシウム　(3)塩素
(4)アルミニウム　(5)アルゴン

▼表2　各原子の電子配置

元素名	原子	電子殻				価電子数
		K	L	M	N	
水素	$_{1}H$	1				1
ヘリウム	$_{2}He$	2				0
リチウム	$_{3}Li$	2	1			1
ベリリウム	$_{4}Be$	2	2			2
ホウ素	$_{5}B$	2	3			3
炭素	$_{6}C$	2	4			4
窒素	$_{7}N$	2	5			5
酸素	$_{8}O$	2	6			6
フッ素	$_{9}F$	2	7			7
ネオン	$_{10}Ne$	2	8			0
ナトリウム	$_{11}Na$	2	8	1		1
マグネシウム	$_{12}Mg$	2	8	2		2
アルミニウム	$_{13}Al$	2	8	3		3
ケイ素	$_{14}Si$	2	8	4		4
リン	$_{15}P$	2	8	5		5
硫黄	$_{16}S$	2	8	6		6
塩素	$_{17}Cl$	2	8	7		7
アルゴン	$_{18}Ar$	2	8	8		0
カリウム	$_{19}K$	2	8	8	1	1
カルシウム	$_{20}Ca$	2	8	8	2	2

▼表3　貴ガス原子の電子配置

原子	K	L	M	N	O	P	価電子数
$_{2}He$	2						0
$_{10}Ne$	2	8					0
$_{18}Ar$	2	8	8				0
$_{36}Kr$	2	8	18	8			0
$_{54}Xe$	2	8	18	18	8		0
$_{86}Rn$	2	8	18	32	18	8	0

❷ 貴ガスは，希ガスと表されることもある。
❸ 2個の原子が結びついてできた分子を**二原子分子**，3個以上の原子が結びついてできた分子を**多原子分子**という。
❹ He や Ne の電子配置を**閉殻**とよぶことがある。また，Ar，Xe，Rn の最外殻電子数は Ne と同じく8個であり，安定である。

1章　物質の構造

from Beginning　原子の内部はどのようになっているのだろうか？

電子や原子核の発見によって，原子の構造の研究が進みました。その過程で，さまざまな原子模型も考案されました。日本の長岡半太郎も土星に似た原子模型を提案しています(1903年)。1913年には，ボーアが，ラザフォードの実験結果(▶p.19)に基づいて，原子核とその周囲の電子殻からなる原子模型を提案しました。もし，原子の内部を観察することができたとしたら，ボーアの原子模型のように，中心に原子核があって，その周囲に電子が存在するだけの，中身がほとんどない状態であると考えられます。

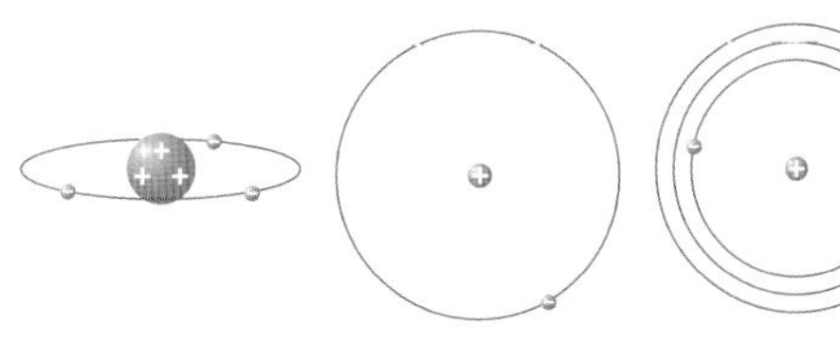
長岡の模型　ラザフォードの模型　ボーアの模型

原子の構造と炎色反応

成分元素の検出で用いられる炎色反応は，原子の構造と関係している。炎色反応が起こるメカニズムを原子の構造から解き明かしてみよう。

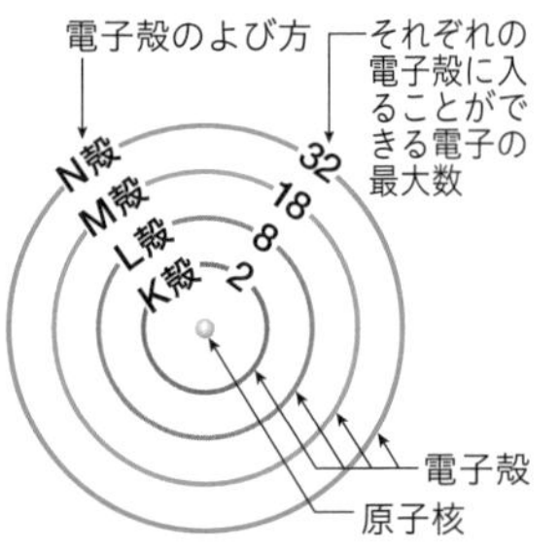

図1　原子の構造と電子殻

❶発光スペクトルとボーアの原子モデル

放電管に水素を封入し，高電圧をかけて放電すると，水素分子 H_2 から水素原子 H が生じ，赤紫色の発光が観察される。この光をプリズムなどに通すと，特定の波長の光にわかれる(図2)。これを水素原子の**発光スペクトル**という。

ボーアの原子モデル　ニールス・ボーアは，水素原子の発光スペクトルを説明するために，図3のような水素原子のモデルを提案した。このモデルでは電子が原子核からある距離(r = 0.053 nm)を保って円(K殻)の上を運動している。このときの電子は最もエネルギーが低い状態(**基底状態**)である。水素原子ではK殻の外側にも電子が存在できる領域(L殻，M殻など)があり，それらは**電子殻**とよばれる。それぞれの電子殻の平均半径 r は決まっていて，飛びとびの値しかとることができない。

電子のエネルギーは，正電荷をもつ原子核と負電荷をもつ電子の距離 r が大きくなると，これらの間の静電気的な引力が減少するため高くなる。したがって，電子のエネルギーは r によって決まることになり，r の値に応じて電子のエネルギーも飛びとびの値となる。放電によって生成した水素原子は，K殻にある電子が，エネルギーの高いL殻やM殻などに移動(**励起**(れいき))した高エネルギー状態(**励起状態**)となる。エネルギーが高い状態は不安定なため，短時間のうちにエネルギーの低い電子殻に電子が移動し，エネルギーの低い状態になる。その際に，電子殻のもつエネルギーの差を光として放出することから，いくつかの特定の波長の光が観測されるのである。

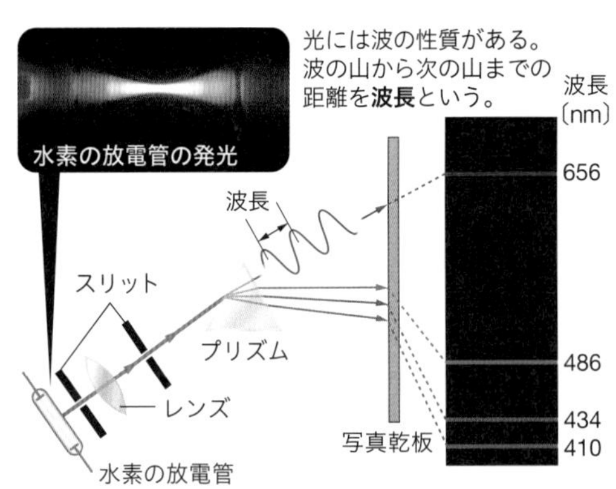

図2　水素分子の放電と水素原子の発光スペクトル

図3　水素原子モデルとボーア

❷電子の存在確率

ボーアが考案した水素原子のモデルでは，電子のエネルギーが飛びとびの値しかとれないことを直感的に理解できる。しかし，電子が半径 r の円の上を運動していることを直接的に示す実験事実は得られていない。電子は実際にはどこにいるのだろうか。

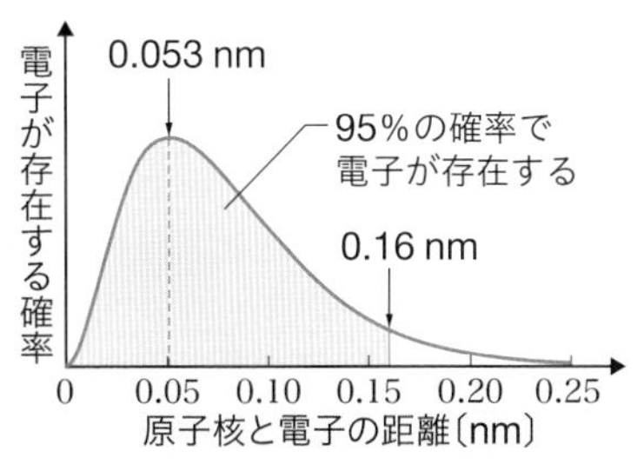

図4　電子が存在する確率と距離の関係

現在，理論的にある瞬間における電子の位置を正確に決めることはできないが，電子の存在確率を求めることはできる。電子の存在確率は，原子核からの距離により変化する。水素原子における電子の存在する確率と原子核までの距離 r との関係を計算した結果が，図4である。最も電子が存在する確率が高いのは，$r = 0.053$ nm のときであり，この値はボーアが考案した水素原子モデルの半径と等しい。また，電子は $r = 0.16$ nm の球の中に95％の確率で存在することがわかる(図5)。このことから，この球を用いて，電子が存在する空間領域を表すことができる。電子が存在する空間領域を **電子の軌道** あるいは **軌道** といい，図5の電子の軌道を **1s 軌道**❶ という。▶ p.24 ▶ p.24 ▶ p.24

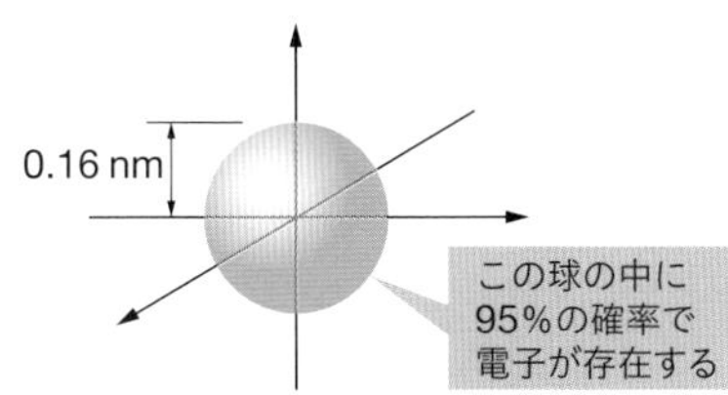

図5　境界面で表した水素原子の1s軌道

電子殻は，s 軌道，p 軌道，d 軌道などとよばれるいくつかの電子軌道から構成されていて，電子は実際には電子軌道に収容されている。s 軌道では，電子が原子核のまわりに球状に分布しているが，p 軌道，d 軌道などの形は球状ではない。K 殻には 1s 軌道が1個，L 殻には 2s 軌道が1個と 2p 軌道が3個存在する(▶ p.24)。

❶ 1s 軌道の「1」は電子のエネルギーの大きさを表す。電子殻には，K，L，M，N，…があるが，これらを同順で1，2，3，4，…と名づけている（**主量子数** n という）。「s」は軌道の形を意味していて，球対称な軌道を表す。

❸原子の構造と炎色反応(▶ p.168)

ナトリウム Na やカリウム K の炎色反応(▶ p.13)は，

(1)　炎の熱によって化合物が分解して原子となる
(2)　原子が熱のエネルギーにより励起状態となる
(3)　基底状態に戻るときに可視光が放出される

という現象である。たとえば，カリウムでは，基底状態では価電子は N 殻の 4s 軌道に収容されており(▶ p.25)，励起状態で 4p 軌道に移った価電子が 4s 軌道に戻るときに 766.5 nm の光を放出する。これ以外の波長の光も放出され，全体で赤紫色の光として人間の目に観測される。

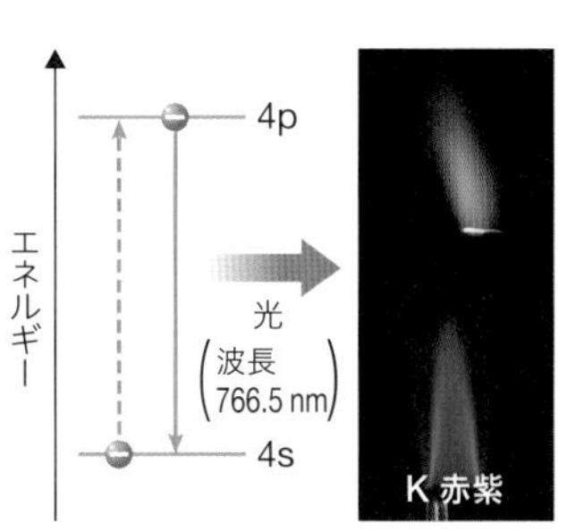

図6　カリウムKの炎色反応

カリウム $_{19}$K 原子の価電子はなぜ 1 個なのか

M殻には電子が18個まで収容できるにもかかわらず，$_{19}$K の電子配置は，K殻に 2 個，L殻に 8 個，M殻に 8 個，N殻に 1 個である。なぜM殻に 9 個の電子が入らないのだろうか。

❶電子の軌道

●**電子の分布**　原子内の電子は，原子核のまわりで運動しているが，その位置を正確に追跡することはできない。しかし，原子核のまわりの電子の存在確率は理論的に求めることができ，電子の分布状態を点の数の粗密で表したものは，雲のように見え，**電子雲**（electron cloud）という。

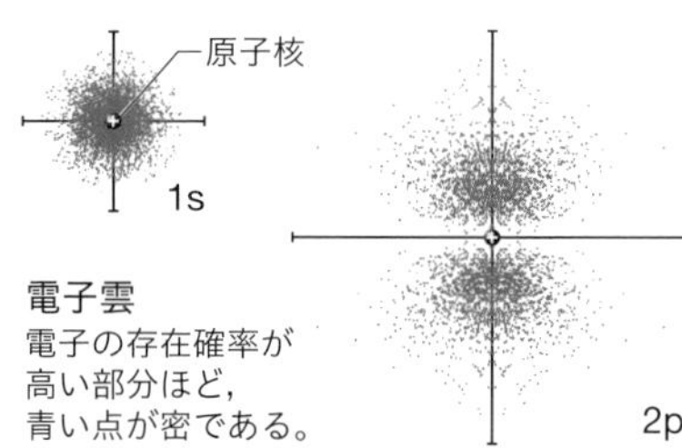

図 1　電子雲

●**電子殻と軌道**　K殻，L殻，M殻などの電子殻の内部構造には，副殻として，s，p，d，…とよばれる**軌道**（orbital）[❶]がある。**s軌道**では，電子が原子核のまわりに球状に分布している。**p軌道**は，原子核を中心にx軸，y軸，z軸方向へアレイ形にはり出した 3 個の軌道からなる。**d軌道**は，やや複雑な形の 5 個の軌道である。K殻はs軌道しかもたず，**1s軌道**とよばれる。L殻には，s軌道とp軌道が存在し，これは**2s軌道**，**2p軌道**という。2s軌道は1s軌道よりも大きな球形をとる。

❶ s, p, d, f の名称は，それぞれの軌道が関係するスペクトルの特徴に由来する。
s ; sharp
p ; principal
d ; diffuse
f ; fundamental

K殻　L殻
1s 軌道　2s 軌道　2p 軌道
1s　2s　$2p_x$　$2p_y$　$2p_z$

図 2　s軌道とp軌道の形

●**d 軌道と f 軌道**

M 殻には，s 軌道と p 軌道の他に 5 個の d 軌道がある。これらは $3d_{xy}$，$3d_{yz}$，$3d_{zx}$，$3d_{x^2-y^2}$，$3d_{z^2}$ などと表される。さらにエネルギーの高い N 殻には s，p，d 軌道のほかに七つの f 軌道[❷]がある。

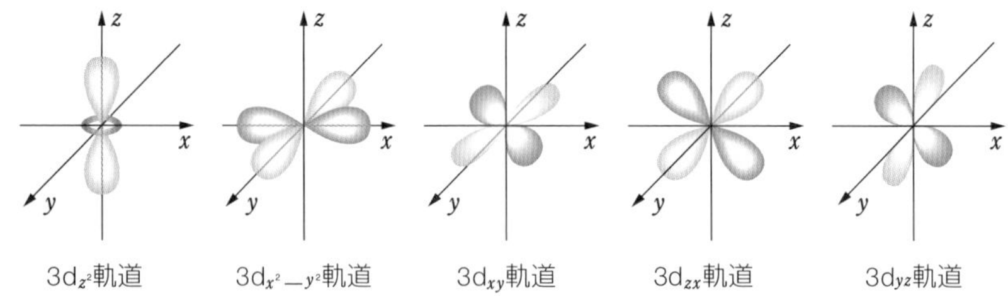

$3d_{z^2}$軌道　$3d_{x^2-y^2}$軌道　$3d_{xy}$軌道　$3d_{zx}$軌道　$3d_{yz}$軌道

図 3　d軌道の形

❷ 4f 軌道の例（色わけは，正負の領域を示す）

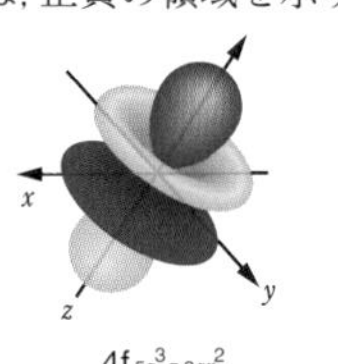

$4f_{5z^3-3zr^2}$

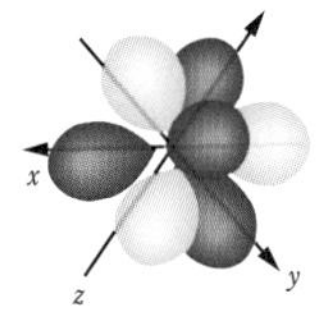

$4f_{xyz}$

表 1　電子殻と軌道

電子殻	K殻	L殻		M殻			N殻			
主量子数(n)	1	2		3			4			
軌道の名称	1s	2s	2p	3s	3p	3d	4s	4p	4d	4f
軌道の数(n^2)	1	1	3	1	3	5	1	3	5	7
最大電子数	2	2	6	2	6	10	2	6	10	14
合計($2n^2$)	2	8		18			32			

❷電子の軌道からみた電子配置

●電子の最大収容数　それぞれの軌道に，電子は２個までしか入ることができない。[3] K殻は1s軌道のみなので，最大で２個の電子を収容できる。L殻は2s軌道と2p軌道の計４個の軌道が存在するので，８個までの電子が入る。M殻は3s軌道，3p軌道，3d軌道の計９個の軌道をもつので，18個までの電子が入る。

●電子の詰まっていく順番　安定な原子の電子配置を実験で調べてみると，電子は次のような順に詰まっていくことが多い。

1s → 2s → 2p → 3s → 3p → 4s → 3d → 4p

つまり，M殻には18個まで電子が収容できるにも関わらず，M殻の3d軌道よりも先に，N殻の4s軌道に電子が入る。したがって，カリウムKやカルシウムCaでは，M殻の3s軌道と3p軌道に８個入った後，N殻の4s軌道に電子が収容されていく。

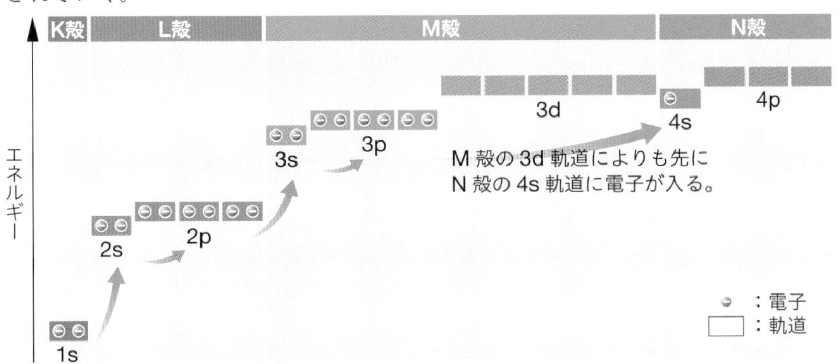

図４　カリウムK原子の電子配置
カリウムKの場合，エネルギーの低い軌道から電子が詰まっていく。

❸電子の矢印表記とフントの規則

●電子の矢印表記　軌道に電子が入っている状態を，模式的に表す便利な方法は軌道を箱で表し，その中の電子を矢印で表す方法である。[4] たとえば，２個の電子が入っている1s軌道は右図のように表す。もっと簡単には「$1s^2$」と書いて，「いちエスに」と読む方法がある。

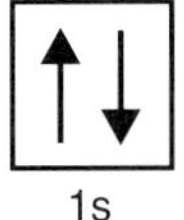

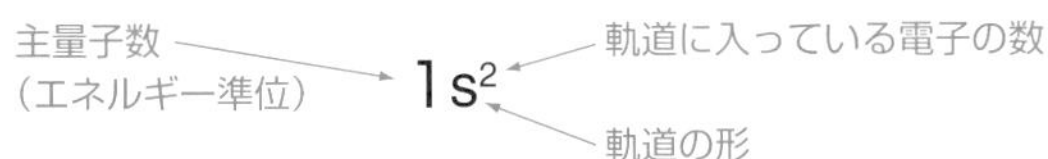

●フントの規則　３個のp軌道や，５個のd軌道のように同じエネルギーの軌道がいくつかあるときには，電子はまず１個ずつわかれて入っていく（別々の軌道に入った方が電子間のマイナスどうしの反発が小さく，エネルギーを得するからである）。軌道の数だけの電子が入ると，はじめて次の電子が矢印を反対にして対をつくって入るようになる。このような入り方は，**フントの規則**[5] として知られている。

	K殻	L殻				M殻									N殻
	1s	2s	2px	2py	2pz	3s	3px	3py	3pz	3d					4s
H	↑														
C	↑↓	↑↓	↑	↑											
S	↑↓	↑↓	↑↓	↑↓	↑↓	↑↓	↑↓	↑	↑						
K	↑↓	↑↓	↑↓	↑↓	↑↓	↑↓	↑↓	↑↓	↑↓						↑

図５　パウリの排他律とフントの規則による電子配置

❸　1925年にパウリ（Pauli）が見つけたルールでパウリの排他律（パウリの原理）という。

❹　電子の矢印表記について
電子を矢印で表したのには意味がある。電子には電荷のほかに磁性に関係するスピンという属性がある。このスピンには上向きと下向きの２種がある。一つの軌道に２個の電子が入る場合には，一方が上向き，他方が下向きでなければならない。

❺　フント（Hund）が1925年に見いだした経験則で，主なものは次の二つである。
(1)　同じエネルギーをもついくつかの軌道に電子が入るときには，なるべく違う軌道に分散して入る。この方が負の電荷をもつ電子の間の反発エネルギーが小さくなるからである。
(2)　そのように電子が入るときに，電子のスピン（矢印で表している）は互いに同じ向きを向いている（少しむずかしいが，この方が交換相互作用が働いてエネルギーが安定になる）。

❹周期表と電子の軌道

●**第 1 周期**　水素原子はただ 1 個の電子をもち, 1s 軌道に入る。したがって, 電子配置は $1s^1$ である。ヘリウムになると, このもっともエネルギーが低い軌道は 2 個の電子で満たされ, $1s^2$ の電子配置になる。

H　$1s^1$
He　$1s^2$

●**第 2 周期**　第 2 周期になると, エネルギーが一段高い軌道に電子を収容する必要がある。リチウムの 3 個目の電子は 2s 軌道に入る。2s の方が 2p よりも若干エネルギーが低いからである。結局リチウムの電子配置は $1s^2\,2s^1$ となる。次のベリリウムでは, 電子が 1 つ増えるが, 同じ 2s 軌道に入るから, 電子配置は $1s^2\,2s^2$ になる。これで 2s 軌道はいっぱいになったので, 次には 2p 軌道に入りはじめる。2p 軌道は 3 つあってそのエネルギーは等しいので, 電子は各軌道に 1 つずつ入りはじめる。

B　$1s^2\,2s^2\,2p_x^{\,1}$
C　$1s^2\,2s^2\,2p_x^{\,1}\,2p_y^{\,1}$
N　$1s^2\,2s^2\,2p_x^{\,1}\,2p_y^{\,1}\,2p_z^{\,1}$

次に入る電子はすでに入っている電子と対をつくる。

O　$1s^2\,2s^2\,2p_x^{\,2}\,2p_y^{\,1}\,2p_z^{\,1}$
F　$1s^2\,2s^2\,2p_x^{\,2}\,2p_y^{\,2}\,2p_z^{\,1}$
Ne　$1s^2\,2s^2\,2p_x^{\,2}\,2p_y^{\,2}\,2p_z^{\,2}$

電子がこのような順序で入ることを承知していれば, いちいち全部の電子配置をかかなくても, 次のように省略してかくことができる(むしろその方が普通である)。たとえば, フッ素に対しては, $1s^2\,2s^2\,2p^5$, またネオンに対しては $1s^2\,2s^2\,2p^6$ とする。

●**第 3 周期**　ネオンまできて 2 番目のエネルギーの軌道は満たされた。このあとは, ナトリウムから第 3 の周期に入る。電子のつめ方は, 第 2 周期とまったく同じである。たとえば, 次のようである。

		簡略化した書き方
Mg	$1s^2\,2s^2\,2p^6\,3s^2$	[Ne]❶ $3s^2$
S	$1s^2\,2s^2\,2p^6\,3s^2\,3p_x^{\,2}\,3p_y^{\,1}\,3p_z^{\,1}$	[Ne] $3s^2\,3p_x^{\,2}\,3p_y^{\,1}\,3p_z^{\,1}$
		または [Ne] $3s^2\,3p^4$
Ar	$1s^2\,2s^2\,2p^6\,3s^2\,3p_x^{\,2}\,3p_y^{\,2}\,3p_z^{\,2}$	[Ne] $3s^2\,3p_x^{\,2}\,3p_y^{\,2}\,3p_z^{\,2}$
		または [Ne] $3s^2\,3p^6$

❶ [Ne] は Ne の電子配置 $1s^2\,2s^2\,2p^6$ を表す。

●**第 4 周期のはじめ (K, Ca)**
アルゴンまできた段階で, まだ M 殻はいっぱいになっていない。3d 軌道が残っている。しかし, K や Ca では, エネルギーは 3d 軌道よりも 4s 軌道の方が低い。したがって, 電子は 3d 軌道に入る前に 4s 軌道に入る。

K　$1s^2\,2s^2\,2p^6\,3s^2\,3p^6\,4s^1$
Ca　$1s^2\,2s^2\,2p^6\,3s^2\,3p^6\,4s^2$

●**遷移元素（Sc ～ Zn）**　スカンジウムから亜鉛までは，4s 軌道に電子が入り，それから 3d 軌道につまっていくことが多く，その後で 4p 軌道に入る。したがって，スカンジウムから亜鉛までの元素では，電子は d 軌道に入る。これらの元素は，**遷移元素**（せんい）（▶p.32）または**遷移金属**とよばれる。

d 軌道の電子は，通常 d^5 や d^8 のようにかく。d 軌道には同じエネルギーの状態が 5 つあるから，電子はまず 1 個ずつ各軌道を埋めていく。電子が 5 個入ると各軌道に 1 個ずつの電子が存在することになるから，次の電子からは対をつくって満たしていく（フントの規則：▶p.25）。

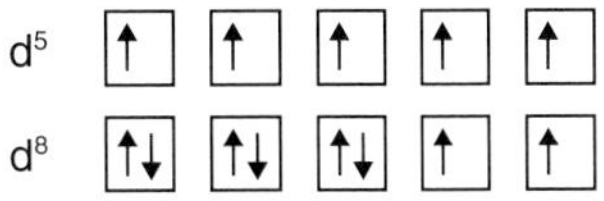

d^5	↑	↑	↑	↑	↑
d^8	↑↓	↑↓	↑↓	↑	↑

電子配置を示す場合には，電子が入る順番とは関係なく，主量子数の等しい軌道をまとめて表す習慣になっている。

Sc　$1s^2\ 2s^2\ 2p^6\ 3s^2\ 3p^6\ 3d^1\ 4s^2$
Ti　$1s^2\ 2s^2\ 2p^6\ 3s^2\ 3p^6\ 3d^2\ 4s^2$
V　$1s^2\ 2s^2\ 2p^6\ 3s^2\ 3p^6\ 3d^3\ 4s^2$
Cr　$1s^2\ 2s^2\ 2p^6\ 3s^2\ 3p^6\ 3d^5\ 4s^1$ ❷
Mn　$1s^2\ 2s^2\ 2p^6\ 3s^2\ 3p^6\ 3d^5\ 4s^2$
Fe　$1s^2\ 2s^2\ 2p^6\ 3s^2\ 3p^6\ 3d^6\ 4s^2$
Co　$1s^2\ 2s^2\ 2p^6\ 3s^2\ 3p^6\ 3d^7\ 4s^2$
Ni　$1s^2\ 2s^2\ 2p^6\ 3s^2\ 3p^6\ 3d^8\ 4s^2$
Cu　$1s^2\ 2s^2\ 2p^6\ 3s^2\ 3p^6\ 3d^{10}\ 4s^1$ ❸
Zn　$1s^2\ 2s^2\ 2p^6\ 3s^2\ 3p^6\ 3d^{10}\ 4s^2$

●**第 4 周期の残り**　4s と 3d 軌道が使い切られると，今度は 4p 軌道が使われる。これは，2p や 3p と同じようにガリウムからクリプトンまでの電子配置を完成させる。たとえば，臭素原子の場合は，次のようになる。

Br　$1s^2\ 2s^2\ 2p^6\ 3s^2\ 3p^6\ 3d^{10}\ 4s^2\ 4p_x^{\,2}\ 4p_y^{\,2}\ 4p_z^{\,1}$

❺元素のブロック

軌道に電子が収容される順番について学習してきた。その際最後に収容される電子に着目して，その電子が1s, 2s, 3s, …に入る元素をsブロック, 2p, 3p, 4p, …に入る元素をpブロック, 3d, 4d, …に入る元素を dブロック, 4f, 5f, …に入る元素を fブロックとして周期表(▶p.31)を色分けすると，下図のようになる。遷移元素はdおよびfブロックと考えることができる。

IUPAC(国際純正および応用化学連合)の2005年勧告では，典型元素(▶p.32)の数を図のように限定している。また，H を除く 1 族，2 族，13～18族の元素を **主要族元素** とよんでいる。

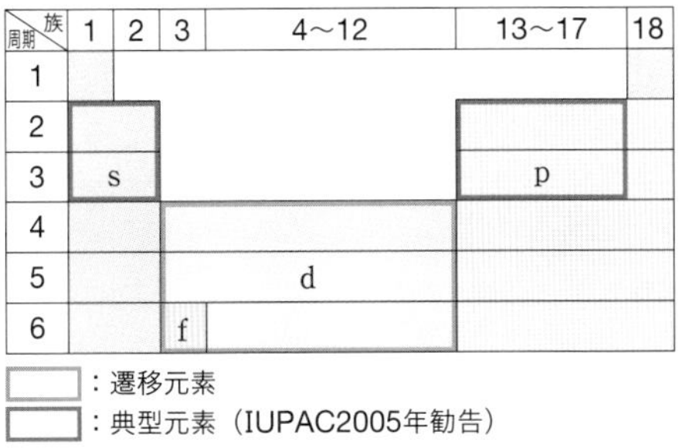

周期＼族	1	2	3	4～12	13～17	18
1						
2	s				p	
3						
4			d			
5						
6			f			

□：遷移元素
□：典型元素（IUPAC2005年勧告）

図 6　元素のブロック

❷　クロム $_{24}Cr$ の場合は，[Ar] $3d^4 4s^2$ ではなく，[Ar] $3d^5 4s^1$ となる。これは 5 つの d 軌道が半分だけ満ちた d^5 の電子配置は特別にエネルギーが低いからである。ただし，バナジウム $_{23}V$ では [Ar] $3d^5 4s^0$ となるわけではない。

❸　銅 $_{29}Cu$ の場合は，[Ar] $3d^9 4s^2$ より，[Ar] $3d^{10} 4s^1$ になることで，5 つの d 軌道が満杯になり，エネルギーが低くなる。ただし，ニッケル $_{28}Ni$ では [Ar] $3d^{10} 4s^0$ とはならない。

2 イオンの生成

A イオン

原子は，電気的に中性であるが，原子や原子の集まり(原子団)が電子をやりとりすると，電気を帯びた **イオン** (ion) となる。電子を放出し正の電荷をもつ粒子を **陽イオン** (cation)，電子を受け取り負の電荷をもつ粒子を **陰イオン** (anion) という。

◆イオンの生成と貴ガスの電子配置　価電子の数が 1 ～ 2[1] の原子は，電子を放出して，最も近い原子番号の貴ガス原子と同じ電子配置の陽イオンになりやすい。また，価電子の数が 6 ～ 7 の原子は，電子を受け取って，最も近い原子番号の貴ガス原子と同じ電子配置の陰イオンになりやすい。

❶ 価電子の数が 3 のアルミニウム Al は，価電子を 3 個失って 3 価の陽イオン Al^{3+} になる。

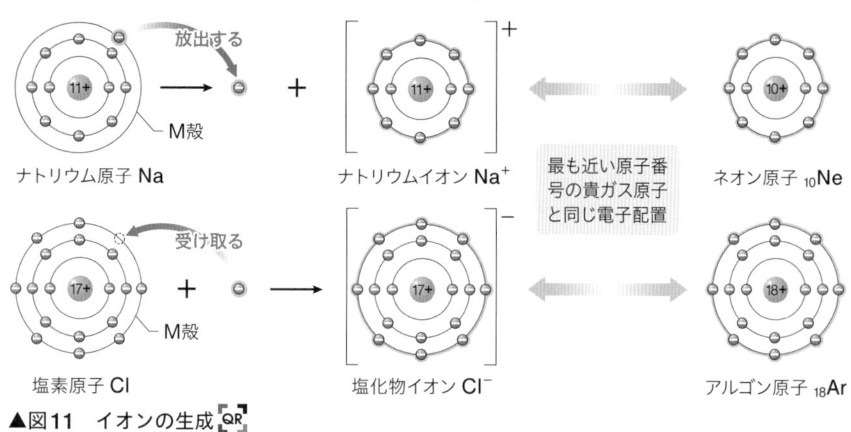

▲図11　イオンの生成 QR

原子は，最も近い原子番号の貴ガス原子と同じ電子配置になる傾向がある。

◆イオンの価数と表し方　イオンがもつ電荷の大きさは，イオンができるときにやりとりした電子の数で表す。この数を価数という。価数が 1，2，…のことを，1 価，2 価，…という。

イオンを表すときは，元素記号の右上に各イオンの価数(1 のときは省略)と正負の符号を添えて表す[2]。このように，元素記号を用いて物質を表した式は，**化学式** (chemical formula ▶ p.59) と総称される。

❷ イオンの化学式をイオン式ということがある。

価数（1 は省略）

Mg^{2+} マグネシウムイオン

正負の符号

Cl^- 塩化物イオン

▲図12　イオンの表し方

◆イオンの分類　Na^+，Cl^- のように，1 個の原子が電子をやりとりしてできるイオンを **単原子イオン** (monoatomic ion)，NH_4^+，SO_4^{2-} のように，原子の集まりが電荷をもったイオンを **多原子イオン** (polyatomic ion) という。

単原子イオンの名称

- 単原子の陽イオンの名称は，元素名に「イオン」をつける。
- 単原子の陰イオンの名称は，元素名の語尾を「～化物イオン」に変える。

▼表 4　イオンの化学式

価数	陽イオン	化学式	陰イオン	化学式
1価	水素イオン	H^+	フッ化物イオン	F^-
	リチウムイオン	Li^+	塩化物イオン	Cl^-
	ナトリウムイオン	Na^+	水酸化物イオン	OH^-
	カリウムイオン	K^+	硝酸イオン	NO_3^-
	銀イオン	Ag^+	炭酸水素イオン	HCO_3^-
	アンモニウムイオン	NH_4^+	酢酸イオン	CH_3COO^-
2価	マグネシウムイオン	Mg^{2+}	酸化物イオン	O^{2-}
	カルシウムイオン	Ca^{2+}	硫化物イオン	S^{2-}
	鉄(Ⅱ)イオン＊	Fe^{2+}	硫酸イオン	SO_4^{2-}
	銅(Ⅱ)イオン＊	Cu^{2+}	亜硫酸イオン	SO_3^{2-}
	亜鉛イオン	Zn^{2+}	炭酸イオン	CO_3^{2-}
3価	アルミニウムイオン	Al^{3+}	リン酸イオン	PO_4^{3-}
	鉄(Ⅲ)イオン＊	Fe^{3+}		

＊緑字は多原子イオンを表す。

＊Fe^{2+}，Fe^{3+}は鉄(Ⅱ)イオン，鉄(Ⅲ)イオンと表し，Cu^+，Cu^{2+}は銅(Ⅰ)イオン，銅(Ⅱ)イオンと表して，区別する。

Note

算用数字とローマ数字

算用数字	ローマ数字
1	Ⅰ
2	Ⅱ
3	Ⅲ
4	Ⅳ
5	Ⅴ
6	Ⅵ
7	Ⅶ
8	Ⅷ
9	Ⅸ
10	Ⅹ

問5.　次の(1)～(3)の原子から生成するイオンについて，化学式と名称，同じ電子配置の貴ガスの名称を答えよ。

(1) リチウム Li　　(2) カルシウム Ca　　(3) 硫黄 S

B イオンの生成とエネルギー

◆イオン化エネルギー　気体の原子から電子1個を取り去って，1価の陽イオンにするために必要なエネルギーを原子の **イオン化エネルギー**[3] (ionization energy) という。原子核に電子を引きつける力が小さく，陽イオンになりやすい性質を **陽性** という。

[3] 原子から1個の電子を取り去るのに要するエネルギーは **第1イオン化エネルギー** ともいう。さらに2個目，3個目の電子を取り去るのに要するエネルギーを **第2，第3イオン化エネルギー** という。

イオン化エネルギーと陽性 ▶p.31

- Li，Na，K などのアルカリ金属原子は，イオン化エネルギー▶p.32が小さいため，1価の陽イオンになりやすく，陽性が強い。
- He, Ne, Ar などの貴ガス原子は，イオン化エネルギーが非常に大きいため，陽イオンになりにくい。

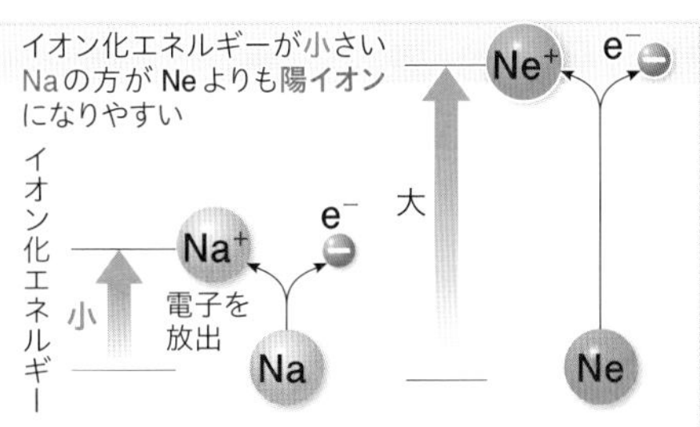

▲図13　イオン化エネルギー

◆電子親和力　原子が電子1個を受け取って，1価の陰イオンになるときに放出するエネルギーを原子の **電子親和力** (electron affinity) という。電子親和力は，1価の陰イオンから電子1個を取り去るのに要するエネルギーに等しい。原子核に電子を引きつける力が大きく，陰イオンになりやすい性質を **陰性** という。

電子親和力と陰性 ▶p.31

- F，Cl，Br などのハロゲン原子は，電子親和力▶p.32が大きいため，1価の陰イオンになりやすく，陰性が強い。

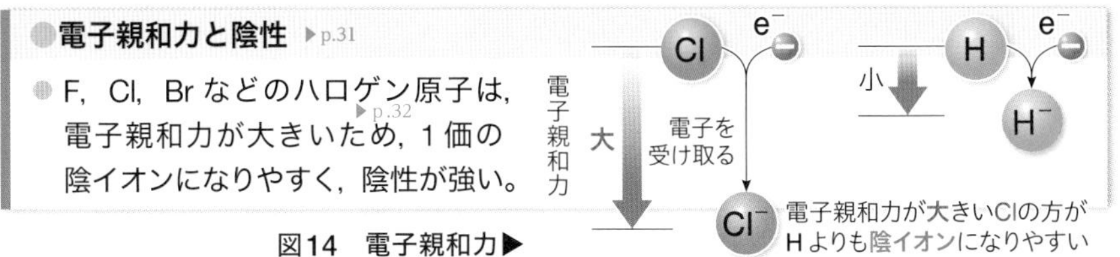

図14　電子親和力▶

from Beginning　スポーツ飲料にはどのようなイオンが含まれているだろうか？

スポーツ飲料には，私たちの体液の成分でもある Na^+，K^+，Ca^{2+}，Mg^{2+}，Cl^- などが含まれています。これらのうち単原子イオンは，イオン化エネルギーの小さい原子からできた陽イオンや，電子親和力の大きい原子からできた陰イオンばかりです。

3 周期表

A 元素の周期律と周期表

◆周期律　元素を原子番号の順に並べると，イオン化エネルギーなどの性質がよく似た元素が周期的にあらわれる。この周期性を元素の **周期律**（periodic law）という。

▶ Key concept **元素の周期律**

● 周期律は，原子の電子配置と関係が深く，原子番号の増加にともなって，価電子の数が周期的に変化するためにあらわれる。

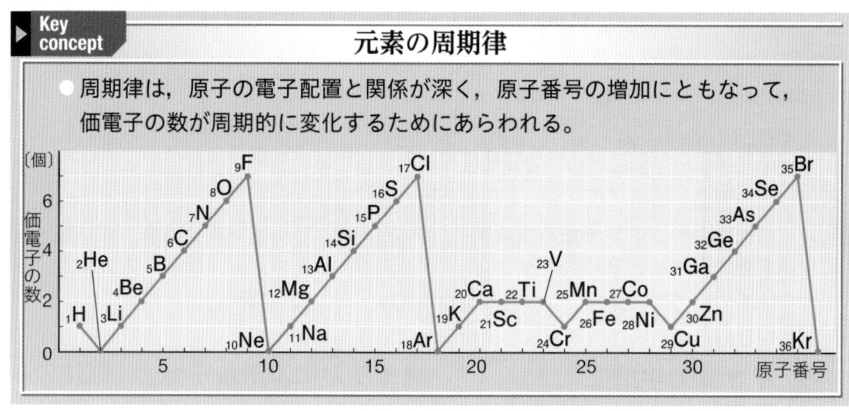

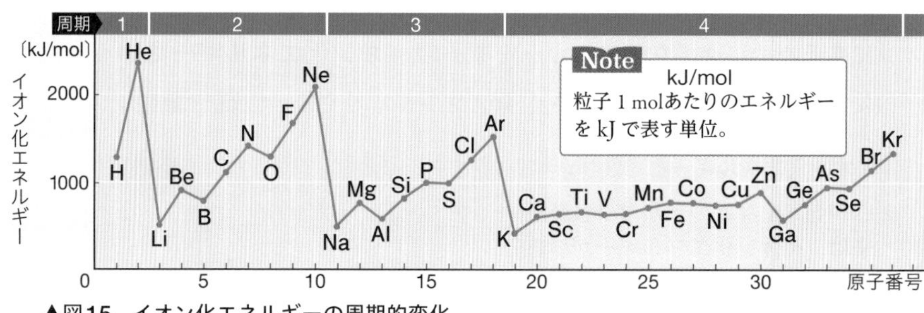

▲図15　イオン化エネルギーの周期的変化

参考　最外殻電子とイオン化エネルギーの関係

これまで学習した原子の構造をもとに，イオン化エネルギーが，周期表の右上の元素ほど大きくなる傾向がある理由について考えてみよう。

●電子が原子核に引きつけられる力　原子の中の電子が原子核に引きつけられる力は，原子核の正電荷が大きくなるほど，電子と原子核の距離が近づくほど，大きくなる。

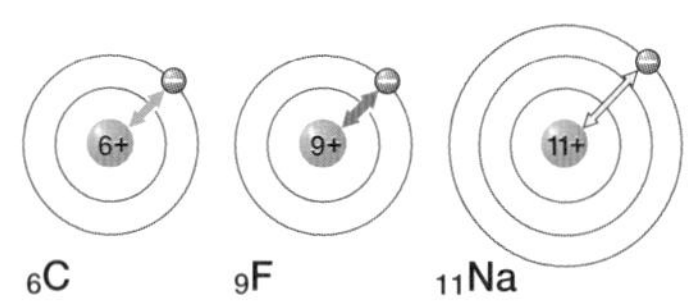

●イオン化エネルギーの変化　電子に働く引力が大きくなるほど，電子を原子核から解き放つのに必要なエネルギーは増加する。

・原子番号が大きくなるにつれ，原子核の正電荷は増加する。

・(同じ電子殻に電子が入るとき)原子核と最外殻電子の距離はあまり変わらない。

➡ 同じ周期では，イオン化エネルギーは原子番号とともに増加傾向

・(より外側の電子殻に電子が入るとき)原子核と電子の間の引力が急に弱くなる。

➡ 次の周期に移ると，イオン化エネルギーは急激に低下

◆元素の周期表　元素を原子番号の順に並べ，性質のよく似た元素が同じ縦の列に並ぶように配列した表を，元素の **周期表** periodic table という。周期表の横の行を **周期** period といい，1行目から順に，第1周期，第2周期，…，第7周期という。周期表の縦の列を **族** group といい，左端から順に1族，2族，…，18族という。同じ族に属する元素を **同族元素** congener という。

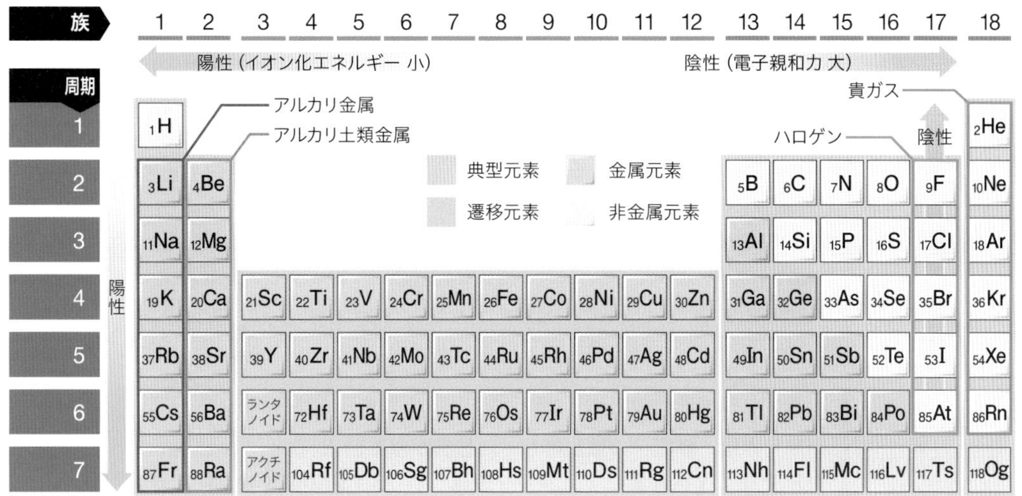

▲図16　周期表　金属元素と非金属元素の境界にある元素は，両方の性質をあわせもっている。

◆イオン半径と周期律　単原子の陽イオン半径はもとの原子の半径よりも小さくなり，単原子の陰イオン半径はもとの原子の半径よりも大きくなる。

> **イオン半径の周期律**
> - 同じ電子配置をもつイオンの半径は，原子番号が大きくなるほど小さくなる。

このような変化がみられるのは，電子配置は等しいが，原子核の正電荷が原子番号順に増し，それにつれて電子がより強く原子核に引かれるためである。

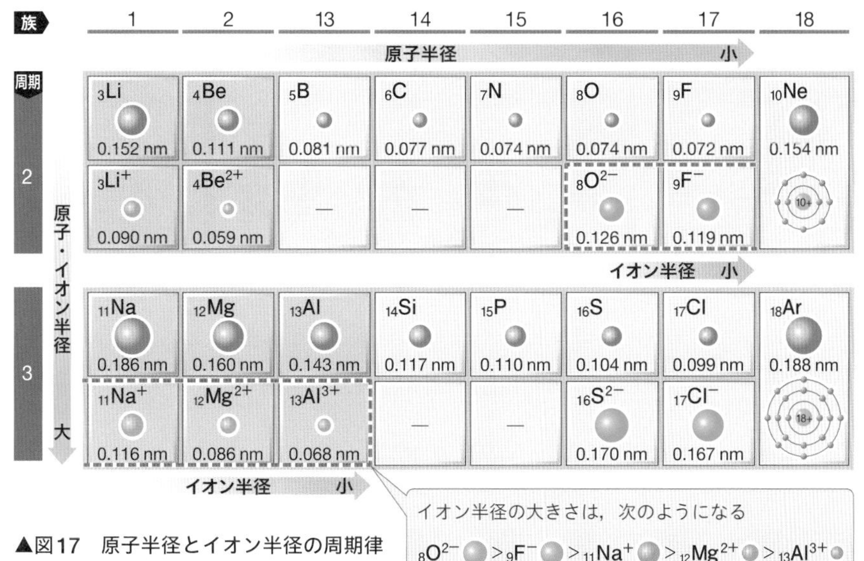

▲図17　原子半径とイオン半径の周期律

B 元素の分類

◆典型元素と遷移元素

1族，2族および13族から18族までの元素を**典型元素**（typical element），3族から12族の元素を **遷移元素**（transition element） という。❶

❶ 12族元素は，遷移元素に含める場合と含めない場合がある。

▼表5 典型元素と遷移元素

典型元素	特　徴	遷移元素
価電子の数が原子番号の増加にともなって，周期的に変化する*。	最外殻電子 / 価電子	最外殻電子の数が周期的に変化せず，1または2のものが多い。
同族元素は，価電子数が等しいため，性質が似ている*。	族	周期表の隣りあう元素どうしも，性質が比較的似ている。
融点や密度が比較的小さいものが多い。	単　体	融点や密度が比較的大きい。
無色であるものが多い。	化合物	有色であるものが多い。

＊価電子数は，1族が1，2族が2，13族が3，14族が4，15族が5，16族が6，17族が7である。18族は価電子数を0とみなす。

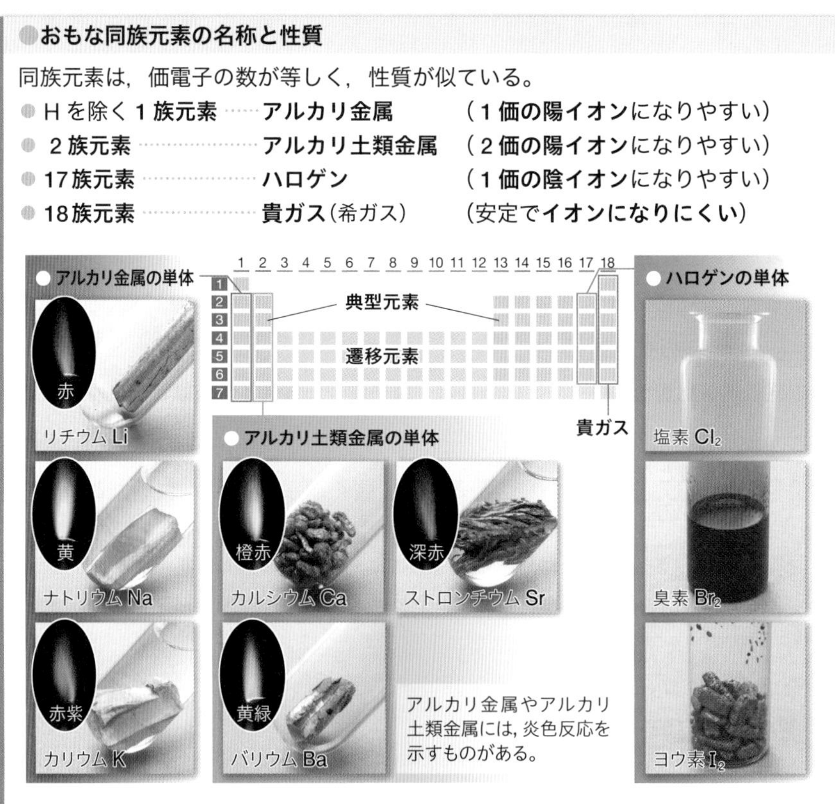

◆金属元素と非金属元素

単体が金属の性質を示す元素を**金属元素**(metallic element)という。周期表の右上に位置する元素と水素 H を除く，約80％の元素は，金属元素である。また，金属元素以外の元素を**非金属元素**(nonmetallic element)という。[2]

[2] 金属元素と非金属元素の境界近くに位置する Al，Zn，Sn，Pb などの金属元素の単体は，**両性金属** とよばれ，酸（▶p.138）とも強塩基（▶p.142）とも反応する。

▼表 6　金属元素と非金属元素

金属元素	特　徴	非金属元素
典型元素と遷移元素の両方がある。	典型元素/遷移元素	すべて典型元素である。
典型元素・遷移元素ともに価電子の数が少なく，価電子を失って陽イオンになりやすい。	原子のイオンへのなりやすさ	H 原子と貴ガス原子以外は，価電子の数が多く，特に16族と17族では，電子を受け取って陰イオンになりやすい。
・常温常圧では固体だが，水銀Hgは液体である。 ・金属光沢をもち，電気や熱をよく伝える。	単体の性質	常温常圧で，貴ガス，水素 H_2，窒素 N_2，酸素 O_2，フッ素 F_2，塩素 Cl_2 が気体，臭素 Br_2 が液体であるが，その他は固体である。

参考　周期表で未知の元素を予測できるか　歴史

典型元素では同族元素の性質が似ていることから，元素の性質をある程度予測することができる。世界ではじめて周期表をつくったメンデレーエフは，未発見の元素の性質を予言していた。

❶周期表の発明と元素の予言　1869年，ロシアのメンデレーエフは，当時知られていた63の元素を原子量の順に並べると，性質のよく似た元素が周期的にあらわれることを発見した。彼は，周期律を特に重視して元素を分類し，いくつかの空欄をもつ表をつくり，その空欄には未知の元素が入るものと予言した。

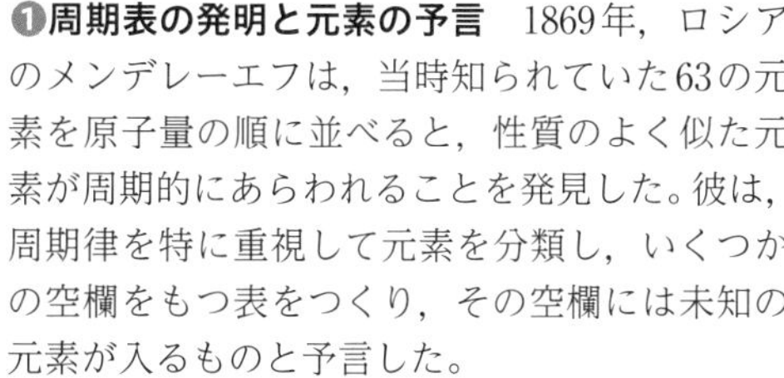

メンデレーエフ

❷エカケイ素とゲルマニウム　当時ケイ素 Si の下に位置する元素は空欄であったので，メンデレーエフはそれをエカケイ素 Es と名づけ，性質を予言した。1886年に発見されたゲルマニウム Ge の性質は，エカケイ素と驚くほどよく一致している。

	原子量	原子価[3]	密度〔g/cm³〕	融点〔℃〕	酸化物	塩化物
エカケイ素 Es	72	4	5.5	高い	EsO_2	$EsCl_4$
ゲルマニウム Ge	72.63	4	5.32	937	GeO_2	$GeCl_4$

[3] p.62 参照。

from Beginning　元素の周期表で，H と He の間のように，空白の部分があるのはなぜだろうか？

元素の周期表の周期を構成する要素の数は，常に同じ個数ではありません。性質が近い元素の仲間(族)を縦に並べると，第 1 周期に 2 個，第 2，第 3 周期に 8 個，第 4，第 5 周期に18個，第 6，第 7 周期に32個の元素が配置されます。つまり，縦の列(族)を18列と定めている周期表においては，含まれる元素数が18に満たない周期では空白の部分が生じることになるのです。このように並べることによって，典型元素では，18族の貴ガスを除いて，族番号の下 1 桁が価電子の数になります。

まとめ

1. 原子の構造

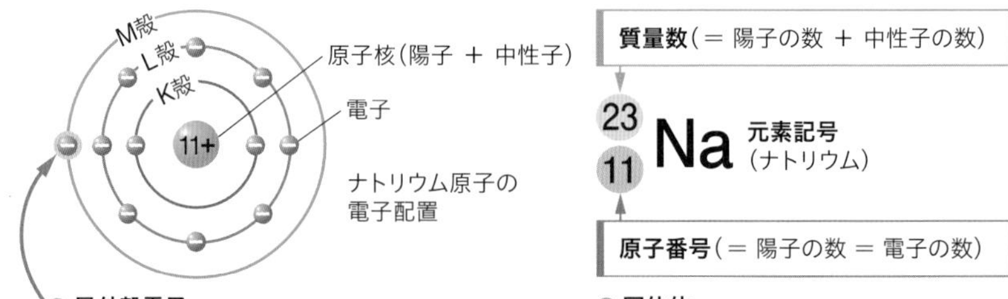

● **最外殻電子**
- 貴ガスを除き，**価電子**とよばれる。
- 他の原子と結合するときなどに重要な役割を果たす。
- 貴ガス原子の価電子の数は0とみなす。

● **同位体**
- 原子番号は等しいが，原子核の中性子の数は違う。
- **放射性同位体**は放射線を放出して他の原子に変わる。

2. イオンの生成

●一般に，**単原子イオンの電子配置 ＝ 最も近い原子番号の貴ガスの電子配置**

●**イオン化エネルギー**　原子から電子１個を取り去るために **必要なエネルギー**

●**電子親和力**　原子が電子１個を受け取るときに **放出するエネルギー**

3. 周期表

●**元素の周期律**　原子番号の順に並べると，性質のよく似た元素が周期的にあらわれる。

論述問題　1章　2節

1 同位体　水素の安定同位体 ^{1}H と ^{2}H の存在比はそれぞれ99.9885 % と0.0115 %，酸素の安定同位体 ^{16}O，^{17}O，^{18}O の存在比はそれぞれ99.757 %，0.038 %，0.205 %である。水分子は水素原子と酸素原子から構成されるので，これら異なる同位体を含む異なる水分子ができる。

(1)　何種類の水分子ができるかを説明せよ。

(2)　原子 ^{1}H，^{2}H，^{16}O からなる水分子を $^{1}H-^{16}O-^{2}H$ のように表すとき，最も質量の大きい水分子を同様に示せ。また，その理由も示せ。

(3)　最も多く存在する水分子を(2)のようにして示せ。また，その理由も述べよ。

point 同位体は，同じ元素の原子であるが，質量数が異なる。(▶p.17)

2 原子半径と周期律　リチウムと同じアルカリ金属であるカリウムは，リチウムより水と激しく反応して爆発的に水素を発生する。カリウムがリチウムより水と激しく反応する理由を40字以内で示せ。

point 価電子が離れやすいと反応性は大きくなる。(▶p.31)

3 イオン半径と周期律　I^- と Cs^+ に存在する電子数は等しいが，イオン半径が異なる。イオン半径の大小を理由をつけて答えよ。

point イオン半径は原子核と最外殻電子間の距離による。(▶p.31)

1 原子の構造　次の記述の中の(a)～(f)は，あとのア～カのどれか。

① 原子は，(a)と(b)からなる。
② (c)は ^{1}H の(a)に相当し，正の電荷をもっている。
③ (a)の中の(c)と(d)の数の和を(e)という。
④ (c)の数はそれぞれの元素によって決まっており，この数を(f)という。

ア 原子番号　イ 電子　ウ 原子核
エ 陽子　オ 中性子　カ 質量数

2 陽子と中性子　次のア～カの原子のうち，中性子数が陽子数より 1 つ多いものをすべて選べ。

ア ^{12}C　イ ^{18}O　ウ ^{23}Na　エ ^{31}P　オ ^{37}Cl　カ ^{40}Ca

3 原子の電子配置　次の(a)～(f)の原子について，あとの問いに答えよ。

(a) $_{2}He$　(b) $_{3}Li$　(c) $_{6}C$　(d) $_{12}Mg$　(e) $_{16}S$　(f) $_{19}K$

(1) 価電子を 2 個もつ原子はどれか。
(2) 価電子数の等しい原子はどれとどれか。
(3) M殻に電子を 6 個もつ原子はどれか。

4 イオン　次のア～カのイオンについて，あとの問いに答えよ。

ア 水酸化物イオン　イ リン酸イオン　ウ アンモニウムイオン
エ 硫化物イオン　オ 硫酸イオン　カ カルシウムイオン

(1) それぞれのイオンの化学式を書き，単原子イオンと多原子イオンに分類せよ。
(2) 電子の総数が等しいものの組み合わせをすべてあげ，記号で答えよ。
(3) イとカでできている化合物全体の電荷が 0 になるのは，イとカの数の比がどのようなときか。最小の比(イの数：カの数)で答えよ。

5 元素の周期表　次の図は，元素の周期表を表したものである。

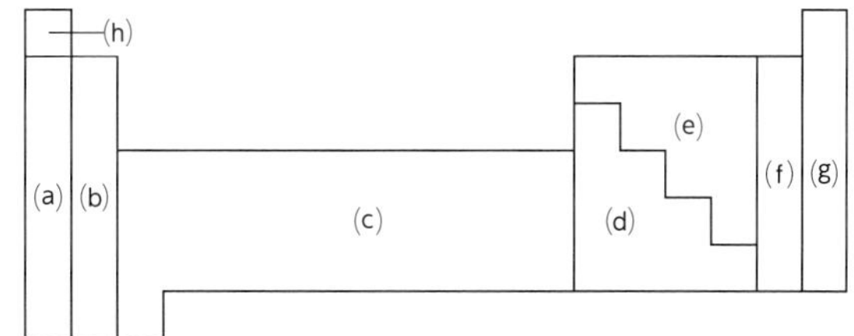

(1) ハロゲンの領域は(a)～(h)のうちどれか。
(2) 典型元素の中で，金属元素の領域をすべて選べ。
(3) 原子番号と族番号が一致している原子をすべて元素記号で書け。

アボガドロ（Avogadro）

3節 物質量と化学反応式

Amount of Substance and Chemical Equation

Beginning

1. 原子の質量はどのくらいの大きさだろうか？
2. 500mL の水にはどのくらいの数の水分子が含まれているだろうか？
3. 化学反応から化学製品をつくるとき，どのようにして原料の無駄を少なくしているだろうか？
4. 化学で用いる溶液の濃度には，どんな表し方があるのだろうか？

1 原子量と分子量・式量

Beginning 1

A 原子の相対質量と原子量

◆原子の相対質量　原子1個の質量はきわめて小さく，水素原子 ^{1}H の質量は 1.6735×10^{-24} g[❶]，炭素原子 ^{12}C の質量は 1.9926×10^{-23} g である。これらを g 単位で表すと小さすぎて扱いにくい。そのため，原子の質量は，特定の原子を基準に選び，その原子の質量との比で表す。すなわち，質量数12の炭素原子 ^{12}C 1個の質量を12とし，これを基準として各原子の **相対質量**（relative mass）を定める。相対質量は，質量そのものではなく質量の比なので，単位はない。

❶ この値は 0.000 000 000 000 000 000 000 001 673 5 g となる。指数計算については化学計算の基礎（▶p.238）を参照。

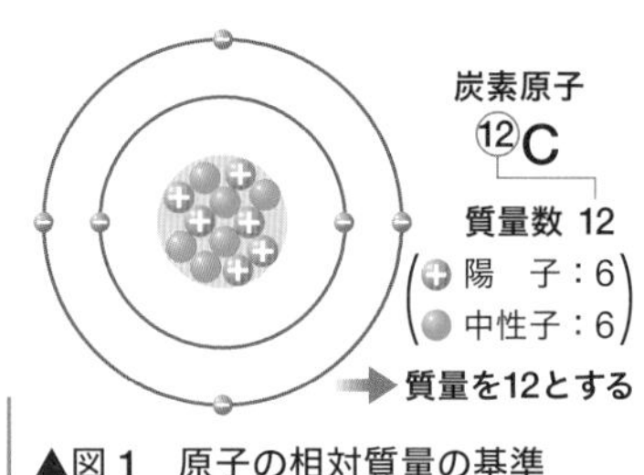

▲図 1　原子の相対質量の基準

●相対質量の求め方

^{12}C 1個の質量を 12 とし，比例計算で求める
［^{1}H の相対質量 x］

1.9926×10^{-23} g : 1.6735×10^{-24} g $= 12 : x$
（^{12}C 1個の質量）（^{1}H 1個の質量）

$x = 1.0078$

^{1}H の相対質量は ^{1}H の質量数「1」とほぼ等しくなる

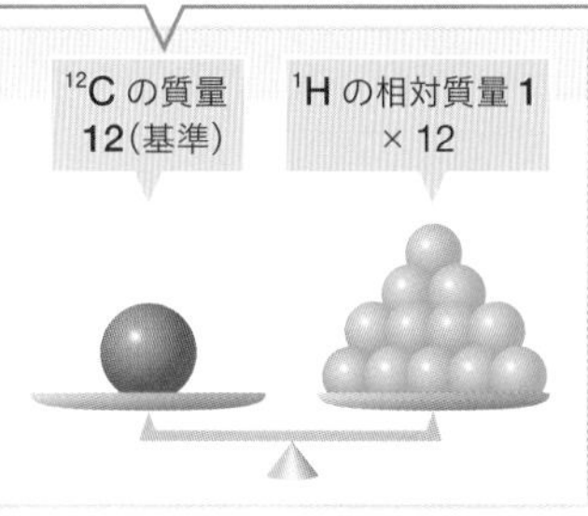

問1.　窒素原子 ^{14}N の質量は 2.3253×10^{-23} g である。^{14}N の相対質量を求めよ。

◆原子量　自然界に存在する多くの元素には，相対質量の異なるいくつかの同位体（▶p.17）が混じっている。同位体の存在比は，それぞれの元素でほぼ一定であり，各元素の同位体の相対質量と存在比から求められる平均値を，元素の **原子量**[❷]（atomic weight）という。相対質量と同様に，原子量に単位はない。安定な同位体が存在しないナトリウムやフッ素，アルミニウムなどは相対質量の値が原子量の値と同じになる。

❷ 表紙裏の周期表には，有効数字 4 桁の原子量が示してある。しかし，計算が煩雑になることを避けるために，本書の計算問題では指示がない限り原子量の概数値を用いる。

●原子量の求め方

原子量 ＝（同位体の相対質量 × 存在比）の総和

[炭素の原子量]

炭素には，^{12}C（相対質量 12）が 98.93 %，^{13}C（相対質量 13.003）が 1.07 % 存在する。

$$\underset{^{12}C\text{の相対質量}}{12} \times \underset{\text{存在比}}{\frac{98.93}{100}} + \underset{^{13}C\text{の相対質量}}{13.003} \times \underset{\text{存在比}}{\frac{1.07}{100}} = 12.01$$

したがって，炭素の原子量は 12.01 である。

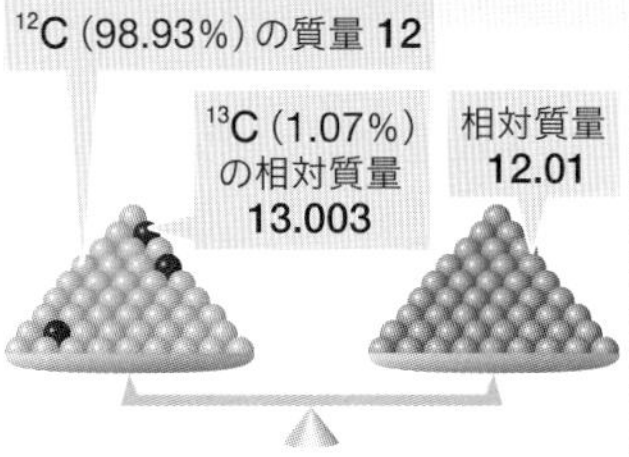

^{12}C (98.93%) の質量 12

^{13}C (1.07%) の相対質量 13.003

相対質量 12.01

すべての C 原子の相対質量を 12.01 とみなす

▼表 1　同位体の相対質量と原子量

元素名	同位体	相対質量	存在比〔%〕	原子量（概数値）
水素	^{1}H	1.0078	99.9885	1.008 (1.0)
	^{2}H	2.0141	0.0115	
炭素	^{12}C	12（基準）	98.93	12.01 (12)
	^{13}C	13.0034	1.07	
酸素	^{16}O	15.9949	99.757	16.00 (16)
	^{17}O	16.9991	0.038	
	^{18}O	17.9992	0.205	
フッ素	^{19}F	18.9984	100	19.00 (19)
ナトリウム	^{23}Na	22.9898	100	22.99 (23)

本書では，計算を行う際は，概数値を使用する　なお，計算方法は，化学計算の基礎を参照

自然界に同位体が存在しない（相対質量）＝（原子量）

原子量は有効数字4桁で示している。

^{12}C の質量を 12 とした値なので，単位はない

Thinking Point 1　アルゴン Ar とカリウム K についてみてみると，原子番号はそれぞれ 18 と 19 で Ar の方が小さいが，原子量はそれぞれ 40.0 と 39.1 で K の方が小さい。この理由について説明せよ。

B 分子量・式量

◆**分子量**　原子量と同じように，^{12}C の相対質量 12 を基準として求めた分子の相対質量を **分子量**（molecular weight）という。分子量は，分子式に含まれる元素の原子量の総和になる。そのため，原子量と同様に分子量も相対値なので単位はない。

●分子量の求め方

分子量

＝分子式に含まれる元素の原子量の総和

[水 H_2O の分子量]

$(\underset{\text{水素 H の原子量}}{1.0} \times 2) + (\underset{\text{酸素 O の原子量}}{16} \times 1) = 18$

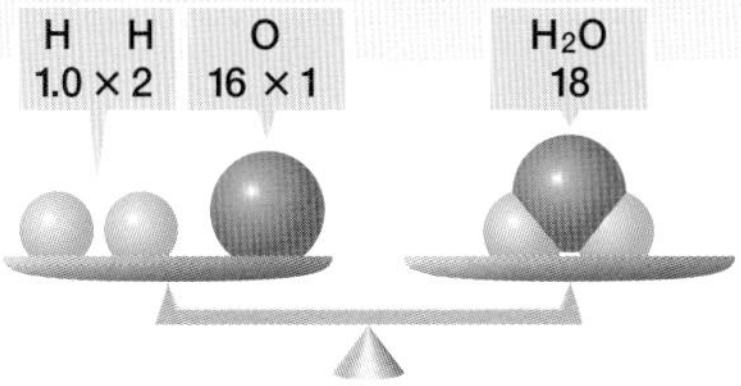

H H 1.0 × 2　O 16 × 1　H_2O 18

◆**式量**　分子式と分子量の関係と同様に，組成式やイオンの化学式に含まれる元素の原子量の総和を **式量**（formula weight）という。式量も相対値なので単位はない。

イオン結晶や金属のような組成式▶p.53, 80で表される物質では，組成式に含まれる各元素の原子量の総和を求める。

イオンの式量については，電子の質量は原子に比べて非常に小さいので無視し，イオンを構成する元素の原子量をそのまま用いて総和を求める。

1章 物質の構造

式量の求め方

式　量
　＝組成式やイオンの化学式に含まれる元素の原子量の総和

[塩化ナトリウム NaCl の式量]
$(\underline{23.0}\times 1)+(\underline{35.5}\times 1)=58.5$
Na の原子量　　Cl の原子量

[アルミニウム Al の式量]
$\underline{27}\times 1=27$
Al の原子量

[炭酸イオン CO_3^{2-} の式量]
$(\underline{12}\times 1)+(\underline{16}\times 3)=60$
C の原子量　　O の原子量

電子の質量は小さいため無視できる(▶p.17)

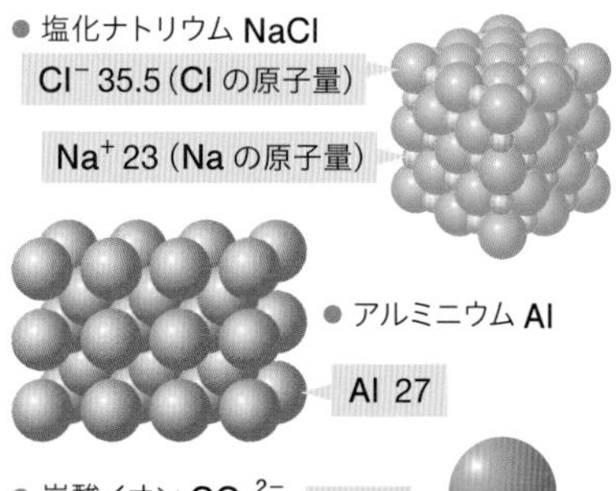

参考 アイソトポマー

構成する元素に安定な同位体が含まれるときは，化学式が同じでも質量が違う複数の種類の分子がある。

●同位体組成の異なる分子　水素原子 H には，^{1}H(存在比 99.9885 %)，^{2}H(存在比 0.0115 %)という 2 種類の安定な同位体があるため，水素分子 H_2 は，厳密には $^{1}H^{1}H$，$^{1}H^{2}H$，$^{2}H^{2}H$ の 3 種類が存在する。これら同位体組成の異なる分子を互いに**アイソトポマー**という。$^{1}H^{1}H$，$^{1}H^{2}H$，$^{2}H^{2}H$ の存在比は次のようになる。

	分子	相対質量	存在比
	$^{1}H-^{1}H$	(相対質量 2.0156)	存在比：$\left(\frac{99.9885}{100}\right)\times\left(\frac{99.9885}{100}\right)$
同じ種類	$^{1}H-^{2}H$ $^{2}H-^{1}H$	(相対質量 3.0219)	存在比：$\left(\frac{99.9885}{100}\right)\times\left(\frac{0.0115}{100}\right)\times 2$
	$^{2}H-^{2}H$	(相対質量 4.0282)	存在比：$\left(\frac{0.0115}{100}\right)\times\left(\frac{0.0115}{100}\right)$

3 種類のアイソトポマー

Thinking Point 2　二酸化炭素 CO_2 のアイソトポマーの例を右に示す。炭素 C の同位体には ^{12}C，^{13}C の 2 種類が，酸素の同位体には ^{16}O，^{17}O，^{18}O の 3 種類がある。CO_2 のアイソトポマーは，全部で何種類あるだろうか。

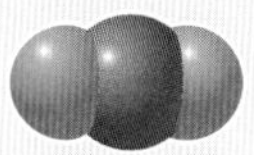
$^{12}C^{16}O_2$

$^{13}C^{16}O^{17}O$

CO_2 のアイソトポマーの例

from Beginning　原子の質量はどのくらいの大きさだろうか？　

水素原子 ^{1}H の質量が 1.6735×10^{-24} g であるように，原子の質量は非常に小さいです。そのため，特定の原子を基準にし，原子・分子・イオンといった各粒子の相対質量を定めることで，粒子の質量を扱いやすくしています。現在，^{12}C 1 個の質量を正確に 12 として相対質量を定めていますが，かつては別の基準が用いられていました。

相対質量の基準の歴史は，1803年にドルトンが水素原子を基準に H ＝ 1 として原子量表を作成したことから始まります。その後，1818年～1826年にベルセーリウスが，多くの元素と化合物を形成する酸素 O を採用してから，酸素 O が基準となります。しかし，同位体を発見後，化学では ^{16}O，^{17}O，^{18}O の相対質量の存在比による平均を 16，物理学では ^{16}O ＝ 16 とし，2 つの基準が共存する事態となってしまいました。これを解消するため，1961年，^{12}C 1 個の質量を正確に 12 とした基準に統一されたのです。

2 物質量

Beginning 2

A 物質量とアボガドロ定数

◆物質量と単位　物質が変化するとき，原子・分子・イオンなどの粒子が結合したり離れたりすることから，物質をつくっている粒子の個数に着目して物質の量を表すと，便利なことが多い。しかし，私たちが実際に取り扱う物質の中の粒子の数は非常に大きく扱いにくい。そのため，**物質量**(amount of substance) を用いる。

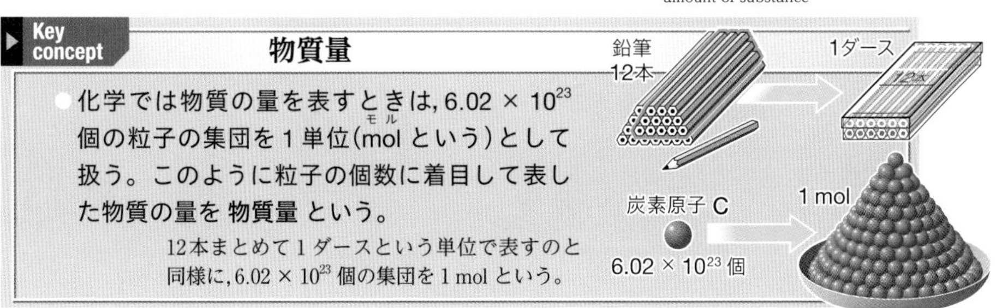

◆アボガドロ定数　1 mol あたりの粒子の数を **アボガドロ定数**(Avogadro constant)[1] といい N_A を用いて表す。単位は〔/mol〕となる。

アボガドロ定数 $N_A = 6.02 \times 10^{23}$ /mol

◆物質量と粒子　物質量を用いるときは，原子・分子・イオンなどの粒子の種類を示さなければならない。ただし，水1 mol といえば水分子 H_2O 1 mol のこと，水素1 mol といえば水素分子 H_2 1 mol のことであるように，粒子の種類が明らかなときは省略されることがある。組成式で表される物質については，組成式に相当するイオンや原子の組を粒子のように扱う[2]。

粒子の数 N と物質量 n〔mol〕との関係は，アボガドロ定数 N_A を用いて次のように表される。

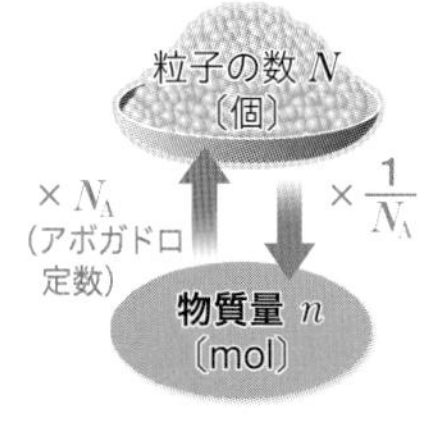

n と N の関係

$$\text{物質量〔mol〕} = \frac{\text{粒子の数}}{6.02 \times 10^{23}\ \text{/mol}} \qquad n = \frac{N}{N_A} \quad \langle 1 \rangle$$

（アボガドロ定数で割る）

問2.
(1) 3.0×10^{22} 個の二酸化炭素分子 CO_2 の物質量は何 mol か。
(2) 二酸化炭素 1.0 mol の中に，酸素原子は何個含まれるか。

[1] 本書の計算問題では，簡便化のため指定がない限りアボガドロ定数を 6.0×10^{23} /mol として計算する。

Note
正確なアボガドロ定数の値
ケイ素 Si の結晶を用いて求められ(▶p.47)，$6.02214076 \times 10^{23}$ /mol と定義される。

[2] 塩化ナトリウム NaCl 1 mol には，Na^+ 1 mol と Cl^- 1 mol が含まれている。

◆物質量と原子量　原子量の基準とした ^{12}C の質量は 1.9926×10^{-23} g と非常に小さいが，^{12}C 原子を 1 mol (6.02×10^{23} 個)集めると 12 g にきわめて近い値になる。

$$1.9926 \times 10^{-23}\ \mathrm{g} \times 6.02 \times 10^{23}\ /\mathrm{mol} \fallingdotseq 12\ \mathrm{g/mol} \qquad \langle 2 \rangle$$

原子量は ^{12}C を12とし，これを基準にした相対質量であるから，他の原子についても，1 mol (6.02×10^{23} 個)の構成粒子の質量は原子量の数値に単位 g をつけた質量と考えてよい。

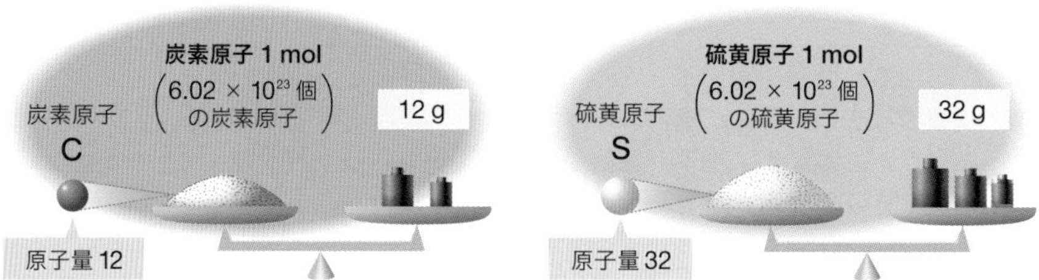

▲図 2　物質量と原子量

◆モル質量　分子量・式量と物質量の関係も同様に考えることができる。

> 物質 1 mol の質量は, 原子量・分子量・式量の数値に単位 g をつけたものとなる。

この物質 1 mol あたりの質量を **モル質量**（molar mass）とよび，単位は g/mol となる。

	炭素原子 C	水分子 H_2O	アルミニウム Al	塩化ナトリウム NaCl
粒子の質量	2.0×10^{-23} g	3.0×10^{-23} g	4.5×10^{-23} g	9.7×10^{-23} g
原子量・分子量・式量	原子量 12	分子量 $1.0 \times 2 + 16 = 18$	式量 27	式量 $23.0 + 35.5 = 58.5$
1 mol の粒子の数と質量	C が 6.02×10^{23} 個　12 g	H O H が 6.02×10^{23} 個　18 g	Al が 6.02×10^{23} 個　27 g	Na^+ と Cl^- がそれぞれ 6.02×10^{23} 個　58.5 g
モル質量	12 g/mol	18 g/mol	27 g/mol	58.5 g/mol

▲図 3　原子量・分子量・式量と物質量との関係

◆物質量と質量の関係　物質量 n〔mol〕と質量 w〔g〕，モル質量 M〔g/mol〕との関係は，次のようになる。

> 物質量〔mol〕= 質量〔g〕/ モル質量〔g/mol〕（1 mol あたりの質量で割る）　$n = \dfrac{w}{M}$　〈3〉

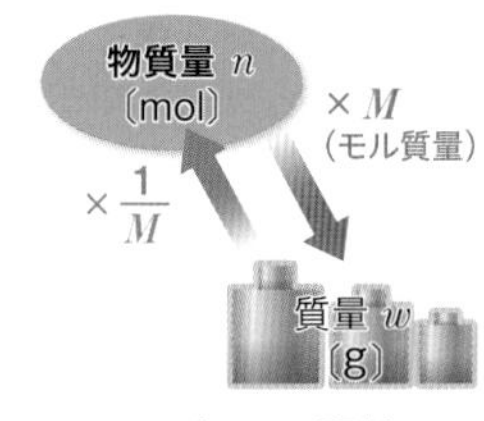

n と w の関係

参考 量記号と単位

自然界で扱う測定可能な量を物理量という。物理量と単位の関係を考えてみよう。

●**量記号と単位**　物質量は，国際的な条約で定められた国際単位系(SI 単位系)の基本物理量の一つであり，数値と単位の積で表される。また，物質量 n〔mol〕や質量 w〔g〕の n や w のように物理量を表す記号は **量記号** といい，イタリック体(斜体)で表記する。単位記号の mol などは，ローマン体(立体)で表記する。

例｜2.0 mol とは
　｜mol という単位の 2.0倍を意味する。

物理量 = 数値 × 単位
量記号　　　　　単位
n = 2.0 mol

●**単位換算の考え方**　アボガドロ定数 N_A = 6.02×10^{23} /mol やモル質量 M〔g/mol〕を用いた計算についてみてみると，等式の両辺の単位が等しいことがわかる。物質量の計算のように単位をともなう計算では，常に等式の両辺の単位が等しくなるようにする。

アンモニア NH_3 34 g の物質量

$$\frac{34\ \text{g}}{17\ \text{g/mol}}\ \frac{\text{質量〔g〕}}{\text{モル質量〔g/mol〕}} = 2.0\ \text{mol}\ \ \text{物質量〔mol〕}$$

等式の両辺で数値と単位は等しい

例題 1 質量 ←→ 物質量 ←→ 粒子の数

水 450 g の物質量は何 mol か。また，この中に水素原子は何個含まれるか。

解　水 H_2O の分子量は 1.0 × 2 + 16 = 18 である。モル質量は 18 g/mol となり，そのため，水 450 g の物質量は次のようになる。

$$n = \frac{w}{M} = \frac{450\ \text{g}}{18\ \text{g/mol}} = 25\ \text{mol}$$

答　25 mol

水分子 1 個の中に水素原子は 2 個含まれるので，25 mol の水分子に含まれる水素原子の個数は，次のようになる。

$$\underbrace{\underbrace{25\ \text{mol} \times 6.0 \times 10^{23}\ /\text{mol}}_{\text{水分子の数}} \times 2}_{\text{水分子中の H 原子の数}} = 3.0 \times 10^{25}$$

答　3.0×10^{25} 個

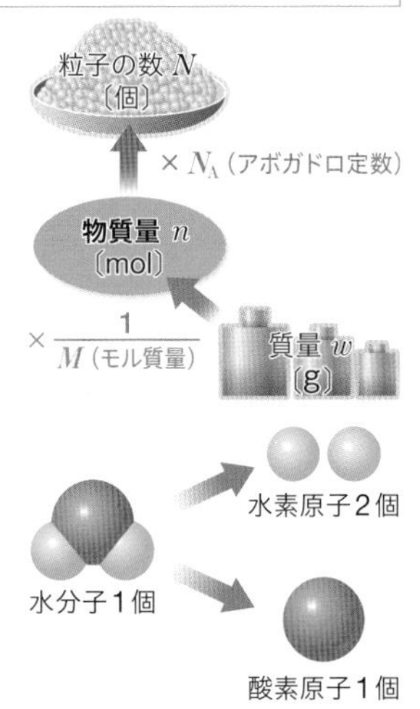

問3.　アンモニア NH_3 3.4 g の中には，水素原子が何 mol 含まれるか。また，それは何個か。

B アボガドロの法則と気体の体積

◆**アボガドロの法則**　アボガドロ(イタリア，1776～1856)は，気体の体積とその中に含まれる分子の個数の関係について，**アボガドロの法則**(Avogadro's law)を提唱した。

●**アボガドロの法則**　Avogadro's law
同温・同圧のもとでは，気体の種類によらず，
同体積の気体には同数の分子が含まれる。

物質量が等しい気体は同数の分子を含むため，アボガドロの法則より，次のことがいえる。

同温・同圧のもとでは，気体の種類によらず，
同じ物質量の気体は同じ体積を占める。

❶ この条件を気体の標準状態ということがある。本書では，0°C，1.013×10^5 Pa を標準状態と示す。

1 atm ＝ 1013 hPa ＝ 1.013×10^5 Pa ＝ 760 mmHg。1 atm（1 気圧）は標準的な大気の圧力，1 mmHg は水銀柱を 1 mm 押し上げる圧力である。1×10^2 Pa（パスカル）＝ 1 hPa（ヘクトパスカル），1 mmHg（水銀柱ミリメートル）＝ 133.3 Pa である。

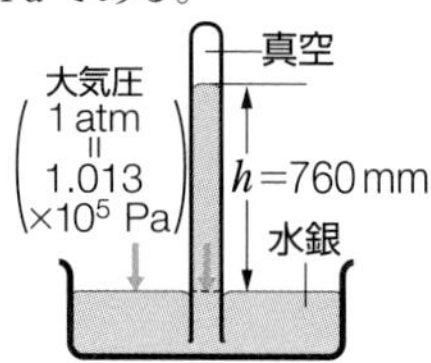

❷ 体積の単位を表す「リットル」は，本来 l（活字体小文字エル）と表記されるが，数字の 1 と混同しやすいため，SI（▶p.240）で使用を認めている L で表すこととする。

❸ IUPAC（国際純正および応用化学連合）では，1982 年以降標準圧力が 10^5 Pa に変更されている。このとき気体の標準状態は，0 °C，10^5 Pa で，モル体積は，ほぼ 22.7 L/mol となる。

◆気体 1 mol の体積　水素や酸素など多くの気体について，0 °C，1.013×10^5 Pa ＝ 1 atm（1 気圧）[❶]で気体 1 mol の体積を測定すると，ほぼ **22.4 L**[❷] になる。気体の物質 1 mol あたりの体積を **モル体積** (molar volume) といい，単位は L/mol で表される。気体のモル体積 V_m は，0 °C，1.013×10^5 Pa では，ほぼ 22.4 L/mol[❸] となる。

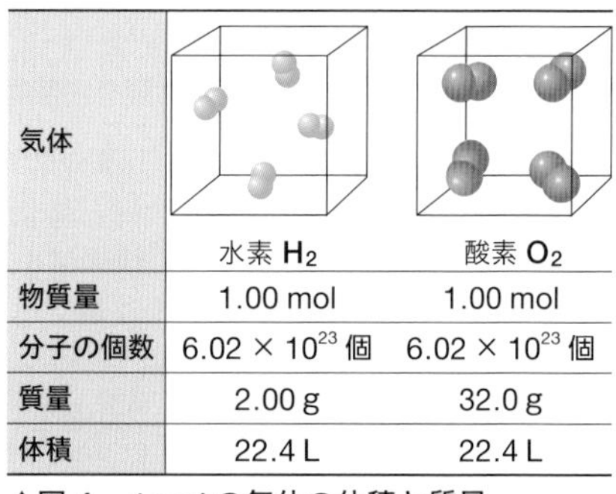

気体	水素 H_2	酸素 O_2
物質量	1.00 mol	1.00 mol
分子の個数	6.02×10^{23} 個	6.02×10^{23} 個
質量	2.00 g	32.0 g
体積	22.4 L	22.4 L

▲図 4　1 mol の気体の体積と質量
（0 °C，1.013×10^5 Pa）

◆物質量と気体の体積の関係　物質量 n〔mol〕と体積 V〔L〕，モル体積 V_m〔L/mol〕の関係は，次のようになる。

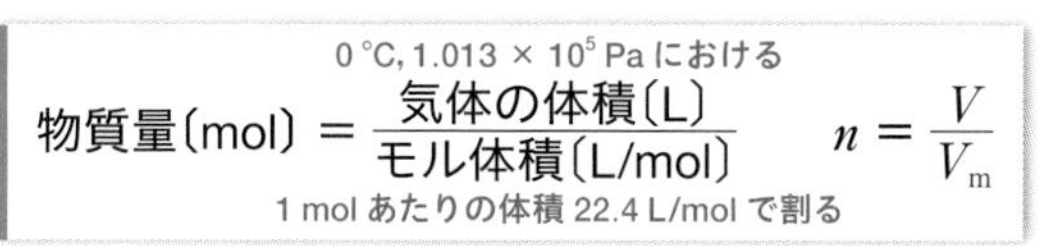

0 °C，1.013×10^5 Pa における

$$\text{物質量〔mol〕} = \frac{\text{気体の体積〔L〕}}{\text{モル体積〔L/mol〕}} \qquad n = \frac{V}{V_m} \qquad \langle 4 \rangle$$

1 mol あたりの体積 22.4 L/mol で割る

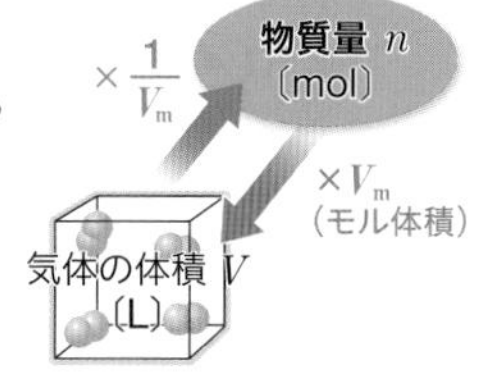

n と V の関係 （▶ p.43）

問4.　標準状態で，56 L を占める酸素の物質量は何 mol か。

例題 2　質量 ⟷ 物質量 ⟷ 気体の体積

メタン CH_4 4.0 g の標準状態での体積は何 L か。

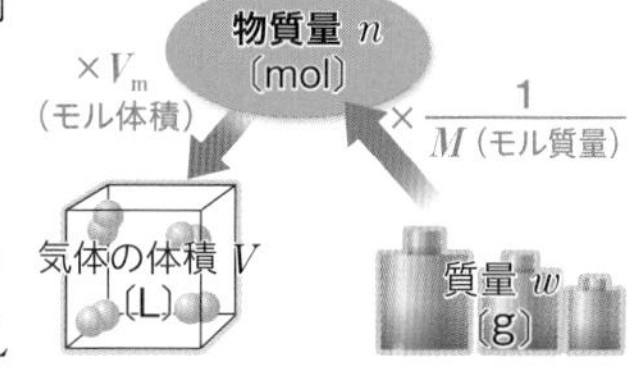

解　CH_4 の分子量は 16（モル質量は 16 g/mol），1 mol あたりの気体の体積は 22.4 L/mol より，

$$\frac{4.0\ \text{g}}{16\ \text{g/mol}} \times 22.4\ \text{L/mol} = 5.6\ \text{L}$$ **答**　5.6 L

類題 2　標準状態で，28 L を占める酸素の質量は何 g か。

◆気体の密度　気体 1 L あたりの質量〔g〕を気体の **密度** (density)〔g/L〕という。密度 d は，次の式から求めることができる。

1 mol あたりの質量

$$\text{気体の密度 } d\text{〔g/L〕} = \frac{\text{モル質量 } M\text{〔g/mol〕}}{\text{モル体積 } V_m\text{〔L/mol〕}} \qquad \langle 5 \rangle$$

標準状態では 1 mol あたりの体積 22.4 L/mol で割る

▼表 2　気体の密度（標準状態）

物質	モル質量〔g/mol〕	密度〔g/L〕
ヘリウム He	4.0	0.18
窒素 N_2	28.0	1.25
酸素 O_2	32.0	1.43
メタン CH_4	16.0	0.71
プロパン C_3H_8	44.0	1.96

標準状態の酸素 O_2 の密度は次のように求められる。

$$\frac{32.0\ \text{g/mol}}{22.4\ \text{L/mol}} = 1.428 \cdots \text{g/L} \fallingdotseq 1.43\ \text{g/L}$$

この関係から，密度とモル体積の積がモル質量であることがわかる。モル質量の値は分子量に等しいといえるため，密度とモル体積から分子量がわかる。同温・同圧での密度は，分子量に比例するため，気体の密度の比は，分子量の比になる。

問5.　二酸化炭素の標準状態での密度〔g/L〕を求めよ。

問6.　同温・同圧において，密度が酸素の 1.25 倍の気体の分子量はいくらか。

◆**平均分子量**　混合気体のモル質量は，成分気体のモル質量と混合割合から求められる。その値を **平均分子量**（average molecular weight）という。空気を窒素と酸素が 4：1 の物質量の比で混合した気体とみなすと，空気のモル質量は，次式で求まる。

$$28.0\ \mathrm{g/mol} \times \frac{4}{4+1} + 32.0\ \mathrm{g/mol} \times \frac{1}{4+1} = 28.8\ \mathrm{g/mol} \quad \langle 6 \rangle$$

したがって，空気の平均分子量は 28.8 である。

酸素 O_2　窒素 N_2
1 ： 4
（物質量の比）
28.2 cm
28.2 cm
28.2 cm
混合気体22.4L

▲図 5　1 mol の空気（標準状態）

空気の平均分子量 28.8 と気体の分子量を比較することによって，同温・同圧で空気より重い気体か軽い気体かを判断することができる。[4]

[4] CO_2 の分子量は 44（> 28.8）であり NH_3 の分子量は 17（< 28.8）である。よって，同温・同圧において CO_2 は空気より重く，NH_3 は空気より軽いといえる。

例題 3　平均分子量

酸素 O_2 とヘリウム He の混合気体がある。この混合気体の平均分子量は 9.6 であった。混合気体中のヘリウムの物質量は酸素の物質量の何倍か。

解　物質量比を O_2：He = 1：x とすると，O_2 32.0 g/mol，He 4.0 g/mol より，

$$32.0\ \mathrm{g/mol} \times \frac{1}{1+x} + 4.0\ \mathrm{g/mol} \times \frac{x}{1+x} = 9.6\ \mathrm{g/mol} \quad x = 4.0$$

答　4.0倍

類題 3　水素と酸素の物質量の比 2：1 の混合気体の平均分子量を求めよ。

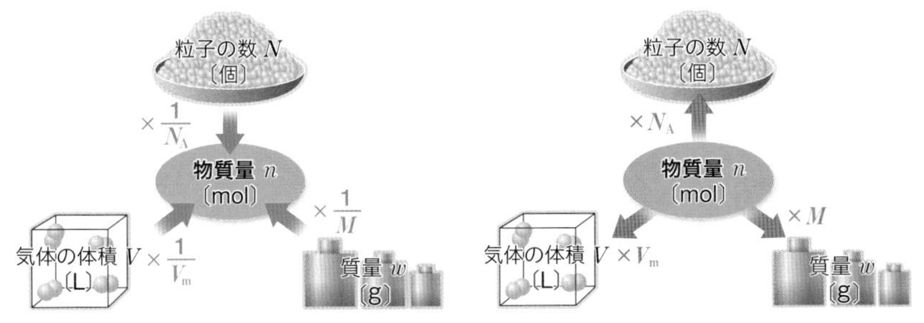

▲図 6　物質量の計算

from Beginning　500 mL の水にはどのくらいの数の水分子が含まれているだろうか？

水の密度は約 1 g/cm³ で，1 L = 10^3 mL = 10^3 cm³ ですから，水 500 mL は，約 500 g となります。水分子の分子量を 18，アボガドロ定数 N_A を 6.02×10^{23} /mol とすると，**水 500 mL 中には約 1.67×10^{25} 個の水分子が存在することになります。**

このように，実際に取り扱う物質の中の原子，分子，イオンの数は非常に膨大ですが，6.02×10^{23} 個の集団を 1 単位（mol）とすることで扱いやすくなります。約 1.67×10^{25} 個の水分子は約 27.8 mol となります。

逆に考えると，水 18.0 g を測りとれば，水分子は1.00 mol となり，含まれる分子数は 6.02×10^{23} 個であるといえます。つまり，簡単な質量の測定から，物質を構成する粒子の個数を求めることができるのです。歴史的には 6.02×10^{23} は**アボガドロ数**といわれ，質量数12の炭素原子 ^{12}C 12 g 中に含まれる原子の数として，さまざまな実験方法で測定されてきました。

3 化学反応式と量的関係

A 化学変化と化学反応式

◆**化学反応式**　化学変化に関係する物質の化学式を用いて，その化学変化を表した式を **化学反応式**（chemical equation）または **反応式**[1] という。

●化学反応式のつくり方

点火用ライターなどに入っている燃料は，ブタン C_4H_{10} が主成分である。ブタンを完全燃焼させると，二酸化炭素と水が生成する。この変化を化学反応式で表せ。

① 左辺に反応物 C_4H_{10}，O_2，右辺に生成物 CO_2，H_2O をそれぞれ化学式で書いて ⟶ で結ぶ。

$$C_4H_{10} + O_2 \longrightarrow CO_2 + H_2O$$

② 2つの元素を含むブタン C_4H_{10} の係数を1とおき，C，H の原子の数を合わせる。

$$1C_4H_{10} + O_2 \longrightarrow 4CO_2 + 5H_2O$$

右辺の O 原子の数（$4 \times 2 + 5 = 13$）に，左辺の O 原子の数を合わせる。[2]

$$1C_4H_{10} + \frac{13}{2}O_2 \longrightarrow 4CO_2 + 5H_2O$$

最後に，全体を2倍して係数を整数にする。

$$2C_4H_{10} + 13O_2 \longrightarrow 8CO_2 + 10H_2O$$

ブタン C_4H_{10} の燃焼

Note

燃焼による生成物

C 元素を含む物質を完全に燃焼すると，二酸化炭素 CO_2 が生成し，H 元素を含む物質を完全に燃焼すると，水 H_2O が生成する。

[1] イオンが関わる反応では，イオンだけに着目した化学反応式（イオン反応式）で表すこともできる。イオン反応式では，両辺の電荷の総和は等しい。
例　$Ag^+ + Cl^- \longrightarrow AgCl$

[2] 分数がある場合は，両辺を何倍かして分母を払い，係数は最も簡単な整数比にし，1がある場合は1を省略する。

問7.　次の化学変化を化学反応式で表せ。
(1) メタノール CH_3OH が完全に燃焼して，二酸化炭素と水ができる。
(2) 酸化銀 Ag_2O を加熱分解すると，銀が生成して酸素が発生する。
(3) アルミニウムに塩酸を加えると，塩化アルミニウムと水素が生成する。

参考　未定係数法による係数の決め方

化学反応式の係数が簡単に求められない場合，連立方程式から決める方法がある。

●**未定係数法**　化学反応式の係数を a，b，c，…のように未知数とし，化学反応式の両辺で各元素の原子数が等しいことからつくられた連立方程式より，係数を求めることができる。これを **未定係数法** という。

硝酸 HNO_3 の工業的製法に用いられる，アンモニア NH_3 と酸素 O_2 が反応して，一酸化窒素 NO と水 H_2O が生成する反応の化学反応式の係数を，未定係数法によって導いてみる。係数を a，b，c，d とすると，化学反応式は次のようになる。

$$aNH_3 + bO_2 \longrightarrow cNO + dH_2O$$

窒素原子 N：$a = c$　(1)　　水素原子 H：$3a = 2d$　(2)
酸素原子 O：$2b = c + d$　(3)　　たとえば，$a = c = 1$ とおく。

式(2)より $3 = 2d$　　$d = \frac{3}{2}$

式(3)より $2b = 1 + \frac{3}{2}$　　$b = \frac{5}{4}$　　$NH_3 + \frac{5}{4}O_2 \longrightarrow NO + \frac{3}{2}H_2O$

分母を払うために全体を4倍する。　$4NH_3 + 5O_2 \longrightarrow 4NO + 6H_2O$

問8.　次の化学反応式の係数 a ～ e を未定係数法により求めよ。
$aCu + bHNO_3 \longrightarrow cCu(NO_3)_2 + dNO + eH_2O$

B 化学反応式と量的関係

◆**係数の意味**　化学反応式の係数からどのようなことがわかるだろうか。

化学変化の量的関係はすべての化学反応でなりたつ。一酸化窒素 NO と酸素 O_2 から二酸化窒素 NO_2 が生成する化学反応では，次のようになる。

	反応前(反応物)		反応後(生成物)
化学反応式	2NO　＋	O_2　⟶	$2NO_2$
係数	2	1	2
分子数の関係	NO 2 × 6.02 × 10^{23}個	O_2 1 × 6.02 × 10^{23}個	NO_2　係数比 2 × 6.02 × 10^{23}個
物質量の関係	2 mol	1 mol	2 mol　係数比
質量の関係	2 mol × 30 g/mol = 60 g	1 mol × 32 g/mol = 32 g	2 mol × 46 g/mol = 92 g
	92 g		92 g
	●**質量保存の法則** 化学変化の前後において，物質の質量の総和は変わらない。		
気体の体積の関係 (標準状態)	2 mol × 22.4 L/mol	1 mol × 22.4 L/mol	2 mol × 22.4 L/mol
	●**気体反応の法則** 気体の体積比は，同温・同圧のもとで簡単な整数比となる。		
体積比	2	1	2　係数比

▲図 7　化学反応式と量的関係(NO と O_2 の化学反応)

例題 4　化学変化の量的関係

0.20 mol のプロパン C_3H_8 を完全燃焼させると，二酸化炭素と水が生成した。次の問いに答えよ。

(1)0.20 mol のプロパンから生成する二酸化炭素と水の物質量を求めよ。

(2)0.20 mol のプロパンから発生する二酸化炭素は標準状態で何 L か。

解　(1)反応するプロパン，生成する二酸化炭素，水の物質量比は次の化学反応式の係数比 1 : 3 : 4 に対応する。

	C_3H_8	＋	$5O_2$	⟶	$3CO_2$	＋	$4H_2O$
物質量の比	1		5		3		4

0.20 mol のプロパンから生成する二酸化炭素と水は，

二酸化炭素の物質量；　$0.20\ \text{mol} \times \dfrac{3}{1} = 0.60\ \text{mol}$　　答　0.60 mol

水の物質量；　$0.20\ \text{mol} \times \dfrac{4}{1} = 0.80\ \text{mol}$　　答　0.80 mol

(2)反応するプロパンと生成する二酸化炭素の体積比も化学反応式の係数比 1 : 3 に対応する。

0.20 mol のプロパンの標準状態での体積は，

$22.4\ \text{L/mol} \times 0.20\ \text{mol} = 4.48\ \text{L}$

なので，生成する二酸化炭素の体積は，

$4.48\ \text{L} \times 3 = 13.44\ \text{L} \fallingdotseq 13\ \text{L}$　　答　13 L

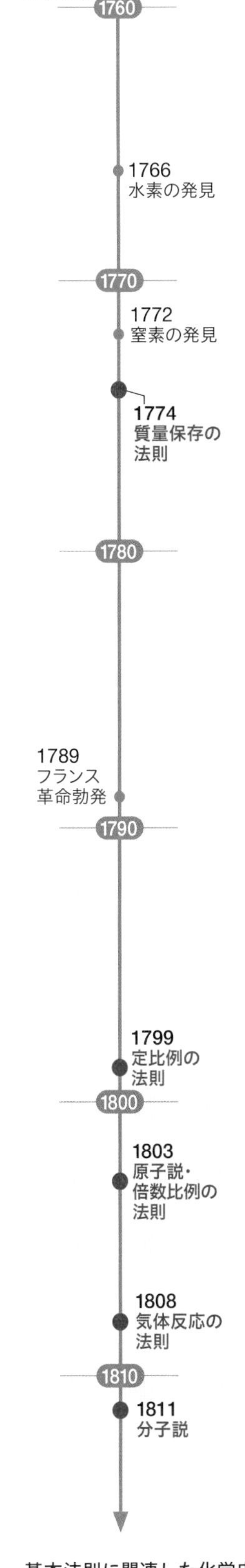

基本法則に関連した化学史

from Beginning 化学反応から化学製品をつくるとき，どのようにして原料の無駄を少なくしているだろうか？

化学反応式の係数比は，各物質の物質量の比を表しているので，モル質量を使うと，各物質の質量の関係がわかります。つまり，化学反応に必要な反応物の質量比や生成物の量を予想できるのです。

化学製品をつくる化学工場でも，**化学反応式の係数比をもとに，原料の配合比などを検討し，原料の無駄を少なくしています。**扱う化学反応によっては，原料を多めに加えたり，未反応の原料を回収したりするなどの工夫も行われています。

参考 ステアリン酸を用いたアボガドロ定数の測定

アボガドロ定数 N_A は，測定して値を求めることができる。実験室でアボガドロ定数 N_A を測定するにはどのような方法があるだろうか。

●**単分子膜** ステアリン酸 $C_{17}H_{35}COOH$ という化合物は，分子内に水となじみやすい部分（$-COOH$）である **親水基** と，水となじみにくい部分（$C_{17}H_{35}-$）である **疎水基** をもつ細長い分子である。

ステアリン酸をシクロヘキサン C_6H_{12} などの揮発性の溶媒に溶かして水面に静かに注ぐと，溶液が水面上に広がり，溶媒が揮発したあとに，水面上に水となじみやすい部分を下にして1分子ずつ直立して並んだ単分子膜ができる。

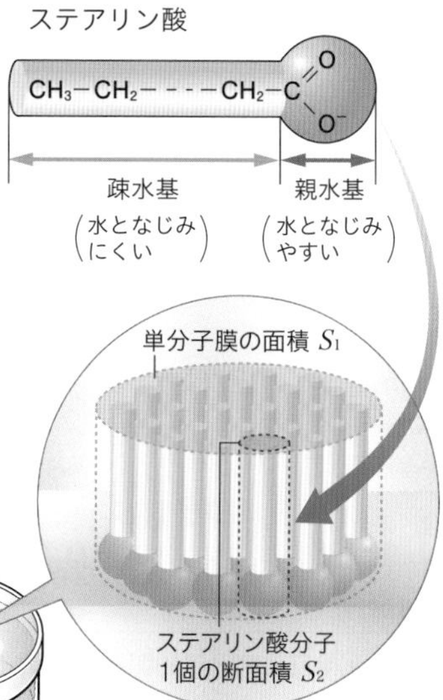

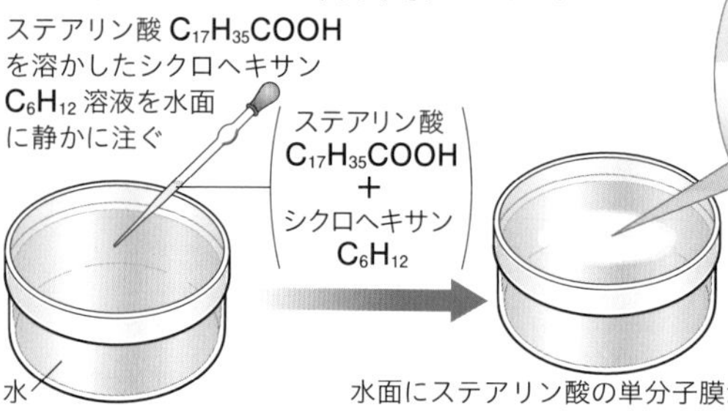

●**単分子膜によるアボガドロ定数の測定** 水面に滴下したステアリン酸溶液に含まれるステアリン酸の質量を m〔g〕，水面に形成されたステアリン酸による単分子膜の面積を S_1〔cm^2〕とし，ステアリン酸1分子の占める面積を S_2〔cm^2〕，ステアリン酸のモル質量を M〔g/mol〕とすると，ステアリン酸の物質量と個数の関係から，1 mol あたりの個数であるアボガドロ定数 N_A を求めることができる。

ステアリン酸 7.2×10^{-5} g 分を滴下したときに生じた単分子膜の面積 S_1 が 314 cm^2 だったとき，ステアリン酸1分子が水面を占める面積 S_2 を 2.2×10^{-15} cm^2 とすると，アボガドロ定数 N_A は以下のように計算される。

$$\frac{m}{M} : \frac{S_1}{S_2} = 1\ \text{mol} : N_A \quad \text{より，}$$

$$N_A = \frac{M S_1}{m S_2} = \frac{284\ \text{g/mol} \times 314\ \text{cm}^2}{7.2 \times 10^{-5}\ \text{g} \times 2.2 \times 10^{-15}\ \text{cm}^2} \fallingdotseq 5.6 \times 10^{23}\ /\text{mol}$$

（ステアリン酸のモル質量：284 g/mol，単分子膜の面積：314 cm^2，滴下した溶液に含まれるステアリン酸の質量：7.2×10^{-5} g，ステアリン酸1分子の面積：2.2×10^{-15} cm^2）

Thinking Point 3 ステアリン酸を用いた上記の実験を行ったところ，得られたアボガドロ定数 N_A は 6.02×10^{23} /mol にはならなかった。考えられる理由について述べよ。

参考 正確なアボガドロ定数の測定

アボガドロ定数の正確な値はどのように測定されるのだろうか。

❶Si の結晶から求める方法　高純度のケイ素 Si の結晶をつくり，その質量と体積から密度 d[g/cm^3]を決める。X 線で結晶構造を調べると，図のような一辺の長さが a[cm]（**格子定数**という）の立方体のくり返しになっていることがわかる。したがって，この立方体の質量は a^3d[g]である。この立方体の中には 8 個分の原子が含まれるから，原子 1 個の質量が求まる。

Si のモル質量 M[g/mol]は，質量分析器で測定した同位体の存在比から決めることができる。d，a，M を正確に測定することにより，次の式から精密なアボガドロ定数 N_A が求められる。

$$N_A = \frac{M \;(\text{Si 原子のモル質量})}{\dfrac{a^3d}{8} \;(\text{Si 原子 1 個の質量})} = \frac{8M}{a^3d}$$

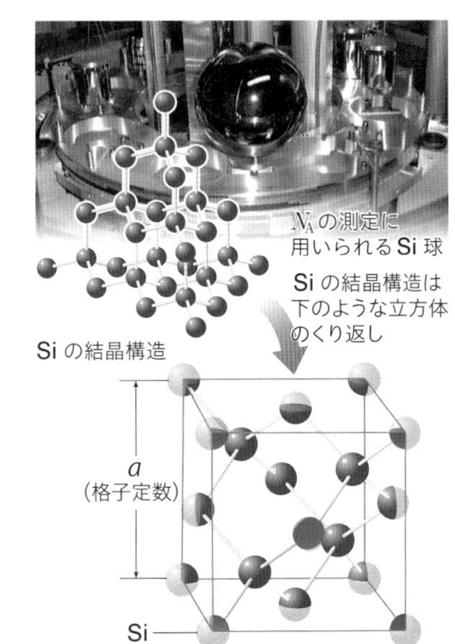

❷アボガドロ定数の決定に向けた国際的な動き　アボガドロ定数は，さまざまな実験から求められてきたが，その値を確定できる正確な測定が難しかった。そこで，各国の研究者が協力して，2004年にアボガドロ定数を正確に決定するための ^{28}Si 球を用いた国際的なプロジェクトを立ち上げた。これによって，高純度の Si 球を用いた精密な測定などから，アボガドロ定数の正確な値である 6.02214076 × 10^{23} /mol を得た。

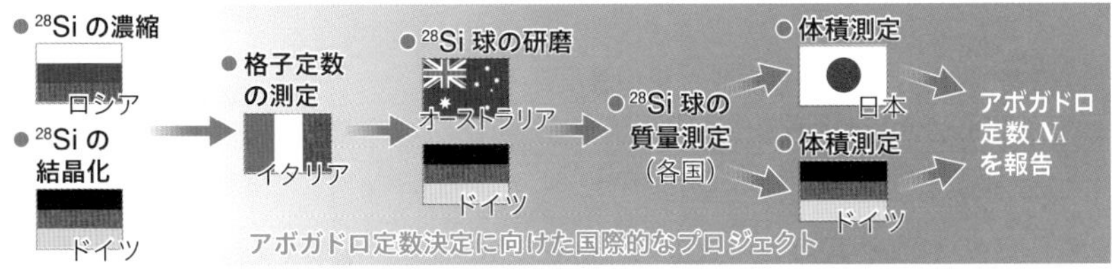

アボガドロ定数の決定に向けた各国の測定

❸アボガドロ定数による物質量の定義　かつて，物質量は ^{12}C 12 g 中に含まれる C 原子の数(**アボガドロ数**)を基準とし，これと同じ個数の粒子の集団を 1 mol と定義していた。しかし，これは，不確かさを含んだ値である ^{12}C 原子の質量によって，間接的に定義されたものであった。そこで，アボガドロ定数の正確な値が得られたことを受けて，2019年 5 月20日から，物質量を「1 mol は 6.02214076 × 10^{23} 個の粒子集団」とし，アボガドロ定数を用いて正確に定義することとなった。

4 溶液の濃度

A 溶液

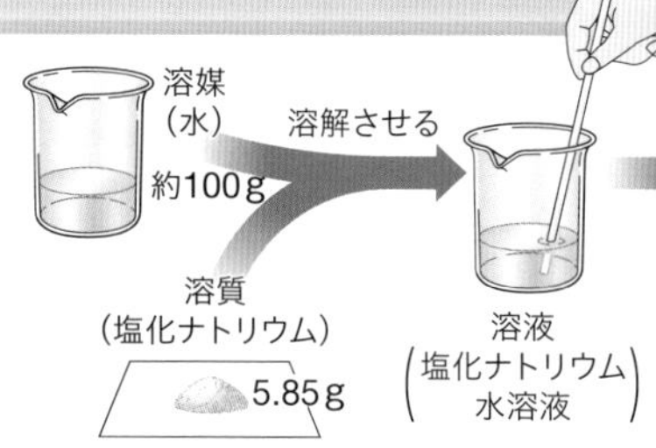

▲図 8　溶液と溶液の調製

◆溶媒と溶質　液体に他の物質が溶けて均一に混じりあうことを **溶解**(dissolution) といい，物質を溶かしている液体を **溶媒**(solvent)，溶け込んだ物質を **溶質**(solute) という。

溶解によってできた液体を **溶液**(solution) といい，水が溶媒の場合は，**水溶液**(aqueous solution)[1] という。

[1] 水溶液を，ラテン語の水（aqua）の略である aq で表すことがある（例 H_2SO_4 aq）。

B 濃度

溶液中の溶質の量または割合を **濃度**(concentration) といい，いくつかの表記がある。

◆質量パーセント濃度(mass percent concentration)　溶液に含まれる溶質の質量の割合を百分率で表した濃度で，次のように表される。

$$\text{質量パーセント濃度(\%)} = \frac{\text{溶質の質量(g)}}{\text{溶液の質量(g)}} \times 100 \qquad \langle 7 \rangle$$

水 100 g にスクロース 25 g を溶かした水溶液の質量パーセント濃度　$\frac{25\,\text{g}}{(100\,\text{g} + 25\,\text{g})} \times 100 = 20$　20%

◆モル濃度(molar concentration)　溶液 1 L あたりに含まれる溶質を物質量で表した濃度で，次のように表される。実験では水溶液の体積を測りとるため，溶液の体積中に含まれる物質量がすぐにわかるモル濃度を使用することが多い。

$$\text{モル濃度(mol/L)} = \frac{\text{溶質の物質量(mol)}}{\text{溶液の体積(L)}} \qquad \langle 8 \rangle$$

問9.
(1) 水酸化ナトリウム NaOH 1.0 g を水に溶かして 100 mL の溶液にした。この水酸化ナトリウム水溶液のモル濃度を求めよ。
(2) スクロース $C_{12}H_{22}O_{11}$ 3.42 g を水に溶かして 200 mL の溶液にした。このスクロース水溶液のモル濃度を求めよ。また，この水溶液 10.0 mL 中に含まれるスクロースの物質量を求めよ。

例題 5　質量パーセント濃度とモル濃度

49.0 % 硫酸 H_2SO_4（分子量 98.0）水溶液の密度は，1.60 g/cm^3 である。この水溶液のモル濃度を求めよ。

解　この水溶液 1.00 L の質量は，$1.00 \times 10^3\,\text{cm}^3 \times 1.60\,\text{g/cm}^3 = 1.60 \times 10^3\,\text{g}$

水溶液 1.00 L 中に含まれる H_2SO_4 の質量は，

$1.60 \times 10^3\,\text{g} \times 0.490 = 7.84 \times 10^2\,\text{g}$

したがって，そのモル濃度は，

$$\frac{7.84 \times 10^2\,\text{g/L}}{98.0\,\text{g/mol}} = 8.00\,\text{mol/L}$$

答　8.00 mol/L

類題 5　2.5 mol/L の水酸化ナトリウム水溶液の密度は 1.1 g/cm^3 である。この水溶液の質量パーセント濃度を求めよ。

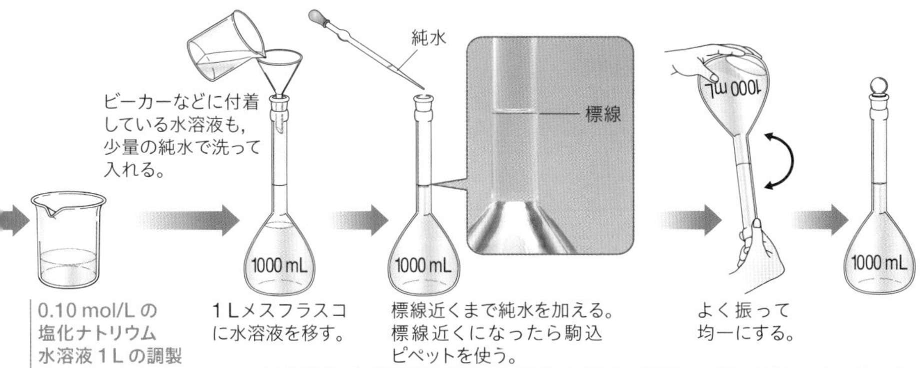

Note

溶液の調製における注意点

水 1.00 L に塩化ナトリウム 0.100 mol を溶かした溶液の体積は 1.00 L にならない。

そのため，少量の水で溶質 5.85 g を溶かしてから 1 L メスフラスコに移し，水を加えて全体の体積を 1.00 L とする。

参考 ppm と ppb　環境

試料中にごく微量に含まれる成分があるとき，その成分の濃度を百分率で表すと，値が小さすぎて扱いにくい。その場合は，どのようにして濃度を表すのだろうか。

❶ppm と ppb　試料中に含まれているきわめて微量な成分を濃度で表す際に，**ppm**(parts per million：100万分率)や **ppb**(parts per billion：10億分率)を用いることがあり，百分率とは次のような関係にある。

$$1\,\% = 10000\ \text{ppm} = 10000000\ \text{ppb}$$

❷大気成分の濃度　液体や固体の濃度は質量の割合で扱われることが多いが，気体の濃度は体積の割合で扱われることが多い。空気中の二酸化炭素 CO_2 の体積パーセント濃度は 0.04 % であるため，400 ppm となる。

大気中の CO_2 濃度を測定しているハワイのマウナロア観測所

from Beginning　化学で用いる溶液の濃度には，どんな表し方があるのだろうか？

化学実験では，化学反応によって，原子や分子，イオンなどの粒子が結合したり離れたりするため，粒子の量である物質量に着目することが多いです。このことから，次のように，**含まれる溶質の物質量を簡単に求めることができるモル濃度が，溶液の濃度としてよく使われます。**

溶質の物質量 n〔mol〕＝ **溶液のモル濃度** c〔mol/L〕× **溶液の体積** V〔L〕

ところで，温度変化がともなう実験では，溶質の物質量は変わりませんが，溶液の体積はわずかに変化するため，溶液のモル濃度も温度により変化してしまいます。このような場合には，溶媒 1 kg あたりに溶けている溶質の物質量で表した濃度(**質量モル濃度**(molality))を使います(▶p.122，p.123，p.124)。

濃度の種類	定義	算出方法	単位
質量モル濃度	溶媒 1 kg あたりに溶けている溶質の量を物質量〔mol〕で表す	$\dfrac{\text{溶質の物質量〔mol〕}}{\text{溶媒の質量〔kg〕}}$	mol/kg

1章 物質の構造

まとめ

1. 原子量と分子量・式量

相対質量	^{12}C 1 個の質量を 12 としたときの各原子の質量比
原子量	(同位体の相対質量 × 存在比)の総和
分子量	分子式に含まれる元素の原子量の総和
式　量	組成式やイオンの化学式に含まれる元素の原子量の総和

※　相対質量は単位がないため，原子量・分子量・式量も単位はない

2. 物質量

● **物質量**　6.02×10^{23} 個の粒子の集団を 1 mol とし，mol を単位として表した物質の量を物質量という。

● **物質量の計算**

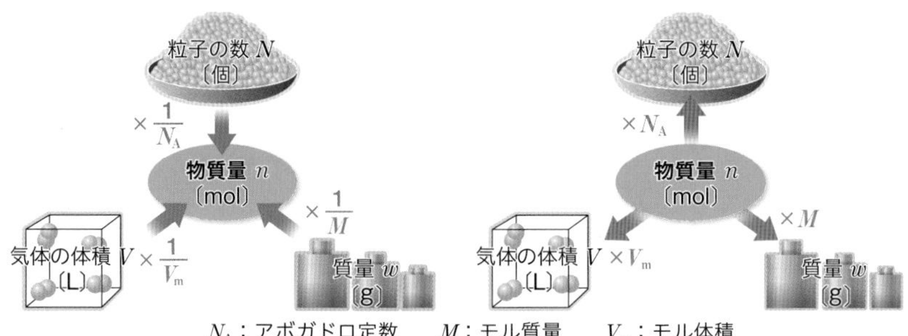

N_A：アボガドロ定数　　M：モル質量　　V_m：モル体積

3. 化学反応式と量的関係

● **化学反応式と物質量の関係**　$N_A = 6.0 \times 10^{23}$ /mol　$V_m = 22.4$ L/mol(標準状態)

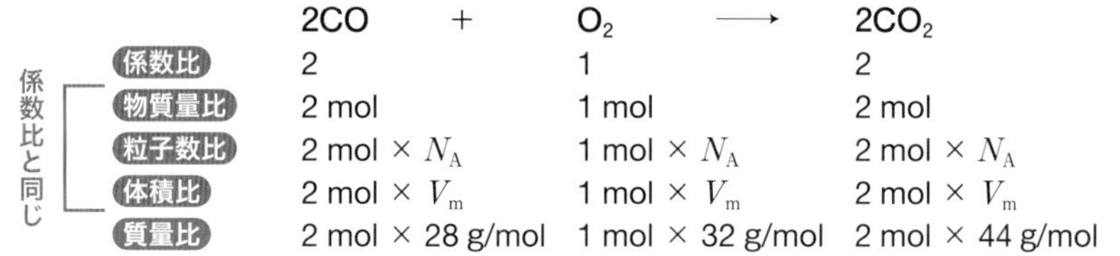

		$2CO$	+	O_2	⟶	$2CO_2$
	係数比	2		1		2
係数比と同じ	物質量比	2 mol		1 mol		2 mol
係数比と同じ	粒子数比	2 mol × N_A		1 mol × N_A		2 mol × N_A
係数比と同じ	体積比	2 mol × V_m		1 mol × V_m		2 mol × V_m
	質量比	2 mol × 28 g/mol		1 mol × 32 g/mol		2 mol × 44 g/mol

4. 溶液の濃度

● **溶液の濃度**　実験ではモル濃度が使われることが多い。

$$\text{モル濃度}\ c\ \text{(mol/L)} = \frac{\text{溶質の物質量}\ n\ \text{(mol)}}{\text{溶液の体積}\ V\ \text{(L)}}$$

論述問題　1章　3節

QR

1 分子量　塩素の同位体は，質量数の 35.0 のものが 75.8 %，37.0 のものが 24.2 %存在し，原子量は 35.5 である。塩素分子にはどのような相対質量の分子がどのような存在比で存在するだろうか。また，それらの相対質量と存在比から求められる平均値はいくつになるかを求め，その値を塩素の分子量 71.0 と比べよ。

point 同位体の相対質量と存在比の積の総和が元素の原子量であり，分子量はその原子量の総和である。

1 原子量　ある金属単体 M 2.7 g を，酸素中で完全に燃焼させたところ，この金属の酸化物 M_2O_3 が 5.1 g 得られた。この金属の原子量はいくらか。

2 物質量　次の(1)，(2)の問いに答えよ。

(1)　次の(a)～(d)の物質がそれぞれ 10 g ずつある。これらを物質量〔mol〕の多い順に並べよ。

(a)　酸素　(b)　アルミニウム　(c)　炭素(黒鉛)　(d)　水

(2)　標準状態において，気体 1 g の体積が最も大きい物質を次の(a)～(d)のうちから 1 つ選べ。

(a) O_2　(b) CH_4　(c) NO　(d) H_2S

3 分子量　次の(1)～(3)の分子量を求めよ。

(1)　9.2 g 中に 1.2×10^{23} 個の分子が含まれている物質

(2)　標準状態における密度が 0.90 g/L である気体

(3)　標準状態における密度が水素の 8.0 倍 である気体

4 溶液の調製　1.0 mol/L の水酸化ナトリウム NaOH 水溶液を 200 mL つくりたい。何 g の NaOH を溶かして 200 mL の水溶液にすればよいか。

5 溶液の濃度　質量パーセント濃度が 68.0 %，密度が 1.40 g/mL である濃硝酸 HNO_3 のモル濃度は何 mol/L か。

6 化学反応式と量的関係(1)　エタン C_2H_6 を完全燃焼させると，水と二酸化炭素が生成する。この化学変化について，次の(1)～(3)の問いに答えよ。

(1)　この化学変化を化学反応式で表せ。

(2)　エタン 1.50 g が完全燃焼すると，生成する二酸化炭素は標準状態で何 L か。

(3)　同温・同圧でエタン 2.00 L と酸素 10.00 L を混合して完全に反応させた。生成する二酸化炭素は同温・同圧で何 L か。また，未反応で残る酸素は同温・同圧で何 L か。

7 化学反応式と量的関係(2)　標準状態で 50.0 L の酸素 O_2 中で放電したところ，一部の酸素がオゾン O_3 に変わり，混合気体の体積は同温・同圧で 45.5 L になった。生成したオゾンの物質量は何 mol か。

8 化学反応式と量的関係(3)　メタン CH_4 とプロパン C_3H_8 からなる混合気体がある。この混合気体を完全燃焼させたところ，標準状態で 15.7 L の二酸化炭素 CO_2 と，19.8 g の水 H_2O を生じた。この混合気体に含まれていたメタンとプロパンの物質量をそれぞれ有効数字 2 桁で答えよ。

世界遺産の岩塩坑内にある岩塩でできた礼拝堂(ポーランド)

4節 化学結合と結晶

Chemical Bond and Crystals

Beginning

1 食塩(塩化ナトリウム)の分子は存在するだろうか?
2 炭素C原子を含む物質が多いのはなぜだろうか?
3 サラダドレッシングをよく振りまぜながら使うのはなぜだろうか?

1 イオン結合

Beginning 1

A イオン間の結合

陽イオンと陰イオンが静電気的な力(りょく)(**クーロン力**❶ Coulomb force)によって引きあってできる結合を **イオン結合** (ionic bond) という。

❶ 電荷をもつ粒子の間に働く力のこと。異なる符号の電荷間には引きあう力が働き，同じ符号の電荷間には反発する力が働く。

たとえば，塩化ナトリウム NaCl では，Na^{+} と Cl^{-} が静電気的な力で互いに引きあっている。一般に，陽性の強い元素(金属元素)の原子と陰性の強い元素(非金属元素)の原子とは，図1に示すように，それぞれ貴ガス型電子配置のイオンとなって，イオン結合をつくりやすい。

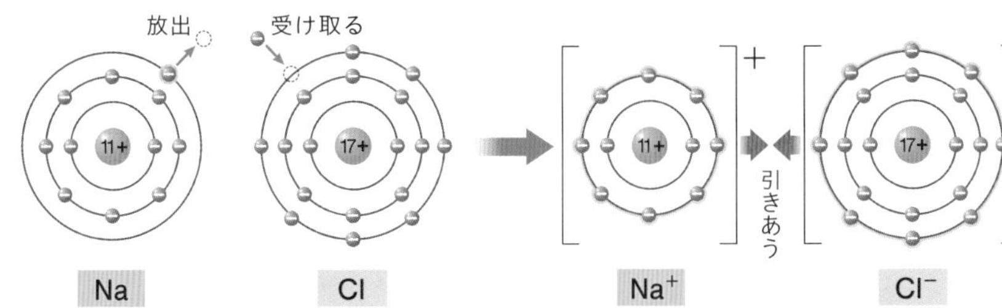

▲図1 イオン結合 

B イオン結晶

◆**結晶格子** 結晶中の粒子の配列を表したものを **結晶格子** (crystal lattice)，結晶格子のくり返し単位を **単位格子** (unit cell) という。

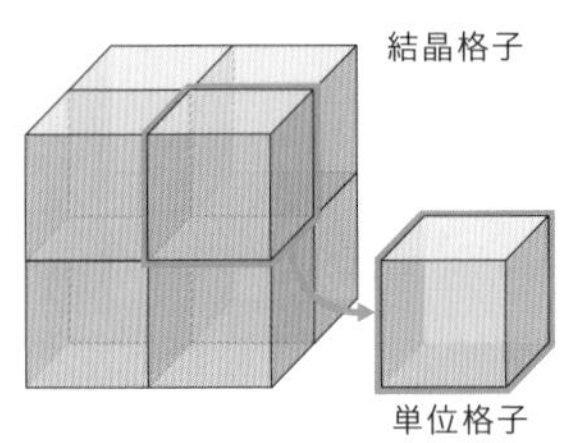

▲図2 単位格子と結晶格子

◆**イオン結晶**　イオン結合でできた結晶を**イオン結晶**[2]という。たとえば，固体の塩化ナトリウムの結晶では，図のように1個のナトリウムイオンの周囲に6個の塩化物イオンがイオン結合で結ばれて存在し，また同様に1個の塩化物イオンの周囲に6個のナトリウムイオンが存在する。このように交互に一方が他方を取り囲むように，規則正しく配列して結晶を構成している。1個の粒子に隣接する他の粒子の数を**配位数**（cordination number）という。NaCl の結晶の配位数は6である。

[2] イオンからなる物質は，成分となるイオンの種類と数の比を示す組成式で表す。

組成式	
NaCl	塩化ナトリウム
$CaCl_2$	塩化カルシウム

イオン結晶の組成式の書き方と読み方には，下記のような規則がある。組成式では，次の関係がなりたつ。

(陽イオンの価数)×(陽イオンの数)
＝(陰イオンの価数)×(陰イオンの数)

アンモニウムイオン NH_4^+　硫酸イオン SO_4^{2-}

$1 \times 2 = 2 \times 1$

$(NH_4)_2(SO_4)_1$

多原子イオンは，集団としてかっこで示す。1のときは，かっこも省略

$(NH_4)_2SO_4$ 硫酸アンモニウム

＋－が等しくなる数をさがす

見つけた数字を元素記号の右下に書く

組成式　陰イオン→陽イオンの順に読む

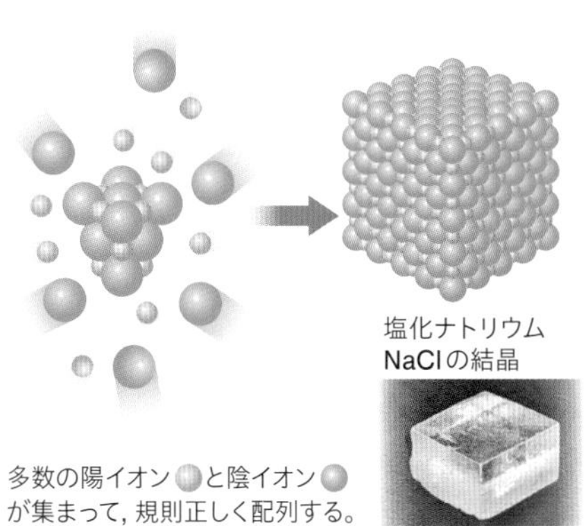

▲図3　イオン結晶

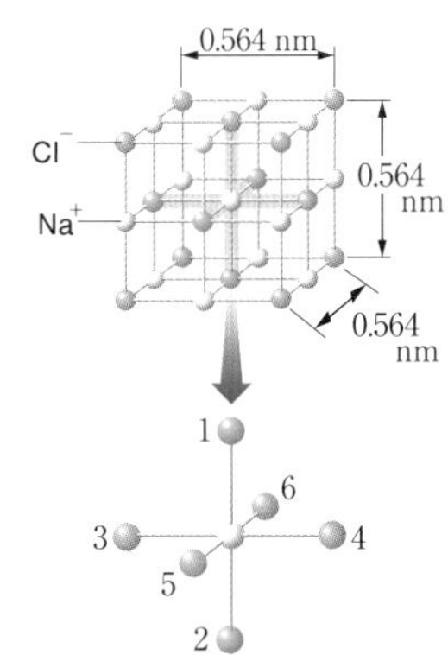

中心の Na^+ のもっとも近くにある Cl^- は6個である。

▲図4　NaCl の単位格子と配位数

◆**イオン結晶の性質**　多くのイオン結晶には共通する性質がある。

イオン結晶の性質
- イオン間の結合力が大きいので，**融点が高い**。
- **かたいがもろい**。
- 固体のままでは電気を通さないが，**融解してできた液体や水溶液は電気を通す**。

◉**融点が高い**　陽イオンと陰イオンの間に働く引力が強いため，融点が高い。特に，陽イオンと陰イオンの電荷の積の絶対値が大きいほど，イオン間の距離が小さいほど，融点が高くなる。

◉**かたいがもろい**　イオン間の引力が強いため，かたい。しかし，力を加えると結合の面がずれて，同じ符号のイオン間に反発力が働くため，面に沿って割れる。これを**へき開**（cleavage）という。

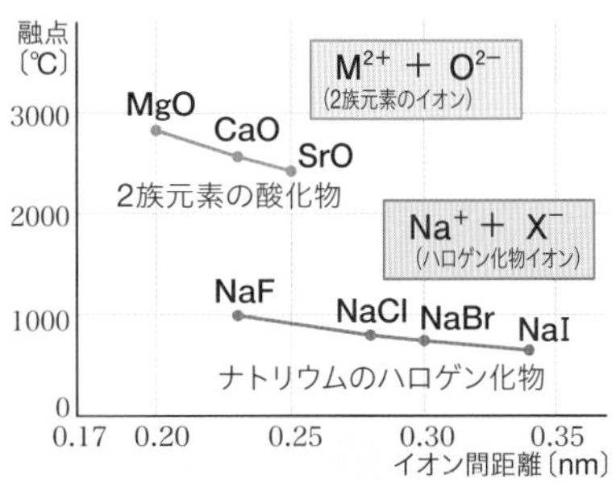

▲図5　イオン結晶の融点

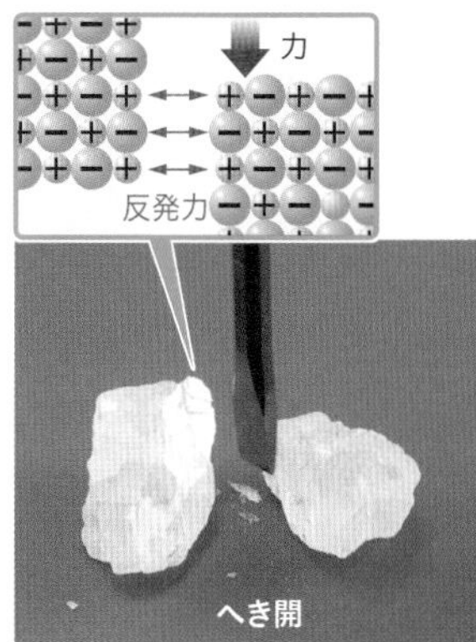

Thinking Point 1　図5において，2族元素の酸化物で MgO の融点が一番高い理由を推定せよ。ただし，2族元素の酸化物はすべて同じ結晶の構造をとる。

◉融解してできた液体や水溶液は電気を通す

イオン結晶が融解してできた液体やイオン結晶の水溶液[1]では，陽イオンと陰イオンはわかれており，イオンが移動できる状態であるため，電気を通す。

物質が水に溶けてイオンにわかれることを **電離**(electrolytic dissociation) といい，電離する物質を **電解質**(electrolyte) という。電解質の水溶液は，電気を通す。一方，水に溶けても電離せずに分子のままでいる物質を **非電解質**(nonelectrolyte) といい，水溶液は電気を通さない。たとえば，塩化ナトリウム NaCl(食塩)は電解質であり，スクロース $C_{12}H_{22}O_{11}$(砂糖)は非電解質である。

[1] イオン結晶をつくる物質には，炭酸カルシウム $CaCO_3$ や硫酸バリウム $BaSO_4$，塩化銀 AgCl など，水に溶けにくいものもある。

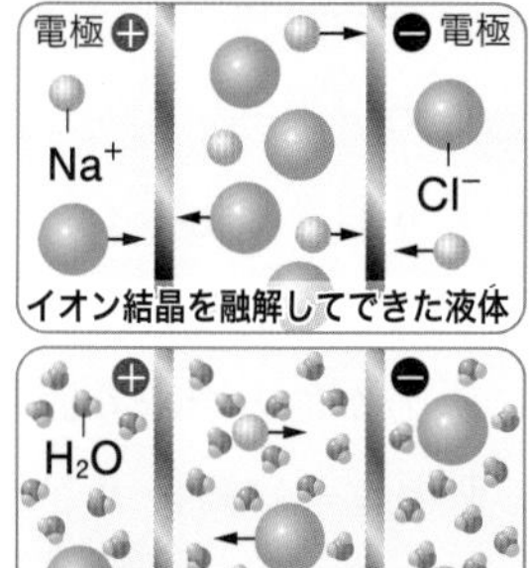

▲図 6　イオン結晶の伝導性
融解して液体になったり，水溶液になったりすると，イオンが自由に移動できるようになる。

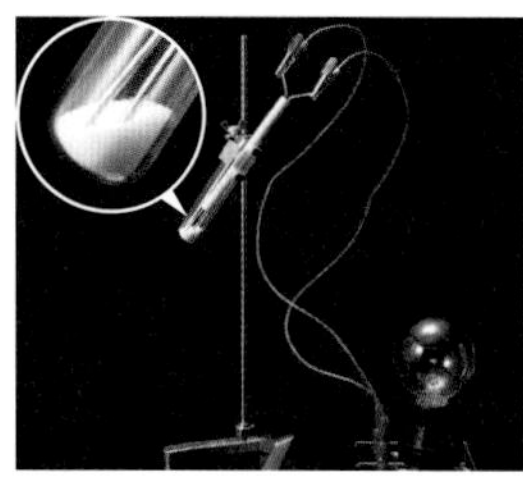

固体の NaCl

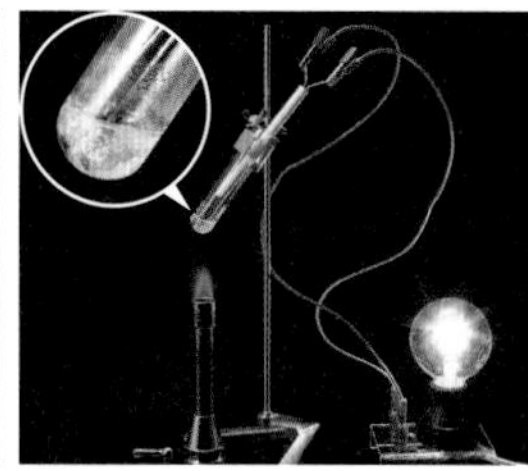

液体の NaCl

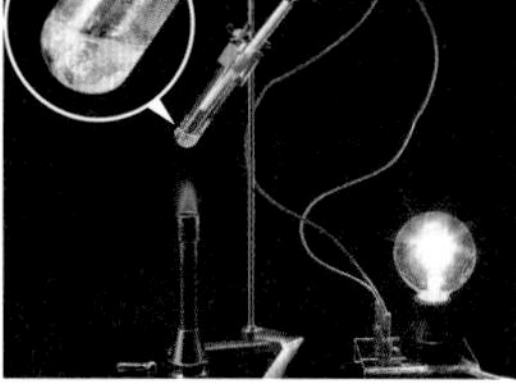

NaCl 水溶液

▲図 7　イオン結晶の電気伝導性

Thinking Point 2

1. 塩化ナトリウム NaCl の固体，液体，水溶液のうち，電気伝導性があるものをあげよ。
2. イオン結晶が電気伝導性を示すのは，どのような状態のときであるか。

▼表 1　イオンでできている化合物の例と組成式

化合物名	組成式	構成イオン		
		陽イオン（価数）	陰イオン（価数）	個数比(陽：陰)
塩化カリウム	KCl	K^+　（1 価）	Cl^-　（1 価）	1：1
水酸化ナトリウム	NaOH	Na^+　（1 価）	OH^-　（1 価）	1：1
炭酸カルシウム	$CaCO_3$	Ca^{2+}　（2 価）	CO_3^{2-}　（2 価）	1：1
塩化カルシウム	$CaCl_2$	Ca^{2+}　（2 価）	Cl^-　（1 価）	1：2
硫酸ナトリウム	Na_2SO_4	Na^+　（1 価）	SO_4^{2-}　（2 価）	2：1
硫化ナトリウム	Na_2S	Na^+　（1 価）	S^{2-}　（2 価）	2：1
硫酸アンモニウム	$(NH_4)_2SO_4$	NH_4^+　（1 価）	SO_4^{2-}　（2 価）	2：1

from *Beginning*　食塩(塩化ナトリウム)の分子は存在するだろうか？

ナトリウムイオン Na^+ と塩化物イオン Cl^- が 1：1 の個数の割合でイオン結合し，Na^+ と Cl^- が規則正しく配列したものが塩化ナトリウム NaCl の結晶ですから，結晶中には NaCl 分子は存在しません。ただし，NaCl 結晶の温度を上げていくと，約 800 ℃ で融解し，約 1400 °C で蒸発して，NaCl 分子を成分とする気体になります。

◆さまざまなイオン結晶

イオン結晶の構造にはいくつかの種類がある。

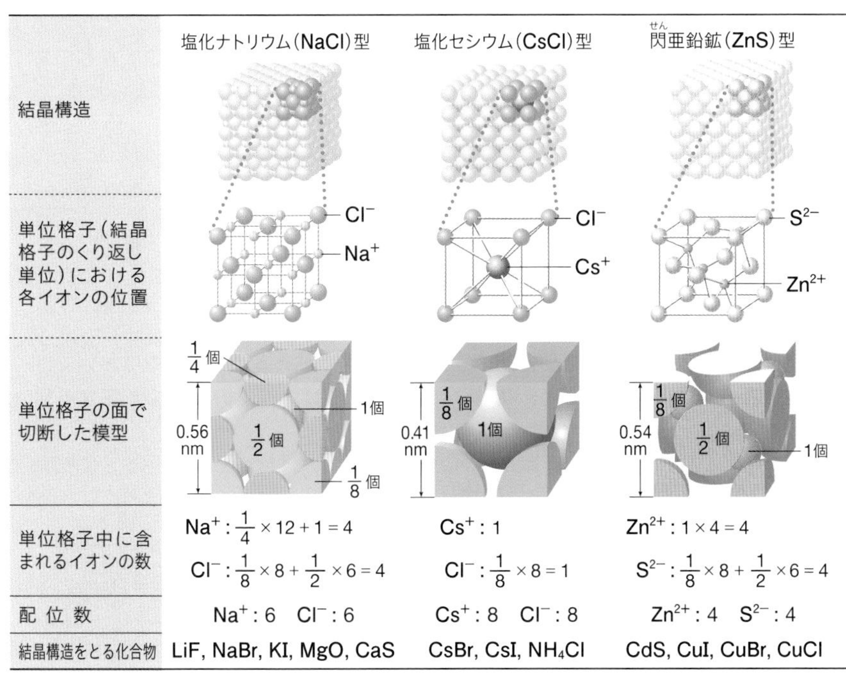

	塩化ナトリウム(NaCl)型	塩化セシウム(CsCl)型	閃(せん)亜鉛鉱(ZnS)型
結晶構造			
単位格子(結晶格子のくり返し単位)における各イオンの位置	Cl^-, Na^+	Cl^-, Cs^+	S^{2-}, Zn^{2+}
単位格子の面で切断した模型	$\frac{1}{4}$個, 1個, $\frac{1}{2}$個, $\frac{1}{8}$個, 0.56 nm	$\frac{1}{8}$個, 1個, 0.41 nm	$\frac{1}{8}$個, $\frac{1}{2}$個, 1個, 0.54 nm
単位格子中に含まれるイオンの数	$Na^+ : \frac{1}{4} \times 12 + 1 = 4$ $Cl^- : \frac{1}{8} \times 8 + \frac{1}{2} \times 6 = 4$	$Cs^+ : 1$ $Cl^- : \frac{1}{8} \times 8 = 1$	$Zn^{2+} : 1 \times 4 = 4$ $S^{2-} : \frac{1}{8} \times 8 + \frac{1}{2} \times 6 = 4$
配位数	Na^+ : 6　Cl^- : 6	Cs^+ : 8　Cl^- : 8	Zn^{2+} : 4　S^{2-} : 4
結晶構造をとる化合物	LiF, NaBr, KI, MgO, CaS	CsBr, CsI, NH_4Cl	CdS, CuI, CuBr, CuCl

その他のイオン結晶

● 陽イオン
● 陰イオン

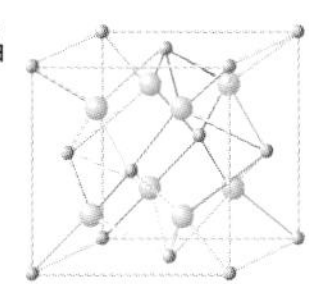

ホタル石(CaF_2)型
単位格子中のイオン数
Ca^{2+} 4, F^- 8

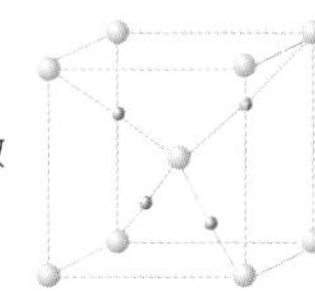

酸化銅(I)(Cu_2O)型
単位格子中のイオン数
Cu^+ 4, O^{2-} 2

▲図 8　イオン結晶の構造

参考　イオン液体

常温で液体として存在する塩を **イオン液体**(ionic liquid) ▶p.143 という。塩化ナトリウム NaCl をはじめとする多くの塩は常温で固体であるが，塩の構成イオン，特に陽イオンが大きくなると，融点が低下して常温でも液体となるものがある。

イオン液体は，不揮発性，難燃性，高イオン伝導性，耐熱性などの特徴をもち，反応溶媒や電解液(電池などで用いる電解質を含んだ溶液)として利用されている。リチウムイオン電池 ▶p.224 の電解液を有機化合物からイオン液体に変えることで，発火しにくい，より安全な電池となるため，人工衛星に搭載する研究が進められている。

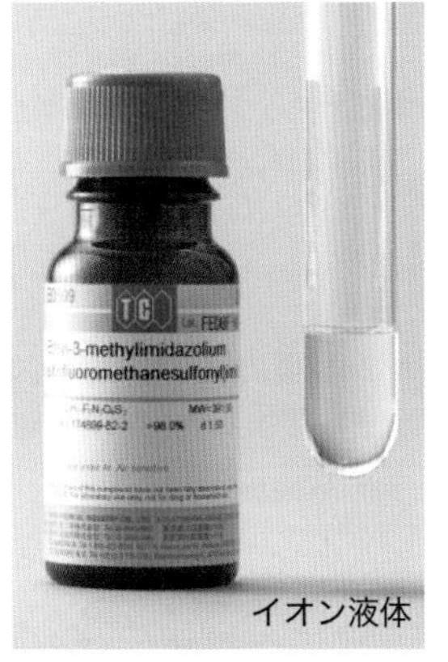

イオン液体

1章　物質の構造

イオン結晶の構造とイオン半径比

陽イオンと陰イオンのイオン半径の関係から，結晶の構造についてみてみよう。

● **イオン半径比**　陰イオン⊖の半径Rに対する陽イオン⊕の半径rの大きさであるイオン半径比$\frac{r}{R}$の値によって，イオンの接し方が変化すると考えられる。

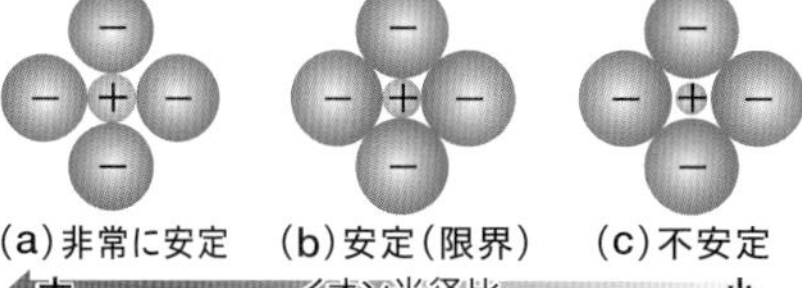

(a)非常に安定
⊕と⊖が接し，⊖と⊖が接していない
(b)安定な構造がとれる限界
⊕と⊖，⊖と⊖が接している
(c)不安定
⊕と⊖が離れていて，⊖と⊖が接している

このように，$\frac{r}{R}$の値と結晶構造の安定性には関係がある。結晶構造において，安定に存在できる限界である(b)での$\frac{r}{R}$の値は，イオン結晶の構造を予測する目安になる。

● **NaCl 型の結晶構造のイオン半径比**

安定に存在する限界は，右図のときである。

三平方の定理より，

$$2(R+r)^2 = (2R)^2$$

$$\frac{r}{R} = \sqrt{2} - 1$$

すなわち，次のような予想ができる。

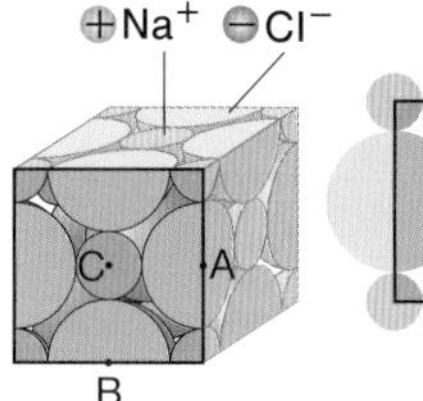

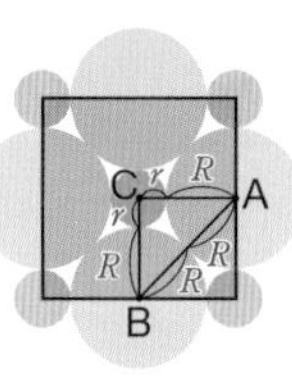

$\frac{r}{R} \geqq \sqrt{2} - 1 \fallingdotseq 0.41$：安定な構造	$\frac{r}{R} < 0.41$：不安定な構造（NaCl 型をとることができない）

● **CsCl 型の結晶構造のイオン半径比**

安定に存在する限界は，右図のときである。

三平方の定理より，

$$(2r + 2R)^2 = (2R)^2 + (2\sqrt{2}R)^2$$

$$\frac{r}{R} = \sqrt{3} - 1$$

すなわち，次のような予想ができる。

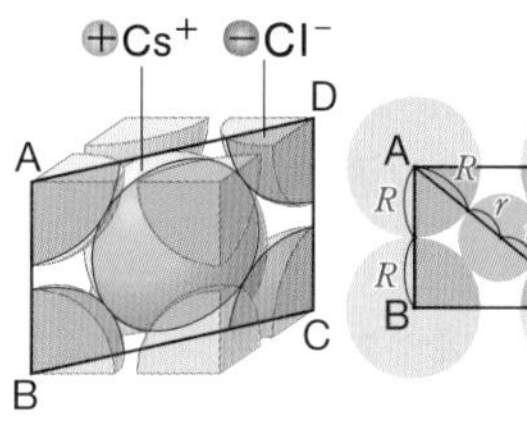

$\frac{r}{R} \geqq \sqrt{3} - 1 \fallingdotseq 0.73$：安定な構造	$\frac{r}{R} < 0.73$：不安定な構造（CsCl 型をとることができない）

● **ZnS 型の結晶構造のイオン半径比**

⊕に接する 4 個の⊖からなる立方体に着目すると，安定に存在する限界は，右図のときである。

$$(r + R) : R = \sqrt{3} : \sqrt{2}$$

$$\frac{r}{R} = \frac{\sqrt{3}}{\sqrt{2}} - 1 = \frac{\sqrt{6}}{2} - 1$$

すなわち，次のような予想ができる。

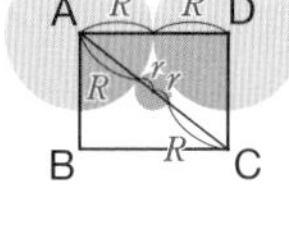

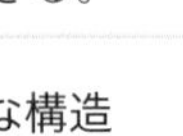

$\frac{r}{R} \geqq \frac{\sqrt{6}}{2} - 1 \fallingdotseq 0.22$：安定な構造	$\frac{r}{R} < 0.22$：不安定な構造

2 共有結合

A 分子

◆**分子のなりたち**　いくつかの原子が結合し，ひとまとまりになった粒子を **分子**（molecule）という。分子を構成する原子の種類と数は，分子の種類によって決まっており，分子も原子やイオンと同様に物質を構成する基本粒子の１つである。

◆**分子式**　元素記号と原子数を用いて分子を表す式を **分子式**（molecular formula）という。分子式は，分子を構成する元素の原子数を，元素記号の右下に添えて表す。原子数が１のときは省略する。分子式は，分子でできている物質がどのような状態であっても共通に用いられる。たとえば，水は，気体の水蒸気も固体の氷も H_2O で表す。

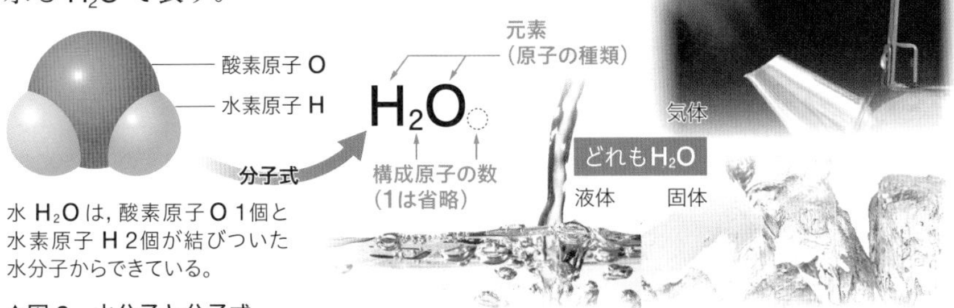

▲図 9　水分子と分子式

▼表 2　分子式の例

分子の種類	分子式		
単原子分子	He（ヘリウム）	Ne（ネオン）	Ar（アルゴン）
二原子分子	H_2（水素）	O_2（酸素）	HCl（塩化水素）
多原子分子	H_2O（水）	CO_2（二酸化炭素）	NH_3（アンモニア）

B 共有結合

◆**分子の形成**　水素原子 H ２個が結合した水素分子 H_2 では，２個の H 原子はそれぞれのもつ価電子を出しあい，共有しあうことで結合している。これによって，各 H 原子は，ヘリウム He と同様の電子配置になっている。このように，非金属元素の原子どうしが価電子を共有する結合を **共有結合**（covalent bond）といい，安定に存在する分子では，一般に各原子は貴ガス原子と同じ電子配置になっている。

2+
ヘリウム原子 He

▲図10　水素分子 H_2 の形成と共有結合　QR

●水素分子 H_2 の形成

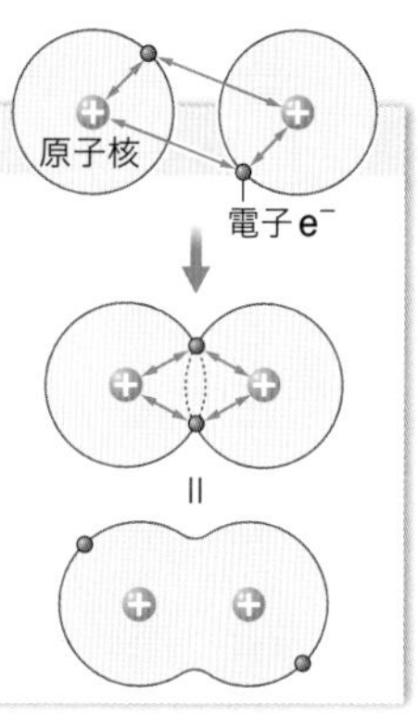

① 水素原子 H の価電子の数はK殻に 1 個で，K殻に 2 個の電子をもつ貴ガス原子のヘリウム He より 1 個少ない。
② このような電子をもつ水素原子どうしが近づくと，各原子の電子は他方の原子核から引力を受け，逆にその反作用で**他方の原子核を引きつける**。
③ そうすると，**両者の電子**は，組み合わされて対をなし，**両方の原子核に共有される**。
④ この結果，水素原子 2 個から水素分子 H_2 ができる。

◆電子式　原子がどのように共有結合しているかを理解しやすくするため，次に表す，元素記号のまわりに最外殻電子を点で表した電子式を用いる。

価電子の数		1	2	3	4	5	6	7	0
最外殻電子の数		1	2	3	4	5	6	7	8
電子式	周期 1	H·							He:*
	2	Li·	Be·	·B·	·C·	·N:	·O:	:F:	:Ne:
	3	Na·	Mg·	·Al·	·Si·	·P:	·S:	:Cl:	:Ar:

表し方
·O:　:O·　:O·
·O·　:O:
電子式は，必要に応じて点の位置を変えて表してもよい。

・元素記号の上下左右の 4 ヶ所に電子「・」を書き入れる。
・電子 4 個目までは，上下左右に 1 個ずつ書く。
・電子 5 個目以降は，上下左右にすでに書いてある電子「・」と対になるように「・」を書き入れる。

誤りの例
:Be　C·①　:O:

▲図11　電子式　＊He の最外殻電子の数は 2 個で対をつくる。

① C は，通常，不対電子が 2 個であるが（▶ p.26），反応相手があると 4 個になる（図14参照）。

◆電子対と不対電子　原子中の同じ電子殻の電子は，電子の数が多くなると，2 個ずつ対をなして安定な状態になる。このように，対になった電子を **電子対**（つい / electron pair）という。貴ガス原子では，最外殻電子がすべてこのような電子対になって存在するため，その電子配置は特に安定である。

He:　:Ne:　:Ar:
H·　·C·　·O·
Na·　:N·　:Cl·
: 電子対　· 不対電子

▲図12　電子対と不対電子

貴ガス以外の元素の原子の最外殻電子(価電子)では，貴ガス型の電子配置が完成していないため，電子殻に対をなさない電子をもつ。価電子のうち，対をなさず，単独で存在する電子を **不対電子**（ふつい / unpaired electron）という。たとえば，水素原子 H は 1 個，酸素原子 O は 2 個の不対電子をもつ。

◆共有電子対と非共有電子対　原子間の共有結合に使われている電子対を **共有電子対**（shared electron pair），はじめから電子対になっていて，原子間に共有されていない電子対を **非共有電子対**（unshared electron pair）という。

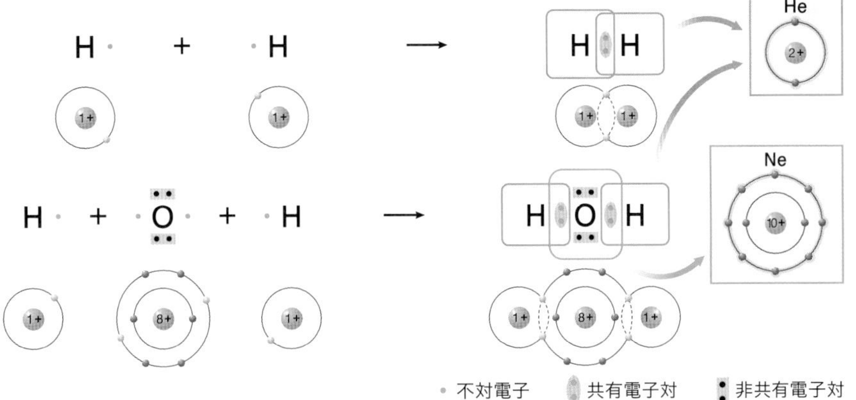

▲図13　共有電子対と非共有電子対　水分子 H_2O の形成についてみてみると，H 原子 2 個と O 原子 1 個が最外殻にある不対電子を出しあって共有し，原子間に共有電子対ができて結合している。H 原子は He と，O 原子は Ne と同じ電子配置になっている。

問1.　次の物質を，電子式で表せ。また，共有電子対と非共有電子対はそれぞれ何組あるかを書け。
(1) 塩化水素 HCl　(2) 二酸化炭素 CO_2　(3) アンモニア NH_3

C 構造式と分子構造

◆構造式　1 組の共有電子対からなる共有結合を **単結合**(single bond), 2 組および 3 組の共有電子対からなる共有結合を，それぞれ **二重結合**(double bond)，**三重結合**(triple bond) という。たとえば，水素 H_2 は単結合からなる。二酸化炭素 CO_2 は C と O が二重結合しており，窒素 N_2 は N どうしが三重結合している。

分子中の単結合を 1 本の線(二重結合は 2 本，三重結合は 3 本の線)で示した式を **構造式**(structural formula) という(共有結合を表すこのような線は価標(かひょう)❷とよばれる)。構造式を用いると，原子間の結合のようすをわかりやすく示すことができる。なお，組成式，分子式，電子式，構造式などをまとめて **化学式**(chemical formula ▶ p.28) という。

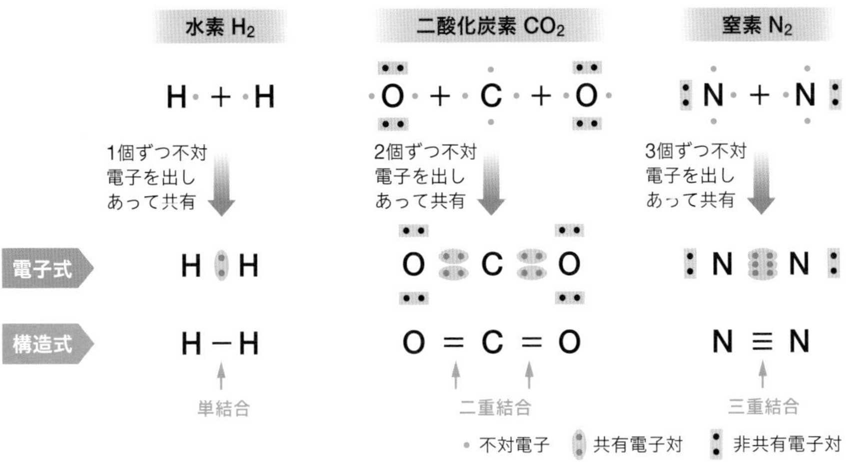

▲図14　分子の表し方

❷　化学式で原子間の結合を表すのに使う価標を最初に使った人は，アイルランドの化学者ヒギンス（William Higgins）とされている。1789 年のこととされているが，使っていた分子構造がまったくの推論に過ぎないものであったらしい。スコットランドの化学者クーパー（Archibald Scott Couper）は，同じ目的で 1858 年に点線を使って化学式を表した。最初に線分を用いた人は，同じくスコットランドの化学者クラム・ブラウン（Alexander Crum Brown）と，ドイツの化学者マイヤー（Lothar Meyer）とされている。両者共に 1864 年に線分を使って構造式を表した。クラム・ブラウンは元素記号を円で囲み，現在でいう ball-and-stick 模型を使っていた。この方法は 1866 年にフランクランド（Edward Flankland）がテキストに使ったので広く知られたが，間もなく不必要な円は省略されるようになって現在の形に収まった。

参考 共有結合と静電気的な力

共有結合では，原子が電子対を共有しているが，原子核は正の電荷を，電子は負の電荷をもっていることから，共有結合においても静電気的な力が結合に関係している。静電気的な力に着目して，水素分子の共有結合について詳しくみてみよう。

❶電子がもたらす結合力と共有結合

正の電荷をもつ原子核どうしには静電気的な反発力が働くため，原子核(たとえば陽子)どうしは互いに反発しあう。ここで，2つの陽子の間に電子が1個割り込むと，状況は一変する。電子は負の電荷をもち，正の電荷をもつ陽子とは電荷が異符号なため，電子と陽子は互いに引きあう。距離が同じならば，陽子どうしの反発力と，電子と陽子の引力とは，大きさが同じになるが，図1から明らかなように，電子と陽子の間の方が陽子間より距離が短いので，陽子間に働く反発力より，電子と陽子の間の引力の方が大きい。このため，それぞれの陽子には，他方の陽子からの反発力と電子からの引力との合力が働くが，電子からの引力の方が大きいので，結果として陽子どうしは，間にある電子の働きによって互いに近づこうとする。これが，原子間に共有された電子によって結合力がもたらされる原動力となる。このように結合の形成に関係する電子を，**結合性の電子**[1] という。

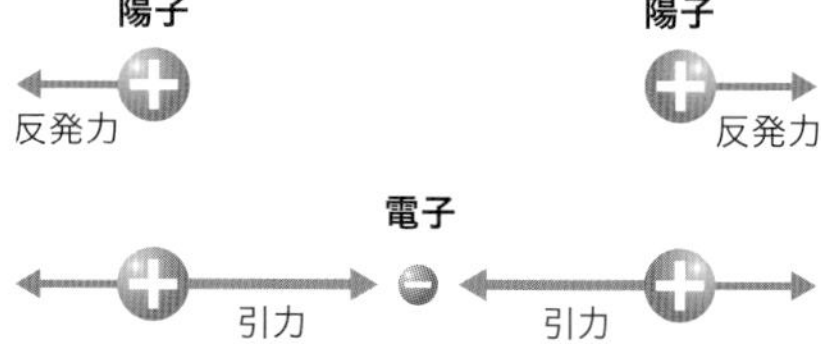

図1　電子がもたらす結合力
陽子どうしは反発する。2つの陽子の間に電子が入ると，電子による引力が，陽子どうしの反発力より強いため，陽子どうしを接近させる結合力が生じる。

❷水素分子の共有結合

通常，共有結合は，不対電子[2]をもつ原子どうしから，結合性の電子2個が対をなして原子核の間に共有されてできる。最も簡単な分子として水素分子 H_2 を取り上げ，その共有結合を考えてみよう。

H原子は，正の電荷をもつ原子核(陽子)と負の電荷をもつ電子1個からできている。したがって，H_2 では，2つの陽子を結合性の電子2個が結びつけている[3]。このとき，2個の電子は2つの原子核のまわりを運動しているが，特に2つの原子核の間に長い時間存在している。

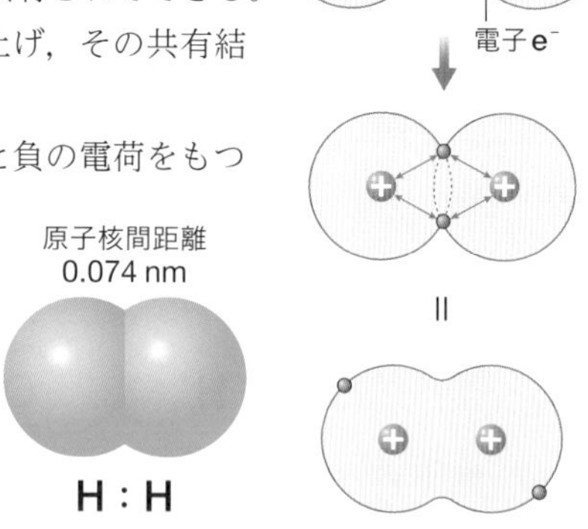

図2　水素分子 H_2 とその形成▶p.59

❶ 結合性の電子がどのようにして生じるかは，量子力学とよばれる理論を用いて，現在ではコンピュータで計算できるが，ここではその詳細は省略する。

❷ 不対電子が複数あるとき，全部が結合に関与せずに一部が不対電子として残っていると，反応しやすく，化学的に不安定である。不対電子の全部が共有結合をつくり，不対電子が存在しなくなると，反応しにくくなり，化学的に安定化する。

❸ 2つの陽子の間に共有された結合性の電子が1個だけの場合は水素分子イオン H_2^+ として実在し，その結合エネルギーは，電子2個が共有されてできる H_2 分子のおよそ半分程度である。

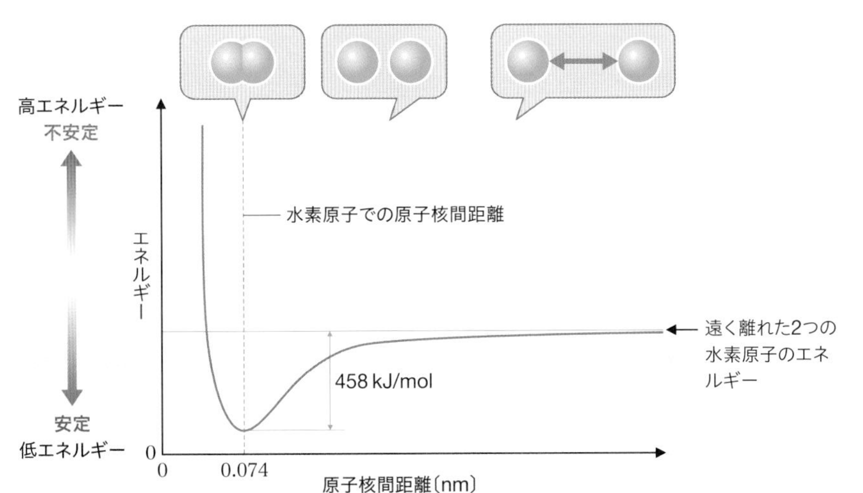

図3　2つのH原子の原子核間距離とエネルギーの関係

H_2を図に表すと図2のようになり，2つの原子核間の距離は0.074 nmである。2つの原子核が0.074 nmから離れていくと，引力が減少するため結合力は減少する。一方，2つの原子核が0.074 nmより近づいていくと，電子は2つの原子核の間にはあまり存在しなくなり，原子核どうしの反発力が支配的となる。このような原子核の距離による状態の違いは，遠く離れたH原子の状態を基準として，その状態より安定であるか不安定であるかでとらえることができ，これらはエネルギーの減少と増加に対応する。

そこで2つの原子核の間の距離とエネルギーの関係を表すと図3のようになる。H_2での原子核間の距離0.074 nmは，最もエネルギーが低い状態に対応している。H_2を引き離して2つのH原子にするために必要なエネルギーの大きさは432 kJ/molであり，図3のエネルギーの極小値と遠く離れたH原子のエネルギーの差(458 kJ/mol)にほぼ相当している。❹

❹ H_2の最もエネルギーの低い状態は，図3の曲線の極小値よりも，振動の零点エネルギーとよばれるエネルギー（約26 kJ/mol）だけ高くなる。

◆**原子価**　1個の原子がつくる結合の数を，その原子の **原子価** (valence) という。原子価は，一般に，その原子がもつ不対電子の数に相当する。

▼表3　原子価

族	1	14		15		16		17		18	
原子	H−	−C−	−Si−	−N−	−P−	−O−	−S−	F−	Cl−	Ne	Ar
	H·	·C·	·Si·	·N·	·P·	·O·	·S·	:F·	:Cl·	:Ne:	:Ar:
原子価	1価	4価		3価		2価		1価		0価	

問2.　次の化合物の電子式と構造式をかけ。
(1) 過酸化水素 H_2O_2　(2) 四塩化炭素 CCl_4　(3) シアン化水素 HCN

◆**分子の形**　構造式は，原子間の結合のみを表すもので，必ずしも分子の実際の形を示すものではない。実際には，水 H_2O，アンモニア NH_3，メタン CH_4 などは，表4で示した模型のように，それぞれ，折れ線形，三角錐(すい)形，正四面体形をしている。分子には，それぞれ固有の形がある。

▼表4　分子の形　一般に構造式が似ている分子どうしは似た形をしている。

名称と分子式	電子式	構造式	分子の形の模型(結合距離，結合角)
水素 H_2	H:H	H−H	0.074 nm　直線形
水 H_2O	H:Ö:H	H−O−H	0.096 nm　104.5°　折れ線形
アンモニア NH_3	H:N̈:H H	H−N−H H	0.101 nm　106.7°　三角錐(すい)形
メタン CH_4	H H:C:H H	H H−C−H H	0.109 nm　109.5°　正四面体形
二酸化炭素 CO_2	Ö::C::Ö	O=C=O	0.116 nm　直線形
窒素 N_2	:N⋮⋮N:	N≡N	0.110 nm　直線形
エチレン C_2H_4	H　H C::C H　H	H　　H C=C H　　H	117°　0.134 nm　平面形

◉**結合距離と結合角**　結合している原子どうしの中心間を結ぶ距離を **結合距離** (bond distance)，分子中の隣りあう2つの結合のなす角を **結合角** (bond angle) という。

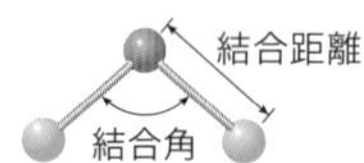

▲図15　結合距離と結合角

Thinking Point 3　次に示す分子の形はどのようになっているか，表4を参考に考えよ。
(1) $CHCl_3$　(2) HCN　(3) SiH_4

参考 分子の構造(1) 電子対間の反発に基づくモデル(VSEPRモデル)

分子の構造について，現代ではさまざまな実験によって，メタンは正四面体形，二酸化炭素は直線形であることなどがわかっている。しかし，分子を電子式で表し，電子対間の反発を考えると，分子の立体構造を定性的に予測することができる。

❶ルイス構造と VSEPR モデル

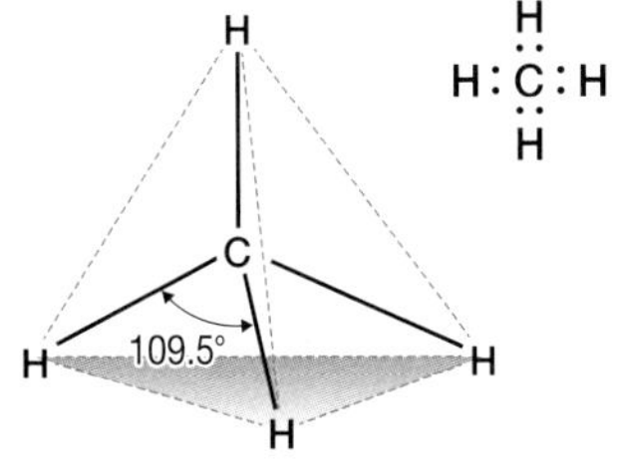

図1　メタン分子のルイス構造

分子の立体構造は，その分子の原子核の位置によって定義され，原子核と電子との引力，原子核間の反発力，および電子間の反発力の兼ね合いによって決まる。すなわち，分子に含まれる原子核と電子の間に働く引力と反発力がちょうどつりあった構造が，その分子の構造となる。たとえば，メタン CH_4 は図1のような正四面体形であることが実験からわかっている。これは，メタンがこの構造をとるときに，1個の炭素原子核と4個の水素原子核，およびそれらを取り囲む10個の電子の間に働く力のバランスがとれ，最も安定になることを意味している。

さて，本文で学んだように，2個の原子は電子対を共有することによって結合を形成する。このような考え方は1916年にルイス(G. N. Lewis, 1875 ~ 1946)によってはじめて提唱された。価電子を点で表して分子の電子配置を表記する方法もルイスが考案したもので，**ルイス構造**(電子式ともいう)とよばれている。メタン分子のルイス構造をみると，炭素原子は4組の共有電子対をもつことがわかる。

のちに，中心にある原子を取り囲む電子対の数とそれらの電子対がとる配列の間に図2に示すような関係があることを仮定すると，その原子の周囲の立体構造がよく再現されることが見いだされた。図2に示した電子対の配列は，それぞれの電子対間の反発が最小になる構造に見えることから，この考え方を **原子価殻電子対反発**(valence-shell electron-pair repulsion, VSEPR と略記する)**モデル**とよぶ。

いくつかの例について，VSEPR モデルと実際の分子の対応関係をみてみよう。

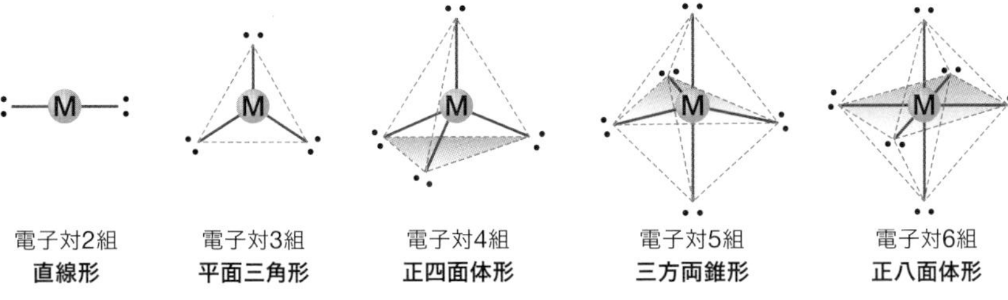

電子対2組 **直線形**　電子対3組 **平面三角形**　電子対4組 **正四面体形**　電子対5組 **三方両錐形**　電子対6組 **正八面体形**

図2　VSEPR モデルによる中心原子 M のもつ電子対の数とその配列の関係[❶]
青い点線は全体の構造を示し，結合を表しているものではない。

❷共有電子対と非共有電子対の反発

アンモニア NH_3 は，1つの非共有電子対と3つの N−H 結合の共有電子対との反発により，三角錐の形状が予想できるが，実際に測定すると H−N−H の結合角は 106.7° となる。これは，CH_4 と同じ4つの電子対の反発ではあるものの，非共有電子対と共有電子対の反発の方が，共有電子対どうしの反発よりも大きいためと考えられている。

アンモニア
NH_3

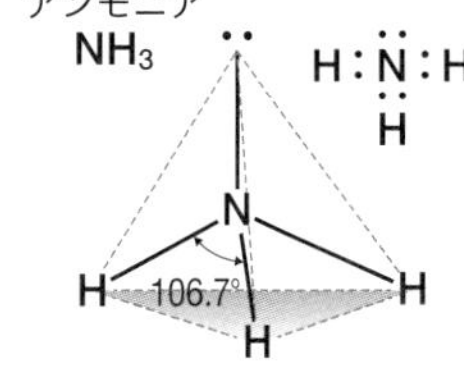

❶ 直線形，平面三角形，三方両錐形，正八面体形をもつ分子の例として，それぞれ $BeCl_2$，BF_3，PCl_5，SF_6 がある。これらの中心にある原子の電子配置は貴ガス原子と同じではないが，いずれも実在する分子である。

参考 分子の構造(2) 軌道に基づくモデル(混成軌道)

メタンは炭素原子を中心に各頂点に水素原子が位置した正四面体構造をとり，エチレンは炭素原子と水素原子が同一平面にある構造であることが実験で明らかになっている。なぜこのような構造をとるのか，電子配置をもとにみてみよう。

❶電子配置と分子の構造

電子が存在する空間領域を **軌道** といい，K 殻，L 殻などの電子殻には，**s 軌道** や **p 軌道** などいくつかの軌道がある。電子が軌道に収容されていると考え，原子に固有の電子配置を割り当てることによって，その原子における電子の振舞いをよく説明することができる。たとえば，炭素原子の電子配置は図 2(a)のように表記される。

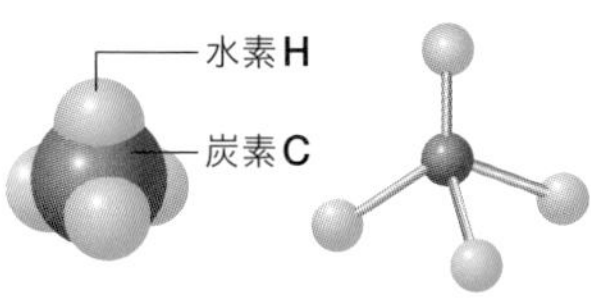

図1　メタン CH_4

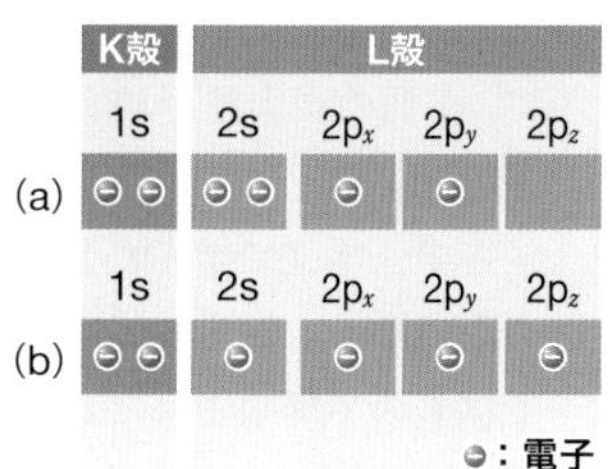

図2　炭素原子の電子配置

このような原子の電子配置をもとにして，分子の形成や立体構造を理解しようとする研究が 1920 年代後半から始まった。しかし，ただちに困難に直面した。図 2(a)をみるとわかるように，炭素原子には共有結合を形成するための不対電子が 2 個しかなく，たとえばメタン CH_4 において 4 個の共有結合が形成されることを説明できない。これに対して米国の化学者ポーリング(L. C. Pauling, 1901 ~ 1994)は，炭素原子の s 軌道と p 軌道を混ぜあわせることによって，CH_4 の形成と構造を適切に説明する軌道をつくれることを示した。このように，原子の軌道を混ぜあわせることによって分子の形に対応した新たな軌道を形成させる操作を **混成** といい，得られた軌道を **混成軌道** とよぶ。混成軌道にはさまざまな種類があるが，ここでは，メタンとエチレンに関係する混成軌道についてみてみよう。❶

❷ sp^3 混成軌道

まず，図 2(a)の電子配置の 2s 軌道にある電子を 1 個 $2p_z$ 軌道に入れて，図 2(b)のような電子配置とする。すると，4 つの共有結合をつくるための 4 個の不対電子を得ることができる。次に，2s，$2p_x$，$2p_y$，$2p_z$ の軌道を混ぜあわせることによって，図 3 下のように正四面体の各頂点方向を向いた 4 個の軌道をつくる。この混成軌道は，1 個の s 軌道と 3 個の p 軌道を混ぜあわせて得られたことから **sp^3 混成軌道** (sp^3 はエス・ピー・スリーと読む)とよばれる。

それぞれの軌道には 1 個ずつ不対電子が入っているから，それぞれが水素原子の 1s 軌道の電子と電子対をつくることによって，炭素原子と水素原子の間に共有結合が形成される。こうして，sp^3 混成軌道を用いることによって，CH_4 の形成と立体構造を矛盾なく説明することができる。

❶ 炭素原子に関する混成軌道として，ここで紹介した sp^3，sp^2 混成軌道のほかに，2s 軌道と $2p_x$ 軌道を混ぜあわせてできる **sp 混成軌道** がある。アセチレン H−C≡C−H などにみられる直線構造の炭素原子は sp 混成軌道によって説明される。

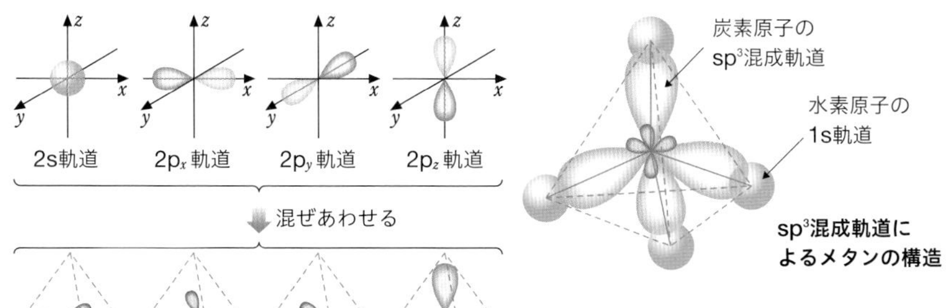

図 3　sp^3 混成軌道の形成
それぞれの軌道は，電子の存在確率が高い空間領域を示している。

❸ sp^2 混成軌道

エチレン $CH_2=CH_2$ は平面構造の分子であり，炭素原子の周囲の結合は平面三角形の頂点方向を向いている。これは，図 2(b)のような電子配置から，$2p_z$ をのぞいた，2s，$2p_x$，$2p_y$ の 3 個の軌道を混ぜあわせて，平面三角形をとる 3 個の軌道をつくると考えるとうまく説明ができる。この軌道は **sp^2 混成軌道** とよばれ，それぞれの軌道には 1 個ずつ不対電子が入っている。このうち，2 つの軌道は水素原子の 1s 軌道の電子と対をつくって C−H 結合を形成し，もう 1 つの軌道は他の炭素原子の sp^2 混成軌道の電子と対をつくって C−C 結合を形成する。さらに，それぞれの炭素原子の，混成に関与しなかった $2p_z$ 軌道にある 1 個の不対電子どうしが対をつくることで，炭素原子間にもう 1 つ共有結合が形成される。

このように，エチレンの二重結合は異なる 2 種類の共有結合，すなわち sp^2 混成軌道の電子による結合(**σ 結合**)と，$2p_z$ 軌道の電子による結合(**π 結合**)から形成されることがわかる(図 4)。

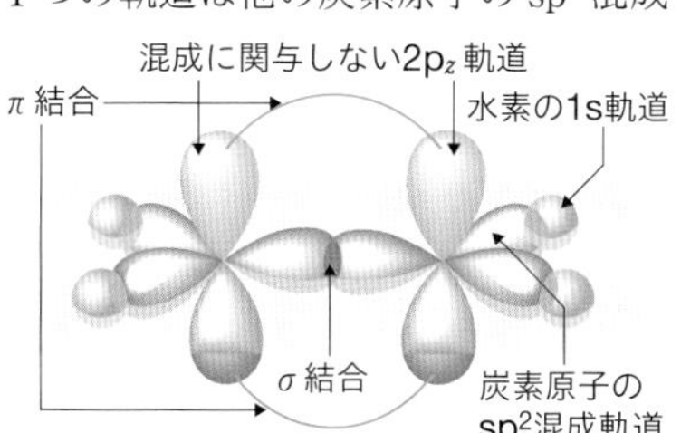

図 4　sp^2 混成軌道によるエチレンの構造
σ 結合と π 結合では，結合の強さや反応性が異なることが，実験的に確かめられている。

混成軌道は，電子構造に基づいて分子の立体構造やその性質を説明する際にしばしば用いられる。ダイヤモンドと黒鉛の構造や性質の違いも，ダイヤモンドの C 原子が sp^3 混成軌道をとり，黒鉛の C 原子が sp^2 混成軌道をとると考えると合理的に説明できる。

参考 共鳴と無機物質の構造の推定

酸化作用の強い酸である硝酸や水道水の消毒に用いられるオゾンなどの構造式は，一般的な原子価の考え方ではうまく書けない。ここでは，構造式で表すことが難しい無機物質の構造式をとらえ，電子対の反発から分子構造を推定してみる。

❶共鳴する分子

ベンゼン C_6H_6 の構造式は構造Ⅰ，構造Ⅱのように書けるが，実験的にベンゼンは，どの炭素−炭素結合の長さも同じであり，等価であることがわかっている。そのため，ベンゼンは，構造Ⅰと構造Ⅱを重ね合わせた構造であると考える。このような考え方を **共鳴** といい，図1のように ⟷ を用いて表記する。

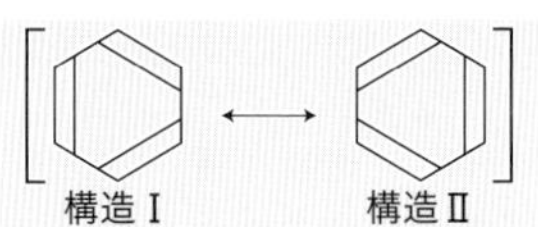

図1　共鳴によるベンゼンの表記

● **電子の非局在化**　共鳴する分子では，すべての電子が特定の結合や原子に存在しているのではなく，複数の結合や原子にわたって存在している。これを **電子の非局在化** という。電子の非局在化によって電子は多くの原子核の束縛を受けるため，より安定化する。このことから，共鳴する分子の構造は，図1のように，構造式と ⟷ を用いて表現され，このような構造式を **共鳴構造(極限構造)** という。

❷共鳴する無機物質と分子構造

電子の非局在化は，ベンゼンなどの有機化合物だけでなく，無機物質にもみられる。共鳴する無機物質の構造について考えてみる。

● **硝酸 HNO_3 の構造の推定**　硝酸は，$HONO_2$ の原子配列をもつが，一般的な原子価(窒素3価，酸素2価)で表記するには難しい分子である。

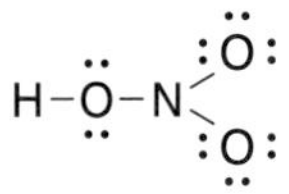

構造1

● **電子式(ルイス構造)を考える**　価電子の総数は24個である。HとOが貴ガス原子と同じ電子配置(最外殻電子が2個または8個になる配置)になるように24個の電子を配置した電子式(**ルイス構造**)を書くと，構造1が書ける(共有電子対は価標とよばれる線で表した)。しかし，構造1ではNが貴ガス原子と同じ電子配置になっていないため，末端にあるOの非共有電子対の1つをNとOで共有させて 構造2 とする。

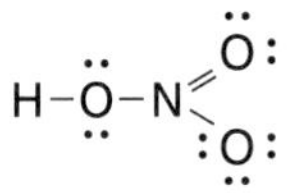

構造2

● **形式電荷をつける**　構造2ではすべての原子が貴ガスと同じ電子配置になっているが，Nは価電子数が4となっていて本来の価電子数5より1個少ない。また，単結合を形成しているOは価電子数が7となっていて本来の価電子数6より1個多い。そこで，Nに＋，Oに−をつけると，構造3が得られる。このような＋，−を **形式電荷** という[1]。構造3が硝酸 $HONO_2$ の正しいルイス構造となる。

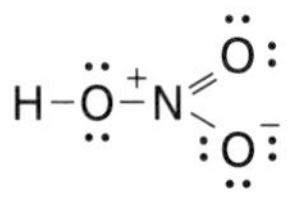

構造3

❶ 共有結合するときに原子が電子を得たり失ったりすることがなければ形式電荷は0となるため，形式電荷が最小な構造が最適な構造といえる。

● **共鳴構造を考える**　実験によると，硝酸の末端にある，N と O の結合 2 個の長さはほぼ 1.2×10^{-1} nm であり，等価である。しかし，N−O と N=O の結合の長さは同じではないため，構造 3 は硝酸の構造や電子状態を正しく表していないことになる。そこで，ベンゼンと同様に，ここでは共鳴の考え方を用いて，構造 3 と構造 4 を重ね合わせた構造が本来の硝酸の構造と考える。

このようなニトロ基 $-NO_2$ における共鳴は，ニトロメタン CH_3-NO_2 やニトロベンゼン $C_6H_5-NO_2$ などの有機化合物にもみられる。

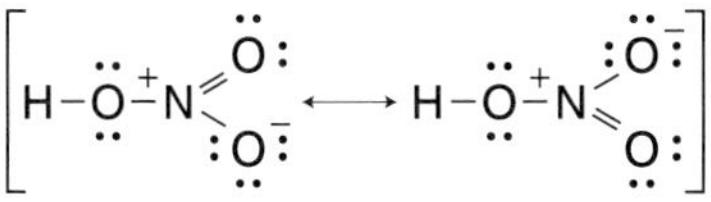

構造 3　構造 4

図 2　共鳴による硝酸の表記

● **電子対反発に基づく分子構造の推定**　構造 3，構造 4 はたまたま N から三角形の頂点方向に O が結合していて，H−O−N は直線で描かれている。これを，電子対間の静電気的な反発から検証してみる。

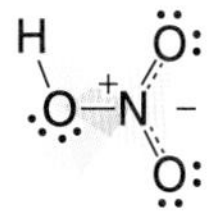

N のまわりの共有電子対 2 組と二重結合 1 個の 3 組の電子対の反発が最小になる構造を考えれば，実際の硝酸の構造でも N から三角形の頂点方向に O が結合することが推定できる。また，H に結合した O のまわりには非共有電子対 2 組と共有電子対 2 組があり，4 組の電子対の反発により，これらはほぼ正四面体の頂点方向に配置することになる。したがって，硝酸は図 3 に近い構造と推定できる。

図 3　硝酸の構造
共鳴によって，N と O の結合は単結合と二重結合の中間の結合をしていると考えられる。

● **オゾン O_3 の構造の推定**　オゾンも共鳴構造をとっており，硝酸と同様にして，電子対の反発によってその分子構造を推定することができる。

3 個の O の価電子の総数は，$3 \times 6 = 18$ 個である。この 18 個をそれぞれの O が貴ガスの電子配置と同じ最外殻電子が 8 個になるように配置して，形式電荷をつけ共鳴を考えると図 4 のようになる。

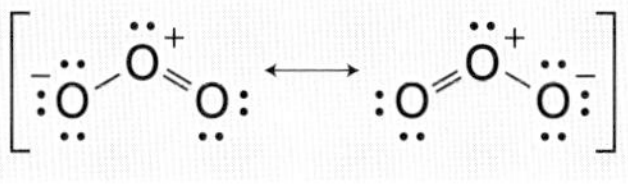

図 4　共鳴によるオゾンの表記

中心の O のまわりには，二重結合 1 個，共有電子対 1 組，非共有電子対 1 組があり，これらを 3 組の電子対とみなせば，これらは電子対の反発により平面三角形の頂点方向に位置する。このことから，O_3 は直線構造ではなく，結合角 120° の折れ線形であり，共鳴により，O と O の結合 2 個の長さは等しいと予想できる。実験によると O_3 は結合角 117° の折れ線形であり，二等辺三角形である。

◆**配位結合**　一方の原子の非共有電子対が他方の原子に提供されてできている共有結合を，特に **配位結合**（coordinate bond）という。水素イオン H^+ が電子対を1組受け入れると，ヘリウム He と同じ電子配置になって安定化する。水分子 H_2O やアンモニア分子 NH_3 の非共有電子対が，H^+ に提供され共有されると，安定なオキソニウムイオン H_3O^+ やアンモニウムイオン NH_4^+ ができる。

H_3O^+ や NH_4^+ のようなイオンでは，配位結合と，もとからある共有結合とは，それぞれ結合ができるしくみが異なるだけで，結合の性質は同等で区別することができない。

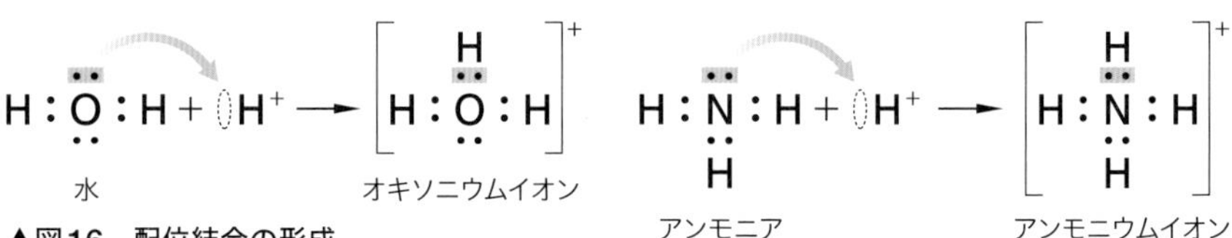

▲図16　配位結合の形成

◆**錯イオン**　中心の金属イオンに，非共有電子対をもつ分子または陰イオンが配位結合してできたイオンを **錯**（さく）**イオン**（complex ion）という。配位する分子としては NH_3，H_2O[1]，陰イオンとしては CN^-，Cl^-，OH^- などがよく知られている。金属イオンに配位結合した分子またはイオンを，**配位子**（ligand）という。たとえば，銅(Ⅱ)イオン Cu^{2+} にアンモニア分子 NH_3 が4個配位したときは，テトラアンミン銅(Ⅱ)イオン $[Cu(NH_3)_4]^{2+}$ となる。

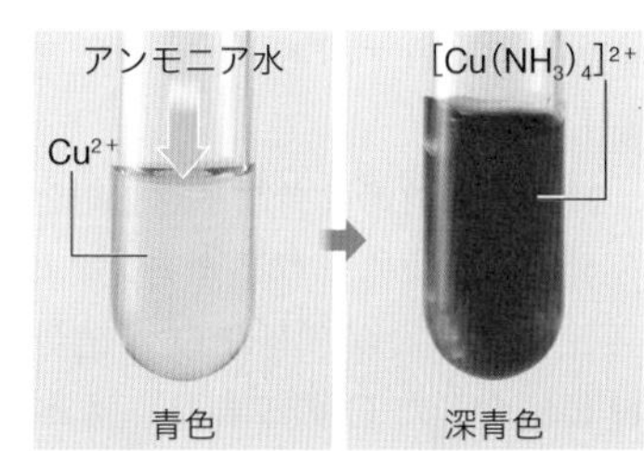

▲図17　テトラアンミン銅(Ⅱ)イオンの生成

❶　水溶液中の Cu^{2+} は，実際には，テトラアクア銅(Ⅱ)イオン $[Cu(H_2O)_4]^{2+}$ である。

❷　数詞

数	数詞
1	モノ
2	ジ
3	トリ
4	テトラ
5	ペンタ
6	ヘキサ
7	ヘプタ
8	オクタ

❸　配位子

配位子	読み方
NH_3	アンミン
H_2O	アクア
CN^-	シアニド
Cl^-	クロリド
OH^-	ヒドロキシド
F^-	フルオリド
Br^-	ブロミド
$S_2O_3^{2-}$	チオスルファト

参考　錯イオンの命名法と立体構造

錯イオンは，中心の金属イオンの種類とそれに配位した配位子によって，名称や立体構造が異なる。

❶錯イオンの命名法　$[Cu(NH_3)_4]^{2+}$ を例に錯イオンの名称についてみてみる。

① 金属イオンに配位した配位子の数（**配位数**（coordination number））[2]
② 配位子の種類[3]
③ 中心の金属イオンの名称と価数
④ 全体で陽イオンであれば，「イオン」
　全体で陰イオンであれば，「酸イオン」

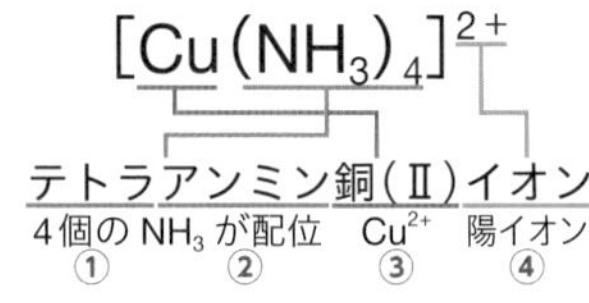

❷錯イオンの立体構造　錯イオンの立体構造は，中心の金属イオンの種類によって，次のようになる。また，錯イオンを含む塩を **錯塩**（complex salt）という。

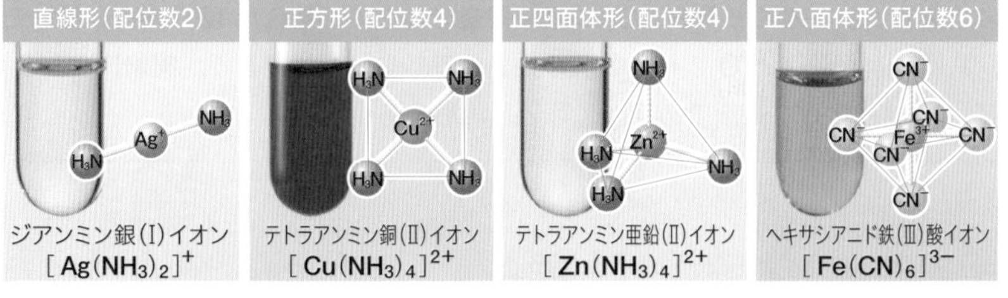

参考 ウェルナーの配位説

❶配位説と錯イオンの立体構造　コバルト(Ⅲ)化合物には，表1のような組成式をもつ，4種類の色鮮やかな塩が知られている。スイス出身の **ウェルナー**(A. Werner, 1866 ~ 1919)は，19世紀の末に，これらのコバルト化合物を詳細に調べ(表1)，金属イオンと配位子からできる錯イオンの考え方を導入し，**配位説**を提唱した。

表1　色鮮やかなコバルト(Ⅲ)化合物

組　成　式	色	イオンの総数	正電荷と負電荷の絶対値の和	電離する Cl^- の数	陽イオンの数	陽イオンの電荷	構造(図2)
① $CoCl_3 \cdot 6NH_3$	黄	4	6	3	1	3	A
② $CoCl_3 \cdot 5NH_3$	赤紫	3	4	2	1	2	B
③ $CoCl_3 \cdot 4NH_3$	紫	2	2	1	1	1	C
④ $CoCl_3 \cdot 4NH_3$	緑	2	2	1	1	1	D

表1の結果から，①～④の塩は次のように電離していると考えた。

① $CoCl_3 \cdot 6NH_3 \longrightarrow [Co(NH_3)_6]^{3+} + 3Cl^-$　② $CoCl_3 \cdot 5NH_3 \longrightarrow [CoCl(NH_3)_5]^{2+} + 2Cl^-$

③ $CoCl_3 \cdot 4NH_3 \longrightarrow [CoCl_2(NH_3)_4]^+ + Cl^-$　④ $CoCl_3 \cdot 4NH_3 \longrightarrow [CoCl_2(NH_3)_4]^+ + Cl^-$

①では6個の NH_3 が，②では5個の NH_3 と1個の Cl^- が，③と④では4個の NH_3 と2個の Cl^- が Co^{3+} に直接結合しているとした。これは現在では **配位結合** に相当し，この Cl^- が電離せず，$AgNO_3$ とは反応しないことになる。また，ウェルナーが示した錯イオンの式から，Co^{3+} に直接結合している配位子の数は6個と考えられる。

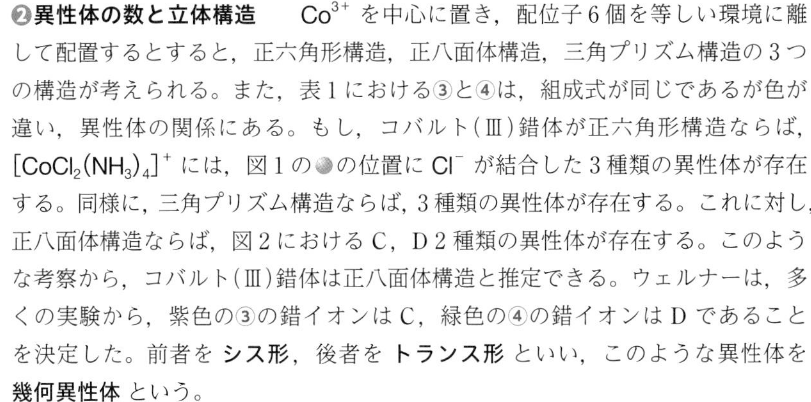

❷異性体の数と立体構造　Co^{3+} を中心に置き，配位子6個を等しい環境に離して配置するとすると，正六角形構造，正八面体構造，三角プリズム構造の3つの構造が考えられる。また，表1における③と④は，組成式が同じであるが色が違い，異性体の関係にある。もし，コバルト(Ⅲ)錯体が正六角形構造ならば，$[CoCl_2(NH_3)_4]^+$ には，図1の●の位置に Cl^- が結合した3種類の異性体が存在する。同様に，三角プリズム構造ならば，3種類の異性体が存在する。これに対し，正八面体構造ならば，図2におけるC，D 2種類の異性体が存在する。このような考察から，コバルト(Ⅲ)錯体は正八面体構造と推定できる。ウェルナーは，多くの実験から，紫色の③の錯イオンはC，緑色の④の錯イオンはDであることを決定した。前者を **シス形**，後者を **トランス形** といい，このような異性体を **幾何異性体** という。

❸$[CoCl_3(NH_3)_3]$ の幾何異性体　③，④の錯イオンでは2種類の配位子が4：2で存在していたが，3：3で存在する錯体 $[CoCl_3(NH_3)_3]$ では，図2に示すように2種類の異性体が考えられる。同じ配位子を含む平面を考え，この平面が八面体の面と重なるか(図2E)，八面体を横切るか(図2F)によって，幾何異性体として区別する。

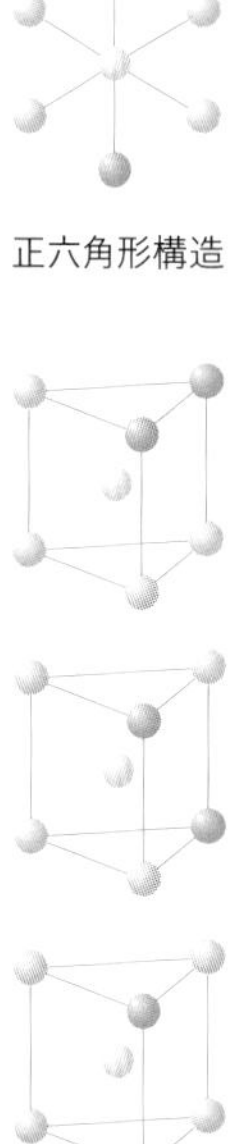

三角プリズム構造

図1　正六角形構造と三角プリズム構造の異性体

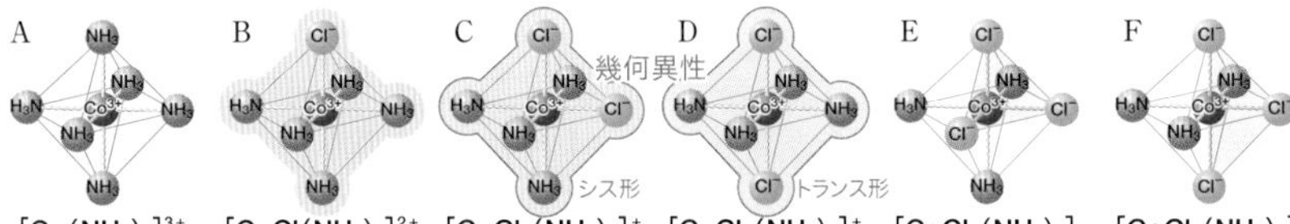

図2　正八面体構造をとるコバルト(Ⅲ)錯体の立体構造

D 共有結合の結晶

非金属原子どうしが次々と共有結合してできた結晶を **共有結合の結晶** という。共有結合の結晶には，ダイヤモンドC[1]，黒鉛C，ケイ素Si，二酸化ケイ素 SiO_2 などがある。きわめてかたく，融点が高く，電気を通さないものが多い。

[1] 共有結合の結晶を化学式で表すときには組成式を用いる。ダイヤモンドや黒鉛はCで表される。

共有結合の結晶の性質

- 融点がきわめて高い。
- 非常にかたいものが多い。
- 水に溶けにくい。
- 電気を通さないものが多い。

◆ダイヤモンド 各C原子は4個の価電子により隣接する4個のC[2]原子とそれぞれC－C結合をつくり，正四面体形の立体的な構造をつくる。

[2] ダイヤモンドは，結晶全体が共有結合で連なってできた1つの巨大な分子であると考えられる。

◆黒鉛(グラファイト) 各C原子は，4個の価電子のうち3個を用いて，隣接する3個のC原子と共有結合し，正六角形を基本とする平面の構造をつくる。この平面構造は互いに弱い力(分子間力)で結ばれて積み重なっているため，平面どうしははがれやすく，やわらかい。各C原子に残る1個の価電子は，平面全体に共有され，平面内を自由に動くことができるため，電気をよく通す。

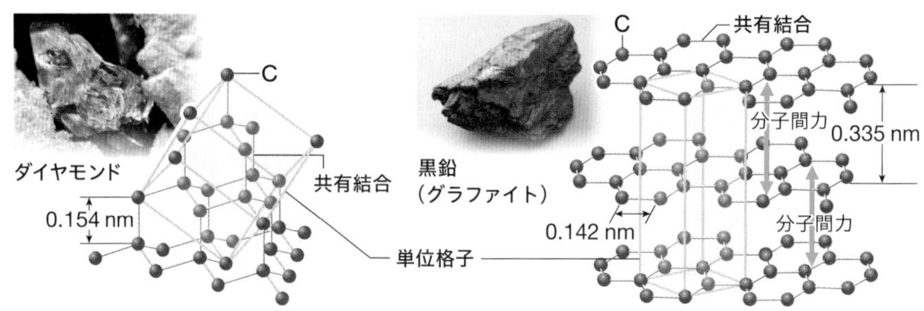

▲図18 ダイヤモンドと黒鉛

参考 グラフェン

炭素の同素体には，共有結合の結晶であるダイヤモンドや黒鉛，分子結晶であるフラーレンなどとともに，黒鉛の構造と関係があるグラフェンがある。

●**炭素の同素体** 黒鉛(グラファイト)の層の1枚を**グラフェン**といい，2004年に発見された炭素の同素体である。構造に着目した場合，**グラフェン・レイヤー**ともよばれる。▶p.12

●**グラフェンの製法** 黒鉛を粘着テープではさみ，これをはがすことをくり返すと，しだいに黒鉛は薄くなっていき，ついには1原子の厚さのグラフェンになる。

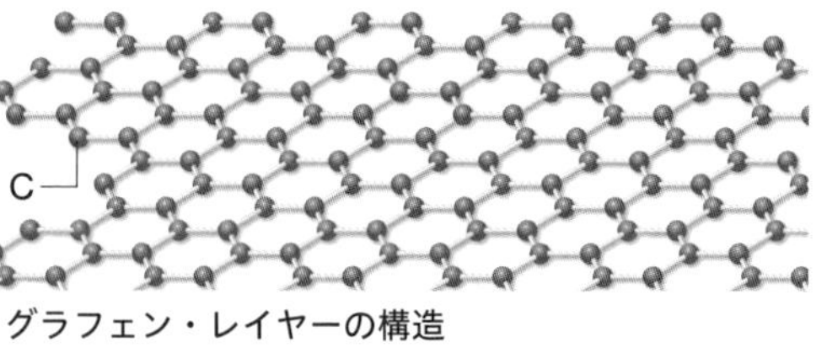

グラフェン・レイヤーの構造

●**グラフェンの性質** 炭素原子が1原子の厚さで正六角形に規則正しく(1つの欠陥もなく)並んだ構造である。ほとんど透明であり，室温でも化学的に安定で，きわめてよく電気を通す。そのため，次世代の材料として期待されている。

◆ケイ素 Si[3]　単体は，天然には存在しない。ダイヤモンドと同じ正四面体の構造をもつ結晶であるが，ダイヤモンドと比べると，融点が低く，かたくない。

高純度の Si の結晶は，電気をわずかに通し，リン P やホウ素 B などをわずかに加えると，金属と絶縁体の中間の電気伝導性を示す **半導体**（semiconductor）として，有用な材料となる。

半導体は，太陽電池，集積回路(IC)など，身のまわりのさまざまな電気製品に利用されている。

▲図19　ケイ素 Si の結晶構造

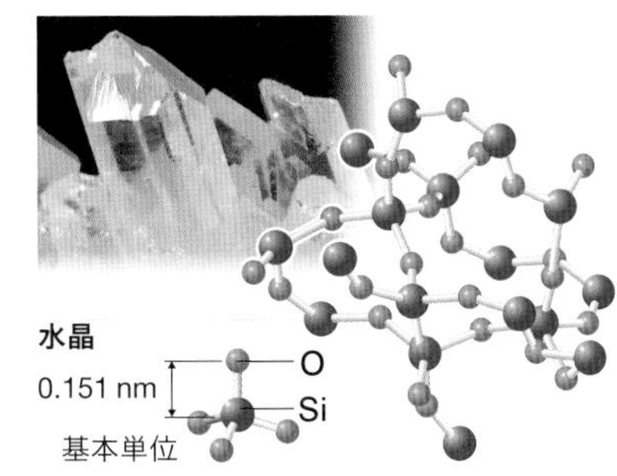

▲図20　二酸化ケイ素 SiO_2 の結晶構造

[3] Si や SiO_2 は組成式である。

◆二酸化ケイ素 SiO_2[3]　二酸化ケイ素 SiO_2 は，自然界にはおもに **石英**（quartz）として存在する。石英の透明な結晶を **水晶**（rock crystal）といい，石英を主成分とする砂を **ケイ砂**（しゃ，silica sand）という。Si と O の結合は非常に強いので，SiO_2 の結晶はかたい。融点も高く，水に溶けにくい。

人工水晶は，光ファイバーの原料，時計やデジタル機器の水晶発振子とよばれる電子部品の作製に用いられている。

参考　高純度なケイ素の結晶

太陽電池や集積回路(IC)に使われるケイ素 Si の結晶は高純度でなければならない。Si 結晶はどのくらい高純度なものが製造されているのだろうか。

Si は，地殻中に酸素 O に次いで二番目に多い元素であるが，SiO_2 を主成分とするケイ石として多く存在している。Si と O が強く結びついているケイ石を電気炉で融解し，コークス C と反応させて 98 % 程度の Si を得る。

純度をさらに高めるため，この Si をさらに化学的に処理し，特殊な再結晶法により，純度99.999 999 999 %（イレブンナイン）という，高純度な Si 結晶とする。これが太陽電池や集積回路(IC)に使われる。

提供：株式会社SUMCO

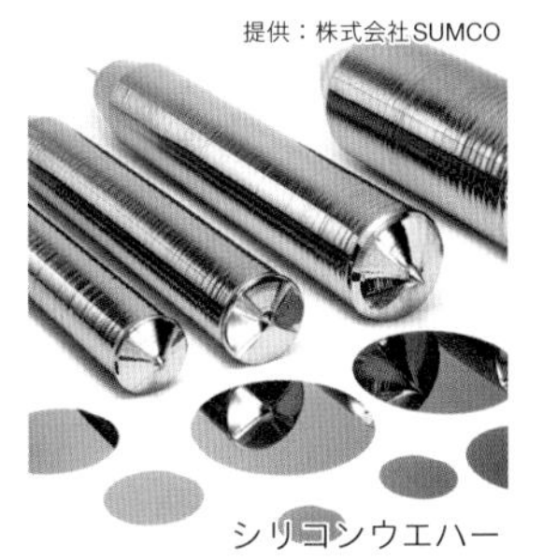
シリコンウエハー

from Beginning　炭素 C 原子を含む物質が多いのはなぜだろうか？

これは，C 原子が 4 個の価電子をもち，C 原子どうしで共有結合をくり返すことができるからです。このようなことは他の元素ではあまりみられない特徴です。多数の C 原子どうしが次々と共有結合することで，ポリエチレンのような長い鎖状構造をはじめ，シクロヘキサンのような環構造もつくることができるだけでなく，二重結合や三重結合もつくることができます。

3 分子間力

A 分子の極性

◆電気陰性度　共有結合している原子間で，原子が共有電子対を引きよせる度合いを数値で表したものを **電気陰性度**（electronegativity）という。この値が大きいほど共有電子対を引きよせる力が強い。F，O，Cl，N などは電気陰性度の値が大きい。貴ガス原子は，共有結合をつくらないため，電気陰性度は定められない❶。

◆結合の極性　電気陰性度の差が大きい 2 原子間の共有結合では，電気陰性度の大きい原子の方に共有電子対が引きよせられ，一方の原子にかたよって存在し，電荷のかたよりを生じる。これを **結合の極性**（polarity）という。

たとえば，塩化水素 HCl 分子では，電気陰性度の大きい塩素原子 Cl の方に共有電子対が強く引きよせられている。そのため，Cl 原子はわずかに負の電荷（$\delta-$）（デルタ）を帯び，H 原子はわずかに正の電荷（$\delta+$）を帯びる。電荷のかたよりが非常に大きいときは，イオン結合と区別がつかなくなる。

◆分子の極性　結合に極性があり，分子全体としてその極性が打ち消されない分子を **極性分子**（polar molecule）という。結合に極性がない，あるいはあっても分子の形から結合の極性が打ち消された分子は，**無極性分子**（nonpolar molecule）という。

たとえば，HCl，HF など種類の異なる原子からなる二原子分子は極性分子，H_2，N_2，I_2 など同種の原子からなる二原子分子は無極性分子である。H_2O は，折れ線形をしているため，結合の極性が打ち消されずに極性分子となる。これに対して，CO_2 は，直線形の分子で，それぞれの結合に極性があるが，向きが正反対であるために互いに極性を打ち消しあい，無極性分子となる。

❶ 最近では，Kr，Xe の化合物が知られ，これらの元素に電気陰性度が与えられている。

Note
$\delta+$ と $\delta-$
わずかに帯びた正または負の電荷を $\delta+$ または $\delta-$ で表す。

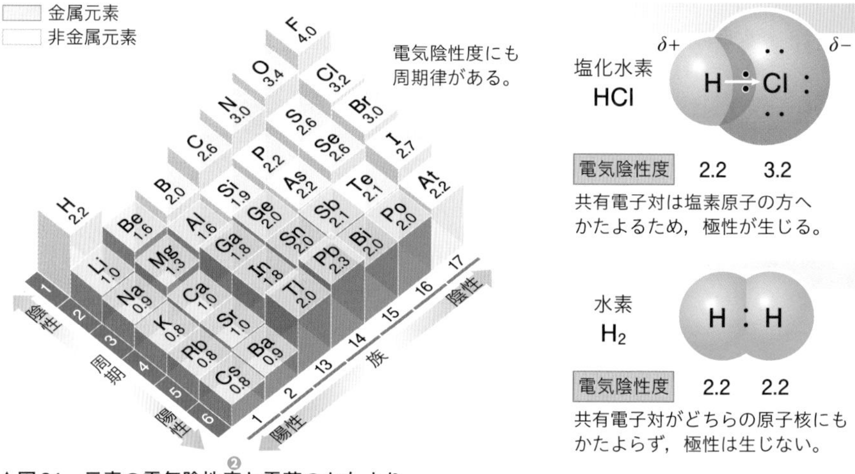

▲図21　元素の電気陰性度❷と電荷のかたより
H_2 のように同じ種類の原子が結合している場合は，共有電子対がどちらにもかたよらないため，極性は生じない。

❷ ポーリングの値。ポーリングは，最も電気陰性度の大きい F を 4.0 として，各原子の値を決めた（値の出典は「化学便覧 基礎編 改訂 5 版」）。

参考 電気陰性度の考え方

❶ ポーリングの電気陰性度　p.72に示した電気陰性度の数値はポーリング(1901 ~ 1994)の定義による値である。ポーリングは，極性のある結合では，共有結合に加えて静電気的相互作用が結合に寄与していると考えた。そこでまず，異なる2元素の組み合わせの原子間(A–B)の共有結合のエネルギー$\overline{D}$(A–B)を，同じ原子間の結合エネルギー(D(A–A)とD(B–B))を用い，次のように推定した。

$$\overline{D}(\text{A–B}) = \frac{D(\text{A–A}) + D(\text{B–B})}{2} \qquad (1)$$

この推定値と実際の結合エネルギーD(A–B)の差Δは静電気的相互作用の寄与によるエネルギーである。

$$\Delta = D(\text{A–B}) - \overline{D}(\text{A–B}) \qquad (2)$$

ポーリングは，Δが2つの元素の電気陰性度(χ_Aとχ_B)の差の絶対値($|\chi_A - \chi_B|$)と関係づけられると考えた。電気陰性度を求めるために，以下の式が提案された。

$$|\chi_A - \chi_B| = C\sqrt{\Delta} \qquad (C\text{は定数}) \qquad (3)$$

χ_Aとχ_Bの絶対値は式(3)では決められないので，最大値であるフッ素の電気陰性度を4.0として，各原子の値を決めた。

❷マリケンの電気陰性度　ポーリングのほかに，マリケン(1896 ~ 1986)も電気陰性度を定めた。マリケンは，イオン化エネルギーIと電子親和力Eの平均値がポーリングの値によく似た大小関係を示すことから，次式で電気陰性度を定義した。

$$\frac{I + E}{2} \qquad (4)$$

この定義は以下のように理解することができる。イオン化エネルギーが大きいほど原子自らがもつ電子を引きつけやすく，電子親和力が大きいほど相手の原子の電子を受け取りやすい。したがって，イオン化エネルギーと電子親和力の和が大きいほど原子の電気陰性度が大きいことになる。

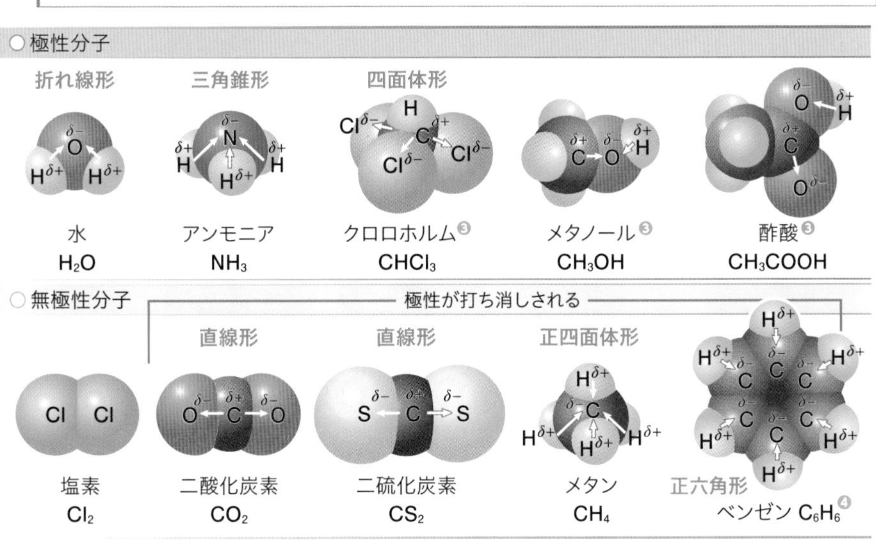

▲図22　分子の極性　電子対は，白い矢印の方向にかたよっている。

❸　C−H結合は，原子間の電気陰性度の差が小さいため，O−H結合などと比べて極性が小さい。したがって，クロロホルムではC−Cl結合，メタノールでは−OH，酢酸では−COOHの極性が分子全体の極性を決める。

❹　ベンゼンの構造式は下の右図のように表され，略記されることもある。

略記法

◆**極性と溶解しやすさ**　極性分子である水 H_2O には，同じ極性分子であるエタノール C_2H_5OH は溶解しやすいが，無極性分子であるメタン CH_4 は溶解しない。このように極性の有無によって溶解しやすさの傾向が決まる。

分子の溶解しやすさ

- 極性の大きい溶媒 + 極性の大きい溶質
  極性の小さい溶媒 + 極性の小さい溶質 ➡ 互いに**溶解しやすい**
- 極性の大きい溶媒 + 極性の小さい溶質
  極性の小さい溶媒 + 極性の大きい溶質 ➡ 互いに**溶解しにくい**

B 分子間力と分子結晶

分子間に働く弱い力を **分子間力**（intermolecular force）という。イオン結合，共有結合の力よりもはるかに弱い。分子間力により分子が規則正しく配列してできた結晶を **分子結晶**（molecular crystal）という。

分子結晶の性質

- 融点が低く，昇華しやすいものがある。
- 電気を通さないものが多く，融解して液体となっても分子は電荷をもたないため電気を通さない。

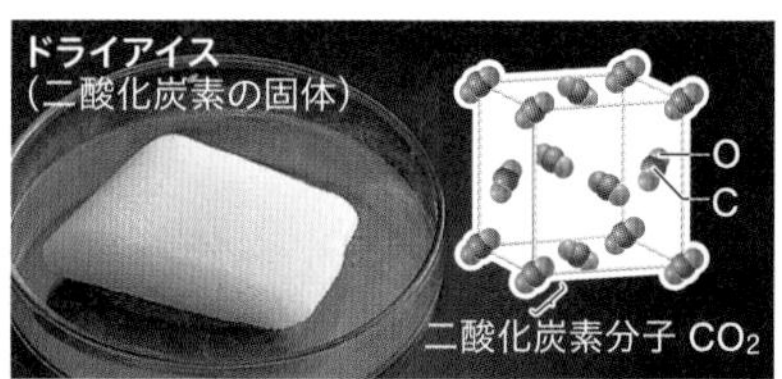

(線は分子の位置関係を示す)

▲図23　**分子結晶の構造**　ドライアイス，ヨウ素 I_2，ナフタレン $C_{10}H_8$ は昇華しやすい分子結晶である。グルコース(ブドウ糖) $C_6H_{12}O_6$，固体のアルゴン Ar や窒素 N_2 も分子結晶である。

参考　分子間力と溶解しやすさ

溶解は溶媒と溶質が結びつくことで起こる。分子の溶解しやすさは，それぞれの分子の極性の大きさに影響されるが，分子間力とも関係があるのだろうか。

●**分子の極性と溶解**　溶解しやすさの一般的傾向は，次のようになり，溶媒分子と溶質分子との間に働く分子間力によって，溶解しやすさが変化する。

溶媒：極性分子　水 H_2O 溶質：極性分子　エタノール C_2H_5OH	溶媒：極性分子　水 H_2O 溶質：無極性分子　ヨウ素 I_2	溶媒：無極性分子　ヘキサン C_6H_{14} 溶質：無極性分子　ヨウ素 I_2
エタノール分子中で極性をもつヒドロキシ基(−OH)と極性をもつ水分子は，電荷のかたよりによって引きあう。そのため，互いによく混じる。	極性分子である水分子どうしは，電荷のかたよりによって引きあっている。そのため，無極性分子であるヨウ素は水分子間に入れない。	無極性分子であるヘキサンとヨウ素は電荷のかたよりがない。そのため，分子の熱運動で互いによく混じる。

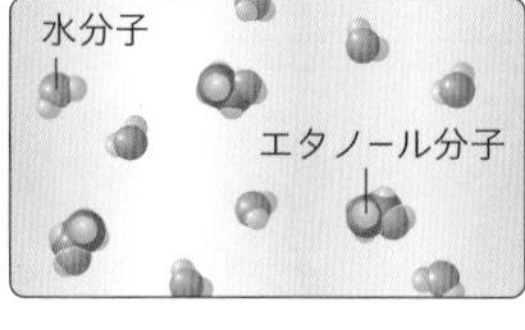

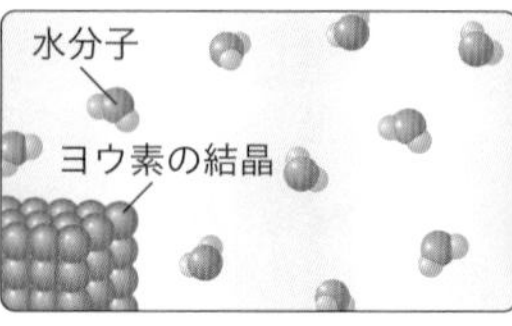

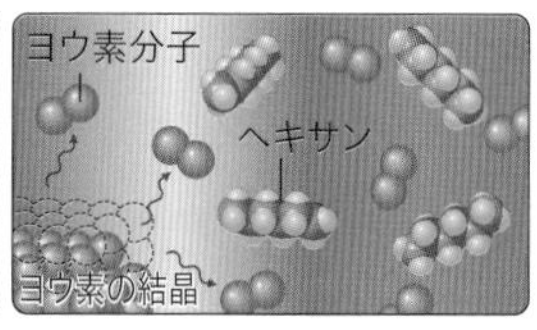

●**分子間力と溶解**　溶質が溶解するかどうかは，分子間力を考えると理解しやすい。

❶ 溶媒間の分子間力　❷ 溶質間の分子間力　❸ 溶媒-溶質間の分子間力

溶解は，一般に，❸の分子間力が，❶や❷の分子間力に対して，同程度もしくは強いときに起こりやすい。水 H_2O にヨウ素 I_2 を加えても，H_2O と I_2 の間に働く分子間力よりも，H_2O どうしの分子間力の方が強いため，I_2 は H_2O に溶解しにくい。

C ファンデルワールス力

気体のアルゴン Ar や窒素 N_2 などの無極性分子も温度が低下すると凝集して液体になるように，分子どうしには極性とは関係のない非常に弱い引力（**分散力** dispersion force）が働いている。この引力は，すべての分子に働いており，一般に，性質や構造の似た分子の間では，分子量が大きいほど大きくなる。また，塩化水素 HCl などの極性分子では，さらに静電気的引力が加わるため，分子量が同程度の無極性分子よりも引力が大きくなる。このため，極性分子は，融点・沸点が高くなる傾向がある。

分子間に働くこれらの弱い引力を**ファンデルワールス力**（りょく）van der Waals force という。

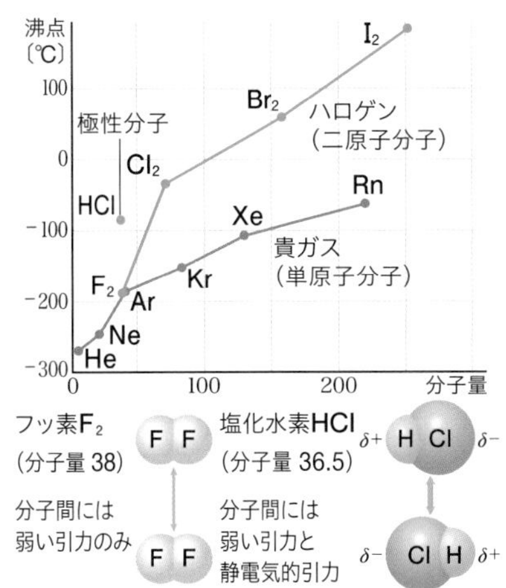

▲図24 分子間力と沸点（出典：化学便覧 改訂5版）

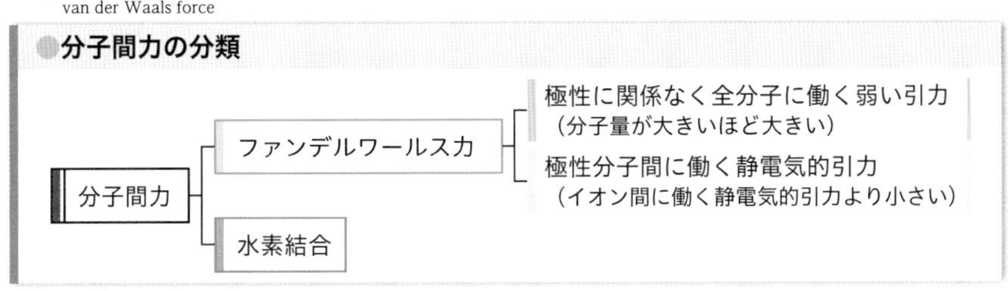

Thinking Point 4 酸素 O_2(分子量32.0)と硫化水素 H_2S(分子量34.1)の沸点はどちらの方が高いと考えられるか。図24を参考にし答えよ。

D 水素結合

HF，H_2O，NH_3 のように，電気陰性度の大きな原子と水素原子が結合した分子には，一般の極性分子に比べて，ファンデルワールス力より大きな分子間力が働く。これは，水素原子と他の分子中の電気陰性度の大きい原子とが引きあって，結合をつくるからである。このような，水素原子をなかだちとしてできる結合を**水素結合**（すいそけつごう）hydrogen bond という。

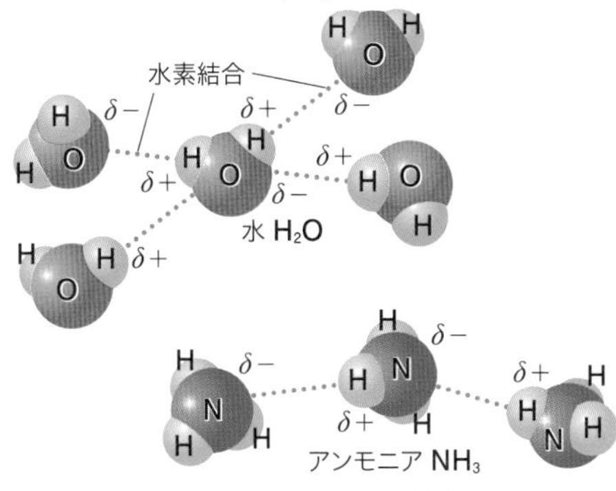

▲図25 H_2O，NH_3 の水素結合

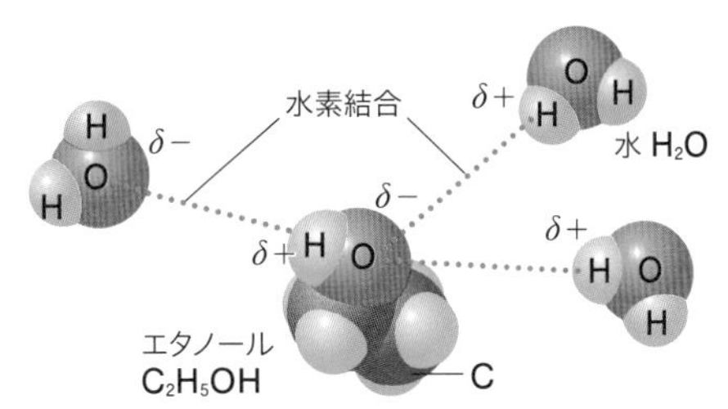

▲図26 エタノール分子の水和

◉**水和**　水素結合は，異なる種類の極性分子間にある水素にも形成される。エタノール C_2H_5OH は，極性をもつヒドロキシ基（－OH）があるため，水分子と水素結合し，水によく溶ける。このように水素結合や静電気的引力によって，イオンや分子が水分子に囲まれる現象を**水和**（すいわ, hydration）という。

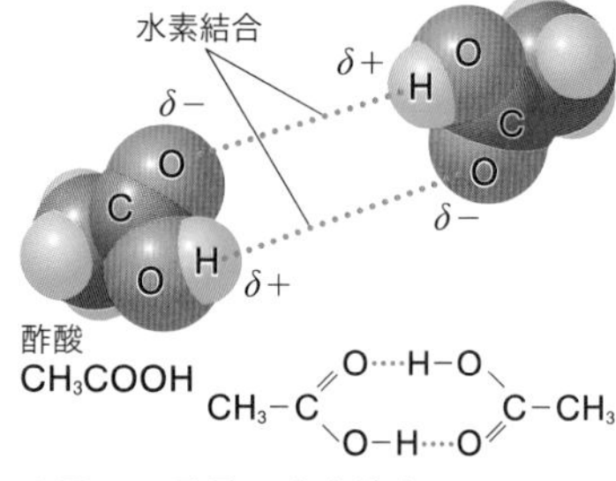

▲図27　酢酸の水素結合

また，酢酸 CH_3COOH などのカルボキシ基（－COOH）をもつ物質（カルボン酸）は，2分子が水素結合することで，1分子のようにふるまうことがある。このように2分子が結ばれて1つになったものを**二量体**（にりょうたい, dimer）という（図27）。

◉**水素化合物の沸点**　同族の水素化合物の沸点を比べると，分子間に水素結合をつくる物質は，分子量が小さくても，融点・沸点が高い。これは，水素結合により，分子どうしが互いに強く引きあうためである。しかし，水素結合は，イオン結合や共有結合よりもはるかに弱く，切れやすい。

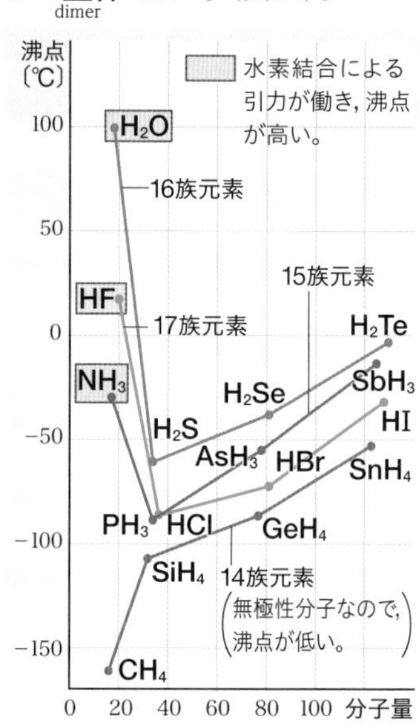

▲図28　水素化合物の沸点
（出典：化学便覧 改訂5版）

Thinking Point 5　分子間に水素結合が形成されないと仮定すると，水 H_2O の沸点は次のどの温度帯になると考えられるか。図28を参照し理由とともに答えよ。

① 約−50℃ ～ 約100℃
② 約−150℃ ～ 約−50℃

参考　氷の結晶構造

なぜ水が氷になると体積が増加するのだろうか。

● **水素結合による構造**　2つの水分子 H_2O のO原子の間に，水素Hをなかだちとしてできる結合（**水素結合**）が生じるため，氷の結晶は，すき間の多い正四面体形の立体構造をもつ。このため，氷は水よりも体積が大きくなり，密度が小さくなる。

水素結合は，水素をなかだちとして電気陰性度の大きなF, O, N原子の間でできる結合である。

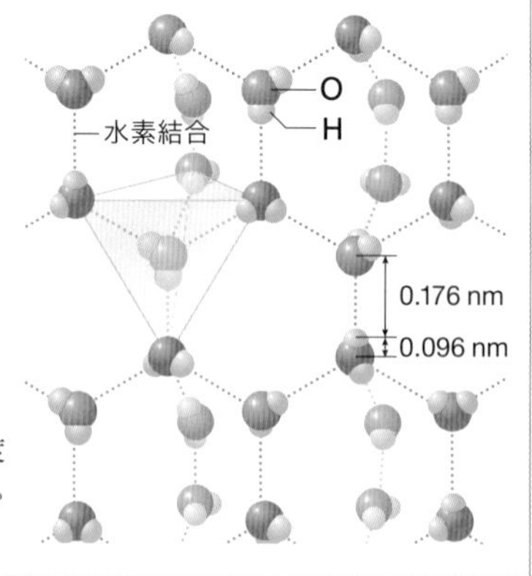

◆**水の結晶**　0℃で水が氷(水の結晶)になるとき，体積が増加するため，氷の密度は水よりも小さくなり，氷は水に浮く。これは水にみられる特有の現象で，ほとんどの物質では，固体が液体に浮くことはない。

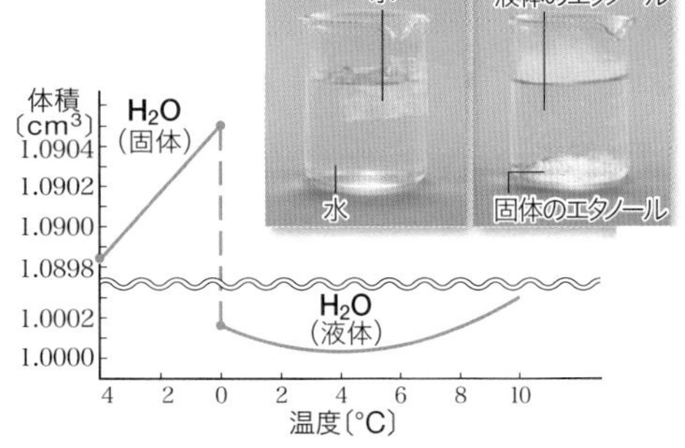

▲図29　水１gの体積の温度変化

参考　原子の大きさ

一般に，原子の大きさ(原子半径)とは何をさすのであろうか。

●**原子半径の表し方**　原子を球体と考えて，原子の大きさを表す原子半径には，実験から求まる単体や化合物の原子間距離(原子核どうしの距離)の半分を原子半径として定義した **結合半径**(bond radius) と，結合に関係していない原子どうしが最も接近したときの原子間距離の半分を原子半径として定義した **ファンデルワールス半径**(van der Waals radius) がある。

ヨウ素分子 I_2 についてみてみると，結合半径は 0.133 nm である。I_2 は共有結合しているため，このときの結合半径を **共有結合半径**(covalent radius) という。また，I_2 の結晶は，ファンデルワールス力という弱い分子間力によってできた分子結晶(▶p.74)であり，I_2 どうしが規則正しく配列している。このときの共有結合に関係していない原子どうしの原子間距離の半分の 0.198 nm がファンデルワールス半径である。ファンデルワールス半径は，共有結合半径より大きくなる。

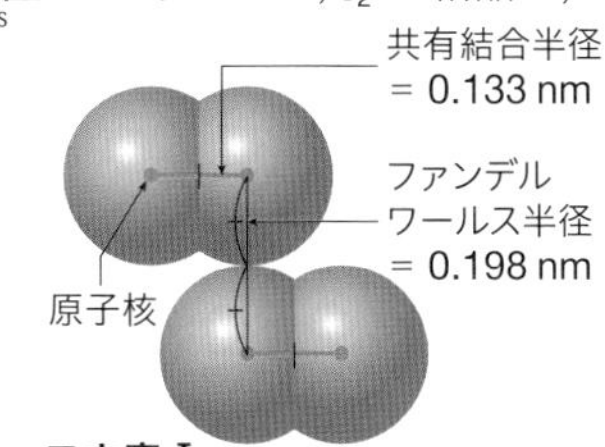

ヨウ素 I_2

●**物質の構造の検討**　ファンデルワールス力によって平面構造が積み重なっている黒鉛Cでは，炭素Cのファンデルワールス半径が約 0.17 nm であることから，平面構造間距離は，約 0.17 nm × 2 = 約 0.34 nm であることがわかる(▶p.70)。このように，結合半径やファンデルワールス半径をもとに，分子や結晶の構造を考えることができ，物質の性質や物質どうしの反応を，立体的に考えることに役立っている。

from Beginning　サラダドレッシングをよく振り混ぜてから使うのはなぜだろうか?

サラダドレッシングは，極性分子を含む食酢(酢酸や水などからなる溶液)や，無極性分子を含むサラダ油などからできていることが多いです。**極性分子に無極性分子は溶解しにくいため，サラダドレッシングを静置すると２層にわかれてしまいます。**そのため，味や風味を損なわないために，よく振り混ぜて無理やり混合してから使用しているのです。

参考 電気双極子とファンデルワールス力

分子間力の一つであるファンデルワールス力とは分子間にどのような力として働いているのだろうか。電気双極子という概念からみてみよう。

❶電気双極子モーメント

電荷 $+q$〔C〕と $-q$〔C〕が距離 l〔m〕だけ離れて存在するときに，この1対の電荷を **電気双極子** または単に **双極子** という❶。そのとき，$\mu = q \cdot l$〔C·m〕は **電気双極子モーメント**(以下，**双極子モーメント**)とよばれる。極性のある分子には，必ずこのような双極子が存在する。

❶ 双極子には磁気的なものもあり，電気双極子と区別して **磁気双極子** とよばれる。

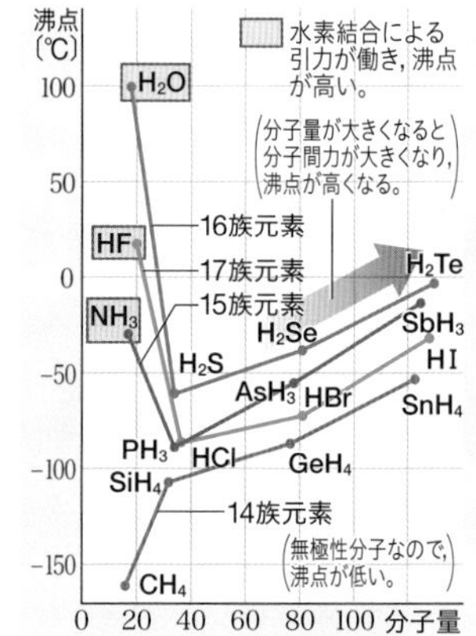

図1 水素化合物の沸点

たとえば，塩化水素 HCl では，電気陰性度の違いによって H 原子は $\delta+$ の電荷をもち，Cl 原子は $\delta-$ の電荷をもっている。HCl 分子の双極子モーメントの測定値は，$\mu = 1.11$ D❷ である。この双極子モーメントの値を，H^+ と Cl^- が HCl 分子の結合距離 $d = 1.28 \times 10^{-10}$ m と同じだけ離れているものと仮定した場合の双極子モーメント μ_0 と比べてみよう。μ_0 の値は，電気素量 1.60×10^{-19} C を用いて次のように計算される。

❷ D は，**デバイ** という単位で，$1\ \mathrm{D} = 3.33564 \times 10^{-30}\ \mathrm{C \cdot m}$ に相当する。

$$\mu_0 = \frac{1.60 \times 10^{-19}\ \mathrm{C} \times 1.28 \times 10^{-10}\ \mathrm{m}}{3.34 \times 10^{-30}\ \mathrm{C \cdot m/D}} = 6.13\ \mathrm{D}$$

$\dfrac{\mu}{\mu_0} = 0.181$ から，HCl の共有結合は，2つのイオン H^+ と Cl^- に分かれた場合と比べて，18% 程度の極性をもつと考えられる。

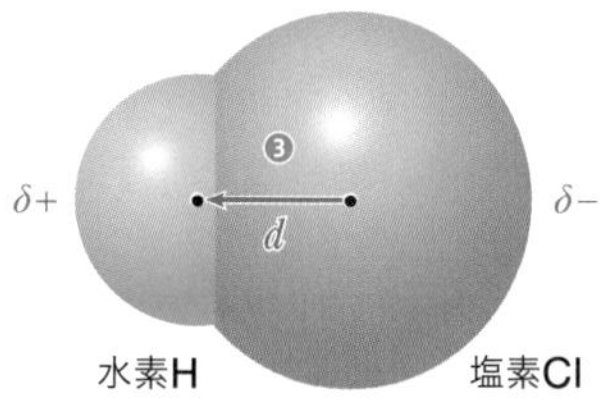

図2 塩化水素 HCl 分子の双極子

❸ 双極子モーメントは，$\delta-$ から $\delta+$ に向けて矢印を書く。p.72 の極性を表す矢印の向きとは逆になる。

❷双極子モーメントと分子構造

いろいろな分子について双極子モーメント μ を測定し，その値を分子の各結合に割り振ると結合の双極子モーメント μ' が得られる。逆に，結合の双極子モーメント μ' がわかっていると，それらを合成して分子の双極子モーメント μ が求められる。

● **水分子**　H_2O の双極子モーメントの測定値が $\mu = 1.86$ D であることから，水分子の構造は，直線形ではなく折れ線形であることが推察できる。実際に H−O−H の結合角を θ とすると，以下のような計算で結合角 θ を算出することができる。

OH 結合の双極子モーメントは，$\mu' = 1.51$ D であるから，

$$2 \times (1.51\ \mathrm{D}) \cos\frac{\theta}{2} = 1.86\ \mathrm{D}$$

ゆえに　$\cos\dfrac{\theta}{2} \fallingdotseq 0.616$

よって　$\theta = 104°$

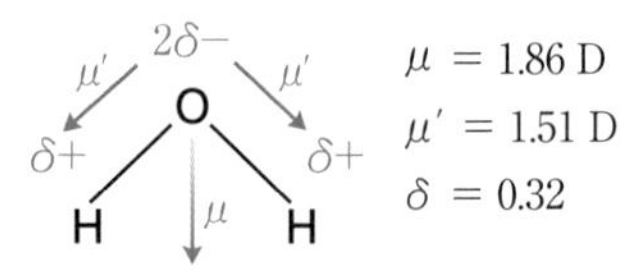

図3 H_2O の双極子モーメント

❸ファンデルワールス力

ファンデルワールス力には，電気双極子間に働くもの(極性分子間に働く静電気的引力)と，電気双極子の有無に関係なく働く分散力がある。

● **電気双極子間に働く力**　極性分子がもつ双極子どうしの一方のδ＋と他方のδ－の間に働く引力である。δ＋やδ－の電荷は小さいため，イオン性物質のイオン間に働く静電気的引力よりずっと小さい。2分子の間だけでなく結晶中では多数の分子の間で働く。温度が高くなると双極子の向きが熱運動で乱されるため，この相互作用は弱くなる。

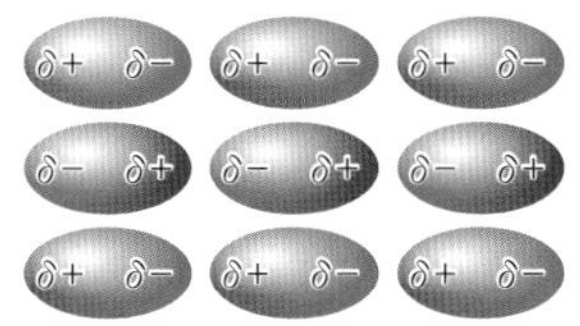

図4　電気双極子間に働く力

● **分散力**　分散力は，すべての分子に働く引力であり，無極性分子や原子の間にも働く引力である。図5において，直流電源の＋極側には負に帯電した電子が引き寄せられ，－極側は電子の密度が減少し，双極子ができる。このような双極子を **誘起双極子** という。無極性分子や原子でも，電子の位置は時間とともに変化しているため，瞬間的に電荷のかたよりを生じ，一時的な双極子が生じる。さらに，この双極子モーメントの電場によって，近接する分子や原子に電荷のかたよりが誘起され，誘起双極子が生じる。この一時的な双極子と誘起双極子の間に生じる引力が分散力である。分散力は粒子の種類によらず常に働く力で，分子が大きくなって電子が多くなると，瞬間的な電子の位置の揺らぎも大きくなり，分散力は大きくなる傾向がある。

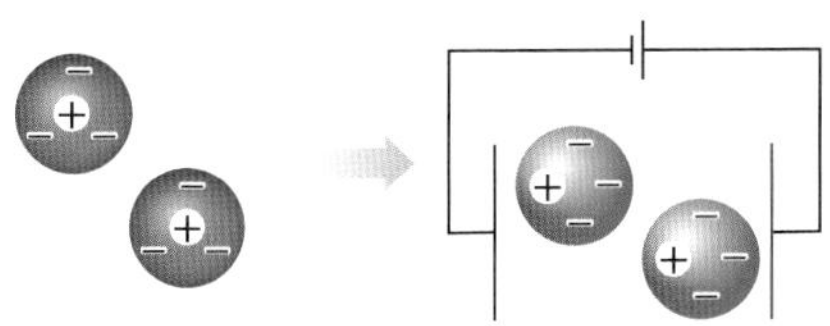

図5　誘起双極子

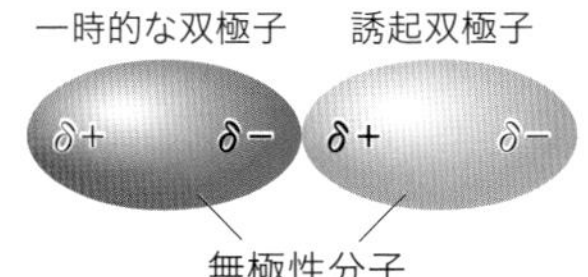

図6　分散力　瞬間的に生じた電子分布のかたよりによって生じる引力。

4 金属結合

A 金属結合

金属元素の原子は，イオン化エネルギーが小さいため，電子を放出して陽イオンになりやすい。金属の単体では，隣りあった電子殻どうしが次々と重なるため，金属元素の原子の価電子は，特定の原子に固定されずに金属全体を自由に移動することができる(図30)。このような電子を **自由電子** (free electron) という。

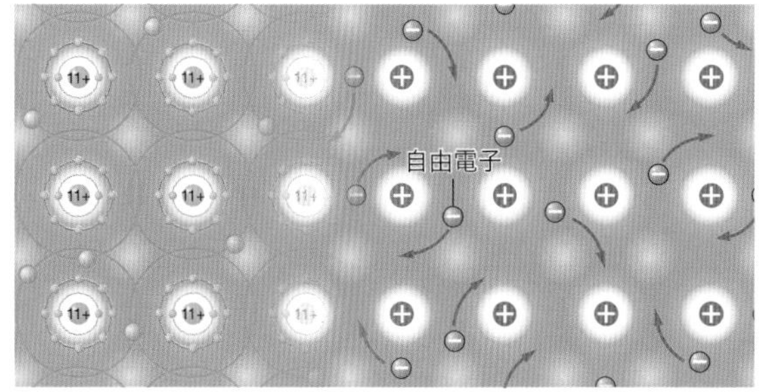

▲図30　金属結合と自由電子

金属の単体では，この自由電子が原子を互いに結びつけている。このように，自由電子が共有されてできる，金属原子どうしの結合を **金属結合** (metallic bond) という。

B 金属結晶

金属結合によって金属原子が規則正しく配列してできた結晶を **金属結晶** (metallic crystal) という。金属結晶は多数の原子からなり，分子が存在しないため，金属を化学式で表すときは，Na，Al のように組成式を用いる。

Note

組成式
Na　ナトリウム
Al　アルミニウム

アルミニウム

◆**金属の性質**　自由電子をもつ金属には，次のような性質がある。

金属の性質 QR

- 金属光沢がある　自由電子の作用によって，光が反射される。
- 熱伝導性・電気伝導性が大きい　自由電子が金属中を自由に動けるので，熱や電気をよく導く。
- 展性や延性を示す　原子どうしの位置がずれても，自由電子が全体に共有されていて，金属結合の強さが保たれる。金・銀・銅は，特に展性(箔状に広げることができる性質)・延性(線状に延ばすことができる性質)が大きい。

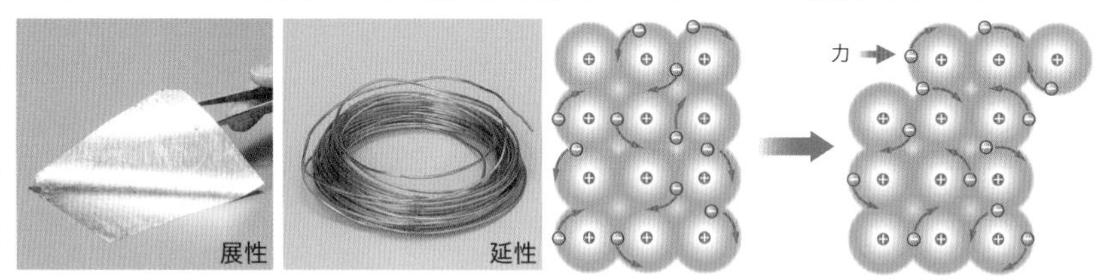

C 合金

◆**合金の種類と性質**　2種類以上の金属を溶かしあわせるか，金属に非金属を溶かし込んだものを **合金** (alloy) という。合金はもとの金属にない優れた性質をもつようになるため，金属は，単体よりも合金として利用されることが多い。

▼表 5　合金とその利用例

合金	成分(下線は主成分)	性質	利用例
ジュラルミン	Al-Cu-Mg-Mn	軽くて強度が高く，加工性に優れる。	航空機，鉄道車両，ノートパソコンの本体
チタン合金	Ti-Al-V	比較的軽量で，強度があり，耐食性にも優れる。人体に無害である。	航空機や車体フレーム，人工骨，人工関節
鋼	Fe-C	純鉄に比べて強度が高く，加工性，耐酸化性に優れる。	建築物，橋梁，自動車のフレーム
ステンレス鋼	Fe-Cr-Ni-C	鋼よりさびにくく，薬品に強い。	流し台，包丁，鉄道車両
ニクロム	Ni-Cr	高温や薬品に強い。電気抵抗が大きく電気を流すと発熱する。	電熱器，ドライヤー
青銅(せいどう)(ブロンズ)	Cu-Sn	鋳物にしやすく，耐食性があり美しい。	銅像や釣り鐘などの美術工芸品
黄銅(真ちゅう)	Cu-Zn	美しいだけでなく，丈夫でさびにくく，加工性がよい。	装飾品，金管楽器，硬貨，ファスナー
形状記憶合金	Ti-Ni（組成は TiNi）	強度や耐食性に優れ，変形しても加熱や冷却によって元の形に戻る。	メガネや自転車のフレーム，温度センサー
水素吸蔵合金	Ni-La（組成は$LaNi_5$）	熱や圧力の変化で水素を吸収・放出できる。	ニッケル水素電池の負極
超伝導合金	Nb-Sn（組成はNb_3Sn）	ある温度以下で電気抵抗が 0 になる。	MRI(核磁気共鳴画像法)用マグネット
アモルファス合金	Fe-Si-B Fe-Cr-P-Cなど	非晶質で，耐食性があり，強度が高い。	小型モーターギア，スポーツ用品

黄銅

青銅

白銅
(Cu-Ni)

合金の構造による分類

合金の構造には，どのようなものがあるのだろうか？

合金の代表的構造として，異種の物質が均一に溶け合って固相になっている **固溶体** があり，主成分の構造中の一部の金属原子を他の原子で置き換えたり（黄銅など），結晶格子の中に他の原子が入り込んだり（鋼など）している。また，複数の金属が一定の比を持つ化合物である **金属間化合物** を形成して均一な合金となる場合（形状記憶合金 (TiNi)，水素吸蔵合金 ($LaNi_5$)，超伝導合金 (Nb_3Sn) など）も知られている。一方，**アモルファス合金** (▶p.88)では不規則な構造をもつ。

結晶性合金			アモルファス合金
置換型固溶体	侵入型固溶体	金属間化合物	
金属原子の位置に他の原子が不規則に置き換わっている。	金属の結晶格子のすき間に，小さい原子が入り込んでいる。	異なる金属が一定の比率で，規則的に整列している。	異なる金属が不規則に配列している。

参考

合金のリニアモーターカーへの応用

●**超伝導**　特定の物質では，ある温度(**超伝導転移温度**)以下で電気抵抗が 0 になる。この現象を **超伝導**(superconductivity) という。発熱せずに大きな電流を流すことができるので，コイルの導線に用いると強い磁石をつくることができる(超伝導磁石)。リニアモーターカーは，超伝導磁石を搭載し，地上の磁石との反発を利用して，車両を浮上させている。

●**高温超伝導体**　これまでの超伝導合金は，液体ヘリウムを用いた極低温(沸点 −269 ℃)にする必要があるが，より安価な液体窒素の沸点(−196 ℃)よりも超伝導転移温度が高い **高温超伝導体** が近年見いだされた。その中でもビスマス系の酸化物(成分 Bi-Sr-Ca-Cu-O)はリニアモーターカー用の超伝導磁石への使用が検討されている。

▲リニアモーターカー

D 金属結晶

金属結晶は，金属原子が金属結合によって規則正しく配列してできている。自由電子は結晶全体に共有されているため，結晶全体が金属結合している。

◆金属の結晶格子の種類 ナトリウム Na やアルミニウム Al は，金属原子が金属結合によって規則正しく配列した金属結晶である。金属結晶の原子配列は，**体心立方格子**（body-centered cubic lattice），**面心立方格子**（face-centered cubic lattice），**六方最密構造**（hexagonal close-packed structure）のいずれかになることが多い。

金属の結晶格子は，同じ大きさの球を空間に詰め込んだ構造と考えられる。面心立方格子と六方最密構造は，最も密に詰めた構造で，**最密構造**（closest packed structure）ともよばれる。また，体心立方格子は，最密構造と比べると，空間にすき間がある構造である。原子自身が結晶中の空間に占める体積の割合を **充塡率**（てん）という。

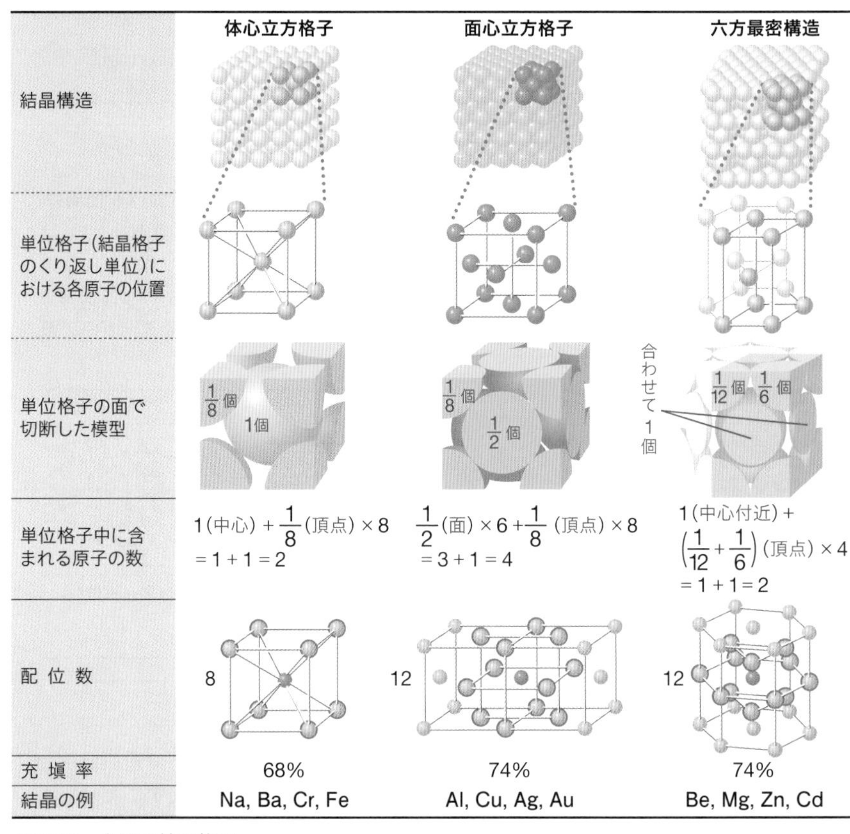

	体心立方格子	面心立方格子	六方最密構造
結晶構造			
単位格子（結晶格子のくり返し単位）における各原子の位置			
単位格子の面で切断した模型	$\frac{1}{8}$個　1個	$\frac{1}{8}$個　$\frac{1}{2}$個	合わせて1個　$\frac{1}{12}$個　$\frac{1}{6}$個
単位格子中に含まれる原子の数	1（中心）＋$\frac{1}{8}$（頂点）×8 ＝1＋1＝2	$\frac{1}{2}$（面）×6＋$\frac{1}{8}$（頂点）×8 ＝3＋1＝4	1（中心付近）＋$\left(\frac{1}{12}+\frac{1}{6}\right)$（頂点）×4 ＝1＋1＝2
配位数	8	12	12
充塡率	68%	74%	74%
結晶の例	Na, Ba, Cr, Fe	Al, Cu, Ag, Au	Be, Mg, Zn, Cd

▲図31　金属の結晶格子

例題 1　金属の結晶格子

X 線を用いてナトリウム(原子量 23)の結晶を調べたところ，単位格子の一辺が 4.3×10^{-8} cm の体心立方格子をつくっていることがわかった。この結晶の密度を 0.97 g/cm^3 として，アボガドロ定数を求めよ。

解　体心立方格子には，立方体の中心に 1 個，頂点に $\frac{1}{8}$ 個の原子が 8 個あるから，単位格子中の原子は，1 個 + $\frac{1}{8}$ 個 × 8 = 2 個

原子 1 個の質量にアボガドロ定数 N_A〔/mol〕を掛けると，ナトリウムのモル質量 23 g/mol になるから，アボガドロ定数は次のように求められる。

$$\frac{\overbrace{(4.3 \times 10^{-8}\ \mathrm{cm})^3 \times 0.97\ \mathrm{g/cm^3}}^{\text{単位格子中の原子の質量}}}{2}\ (\text{ナトリウム原子1個の質量}) \times N_A〔/\mathrm{mol}〕 = 23\ \mathrm{g/mol}$$

N_A〔/mol〕≒ 6.0×10^{23}

答　6.0×10^{23} /mol

類題 1　銅の結晶は，単位格子の一辺が 3.6×10^{-8} cm の面心立方格子である。結晶 1.0 cm^3 中に銅原子がいくつ含まれるか。また，銅の密度を 9.0 g/cm^3 とすると，銅原子 1 個の質量は何 g か。ただし，$3.6^3 = 47$ とする。

実験 1　金属結晶の構造

面心立方格子と六方最密構造の模型を発泡ポリスチレン球でつくってみよう。

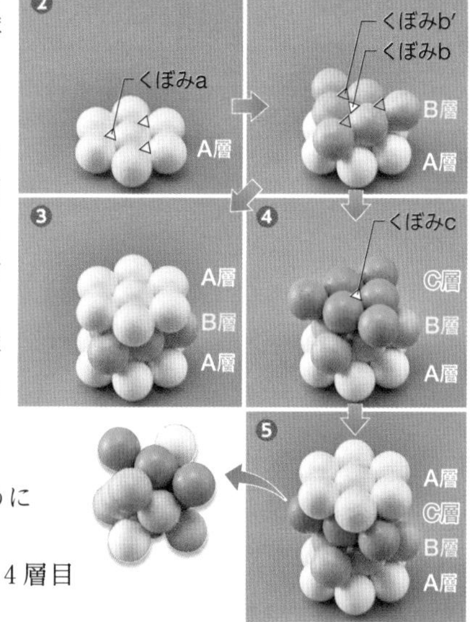

実験操作

❶ 直径 2.5～ 3 cm 程の同じ大きさの発泡ポリスチレン球 6 個または 7 個を平面上で最密に並べ，発泡ポリスチレン用の接着剤で球どうしを接着し，球の層を 4 つつくる。

❷ 1 層目(A層)のくぼみ a の位置に球がくるように 2 層目(B層)をのせる。

❸ ❷のくぼみ b の位置に球がくるように 3 層目(A層)をのせる。

❹ ❷のくぼみ b′ の位置に球がくるように 3 層目(C層)をのせる。

❺ くぼみ c の位置に球がくるように 4 層目(A層)をのせる。

Thinking Point 6

1. 操作❸で得られた模型は，面心立方格子，六方最密構造のどちらか。
2. 操作❺で得られた模型を斜めから見たとき，面心立方格子，六方最密構造のどちらになるか。

参考 金属結晶の構造

面心立方格子と六方最密構造は，空間に粒子が最も密に詰まった構造(最密構造)である。体心立方格子と比べて，どのくらい密に詰まっているのだろうか。

❶面心立方格子と六方最密構造の違い　面心立方格子と六方最密構造は，どちらも3つの原子の間のくぼみに合うように次の原子を置くが，層の重なり方が異なる。

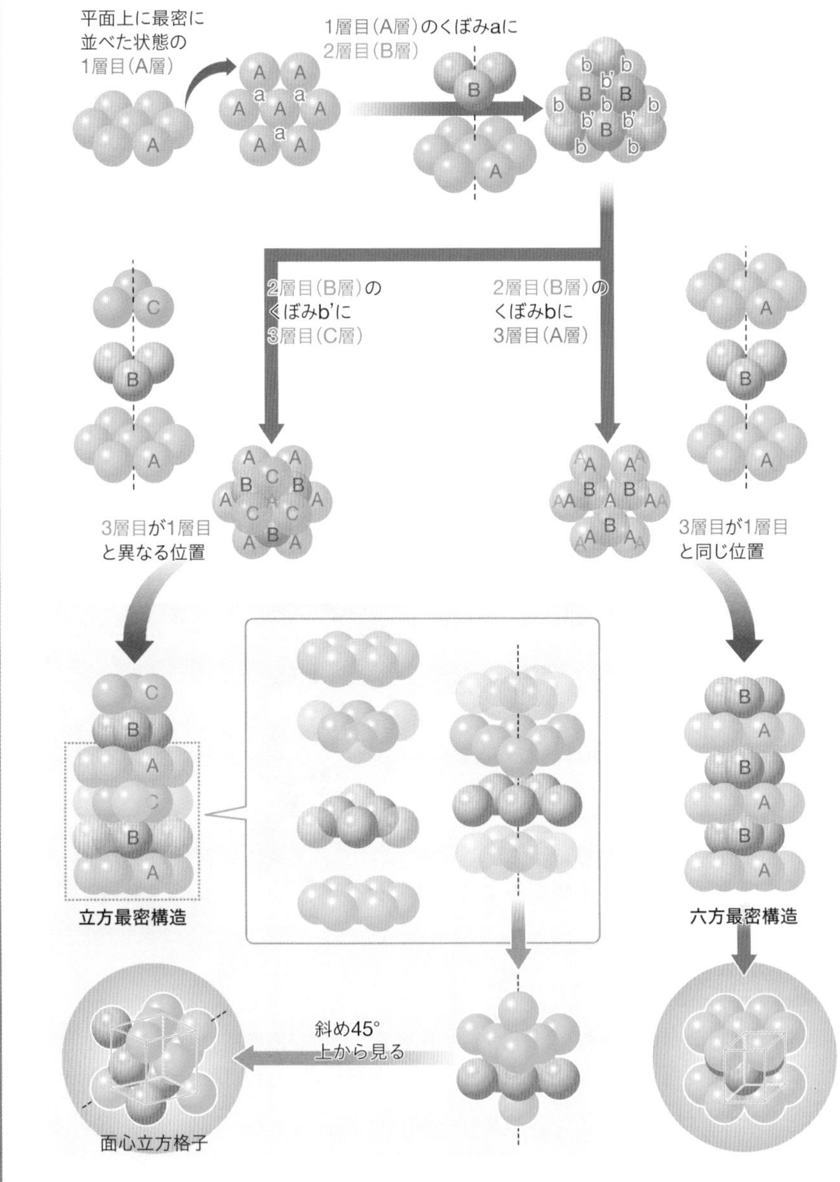

❷充填率（てん） 金属原子 3 個が直線状に並んだときの両端の原子の中心間距離は，原子半径を r とすると $4r$ である。この距離が，単位格子の一辺の長さ a とどのような関係になっているかを考えると，r と a の関係がわかる。

充填率は，単位格子中の原子の占める体積(単位格子中の原子数×原子 1 個分の体積)を単位格子の体積で割れば求められる。

> 充填率〔%〕$= \dfrac{\text{単位格子中の原子の占める体積}}{\text{単位格子(基本単位)の体積}} \times 100$

●体心立方格子の充填率

$(4r)^2 = a^2 + (\sqrt{2}a)^2$ 　より　$r = \dfrac{\sqrt{3}}{4}a$

単位格子の体積は a^3，単位格子中の原子数は 2 個

$$\text{充填率} = \frac{\frac{4}{3}\pi r^3 \times 2}{a^3} \times 100 = \frac{\frac{4}{3}\pi\left(\frac{\sqrt{3}}{4}a\right)^3 \times 2}{a^3} \times 100$$

$$= \frac{\sqrt{3}}{8}\pi \times 100 \fallingdotseq 68 \qquad \underline{\text{充填率　68 \%}}$$

●面心立方格子の充填率

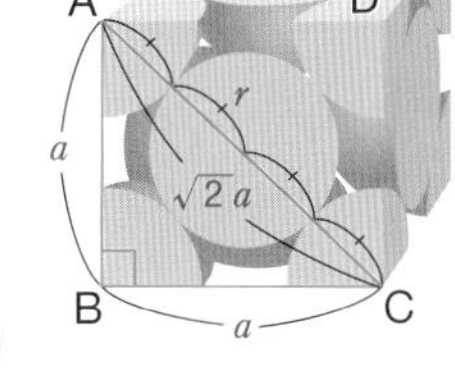

$4r = \sqrt{2}a$　より　$r = \dfrac{\sqrt{2}}{4}a$

単位格子の体積は a^3，単位格子中の原子数は 4 個

$$\text{充填率} = \frac{\frac{4}{3}\pi r^3 \times 4}{a^3} \times 100 = \frac{\frac{4}{3}\pi\left(\frac{\sqrt{2}}{4}a\right)^3 \times 4}{a^3} \times 100$$

$$= \frac{\sqrt{2}}{6}\pi \times 100 \fallingdotseq 74 \qquad \underline{\text{充填率　74 \%}}$$

●六方最密構造の充填率

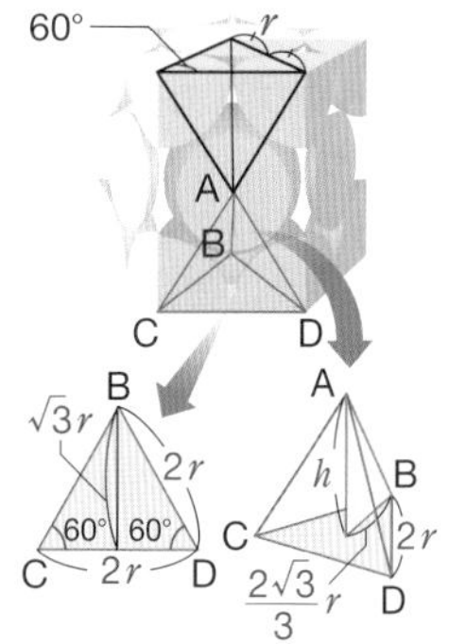

六角柱の底面積　$2r \times \sqrt{3}r \times \dfrac{1}{2} \times 6 = 6\sqrt{3}r^2$

正四面体の高さ　$h^2 + \left(\dfrac{2\sqrt{3}}{3}r\right)^2 = (2r)^2$　より，

$h = \dfrac{2\sqrt{6}}{3}r$

六角柱の高さ　$2h = \dfrac{4\sqrt{6}}{3}r$

単位格子の体積　$6\sqrt{3}r^2 \times \dfrac{4\sqrt{6}}{3}r \times \dfrac{1}{3} = 8\sqrt{2}r^3$

単位格子中の原子数は 2 個

$$\text{充填率} = \frac{\frac{4}{3}\pi r^3 \times 2}{8\sqrt{2}r^3} \times 100 = \frac{\sqrt{2}}{6}\pi \times 100 \fallingdotseq 74 \qquad \underline{\text{充填率　74 \%}}$$

参考 正八面体のすき間と正四面体のすき間

金属の代表的な単位格子である面心立方格子には2種類のすき間がある。イオン結晶や共有結合の結晶においても，面心立方格子の配列とそのすき間に配列しているイオンや原子を見つけることができる。

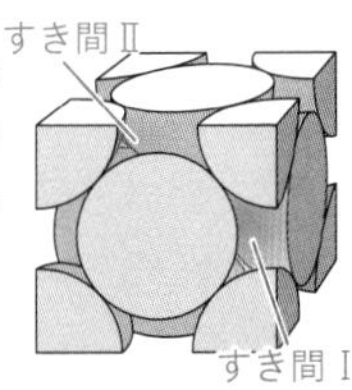

図1　面心立方格子

❶面心立方格子（金属結晶）のすき間

図1は，金属原子が球であり，互いに接していると仮定して，面心立方格子の面で切った模型である。球の間には，囲んでいる球の数が異なる2種類のすき間がある。

図2のように，面心立方格子の原子の位置を○で表すと，すき間Ⅰは，正八面体の頂点に位置する6個の原子によってできるすき間である。これを**正八面体のすき間**という。一方，すき間Ⅱは立方体の4個の頂点に位置する原子によってできるすき間である。これを**正四面体のすき間**という。

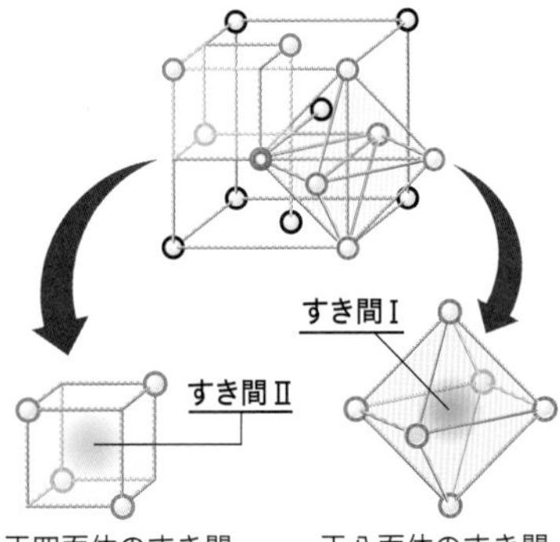

図2　正八面体のすき間と正四面体のすき間

❷イオン結晶

〈塩化ナトリウム NaCl の単位格子〉

塩化物イオン Cl^- は面心立方格子に配列し，ナトリウムイオン Na^+ は，Cl^- がつくる面心立方格子の正八面体のすき間すべてに位置していることになる（図3）。

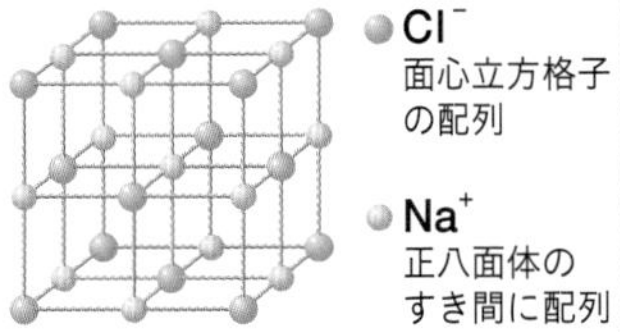

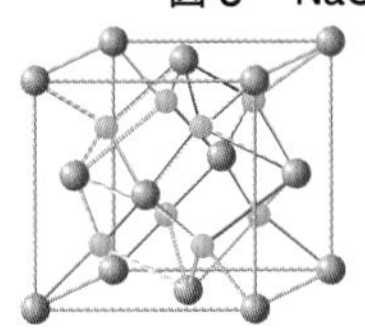

図3　NaClの単位格子

〈フッ化カルシウム CaF_2 の単位格子〉

カルシウムイオン Ca^{2+} が面心立方格子に配列し，フッ化物イオン F^- は，Ca^{2+} が形成する面心立方格子の正四面体のすき間すべてに位置している（図4）。

図4　CaF_2 の単位格子

〈ペロブスカイト型構造〉

ペロブスカイト（$CaTiO_3$）は鉱石の一種である。$CaTiO_3$ のように2種類以上の金属の酸化物は**複合酸化物**といい，ペロブスカイトと同じ結晶構造は**ペロブスカイト型構造**とよばれる。ペロブスカイト型構造をもつ ABO_3 の結晶の単位格子は，陽イオンのAが面心立方格子の頂点に，O^{2-} が正八面体をつくるように面心立方格子の面に位置し，陽イオンのBが正八面体の中心に位置する。

Aイオン
面心立方格子の頂点に配列
Bイオン
面心立方格子の中心に配列
O^{2-}
面心立方格子の面の中心に配列

図5　ペロブスカイト型構造

❸共有結合の結晶

〈ダイヤモンド C の単位格子〉

炭素原子Cが面心立方格子に配列し，これによってできた正四面体のすき間に，1つおきにCが配列している（図6）。したがって，ダイヤモンドの単位格子には，8個の炭素原子が含まれている。

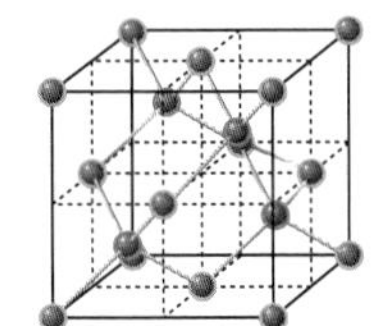

図6　ダイヤモンドの単位格子

参考 電気陰性度からみた化学結合

電気陰性度に基づいて化学結合をみてみる。共有結合からなる水 H_2O では，H と O の電気陰性度はともに大きく，かつ両者の差が小さい。金属結合からなるナトリウム Na では，Na の電気陰性度は小さく，Na どうしの電気陰性度の差はない。イオン結合からなる塩化ナトリウム NaCl では，Na と Cl の電気陰性度の差は大きい。

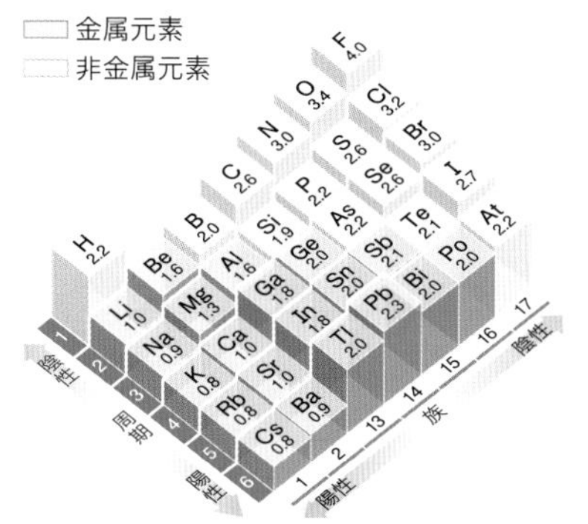

図 1　ポーリングの電気陰性度

以上のことから，2 原子間の化学結合には，次のような傾向があると考えられる。

2 原子の電気陰性度がともに大きく，かつ両者の差が小さい場合は，両者とも電子対を引きつける傾向が強いことから，共有結合となる。また，2 原子の電気陰性度がともに小さく，かつ両者の差が小さい場合は，両者とも電子対を引きつける傾向が弱い。したがって，これらの元素の原子間は，金属結合になりやすい。一方，2 原子の電気陰性度の差が大きい場合は，マリケンの定義から，陽イオンになりやすい元素と陰イオンになりやすい元素の組み合わせであり，両者の結合はイオン結合になりやすい。

このような考察をしていくと，2 つの原子間の結合は，2 つの元素の電気陰性度(χ_A と χ_B)の平均値 $\bar{\chi}$ と差 $\Delta\chi$ を用いて整理できることに気づく。

$$\bar{\chi} = \frac{\chi_A + \chi_B}{2} \qquad (1) \qquad\qquad \Delta\chi = |\chi_A - \chi_B| \qquad (2)$$

そこで，横軸を $\bar{\chi}$，縦軸を $\Delta\chi$ として，元素の組み合わせをプロットしてみると，三角形の中におさまる。この三角形を **ケテラーの三角形** といい，同じ種類の化学結合を形成する組み合わせが領域を形成することがわかる。

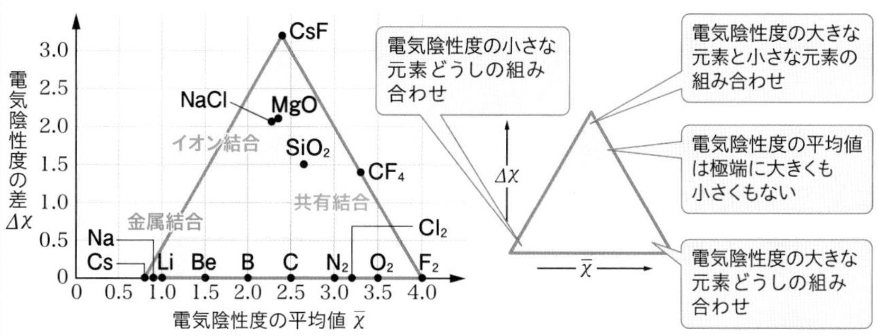

図 2　ケテラーの三角形

- 共有結合　2 つの原子間の電気陰性度がともに大きく，かつ両者の差が小さい。
- 金属結合　2 つの原子間の電気陰性度がともに小さく，かつ両者の差が小さい。
- イオン結合　2 つの原子間の電気陰性度の差が大きい。

参考 結晶の種類

結晶にはさまざまな種類がある。これは，構成粒子の種類によって形成される化学結合が違うこととともに，粒子の大きさなどによっても，安定に存在できる粒子の配列のしかたが変わるからである。このように，結晶構造は構成粒子の種類によって決まり，固体の物質の性質にも関係がある。

▼表1　さまざまな結晶

	金属結晶	イオン結晶	分子結晶	共有結合の結晶
結晶例	アルミニウムAl	塩化ナトリウムNaCl	ドライアイスCO_2	ダイヤモンドC
構成粒子	金属原子 (自由電子を含む)	陽イオンと 陰イオン	分子	非金属原子
結合	金属結合	イオン結合	分子間力(分子間) 共有結合(分子内)	共有結合
融点	高いものが多い	高い	低い	きわめて高い
電気伝導性	ある	固体:ない* 液体・水溶液:ある	ない	ない (黒鉛Cはある)
その他の特徴	・熱伝導性が大きい ・金属光沢がある ・展性・延性がある	・かたいがもろく，へき開する	・昇華しやすいものが多い	・非常にかたい (黒鉛Cははがれやすい)

＊ MnO_2 など電気伝導性を示すものもある

5 アモルファス

A 結晶質と非晶質

固体はその構造から2つに分けることができる。

石英のように，固体を構成する粒子が規則正しく配列したものを **結晶**(crystal) といい，物質が結晶状態にあることを **結晶質**(crystalline) という。一方，固体を構成する粒子の配列に規則性がみられず，無秩序なものを一般に，**アモルファス**(amorphous)(**非晶質**(noncrystalline))といい，結晶とは異なった性質をもつ。

ガラスなどの **アモルファス**(**非晶質**)は，結晶のように構成粒子が規則的な配列をなしていないため，一定の融点をもたないなど，結晶とは異なった性質をもつ。決まった融点はないが，ある温度幅で軟化する(**軟化点**(softening point))。

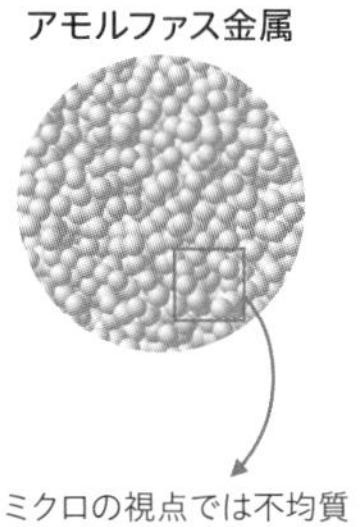

▲図32　アモルファス金属の構造

B ガラス

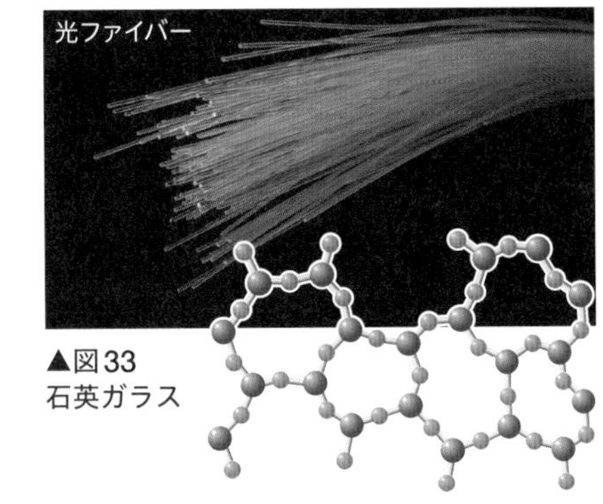

▲図33 石英ガラス

◆**石英ガラス**　共有結合の結晶である石英 SiO_2 を約 2000 ℃ に加熱して融解し，それを凝固させると，**石英ガラス**(quartz glass)が得られる。光ファイバーなどの光学用器具や半導体製造容器として使われる。

◆**ソーダ石灰ガラス**　窓ガラスやコップなどに広く利用される**ソーダ石灰ガラス**(soda-lime glass)は，Na^+ などを含む。

▼表 6　結晶質と非晶質の例

種類	結晶(結晶質の固体)	アモルファス(非晶質)固体	
例	石英	石英ガラス	ソーダ石灰ガラス
構造	Si　O		Na^+
おもな組成	SiO_2	SiO_2	Na_2O-CaO-SiO_2
配列のようす	Si 原子と O 原子が規則的に配列している共有結合の結晶である。	Si 原子と O 原子の配列が不規則になっている。	Si 原子と O 原子のつくる立体構造の間に Na^+ などを含み，不規則な配列をなす。
用途	石英ガラスの原料として利用される。透明な結晶は水晶とよばれ，装飾品などに用いられる。	耐熱性や透明性などに優れる。光ファイバーなどに使用されている。	実用ガラスの生産量の大部分を占める。窓ガラス，コップなどの食器類，びんなどに広く使われている。

参考　液晶は液体だろうか？　それとも結晶だろうか？

テレビやパソコンなどのディスプレイに用いられている液晶は，液体と結晶の中間的な状態であり，これを液晶状態という。ある種の分子では，液体では分子の位置と向きが不規則な状態(❶)，結晶では規則的な状態(❷)であるが，一定の温度範囲では，分子の位置は不規則なものの，向きには規則がみられる状態になる。この状態が液晶状態である(❸)。ある種の液晶は，室温において電圧をかけると分子の配列を変える性質をもち，光の通りやすさが変化する。この現象を利用して，文字や画像を表示している。分子間力が強い物質では，分子の位置を変えにくいため，液晶状態になりにくい。

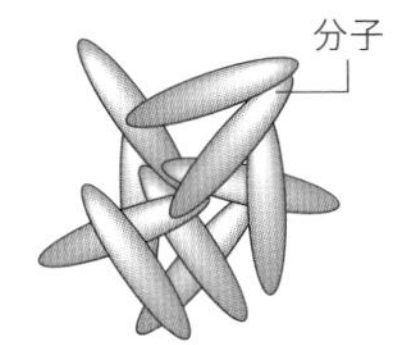

❶ 液体

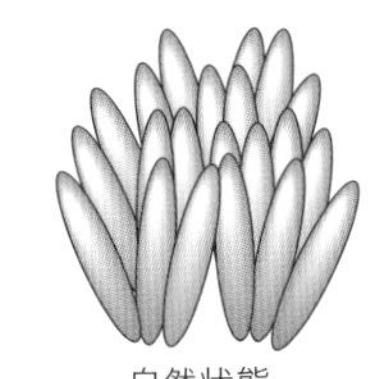
❷ 結晶(固体)

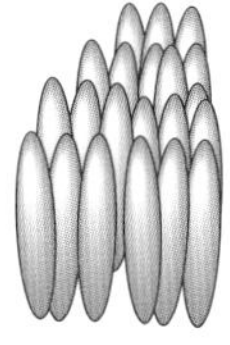

❸ 液晶

まとめ

1. イオン結合

●**イオン結合**　陽イオンと陰イオンの間の静電気的な力による結合。

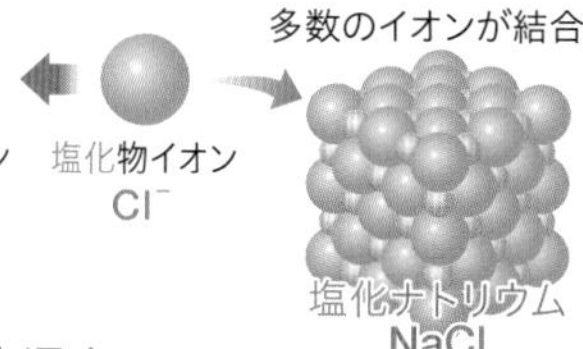

●**イオン結晶の性質**

・融点・沸点が高い。

・かたいがもろい。

・固体では電気を通さないが，液体や水溶液では電気を通す。

●**イオン結晶の陽イオンと陰イオンの関係**

（陽イオンの価数）×（陽イオンの数）＝（陰イオンの価数）×（陰イオンの数）

2. 共有結合

●**共有結合**　非金属元素の原子どうしが価電子を共有してできる結合。ほとんどの分子は共有結合によって形成される。

●**分子からなる物質**　分子にはそれぞれ固有の形がある。

●**配位結合**　一方の原子の非共有電子対が他方の原子に提供されてできている共有結合。

●共有結合の結晶…ダイヤモンド，黒鉛，ケイ素，二酸化ケイ素など。

3. 分子間力

●**電気陰性度**　共有電子対が原子に引きよせられる度合いの数値(貴ガスは除く)。電気陰性度が大きいと共有電子対を引きつける力が強い。

⇩

原子間で電荷のかたよりが生じる　→　結合の極性

　・分子全体で極性がある分子　極性分子

　・分子全体で極性がない分子　無極性分子

水 H_2O　二酸化炭素 CO_2

●**分子間力**　分子間に働く弱い力。

4. 金属結合

●**金属結合と金属**　金属元素の原子の価電子が自由電子として共有されている。

〔性質〕・金属光沢がある。

　　　・熱伝導性，電気伝導性が大きい。

　　　・展性・延性を示す。

●**合金**　もとの金属にない優れた性質をもつ。

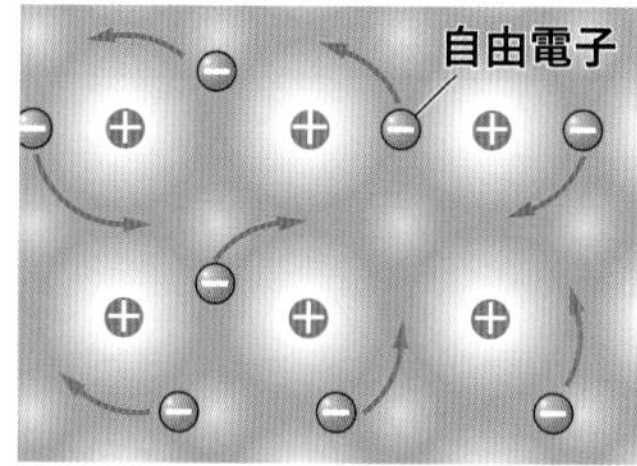

5. アモルファス

●構成粒子が規則的な配列をしていないため，一定の融点はないが軟化点をもつ。

●結晶にはない優れた性質を示すことがある。

●**ガラス，アモルファスシリコン，アモルファス金属，アモルファス合金**などがある。

論述問題

1章　4節

1 イオン結晶　酸化バリウム BaO と臭化リチウム LiBr は，同じ結晶構造をもち，単位格子の一辺の長さは順に 0.53 nm，0.55 nm である。融点はどちらが高いか理由とともに説明せよ。

point イオンの価数とイオン間の距離は，イオン結合の強さに関係する。(▶p.53)

2 共有結合の結晶　ダイヤモンドがきわめてかたいのに対して，黒鉛はやわらかい。黒鉛がやわらかい理由について，黒鉛の構造的な特徴に着目して説明せよ。

point 構成する C 原子 1 個がつくる共有結合の数が異なる。(▶p.70)

節末問題

1章　4節

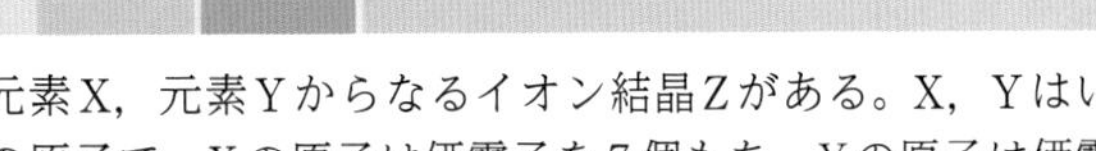

1 イオンとイオン結晶　元素X，元素Yからなるイオン結晶Zがある。X，Yはいずれも原子番号20までの原子で，Xの原子は価電子を7個もち，Yの原子は価電子を2個もっている。また，XのイオンとYのイオンは同じ電子配置である。

(1)　Xのイオン，Yのイオンの化学式を，それぞれX，Yを用いて表せ。

(2)　Zの組成式をX，Yと数字で表せ。

(3)　Zとして考えられる化合物の名称をすべてあげよ。

(4)　XのイオンとYのイオンでは，どちらのイオン半径の方が大きいか。

2 分子と電子式　次の(a)～(d)の分子について，(1)～(3)の問いに答えよ。

(a)　H_2O　(b)　NH_3　(c)　CCl_4　(d)　CO_2

(1)　非共有電子対が2組ある分子を選び，その電子式をかけ。

(2)　分子内の原子がすべてネオンと同じ電子配置になっている分子を選び，その電子式をかけ。

(3)　総電子数が等しいのはどれとどれか。

3 分子の形　次の(a)～(d)の分子の形は，下のア～オのどれにあてはまるか。

(a)　CH_4　(b)　H_2O　(c)　NH_3　(d)　H_2

ア　直線形　イ　折れ線形　ウ　三角錐形　エ　平面形　オ　正四面体形

4 構造式と極性　次の(a)～(d)の分子について，(1)～(3)の問いに答えよ。

(a)　HCl　(b)　N_2　(c)　NH_3　(d)　CO_2

(1)　単結合だけからできている分子をすべて選び，その構造式をかけ。

(2)　結合に極性のない分子はどれか。

(3)　結合に極性があるが，分子全体としては極性のない分子を選び，その構造式をかけ。

5 金属結晶とイオン結晶　バナジウム V の結晶の単位格子は体心立方格子である。V 原子に隣接する V 原子の数(配位数)はいくつか。また，窒化バナジウム VN の結晶は，NaCl 型の構造をとる。V 原子に隣接する N 原子の数(配位数)はいくつか。

1 次のa)～d)のうち，正しい記述はどれか，1つ選べ。ただし，正しい記述が複数ある場合や1つもない場合はe)とせよ。

a)　水素と重水素は互いに同素体である。

b)　同位体は質量数が違うので，互いに化学的性質が大きく異なる。

c)　^{40}Ar の中性子の数は22である。

d)　単原子分子である ^{4}He と ^{3}He の1分子あたりの質量は等しい。

2 化学反応式の量的関係とグラフ　0.12 g のマグネシウム Mg に，1.0 mol/L の塩酸を少量ずつ加え，発生した水素を捕集して，その体積を標準状態で測定した。このとき加えた塩酸の体積と発生した水素の体積との関係を表す図として最も適当なものを，次の①～④より選べ。

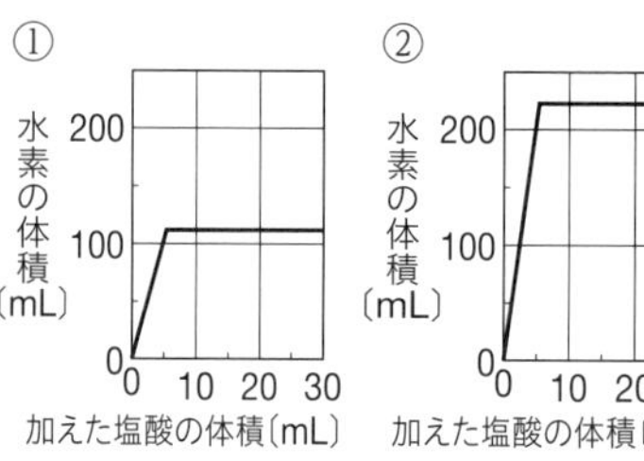

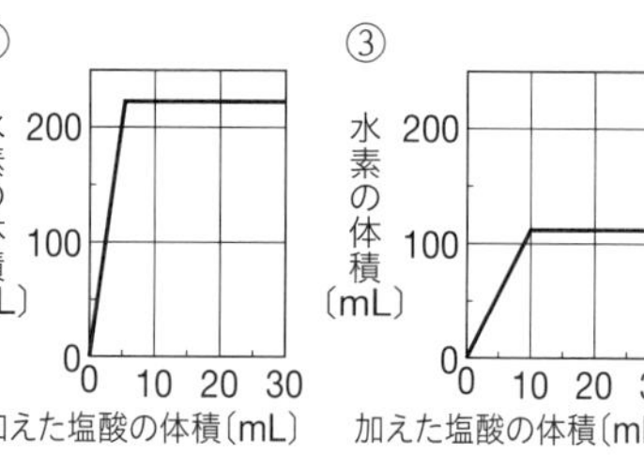

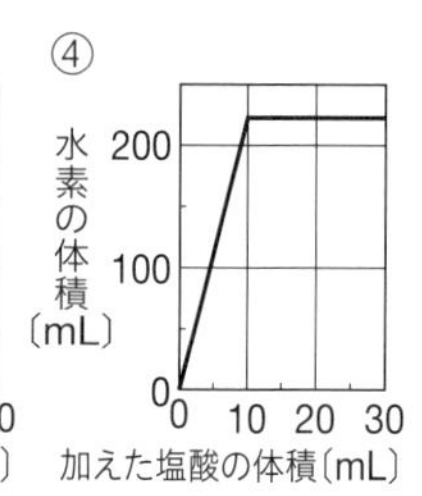

3 組成式とイオン結晶　元素X，元素Yからなる化合物Zがある。Xの原子はM殻に1個の価電子をもち，Yの原子はM殻に6個の価電子をもつ。Zの組成式をX，Yと数字で表せ。また，Zの組成式より，Xの原子を○，Yの原子を●で表したとき，Zの結晶構造は次の(a)～(c)のうちどれか。

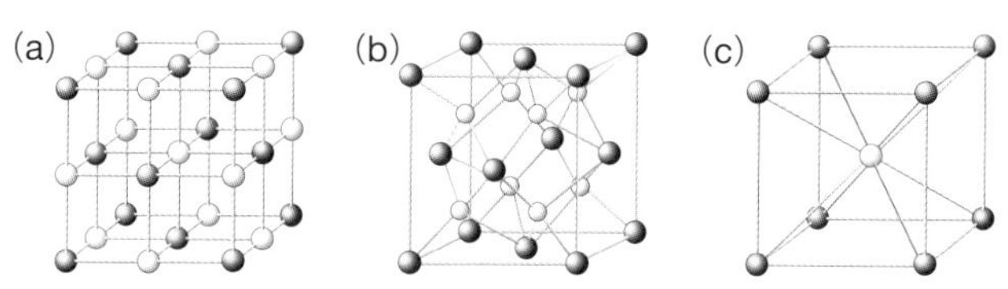

4 化学結合と物質の種類　次の(1)～(4)の結晶について，下の各群から対応するものを一つずつ選べ。

(1)　イオン結晶　　(2)　共有結合の結晶　　(3)　金属結晶　　(4)　分子結晶

[A群]粒子間の結合

(a)　自由電子による結合　　(b)　静電気的な引力

(c)　共有電子対による結合　　(d)　分子間力による結合

[B群]一般的な性質

(e)　延性・展性があり，電気伝導性がよい。

(f)　きわめてかたく，融点が高い。

(g)　固体状態では電気を通さないが，融解した状態で電気を通す。

(h)　融点が低く，昇華しやすいものもある。

[C群]物質の例

(i)　ダイヤモンド　　(j)　銅　　(k)　塩化ナトリウム　　(l)　ヨウ素

2章 物質の状態

State of Matter

物質の状態によって構成粒子はどのようにふるまうか

物質の状態は構成粒子の熱運動に応じて変化する。物質はどのように状態変化するのか，状態の違いによって構成粒子がどのようにふるまうかをみてみよう。

海水淡水化装置（イギリス）
生活で用いる飲料水や，農業用水などを確保するために，海水から淡水を取り出すことができる。砂漠地帯では，砂漠の緑化にも用いられる。

1節 状態変化
Change of State

Beginning

1 鉄も気体になるのだろうか？
2 熱い汁物が入った椀(わん)のふたがあけにくくなることがあるのはなぜか？

1 熱運動と絶対温度

Beginning 1

A 物理変化と化学変化

◆物理変化　物質が別の物質に変わらず状態だけが変わる変化を **物理変化**(physical change) という。物質には固体，液体，気体の3つの状態(**三態**(three states of matter))があり，物質が固体，液体，気体と変化する **状態変化**(change of state) も物理変化である。物質の融点，沸点は状態が変化するときの温度であり，混合物の分離・精製に利用されている。▶p.8

◆化学変化　物質が，性質の異なる別の物質に変わる変化を **化学変化**(chemical change)(**化学反応**(chemical reaction))という。水 H_2O の電気分解や塩化銀 AgCl が生じる沈殿反応は，▶p.13 化学変化である。

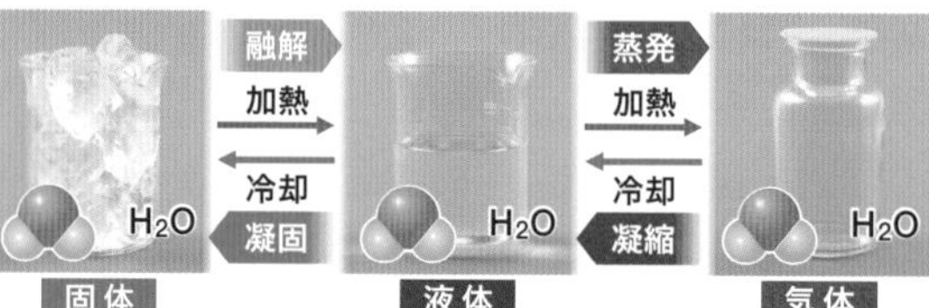

▲図1　物理変化と化学変化

B 粒子の熱運動

◆熱運動　物質を構成している原子，分子またはイオンなどの粒子は，静止しているのではなく，常に運動している。このような粒子の運動を **熱運動**(thermal motion) という。温度が高いほど，粒子の熱運動は激しくなる。

◉拡散　一方の集気びんに臭素 Br_2 を入れて，他方に窒素 N_2 の入った集気びんを重ねておくと，窒素分子と臭素分子が熱運動によって散らばり，2つの集気びん全体に均一に広がる。このように，粒子が熱運動によって散らばって広がる現象を **拡散**(diffusion) という。拡散は，気体どうし，液体どうしを混合するときや，固体や気体を液体に溶かすときにも起こる。

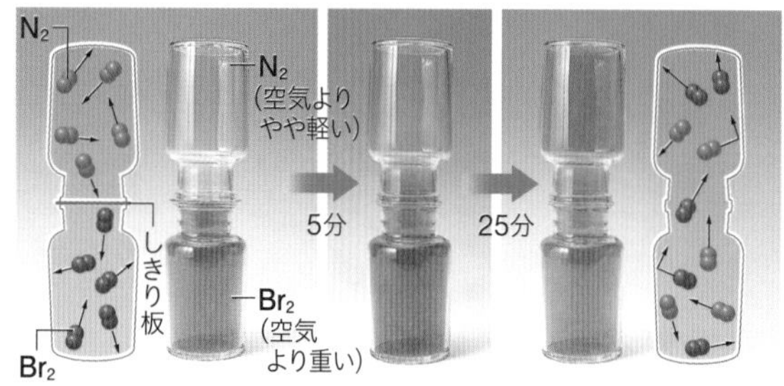

▲図2　臭素の拡散

C 気体分子の熱運動

◆**気体分子の熱運動**　気体の場合，熱運動する分子どうしが衝突して，進む方向，速さ，エネルギーなどが変化する。そのため，各分子のエネルギーや速さはまちまちである。したがって，気体の分子の速さはその平均の速さを用いて比較される。しかし，あるエネルギーやある速さをもつ分子の数の割合は，温度によって決まっている。温度が高くなるほど，大きいエネルギーをもつ分子の割合が増加し，これにつれて，熱運動する分子の速さも大きくなる。❶

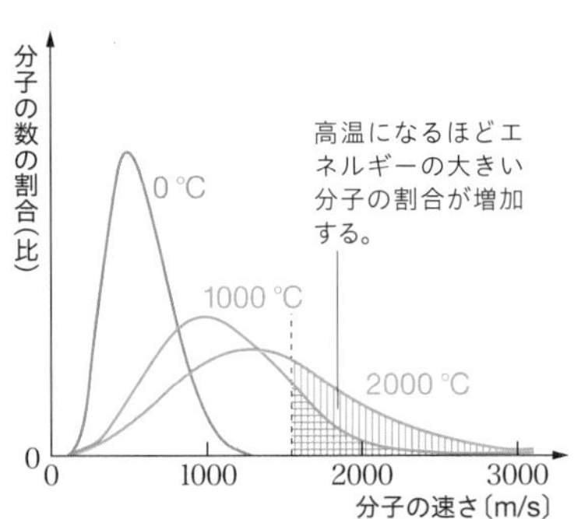

▲図3　気体分子の熱運動と温度(N_2の場合)

◆**熱運動と分子の質量**　質量 m〔kg〕の物体が速さ v〔m/s〕で運動しているとき，運動エネルギー E〔J〕は次のように表される。

$$運動エネルギー\ E = \frac{1}{2}mv^2 \quad \langle 1 \rangle$$

同じ温度では，分子の運動エネルギーの平均は気体の種類によらず同じであり，分子量が小さい(質量 m が小さい)ほど，分子が運動する速さ v は大きくなる。❷

▼表1　気体分子の平均速度(0℃，0 Pa)

分子式	分子量	平均速度〔m/s〕
H_2	2.0	1.8×10^3
NH_3	17	6.3×10^2
O_2	32	4.6×10^2
HCl	36.5	4.3×10^2

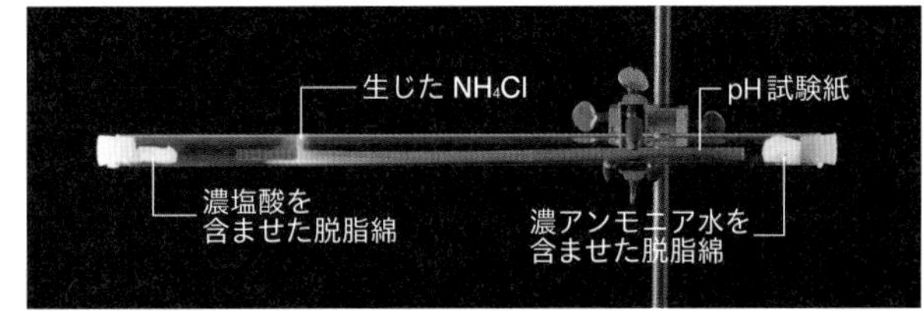

▲図4　アンモニアと塩化水素の熱運動

❶ 物体の温かさや冷たさの度合いを数値で表したものを温度という。温度が高いほど熱運動が激しいことから，温度は熱運動の激しさの程度を表している。

❷ 濃アンモニア水と濃塩酸を含ませた脱脂綿を管の両端に入れ，栓をする。アンモニア NH_3（分子量 17）の方が塩化水素 HCl（分子量 36.5）よりも速く管内を進む分子が多いため，管の HCl に近い側で反応し，塩化アンモニウム NH_4Cl の白煙が生じる。

D 絶対温度

◆**絶対温度**　粒子の熱運動は，温度が低くなるとしだいに穏やかになり，−273 ℃になるとすべての粒子が熱運動をしなくなる。この −273 ℃を **絶対零度**❸ といい，これより低い温度はない。

絶対零度を原点(または基準)として，セルシウス温度(摂氏温度)と同じ目盛の間隔で表した温度を **絶対温度**(absolute temperature) といい，単位には **ケルビン(K)**❹ を用いる。

絶対温度 T とセルシウス温度 t との関係❺

$$T〔K〕= (t + 273)\ K \quad \langle 2 \rangle$$

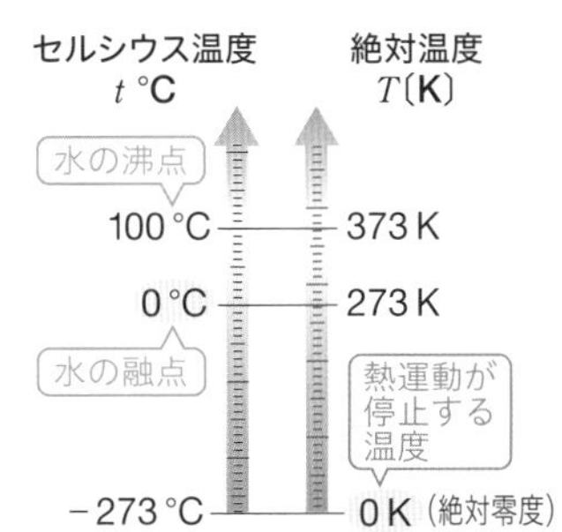

▲図5　絶対温度とセルシウス温度

問1.　窒素 N_2 の沸点は −196 ℃である。これは絶対温度で何 K か。

❸ 厳密には，絶対零度は −273.15 ℃である。

❹ 絶対温度は熱力学温度ともよばれ，国際単位系（SI）での単位ケルビン（K）は，水の三重点（▶p.101）の温度を厳密に 273.16 K とすることで定義されてきた。測定される三重点の温度は用いる水の同位体の組成や不純物によって影響されるため，2019 年 5 月，K(ケルビン)は，基礎物理定数の値を厳密に定めることで定義された。

❺ T は数値と単位をかけた物理量，t は数値として関係を表した式である。

2 物質の構造と融点・沸点

Beginning 2

A 状態変化にともなうエネルギー

◆**物質の状態と熱運動**　物質を構成する粒子は，常に**熱運動** thermal motion をしている。物質を加熱したときに物質が受け取るエネルギーを**熱エネルギー** thermal energy という。粒子が熱エネルギーを受け取ると熱運動がより活発になり，物質の温度が上昇したり，状態変化が起こったりする。融点では固体と液体，沸点では液体と気体が共存しており，融解や沸騰をしている間，物質が受け取った熱エネルギーはそれぞれの状態変化のみに使われるため，熱エネルギーを加えていても温度は一定に保たれる。

◉**融解と凝固**　粒子は，熱運動により拡散しようとするが，粒子間には引力が働いている。固体の結晶中の粒子は，低い温度では粒子間の引力によってそれぞれある定まった位置で熱運動している。固体の温度が高くなると，粒子の熱運動は活発になり，粒子が定まった位置にとどまることができなくなるため，固体は液体になる。この変化を**融解** fusion といい，その温度を**融点** melting point という。逆に，液体から固体になる変化を**凝固** solidification といい，その温度を**凝固点** freezing point という。[1]

◉**蒸発と凝縮**　液体では，激しい熱運動をする一部の粒子が，液体表面から飛び出して気体になる。この変化を**蒸発** vaporization という。温度を高くすると，粒子間の引力を振り切って，液体内部からも蒸発が起こる。この変化を**沸騰** boiling といい，その温度を**沸点** boiling point という。逆に，気体から液体になる変化を**凝縮** condensation という。

◉**昇華と凝華**　固体から直接気体になる変化を**昇華** sublimation ▶p.10 といい，気体が直接固体になる変化を**凝華** deposition という。昇華と凝華が連続する変化は昇華という。▶p.10

❶ 凝固点以下になっても固体にならないことがある。この状態を過冷却という。

Note
融点と凝固点
融点と凝固点は同じ温度である。
融点＝凝固点

Note
沸点と蒸発
沸点以下でも，液体の表面では，液体が気体になる蒸発は起きている。

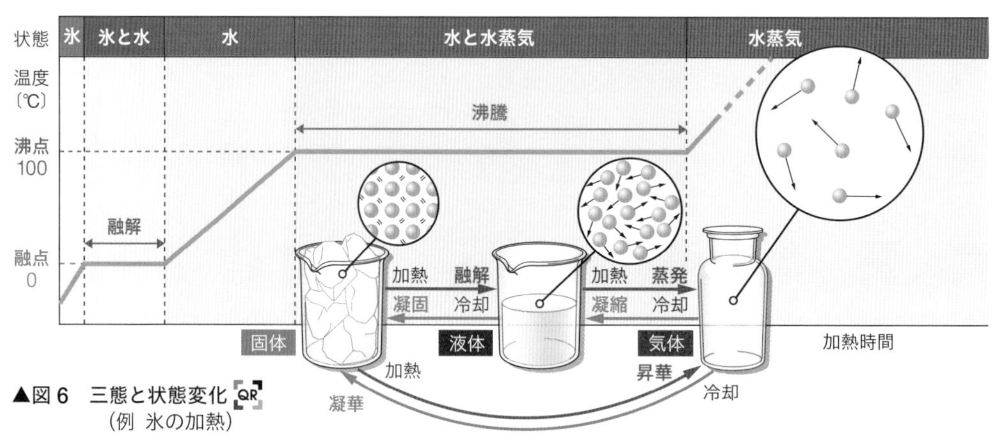

▲図6　三態と状態変化（例　氷の加熱）

◆**状態変化と熱量**　一定量の物質の融解や蒸発には，それぞれ物質によって決まった熱エネルギーの量(**熱量**[2])を必要とする。1 mol の固体が融解して液体になるときに吸収する熱量を **融解熱**(heat of fusion) という。融点(凝固点)で液体が凝固して固体になるときには，融解熱と等しい熱量を放出する(**凝固熱**(heat of solidification))。一方，1 mol の液体が蒸発して気体になるときに吸収する熱量を **蒸発熱**(heat of vaporization)[3]という。沸点で気体が凝縮するときには，蒸発熱と等しい熱量を放出する(**凝縮熱**(heat of condensation))。

[2] 熱量は，熱という形態で移動した熱エネルギーの量であり，単位はエネルギーと同じ J(ジュール) が用いられる。

[3] 蒸発熱は，ふつう沸点での値を示す。沸点以下で徐々に蒸発するときの蒸発熱は，沸点での値と多少異なる。

▼表 2　物質の融解熱と蒸発熱　(出典：化学便覧　改訂 5 版)

物　質	化学式	融点〔℃〕	融解熱〔kJ/mol〕	沸点〔℃〕	蒸発熱〔kJ/mol〕
アルゴン	Ar	−189	1.18*	−186	6.52
水	H_2O	0	6.01	100	40.7
塩化ナトリウム	NaCl	801	28.2	1413	—
水銀	Hg	−39	2.30	357	58.1
鉄	Fe	1535	13.8	2750	354
タングステン	W	3410	52.3	5657	799

＊アルゴンの融解熱は，6.9×10^4 Pa における値(他はすべて大気圧における値)である。

Thinking Point 1　表 2 にある各物質の融解熱と蒸発熱の大きさを比較するとどのようなことがいえるか。また，そのようになる理由を考えよ。

例題 1　状態変化にともなうエネルギー

0 ℃ の氷 18.0 g を，すべて 100 ℃ の水蒸気にするのに必要な熱量は何 kJ か。ただし，0 ℃ の氷の融解熱は 6.00 kJ/mol，0 ℃ から 100 ℃ までの水 1 g の温度を 1 K 上げるのに必要な熱量は 4.18 J/(g・K)，100 ℃ での水の蒸発熱は，40.7 kJ/mol とする。

比熱▶p.160

解　この変化は，① 0 ℃ の氷が 0 ℃ の水になる，② 0 ℃ の水が 100 ℃ の水になる，③ 100 ℃ の水が 100 ℃ の水蒸気になる，という 3 段階からなる。水 18.0 g は 1.00 mol であるから，それぞれの変化に必要な熱量〔kJ〕は，

① $6.00\ \mathrm{kJ/mol} \times 1.00\ \mathrm{mol} = 6.00\ \mathrm{kJ}$

② $4.18\ \mathrm{J/(g \cdot K)} \times 18.0\ \mathrm{g} \times 100\ \mathrm{K} \times 10^{-3}\ \mathrm{kJ/J} = 7.52\ \mathrm{kJ}$

③ $40.7\ \mathrm{kJ/mol} \times 1.00\ \mathrm{mol} = 40.7\ \mathrm{kJ}$

① ＋ ② ＋ ③ より，$6.00\ \mathrm{kJ} + 7.52\ \mathrm{kJ} + 40.7\ \mathrm{kJ} = 54.22\ \mathrm{kJ}$　**答** 54.2 kJ

類題 1　0 ℃ の氷 90 g に 57 kJ の熱量を加えると，氷は融解して 90 g の水になった。この水の温度は何 ℃ か。氷の融解熱 6.0 kJ/mol，水 1 g の温度を 1 K 上げるのに必要な熱量を 4.2 J/(g・K)とする。

◆化学結合と沸点・融点　物質の融点・沸点などの性質は，構成粒子の化学結合に深く関係している。粒子間に強い引力が働く物質では，その引力を振りほどいて結晶の構造を崩したり，粒子どうしを引き離したりするために，より活発な熱運動を必要とする。そのため，粒子間が共有結合やイオン結合などの強い結合で結ばれてできている物質は，高い融点・沸点を示す。❶

> 構成粒子が強い化学結合で結ばれている物質は高い融点・沸点を示す。

❶　多くの液体で，蒸発熱を沸点の絶対温度で割った値はほぼ一定になる（およそ 92 J/（mol・K））。これをトルートン（Trouton）の規則という。図にさまざまな液体の蒸発熱と沸点の関係を示す。ただし，あまり高い沸点の液体や，水素結合など分子間にある程度の力が働いて何らかの構造がある液体には適用できない。つまり，このような特別なことがなければ，沸点は粒子間に働く力のよい指標になっていることを意味している。

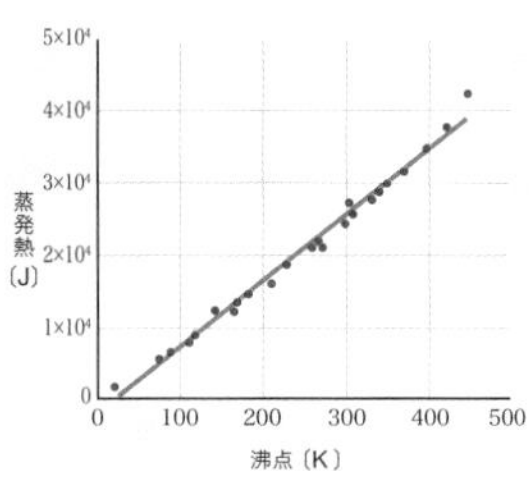

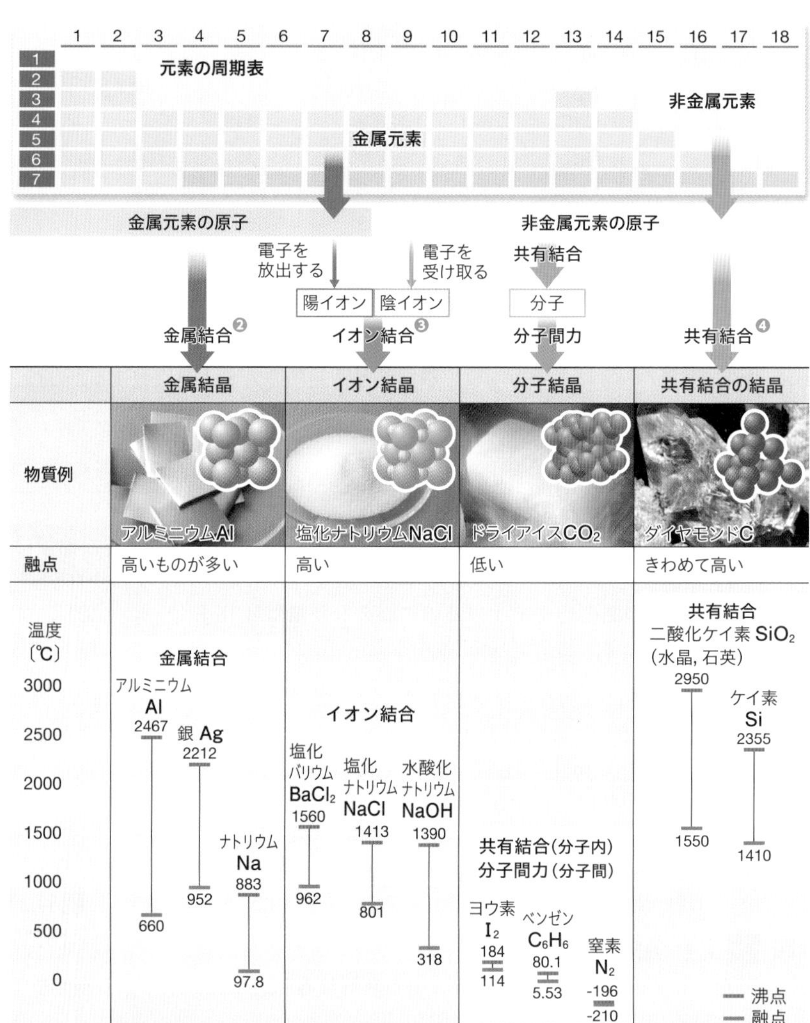

▲図 7　化学結合の種類と結晶の融点・沸点　（出典：化学便覧　改訂 5 版）

from Beginning　鉄も気体になるのだろうか？

鉄も温度によって状態変化し，融点は約1500 ℃で，沸点は約2700 ℃です。そのため，**融点や沸点に達するまで加熱すれば，鉄も液体や気体になります。**ガス溶接やガス切断で鉄を加工する際，用いられる炎は内炎で約3000 ℃になるため，鉄の気体が発生することが知られています。

❷金属結合　金属元素の原子の価電子が，自由電子となってすべての金属原子を互いに結びつける結合。

❸イオン結合　金属元素の原子からできた陽イオンと，非金属元素の原子からできた陰イオンが，静電気的な力で引きあい形成される結合。

❹共有結合　非金属元素の原子どうしが，互いの不対電子を出しあってできた電子対を共有して形成される結合。

3 状態間の平衡

Beginning 3

A 熱運動と気体の圧力

◆気体の圧力　密閉容器に気体を入れると，気体分子の熱運動により，容器の内壁に多数の分子が衝突し，容器の内側から外側に向かって力が働く。気体が単位面積あたりの内壁に及ぼす力を気体の **圧力**（pressure）という。気体分子の熱運動が大きいほど温度が高いため，温度が高いほど気体の圧力が大きくなる。

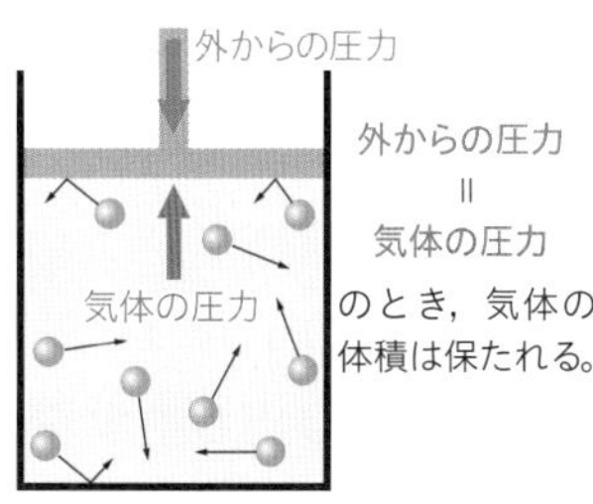

▲図 8　気体の圧力

参考　水銀柱による圧力と大気圧の関係

イタリアのトリチェリは実験からどのように大気圧を測定したのだろうか。

●トリチェリの実験　一端を閉じたガラス管に水銀を満たし，水銀の入った容器中に倒立させると，大気の質量によって生じる大気圧が 1.013×10^5 Pa❷のとき，管内には容器の水銀面 A から測って高さ 760 mm の水銀柱が残る。ガラス管を傾けてもこの高さは変化しない。これは，**水銀柱による圧力 p と，水銀面 A に働く大気圧がつり合う**ためである。なお，管内の上部はほぼ真空とみなしてよい❸。

管の断面積を S〔m^2〕とすると，0.760 m の水銀柱が水銀面 A に及ぼす圧力 p〔N/m^2〕は，次のように表される（$1\ \text{N} = 1\ \text{kg} \cdot \text{m/s}^2$）。

$$p = \frac{\text{力〔N〕}}{\text{面積〔m}^2\text{〕}} = \frac{\text{水銀柱による重力〔N〕}}{S\text{〔m}^2\text{〕}}$$

$$= \frac{\text{水銀柱の質量〔kg〕} \times \text{重力加速度〔m/s}^2\text{〕}}{S\text{〔m}^2\text{〕}}$$

したがって，水銀の密度 1.36×10^4 kg/m^3，重力加速度 9.81 m/s^2 とすると，圧力 p は次のようになる。

$$p = \frac{S \times 0.760\ \text{m} \times 1.36 \times 10^4\ \text{kg/m}^3 \times 9.81\ \text{m/s}^2}{S}$$

$$\fallingdotseq 1.01 \times 10^5\ \text{N/m}^2 = 1.01 \times 10^5\ \text{Pa}$$

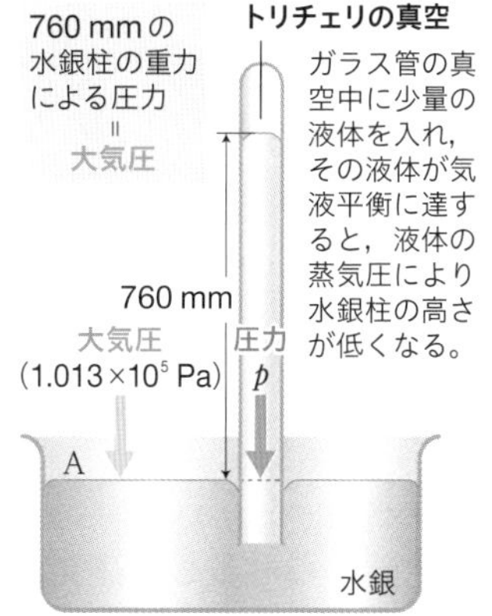

大気圧と水銀柱

Note

圧力の単位 Pa

国際単位系(SI)（▶p.240）としての圧力の単位は，Pa（パスカル）が用いられる。1 Pa は，1 m^2 あたり 1 N（ニュートン）の力が働いたときの圧力である（1 Pa = 1 N/m^2）。

❷　海面上の大気圧の平均値を **1 気圧** という。1.013×10^5 Pa = 760 mmHg（水銀柱ミリメートル）= 1 atm（気圧）

水銀柱を 1 mm 押し上げる圧力を，1 mmHg または 1 Torr（トル）と表すこともある。1 mmHg = 133.3 Pa

❸　この真空を**トリチェリの真空**という。水銀の蒸気が若干あるが，無視できる。

B 蒸気圧

◆気液平衡　密閉容器に液体を入れて放置すると，単位時間に蒸発して気体になる分子の数と，逆に気体から凝縮して液体になる分子の数がやがて等しくなって，実際に変化が起きているにもかかわらず，見かけ上蒸発が止まって見える状態になる。このような状態を **平衡状態**（equilibrium state）といい，気体と液体の変化では，特に **気液平衡**（gas-liquid equilibrium）という。

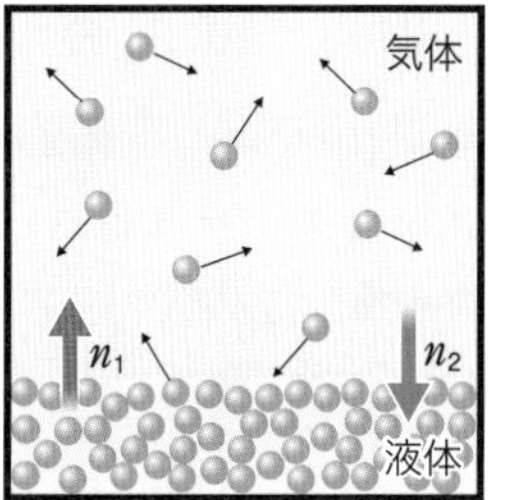

平衡状態のとき，$n_1 = n_2$

n_1：単位時間に蒸発する分子数

n_2：単位時間に凝縮する分子数

▲図 9　気液平衡

2章 物質の状態

◆**飽和蒸気圧** 気液平衡のときに蒸気が示す圧力を，**飽和蒸気圧** saturated vapor pressure または単に **蒸気圧** vapor pressure という。純粋な液体の蒸気圧は，それぞれの物質について温度ごとに決まっており，温度を高くすると，蒸気圧も高くなる。これは，温度が高いと，液体中の分子の熱運動が激しくなり，分子間力を振り切って液面から外に飛び出しやすくなるため，蒸発する分子の割合が増えるからである。

温度と蒸気圧の関係を示す曲線を **蒸気圧曲線** vapor pressure curve という。

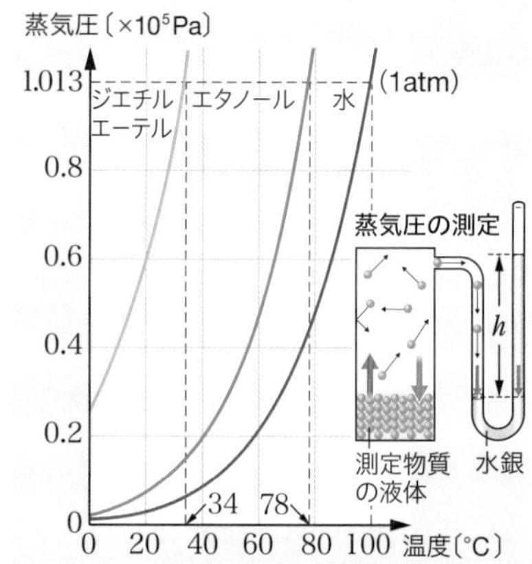

▲図10 蒸気圧曲線と蒸気圧の測定
蒸気圧が1気圧と等しくなるときの温度が低い物質ほど蒸発しやすいといえる。(出典:化学便覧 改訂5版)

◉**気体の体積と蒸気圧** 一定温度で気液平衡の状態にあるとき，気体の体積を減少させても，減少した体積の分の気体が凝縮して液体になり，再び気液平衡の状態になるため，蒸気圧の大きさは変わらない。また，蒸気圧は，他の気体が共存しても変わらない。

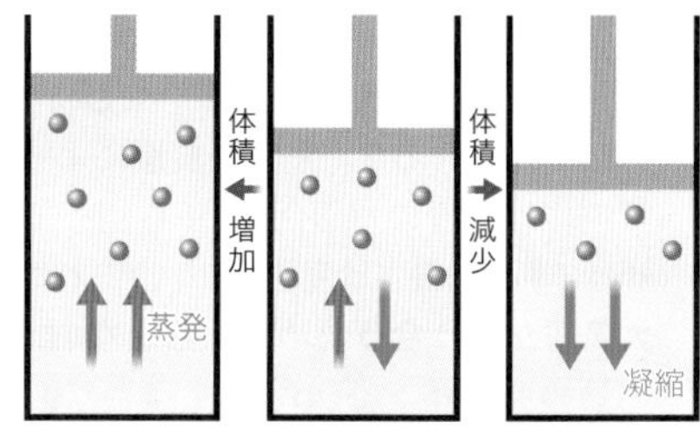

▲図11 気体の体積と蒸気圧 温度一定のとき，気体の体積を変化させても，液体がある限り気液平衡に達するので蒸気圧の大きさは変わらない。

◆**沸騰** 一定の圧力のもとで液体を加熱すると，温度が高くなるにつれて蒸気圧の値が大きくなる。蒸気圧が外圧に等しくなると，液面ばかりでなく，液体内部からも激しく蒸発が起こるようになる。この現象が **沸騰** boiling であり，そのときの温度が **沸点** boiling point である。

1.013×10^5 Pa の大気圧のもとでは，水は 100 ℃，エタノールは 78 ℃，ジエチルエーテルは 34 ℃ で沸騰する。

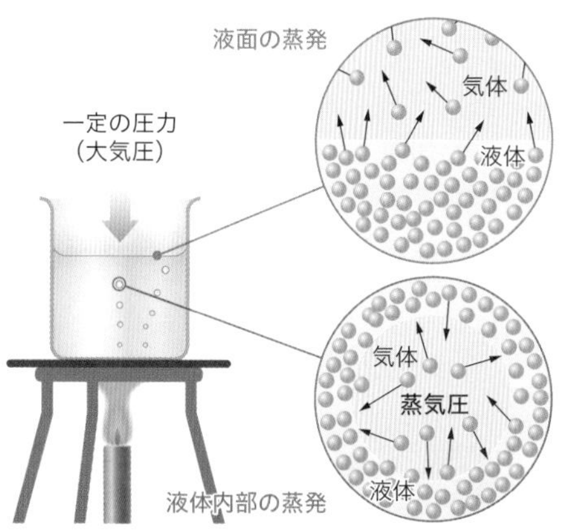

▲図12 液体の沸騰 沸騰しているとき，気泡内の気体の蒸気圧と外圧が等しくなり，液体内部からも蒸発が起こる。

外圧が高くなると，蒸気圧が外圧と一致するためには，温度がさらに高くなる必要が生じるため，沸点は上昇する。逆に，外圧が低くなると，沸点も低くなる。

問2. 山岳地帯など大気圧の低いところでは，100 ℃ よりも低い温度で水が沸騰する。その理由を説明せよ。

C 状態図

◆**状態図**　純物質の状態は，温度と圧力によって決まる。温度と圧力によって，物質がどのような状態にあるかを示した図を **状態図**(phase diagram) という。

気体と液体の境界線が **蒸気圧曲線** であり，固体と気体の境界線を **昇華圧曲線**，固体と液体の境界線を **融解曲線** という。水では，融解曲線がごくわずかに左に傾いているが，このような状態図になる物質は珍しい。ふつうは，二酸化炭素のように，融解曲線は右に傾いている。

◉**三重点**　固体・液体・気体が平衡状態で共存する点を **三重点**(triple point) という。水の三重点の温度は0.01 ℃ である。

◉**臨界点**　温度と圧力を大きくしていくと，あるところで気体と液体の区別がつかない状態となる。このときの温度と圧力を **臨界点**(critical point) という。温度，圧力ともに臨界点を超えた状態を **超臨界状態** とよび，超臨界状態にある物質を，**超臨界流体**(supercritical fluid) という。

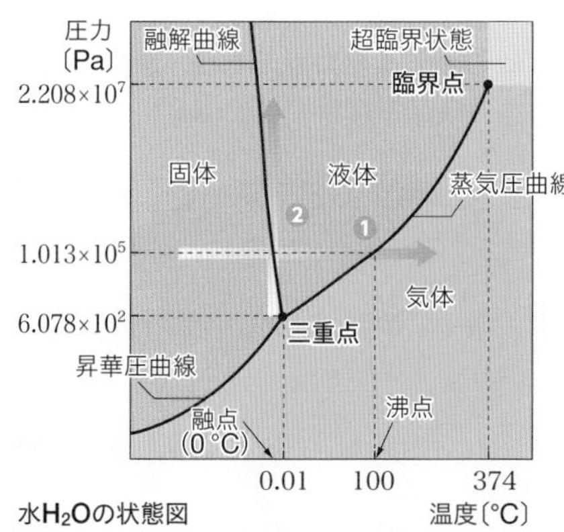

水H_2Oの状態図

❶$1.013 \times 10^5$ Pa（大気圧）のまま温度を上げると，0 ℃で固体（氷）→液体（水）と変化（融解）し，100 ℃で液体→気体(水蒸気)と変化(沸騰)する。
❷水は融解曲線の傾きが負なので，0 °C のまま固体にかかる圧力を高くすると，固体→液体と変化(融解)する。

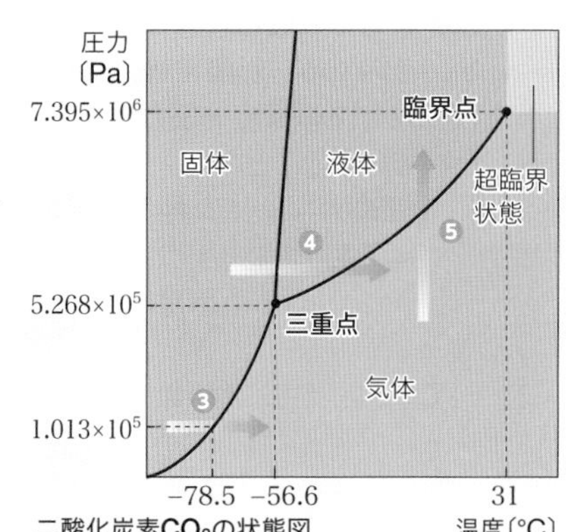

二酸化炭素CO_2の状態図

❸$1.013 \times 10^5$ Pa(大気圧)のまま温度を上げると，固体(ドライアイス)→気体と変化(昇華)する。
❹高い圧力で温度を上げると，固体→液体→気体と変化(融解し，続いて沸騰)する。
❺三重点と臨界点の間の温度で圧力を上げると，気体→液体と変化(凝縮)する。

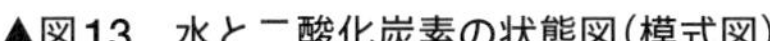
▲図13　水と二酸化炭素の状態図(模式図)

圧力鍋は，加熱すると鍋の中の圧力を上げることができる。鍋の中の圧力が高まることで鍋の中の液体の沸点が上昇し，比較的高い温度で料理することができる。

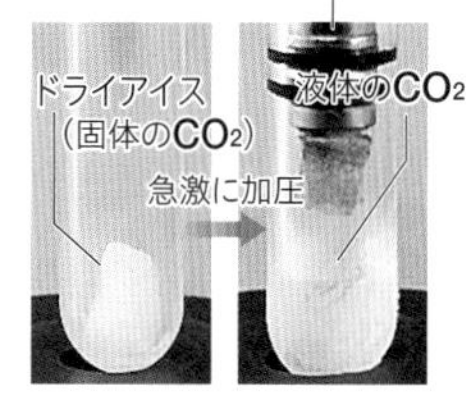

圧縮発火器にドライアイスを入れ，急激に圧力を上げると温度も上がり，CO_2は，固体から液体に変化する。

参考　状態図と特殊な目盛

対数目盛を使った状態図についてみてみよう。

●目盛を 10^n でとった状態図

状態図では，横軸の温度に対し，縦軸の圧力で扱う数値の幅が広い。このような広い範囲を扱う場合，縦軸の目盛の間隔が等間隔ではなく，1，10，10^2，10^3，…10^n と桁数ごとに区切られる対数目盛を用いる。対数目盛では，数値 a の常用対数 $\log_{10} a$ を用いる。▶p.239

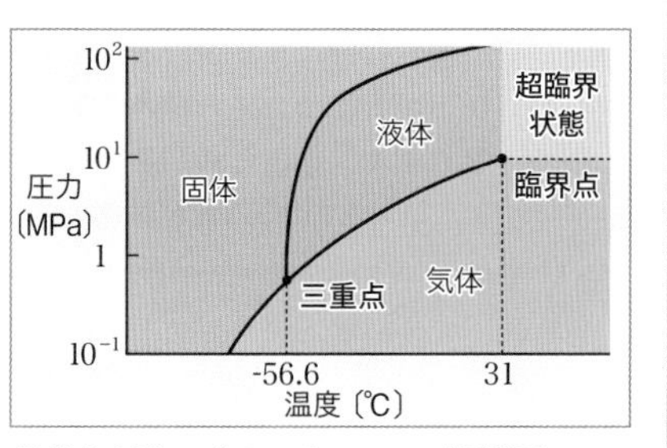

縦軸を対数目盛としたCO_2の状態図

超臨界流体

超臨界流体は，気体のように拡散する性質と，液体のようにものを溶かす性質をあわせもち，気体と液体の区別がつかない。超臨界状態の水と二酸化炭素についてみてみよう。

●**超臨界状態の水 H_2O**　超臨界状態の H_2O は，酸化力が非常に強く，酸化されにくい合金や金を酸化する。そのため，通常では分解されにくい有害な物質の分解に用いられる。また，火力発電においても，発電機のタービンを回す水蒸気の圧力と温度は，高い方が発電の効率はよくなるため，発生する水蒸気の圧力・温度を H_2O の臨界点以上に高めた超臨界流体が使われている。

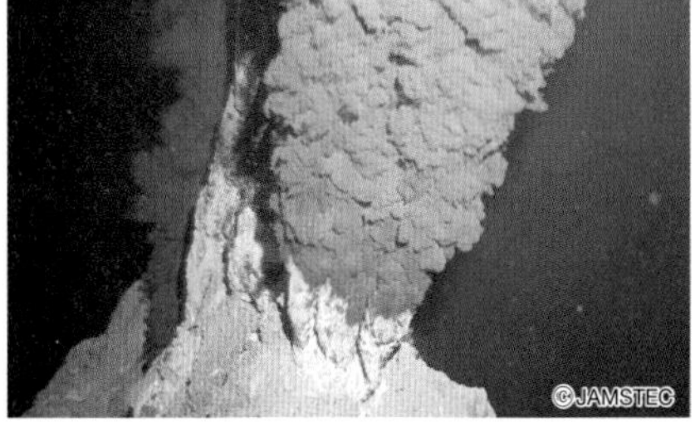

ブラックスモーカー

深海の海底に見られる，熱水や硫化物が吹き出しているブラックスモーカーのうち，深さ 2200 m 以上では，吹き出している熱水が水圧によって超臨界状態の H_2O になっていると考えられている。

●**超臨界状態の二酸化炭素 CO_2**　超臨界状態の CO_2 は，さまざまな物質をよく溶かす。そのため，超臨界状態の CO_2 に目的の物質を溶解させた後，超臨界流体を臨界点以下の温度・圧力にし，CO_2 を蒸発させて溶質だけを取り出すことが行われている。たとえば，コーヒー豆のカフェイン抽出などに利用されている。

地球と同じ太陽系の惑星である金星の大気は，ほとんどが CO_2 で，圧力は地球表面の約 90 倍(約 9.12×10^6 Pa)，平均温度は 462 ℃ とされている。CO_2 の臨界点は，31 ℃，7.395×10^6 Pa であるから，金星の表面では CO_2 の超臨界流体が存在すると考えられている。

金星

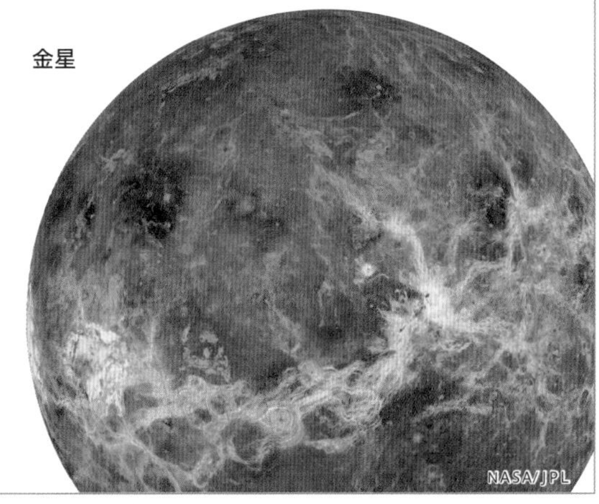

from Beginning　熱い汁物が入った椀(わん)のふたがあけにくくなることがあるのはなぜか？

椀に熱い汁物を入れると，液面から蒸発して上昇する水蒸気によって，空気が追い出されます。ふたで密閉すると，気液平衡の状態になります。ふたの外側は一定の大きさの大気圧で押され続けますが，**ふたの内側にかかる圧力は中の温度が下がるにつれて，椀内の蒸気圧が低下するため，小さくなります**。そのため，ふたの外側から押される圧力の方が大きくなるので，**ふたが押さえられる状態**となり，ふたがあけにくくなります。

まとめ

1. **熱運動と絶対温度**

●**熱運動**　物質を構成している粒子の運動。温度が高いほど激しくなる。同じ温度では分子量が小さいほど速さが大きい。

●**絶対温度**　T〔K〕とセルシウス温度t℃の関係はT〔K〕=(t+273) K

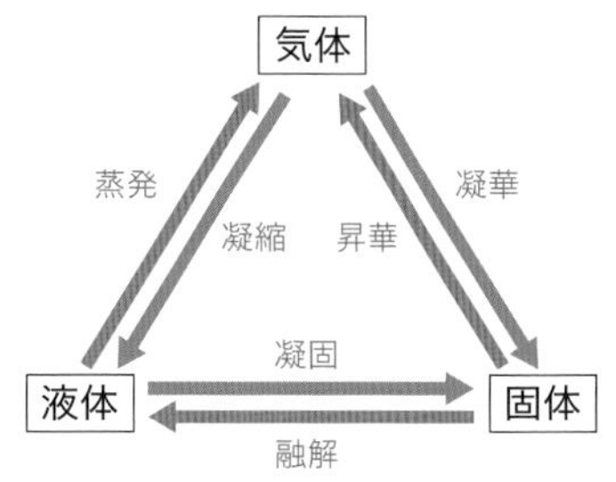

2. **物質の構造と融点・沸点**

●**状態変化にともなう熱**

状態変化にともない温度は一定に保たれるが，熱エネルギーが吸収・放出される。

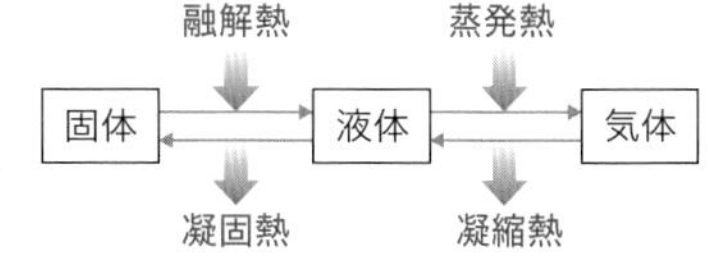

●**化学結合とその強弱**

共有結合，イオン結合 ≫ 水素結合 > ファンデルワールス力
(非金属どうし)(金属と非金属)　　分子間力

●**構成粒子間が強い化学結合で結ばれている物質** → 融点・沸点が高い。

3. **状態間の平衡**

●**気液平衡**　密閉容器に液体を入れた後，単位時間あたりの蒸発する分子と凝縮する分子の数が等しくなり，見かけ上，蒸発も凝縮も止まった状態。

●**蒸気圧**　気液平衡のとき蒸気が示す圧力。気体の体積によらず，一定温度では蒸気圧一定で，高温ほど蒸気圧は高い。

●**沸騰**　液体内部からも激しく蒸発が起きる現象。
沸騰が起こるときは，液面が接している外圧＝蒸気圧

●**状態図**　温度と圧力によって，物質がどのような状態にあるかを示した図

論述問題　2章　1節

1 **状態変化と熱**　水が沸騰している間，加熱しても温度が上昇しないのはなぜか。
point 粒子の熱運動が激しいほど，温度が高い。(▶p.96)

2 **状態変化**　蒸発と沸騰の違いは何か。
point 沸騰しているときは液体の内部から気泡が激しく生じる。(▶p.100)

節末問題　2章　1節

1 **蒸気圧と沸騰**　右の蒸気圧曲線から，次の問いに答えよ。

(1)　エタノール，ジエチルエーテル，水を分子間力の強い順に並べよ。

(2)　富士山頂では，水が 88 ℃ で沸騰するという。富士山頂の気圧はおよそどれだけか。

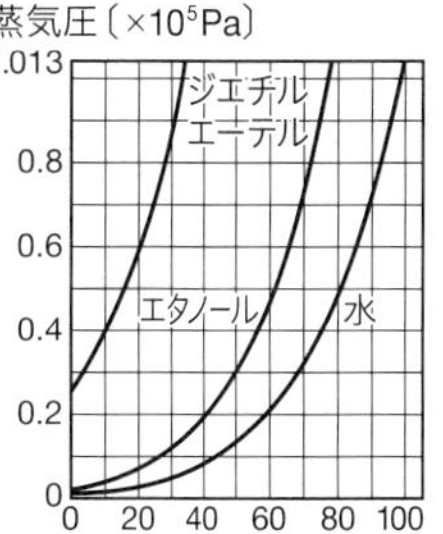

2節 気体の性質
Properties of Gases

空気を温めて飛ぶ熱気球（トルコ）

Beginning

1 スキューバダイビングに用いる小さなタンクの中にはどれだけの空気が入っているだろうか？

2 容器に閉じ込めた空気中の窒素と酸素の体積比は，$N_2 : O_2 \fallingdotseq 1:1$ なのだろうか？

1 ボイル・シャルルの法則

Beginning 1

A ボイルの法則

物理

◆気体の体積と圧力の関係

温度一定で気体を圧縮すると，気体の圧力は体積に反比例して増加する。ボイル[1]（イギリス，1627〜1691）は，気体の体積と圧力の関係を調べて，1662 年に，**ボイルの法則**（Boyle's law）を発見した。

●**ボイルの法則**

温度一定のとき，一定量の気体の体積 V は，圧力 p に反比例する。

$$V = \frac{a}{p} \quad \text{または} \quad pV = a \quad \langle 1 \rangle$$

V：体積　p：圧力

a：温度と物質量によって決まる定数

温度一定で，圧力 p_1 で体積 V_1 の気体を，圧力 p_2 にして体積 V_2 になったとき，次の関係がある。

$$p_1V_1 = p_2V_2 = a(\text{一定}) \quad \langle 2 \rangle$$

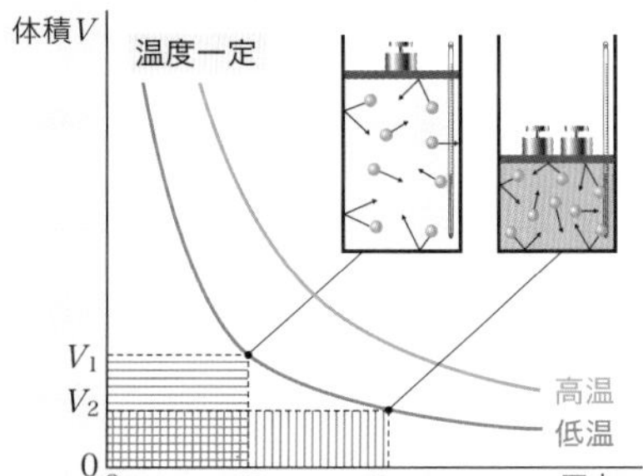

◆分子の衝突回数とボイルの法則

気体の圧力は，容器の壁に衝突する分子の数と分子のもつエネルギーが増すほど大きくなる。一定の温度では，さまざまなエネルギーをもつ気体分子の数の割合は，体積に関係なく一定であるから，圧力は単位体積中の分子の数に比例する。体積が 2 倍になると，単位体積中の分子の数は半分になるので，圧力も半分になり，体積と圧力は互いに反比例する。

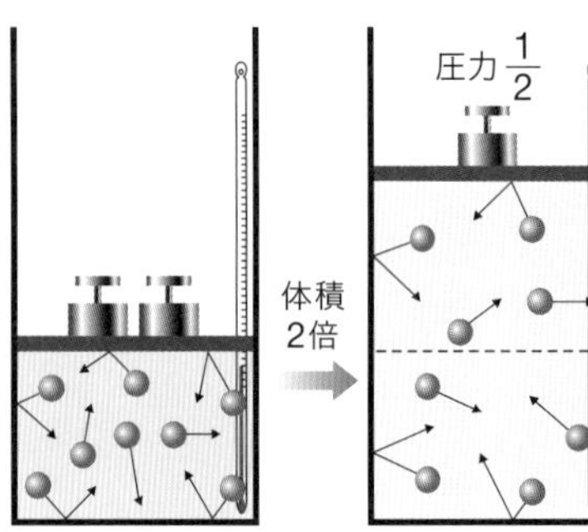

▲図 1　気体の体積と圧力
粒子の数，温度が一定で，体積が 2 倍になると，内壁に衝突する粒子の数は $\frac{1}{2}$ 倍になり，容器内の圧力も $\frac{1}{2}$ 倍となる。

[1] **ロバート・ボイル**
1627 年アイルランドの裕福な家庭に生まれた。1661 年には，「懐疑的化学者」を著し，実験重視の立場から，アリストテレスの四元素説などを批判した。ボイルの法則は，当時実験助手であった，ロバート・フック（フックの法則で有名）が製作した高性能真空ポンプによる空気の一連の研究から発見された。また，早くから酸やアルカリの性質をリトマスなどの指示薬を用いて研究していた。

問1. 20 ℃，1.0×10^5 Pa で 60 L を占める気体を，同温で圧力を 3.0×10^5 Pa にすると，体積は何 L になるか。

B シャルルの法則

物理 **◆気体の体積と温度の関係**　圧力一定で気体の温度を上げると，気体分子の熱運動が激しくなるため，体積は大きくなる。一般に，圧力が一定のとき，一定量の気体の体積 V は，温度 t℃[2]が 1 K 上下するごとに，0 ℃のときの体積 V_0 の $\frac{1}{273}$ 倍ずつ増減する。

$$V = V_0 + V_0 \times \frac{t}{273} = V_0\left(1 + \frac{t}{273}\right) = V_0 \times \frac{273 + t}{273} \qquad \langle 3 \rangle$$

この関係は，1787年にシャルル[3](フランス，1746〜1823)によって発見されたため，**シャルルの法則** (Charle's law) とよばれる。

◆絶対温度とシャルルの法則　絶対温度 T〔K〕とセルシウス温度 t℃[2]には，T〔K〕$= (t + 273)$ K の関係があるため，式〈3〉は次のようになる。

$$V = V_0 \times \frac{T[\mathrm{K}]}{273\,\mathrm{K}} = \frac{V_0}{273\,\mathrm{K}} \times T \qquad \langle 4 \rangle$$

ここで，$\frac{V_0}{273\,\mathrm{K}}$ を比例定数 b とおくと，次のようになる。

●シャルルの法則

圧力一定のとき，一定量の気体の体積 V は，絶対温度 T に比例する。

$$V = \frac{V_0}{273} T = bT \quad \text{または}$$

$$\frac{V}{T} = b \qquad \langle 5 \rangle$$

V：体積　　T：絶対温度

b：圧力と物質量によって決まる定数

絶対温度 T_1 で体積 V_1 の気体を，圧力を変化させずに絶対温度 T_2 にして体積 V_2 になったとき，次の関係がある。

$$\frac{V_1}{T_1} = \frac{V_2}{T_2} = b(\text{一定}) \qquad \langle 6 \rangle$$

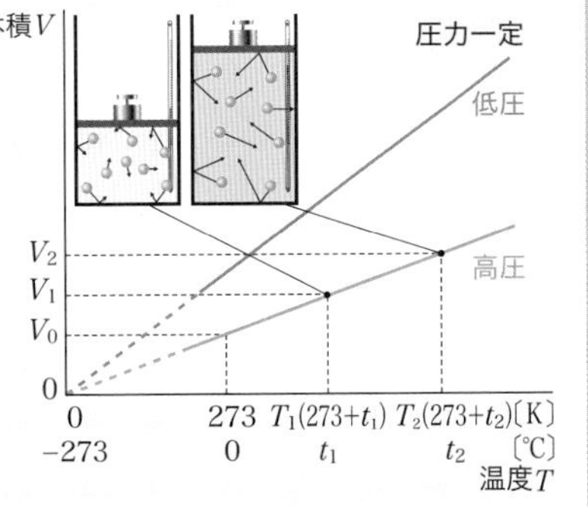

問2. 27 ℃，1.0×10^5 Pa で 300 L のヘリウムを，圧力一定のまま，温度を変えたところ，体積が 350 L になった。ヘリウムの温度は何 K になったか。それは何 ℃ か。

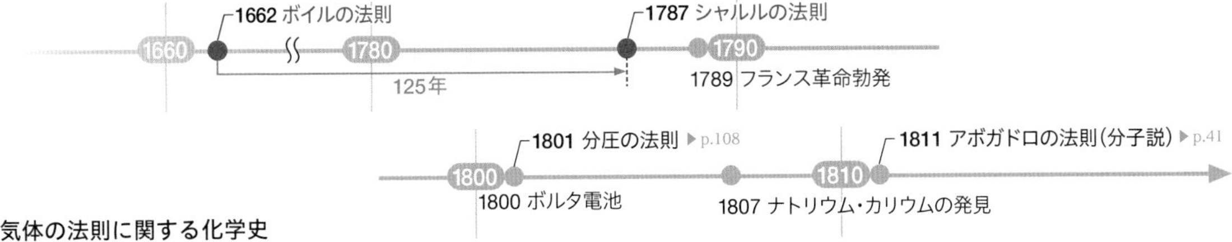

気体の法則に関する化学史

[2] t を数値として扱っている。

[3] **ジャック・シャルル**　1787 年一定圧力下で一定量の気体の膨張率を調べ，すべての気体は同じ膨張率をもつという法則を発見した。しかし，シャルルはこの法則を発表せず，1802 年にゲーリュサックが同内容について見いだし，シャルルの法則として発表した。また，シャルルは初めて水素気球の製作を行い，その飛行に成功している。

C ボイル・シャルルの法則

ボイルの法則とシャルルの法則は，次のように1つにまとめられ，**ボイル・シャルルの法則**(Boyle-Charle's law) とよばれる。

Key concept　ボイル・シャルルの法則

● **一定量の気体の体積 V は，圧力 p に反比例，絶対温度 T に比例する。**

$$V = c\frac{T}{p} \quad \text{または} \quad \frac{pV}{T} = c \qquad \langle 7 \rangle$$

V：体積　p：圧力　T：絶対温度　c：物質量によって決まる定数

Note

計算における単位

ボイル・シャルルの法則を表す式〈7〉は，両辺で用いられる物理量がまったく同じなので，**両辺で単位が統一** されていれば計算することができる。

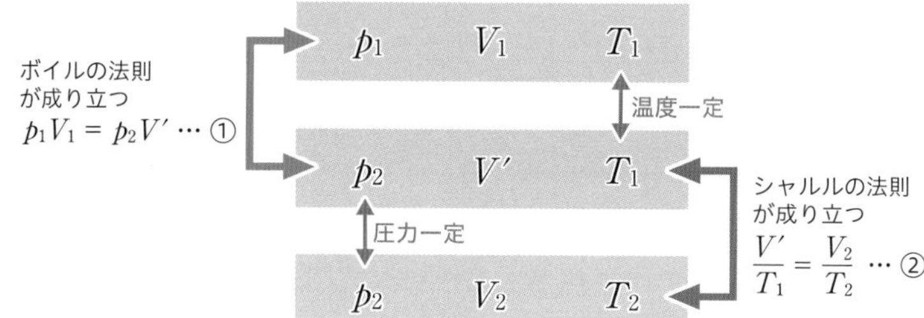

①，②より，V'を消去すると $\dfrac{p_1V_1}{T_1} = \dfrac{p_2V_2}{T_2}$ 〈8〉

▲図 2　ボイル・シャルルの法則

圧力 p_1，絶対温度 T_1 において体積 V_1 の気体を，絶対温度 T_1 のまま圧力を p_2 にしたときの体積を V' とする。さらに，圧力 p_2 のまま絶対温度を T_2 にしたときの体積を V_2 とすると，体積・圧力・絶対温度の関係は上のようになる。

例題 1　ボイル・シャルルの法則

0 ℃，1.01×10^5 Pa で 22.4 L の気体は，117 ℃，2.02×10^5 Pa では，何 L になるか。

解　求める体積を V'[L]とし，ボイル・シャルルの法則に次の値を代入して計算する。

$p = 1.01 \times 10^5$ Pa，$T = (0 + 273)$ K $= 273$ K，$V = 22.4$ L

$p' = 2.02 \times 10^5$ Pa，$T' = (117 + 273)$ K $= 390$ K

$$\frac{1.01 \times 10^5 \text{ Pa} \times 22.4 \text{ L}}{273 \text{ K}} = \frac{2.02 \times 10^5 \text{ Pa} \times V'[\text{L}]}{390 \text{ K}}$$

したがって，$V' = 16.0$ L　**答**　16.0 L

from Beginning　スキューバダイビングに用いる小さなタンクの中にはどれだけの空気が入っているだろうか？

スキューバダイビングに用いるタンクにはおよそ 1 時間呼吸ができるだけの空気が入っています。たとえば，平均 10 m の潜水を 1 時間以上行う場合，**約 2000 L もの大量の空気を必要とします**。スキューバダイビングでは，10 L タンクがよく利用されますが，この小さなタンクの中に圧力を高くすることで大量の空気を詰めています。つまり，ボイルの法則(pV = 一定)からわかるように，**10 L タンクに大気圧下で 2000 L の空気を入れる場合，大気圧の 200 倍の圧力を空気にかけて圧縮している**のです。

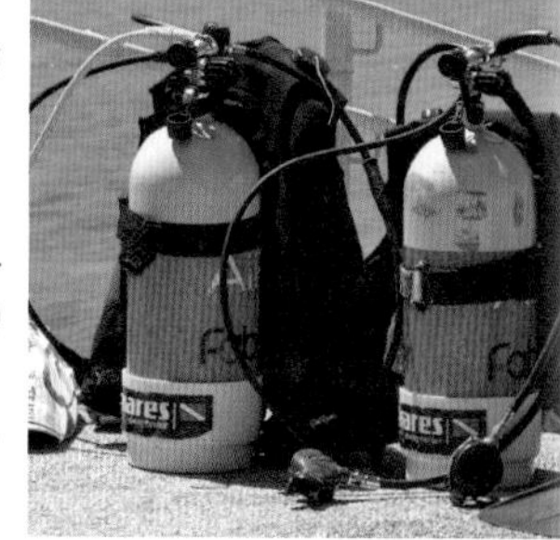

同様に，高所登山に用いられる酸素ボンベには，10 L のボンベに 1200 L の酸素が濃度 99 % 以上で詰められています。

2 気体の状態方程式

Beginning 2

A 気体定数と状態方程式

物理 ◆**気体定数**　1 mol あたりの気体の体積 v〔L/mol〕は，0 ℃，1.013×10^5 Pa で 22.4 L/mol を占める。そこで，これらの値をボイル・シャルルの法則の式〈7〉に代入して c を求めると，次のようになる。

$$c = \frac{pv}{T} = \frac{1.013 \times 10^5\ \text{Pa} \times 22.4\ \text{L/mol}}{273\ \text{K}} = 8.31 \times 10^3\ \frac{\text{Pa·L}}{\text{K·mol}} \quad 〈9〉$$

ここで，c の値は，気体 1 mol について，その種類，圧力，体積，および温度に関係なく一定であるので，これを **気体定数**[1]（gas constant）といい，記号 R で表す。これを用いると，式〈7〉は次のようになる。

$$pv = RT \qquad (R = 8.31 \times 10^3\ \text{Pa·L/(K·mol)}) \quad 〈10〉$$

◆**状態方程式**　アボガドロの法則から，同温・同圧の気体の体積 V は，その物質量 n〔mol〕に比例し，1 mol あたりの気体の体積 v の n 倍である。

$$V = nv \quad 〈11〉$$

式〈11〉を式〈10〉に代入すると，次の **気体の状態方程式**（equation of state）が導かれる。

Key concept　気体の状態方程式

$pV = nRT$　（気体定数 $R = 8.31 \times 10^3$ Pa·L/(K·mol)）　〈12〉
p〔Pa〕：圧力　V〔L〕：体積　n〔mol〕：物質量　T〔K〕：絶対温度

問 3.　0.50 mol の酸素を 8.3 L の容器に入れると，27 ℃ で圧力は何 Pa になるか。ただし，気体定数を 8.3×10^3 Pa·L/(K·mol) とする。

参考　気体定数 R と単位
気体定数 R の値は，圧力や体積に用いる単位によって変化する。

●**気体定数 R の値**　圧力 p の単位を Pa，1 mol あたりの体積 v の単位を m^3（$1\ \text{L} = 10^3\ \text{cm}^3 = 10^{-3}\ \text{m}^3 = 1\ \text{dm}^3$），温度 T の単位を K とした場合，次のようになる。

$$R = \frac{pv}{T} = \frac{1.013 \times 10^5\ \text{Pa} \times (22.4\ \text{L/mol} \times 10^{-3}\ \text{m}^3/\text{L})}{273\ \text{K}} = 8.31\ \frac{\text{Pa·m}^3}{\text{K·mol}}$$

$1\ \text{Pa·m}^3 = 1(\text{N/m}^2)\cdot\text{m}^3 = 1\ \text{N·m} = 1\ \text{J}$ より，$R = 8.31$ J/(K·mol) となる。
p の単位を atm，v の単位を L とした場合，$R = 0.0821$ atm·L/(K·mol) となる。

B 気体の分子量

モル質量 M〔g/mol〕の気体が w〔g〕あるとき，その物質量 n は，$\frac{w}{M}$〔mol〕であるから，気体の状態方程式は，次のように表される。

$$pV = nRT = \frac{w}{M}RT \quad または \quad M = \frac{wRT}{pV} \quad 〈13〉$$

単位体積あたりの質量である密度[2] d〔g/L〕を用いると，体積 V〔L〕のときの質量 w は，$w = dV$〔g〕となるから，式〈13〉から次の式が得られる。

$$M = \frac{dVRT}{pV} = \frac{dRT}{p} \quad または \quad d = \frac{pM}{RT} \quad 〈14〉$$

---

[1] 気体分子運動論によると，理想気体中の単原子分子は，下式のように 3/2 kT の平均運動エネルギーを持つ。

$$\frac{1}{2}m\overline{v^2} = \frac{3}{2}kT$$

m〔kg〕：質量，
$\overline{v^2}$〔m^2/s^2〕：分子の速さの2乗平均
k〔J/K〕：ボルツマン定数
T〔K〕：絶対温度

また，このボルツマン定数 k は，次のような関係式で表すことができる。

$$k = \frac{R}{N_A}$$

k〔J/K〕：ボルツマン定数
R〔J/(mol·K)〕：気体定数
N_A〔/mol〕：アボガドロ定数

2019 年 5 月 20 日に施行された SI の定義により，ボルツマン定数 k とアボガドロ定数 N_A は，光速と同様に正確な定義値となった。これに伴い，気体定数 R も $R=kN_A$ の関係から自動的に決まる正確な値となった。

[2] 密度の単位は，体積を cm^3，質量を g で表せば，g/cm^3 になり，体積を m^3，質量を kg で表せば，kg/m^3 になる。気体の場合，体積を L，質量を g で表すことが多いため，密度の単位は g/L となることが多い。

C 混合気体

◆**分圧の法則**　互いに反応しない気体 A と気体 B を混合した気体(混合気体)の圧力について考える。気体 A n_A〔mol〕, 気体 B n_B〔mol〕を, 温度 T〔K〕において, 容積 V〔L〕の容器にそれぞれ単独で入れると, 気体 A と気体 B の圧力は, それぞれ p_A〔Pa〕, p_B〔Pa〕になるとする。このとき, 気体の状態方程式が次のようになりたつ。

$$p_A V = n_A RT \quad \langle 15\rangle$$

$$p_B V = n_B RT \quad \langle 16\rangle$$

これらの気体を, 同じ容積 V〔L〕の容器に同温で混合し, 圧力を p〔Pa〕とすると, 気体の状態方程式は, 次のようになる。

$$pV = (n_A + n_B)RT \quad \langle 17\rangle$$

式〈17〉の右辺に, 式〈15〉, 〈16〉を用いると,

$pV = n_A RT + n_B RT = p_A V + p_B V = (p_A + p_B)V$ より, 次式がなりたつ。

$$p = p_A + p_B \quad \langle 18\rangle$$

このとき, p を混合気体の **全圧** (total pressure), p_A, p_B を各成分気体の **分圧** (partial pressure) という。式〈18〉の関係は, ドルトン(イギリス, 1766～1844)によって, 1801 年に発見され, ドルトンの **分圧の法則** (law of partial pressure) とよばれる。

Key concept　分圧の法則

- 気体AとBの混合気体の全圧は, 各成分気体の分圧の和に等しい。
  全圧 ＝ 気体Aの分圧 ＋ 気体Bの分圧

▼表 1　混合気体の状態方程式

	気体 A	気体 B	混合気体
気体の種類	(p_A)	＋ (p_B)	→ (p)
温　度〔K〕	T	T	T
体　積〔L〕	V	V	V
物質量〔mol〕	n_A	n_B	$n_A + n_B$
圧　力〔Pa〕	p_A	p_B	$p(= p_A + p_B)$
状態方程式	$p_A V = n_A RT$　〈15〉	$p_B V = n_B RT$　〈16〉	$pV = (n_A + n_B)RT$　〈17〉

◆**分圧と物質量**　式〈15〉÷ 式〈16〉より, 次の関係がわかる。

$$\frac{p_A}{p_B} = \frac{n_A}{n_B} \quad \langle 19\rangle$$

すなわち, 同温・同体積の混合気体の場合, 次の関係がなりたつ。

成分気体の分圧比 ＝ 成分気体の物質量の比　(同温・同体積の混合気体)

◆分圧と物質量の割合

式〈15〉÷式〈17〉より，次の関係がわかる。

$$\frac{p_A V}{pV} = \frac{n_A RT}{(n_A + n_B)RT} \quad したがって \quad p_A = p \times \frac{n_A}{n_A + n_B} \qquad \langle 20 \rangle$$

$\frac{n_A}{n_A + n_B}$ は，混合気体の全物質量に対する成分気体の物質量の割合を表し，気体Aの **モル分率**（mole fraction）という。

同様に式〈16〉÷式〈17〉より，次の関係がわかる。

$$p_B = p \times \frac{n_B}{n_A + n_B} \qquad \langle 21 \rangle$$

すなわち，分圧はモル分率に比例する。

> 分圧 ＝ 全圧 × モル分率

◆混合気体の体積

図3のように，温度 T および圧力 p を同じにして，体積 V_A の気体Aと，体積 V_B の気体Bを混合する。気体Aと気体Bが互いに反応しないとき，この混合気体の体積 V を調べると，次の関係がなりたつ❶。

$$V = V_A + V_B \qquad \langle 22 \rangle$$

> 混合気体の体積 ＝ 同温・同圧の各成分気体の体積の和（温度・圧力が一定のとき）

❶ 成分気体が反応して，物質量の総和が変わる場合には，式〈22〉は成立しない。

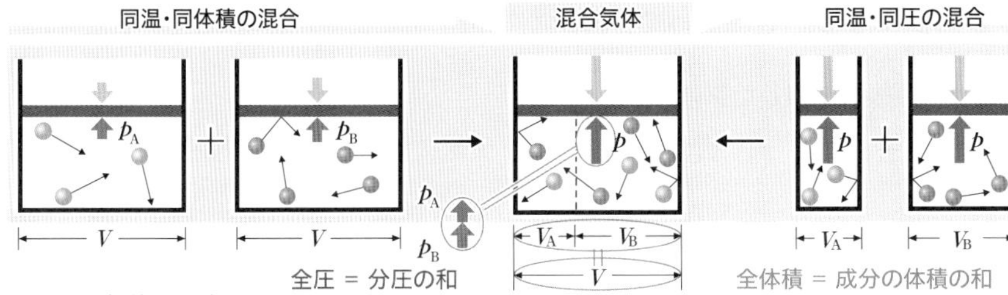

▲図３　気体の混合

問4.　水素 1.0 mol と酸素 3.0 mol の混合気体の全圧が 1.0×10^5 Pa のとき，水素の分圧を求めよ。

from Beginning　容器に閉じ込めた空気中の窒素と酸素の体積比は，$N_2 : O_2 \fallingdotseq 1 : 1$ なのだろうか？

気体の体積は，圧力や温度が変化すると変化します。同じ容器内に均一に分布している窒素 N_2 と酸素 O_2 は，それぞれ体積と温度は同じですが，分圧は異なります。ここで，２つの気体の量的関係を体積で比べる場合，体積以外の条件を同じにしないと比べることができないため，**気体の体積比を求めるときには，同温・同圧と仮定したときの体積で考えます**。そのため，容器中の窒素 N_2 と酸素 O_2 の体積比は，容器の体積を用いて表すのではなく，窒素 N_2 と酸素 O_2 の物質量比で表します。

容器中の窒素 N_2 と酸素 O_2 をそれぞれ，温度 T，圧力 p にできる体積可変の別の容器に移したとき，窒素の体積 V_{N_2}，酸素の体積 V_{O_2} は，状態方程式から，次式で表すことができます（R は気体定数，n_{N_2} は窒素の物質量，n_{O_2} は酸素の物質量）。

$$V_{N_2} = n_{N_2}\frac{RT}{p} \qquad V_{O_2} = n_{O_2}\frac{RT}{p}$$

ここで，空気中の窒素 N_2 と酸素 O_2 の物質量の比は $n_{N_2} : n_{O_2} \fallingdotseq 4 : 1$ です。したがって，$V_{N_2} : V_{O_2} \fallingdotseq 4 : 1$ となります。

2章 物質の状態

◆混合気体の組成と分圧　アボガドロの法則から，同温・同圧では，気体の体積は物質量に比例する。

> 同温・同圧で気体を混合したとき
> 混合前の成分気体の体積の比 = 物質量の比 = 混合後の分圧の比

空気は，体積百分率で窒素 80 %，酸素 20 % の混合気体とみなせる。全圧 1.0×10^5 Pa の空気中の窒素と酸素の分圧を求める。

体積比 $N_2 : O_2 = 80 : 20 = 4 : 1$　から　物質量の比 $N_2 : O_2 = 4 : 1$

したがって，式〈21〉より，窒素の分圧は，$1.0 \times 10^5 \text{ Pa} \times \dfrac{4}{4+1} = 8.0 \times 10^4$ Pa，

酸素の分圧は，$1.0 \times 10^5 \text{ Pa} \times \dfrac{1}{4+1} = 2.0 \times 10^4$ Pa

◆水上置換で捕集した気体の分圧　水上置換は，水に溶けにくい気体の捕集法である。上方置換，下方置換と異なり，水上置換で捕集された気体には空気は混入しにくいが，水蒸気は混入するため，水蒸気との混合気体になる。そのため，たとえば，酸素 O_2 を水上置換で捕集すると，酸素の分圧 p_{O_2} は，その温度における水 H_2O の蒸気圧 p_{H_2O} および大気圧 p と図4 のような関係になる。したがって，p_{O_2} は次のようにして求めることができる。

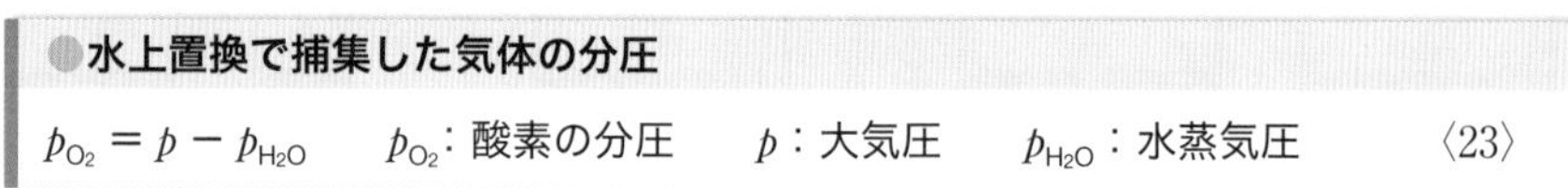

●水上置換で捕集した気体の分圧

$p_{O_2} = p - p_{H_2O}$　　p_{O_2}：酸素の分圧　　p：大気圧　　p_{H_2O}：水蒸気圧　〈23〉

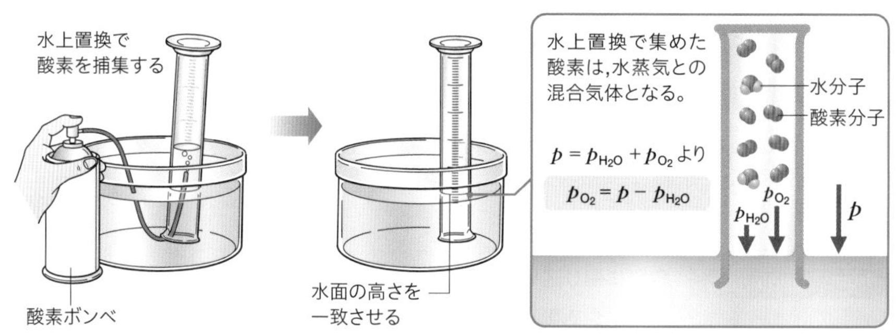

▲図 4　水上置換による気体の捕集

◆混合気体の平均分子量　分子量 M_A の気体 n_A〔mol〕と，分子量 M_B の気体 n_B〔mol〕からなる混合気体において，次式から，**混合気体の平均分子量 $\overline{M}$** が求められる。

> 混合気体の平均分子量 $\overline{M} = M_A \times \dfrac{n_A}{n_A + n_B} + M_B \times \dfrac{n_B}{n_A + n_B}$　〈24〉

したがって，空気を物質量の比が $N_2 : O_2 = 4 : 1$ の混合気体とみなして，上式から空気の平均分子量が計算できる。

空気の平均分子量 $= 28.0 \times \dfrac{4}{4+1} + 32.0 \times \dfrac{1}{4+1} = 28.8$ [1]

[1] このことから，水に溶けやすい気体を捕集する場合，その気体の分子量が 28.8 より小さい場合は上方置換で，大きい場合は下方置換で捕集することができる。

D 実在気体

◆**実在気体と理想気体**　気体を冷却したり，気体に圧力を加えたりすると，実際に存在する気体(**実在気体** real gas)は，分子間力によって液体になる。このように，実在気体には分子間力が働き，分子自身が体積をもつことから，気体の状態方程式に厳密には従わない。これに対して，分子間力がなく，分子自身の体積を0と想定して状態方程式に厳密に従う気体を **理想気体** ideal gas という。理想気体では，状態方程式から導かれる Z ❷ の値は，常に1になる。

▼表2　実在気体1molの体積

実在気体	体積	沸点
ヘリウム He	22.43 L	−269℃
水素 H_2	22.43 L	−253℃
メタン CH_4	22.37 L	−161℃
二酸化炭素 CO_2	22.26 L	−79℃*
塩化水素 HCl	22.24 L	−85℃
アンモニア NH_3	22.09 L	−33℃

(0℃，1.013×10^5 Pa)　＊昇華するときの温度
(出典：化学便覧　改訂5版，理科年表 2020)

❷　このZを圧縮（率）因子という。

$$\frac{pV}{nRT} = Z \quad (\text{理想気体では，}Z = 1) \qquad \langle 25\rangle$$

実在気体について，さまざまな温度，圧力のときの体積を測り，それらの値から Z の値を求め，Z が1からどれだけずれるかをみると，理想気体からどれだけかけ離れているかがわかる。

◆**理想気体からのずれ**　◉**温度の影響**　温度が低くなると，熱運動のエネルギーが小さくなり，分子間力の影響が相対的に強くなって，理想気体($Z = 1$)から Z の値はずれる。

◉**圧力の影響**　圧力が高くなると，気体分子が接近して分子間力の影響が大きくなったり($Z < 1$)，分子自身の体積の影響などが強くなったり($Z > 1$)して，理想気体から Z の値はずれる。CO_2 のように，高圧で凝縮して容易に液体になる気体では，体積はさらに小さくなり，理想気体からのずれはより大きくなる。

Thinking Point 2　H_2 が CO_2 よりも理想気体からのずれが小さい理由を答えよ。

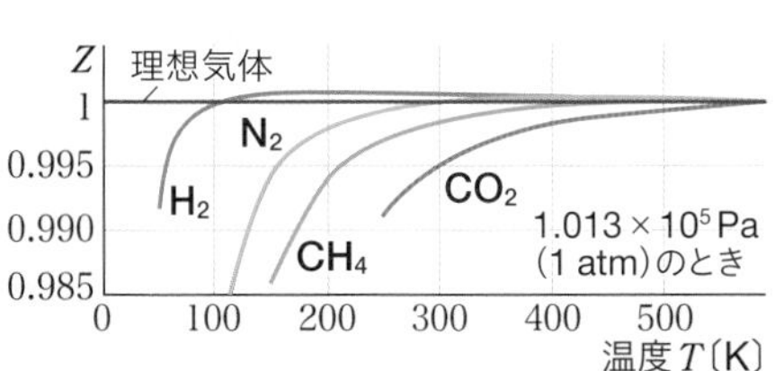

▲図5　Z の値と温度の関係

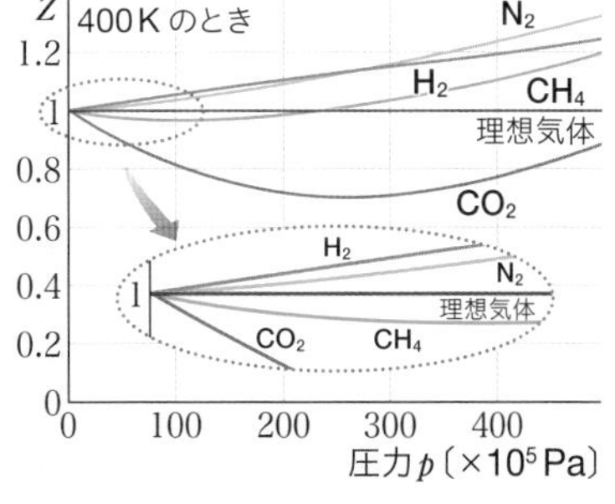

▲図6　Z の値と圧力の関係
(図5，6の出典：化学便覧　改訂5版)

◆**実在気体を理想気体とみなせる条件**　実在気体は，一般に，低温・高圧になるほど分子間力や分子自身の体積が影響し，理想気体からのずれが大きくなる。そのため，分子間力や分子自身の体積を無視できる高温・低圧では理想気体とみなして，状態方程式を適用することができる。

Note
実在気体の扱い
常温・常圧は，十分に高温・低圧とみなすことができるため，実在気体を理想気体として扱う。

参考 実在気体の状態変化

理想気体はいかなる条件でも気体として存在すると考えられるが，実在気体は理想気体と異なり，圧力や温度の変化にともない状態変化する。

●温度一定：気体の圧力 p と体積 V の関係

気体を加圧していくと，ボイルの法則により，気体の体積は圧力に反比例しながら①から②へ減少する。

外圧が②で飽和蒸気圧に等しくなると，凝縮が起こる。さらに加圧しても，すべてが凝縮する③までは，体積が減少して気体の圧力（飽和蒸気圧）は一定となる。

●圧力一定：気体の体積 V と絶対温度 T の関係

気体を冷却していくと，シャルルの法則により，気体の体積は絶対温度に比例しながら①から②へ減少する。

温度が②で沸点に達すると，飽和蒸気圧と外圧が等しくなる。その直後，外圧の方が高くなり，すべて凝縮する③まで体積は一気に減少する。

●体積一定：気体の圧力 p と絶対温度 T の関係

気体を冷却していくと，ボイル・シャルルの法則により，気体の圧力は絶対温度に比例しながら①から②へ低下する。

圧力が②で飽和蒸気圧に等しくなると，凝縮が起こる。その後，気体と液体が共存し，気体の圧力は②から③を通る蒸気圧曲線に従う。

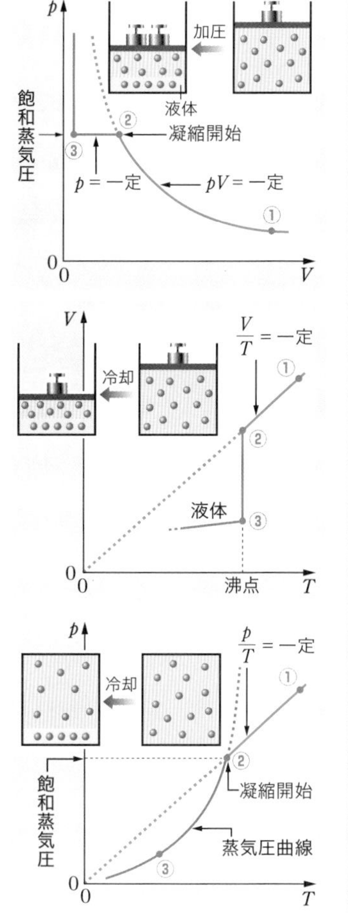

ファンデルワールス

参考 実在気体の状態方程式

低温・高圧においては，理想気体の状態方程式を実在気体に適応することができない。しかし，オランダのファンデルワールスは分子間力と分子自身の体積について補正をすることで，実在気体の状態方程式を示した。

●実在気体分子間に働く分子間力に対する補正

容器の内壁に衝突しようとする気体分子は，分子間力により内側に引かれるため，実在気体の圧力 p' は，理想気体の圧力 p より小さくなる。この効果は，壁に衝突する分子数と，これらに引力を及ぼす内側にある分子数に関係する。

実在気体の体積を V' とすると，この 2 種の分子数は，それぞれ単位体積あたりの分子数 $\frac{n}{V'}$ に比例するため，圧力の減少は[1]，$\frac{an^2}{V'^2}$ と表すことができる。ただし，a は気体の種類によって異なる定数である。

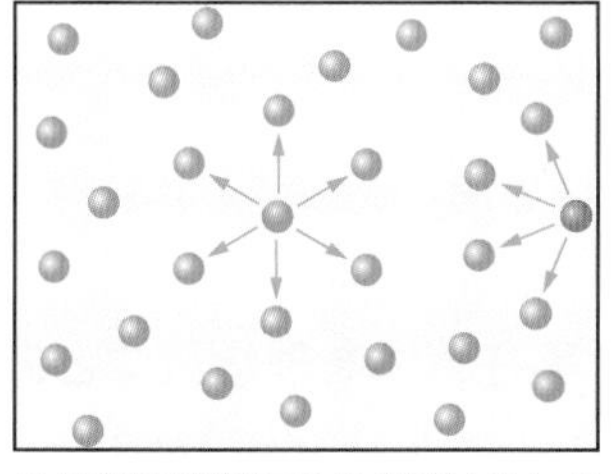
● 容器の内側にある分子はまわりの分子から引かれる
● 内壁のすぐ近くにある分子は内側の分子だけから引かれる
分子間力と気体の圧力

❶ 分子間引力の効果は主として後方の分子から引かれる力によって，器壁への衝突速度が減少するように作用する。その結果，実際に器壁に及ぼされる圧力 p' は，分子間引力の効果がないときの圧力 p よりも小さくなる。この効果は各分子の近くに存在する分子の数と，単位時間に器壁に衝突する分子の数の積に比例するが，両者とも $\frac{n}{V}$ に比例するため，p は次式のように表される。

$$p = p' + \left(\frac{n}{V'}\right)^2 a$$

ここで a は分子間に働く引力の強さを表す定数である。

●実在気体分子自身の体積に対する補正

分子自身が体積をもつことにより，自由に動ける体積が減少することになる(排除体積)。排除体積は分子自身の体積に比例すると考えられ，この効果を 1 mol あたり b とすると，実在気体が理想気体のように自由に動ける体積は，実在気体の体積 V' より b だけ小さくなる。したがって，$(V'-b)$ と補正される。n〔mol〕の気体では $(V'-nb)$ となる。b は気体の種類によって異なる定数である。

●実在気体の状態方程式

したがって，理想気体の状態方程式

$$pV = nRT$$

の V に $(V'-nb)$，p に $\left(p'+\dfrac{an^2}{V'^2}\right)$ を代入し，理想気体に近づける補正により，実在気体の状態方程式は，次のように表すことができる。

$$\left(p'+\frac{an^2}{V'^2}\right)(V'-nb) = nRT$$

これを **ファンデルワールスの状態方程式** (van der Waals' equation of state) という。

また，定数 a，b は **ファンデルワールス定数** (van der Waals constant) といわれる。

ファンデルワールス定数の値

実在気体	a〔Pa·L²/mol²〕	b〔L/mol〕
水素 H_2	0.248×10^5	0.0266
メタン CH_4	2.29×10^5	0.0428
アンモニア NH_3	4.25×10^5	0.0374

a は分子間力の強さ，b は分子の大きさを反映している。　(出典：バーロー物理化学)

例題 2　気体の蒸気圧と状態方程式

水 1.8 g をシリンダー状の容器に入れ，ピストンを固定して体積を 8.3 L，温度を 27 ℃に保った。気体定数は 8.3×10^3 Pa·L/(K·mol)，27 ℃の水の蒸気圧は 3.6×10^3 Pa とし，液体の体積は無視できるものとする。

(1) 液体の水は生じているか。生じている場合は液体の水の質量を求めよ。

(2) ピストンを動かして，27 ℃のまま体積を 83 L にした。容器内の圧力は何 Pa か。

解 (1) すべてが気体の状態であると仮定した場合の圧力を p〔Pa〕とすると，

$$pV = \frac{w}{M}RT \quad \text{より，}$$

$$p\times 8.3\ \text{L} = \frac{1.8}{18}\ \text{mol}\times 8.3\times10^3\ \text{Pa·L/(K·mol)}\times 300\ \text{K}$$

したがって，$p = 3.0\times10^4$ Pa

この値は，27 ℃における水の蒸気圧より大きいので，実際には液体の水が生じ，容器内の圧力は蒸気圧に等しくなっている。水蒸気として存在する水の質量 w〔g〕は，

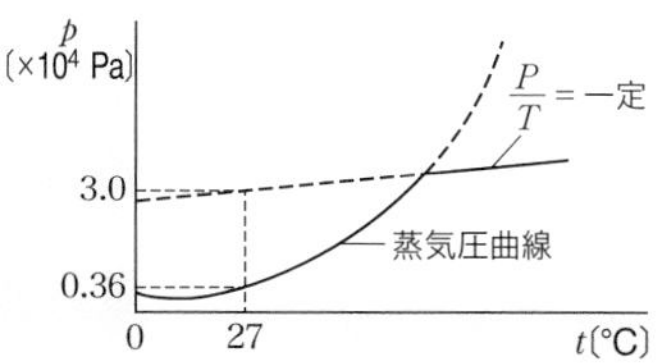

$$3.6\times10^3\ \text{Pa}\times 8.3\ \text{L} = \frac{w}{18\ \text{g/mol}}\times 8.3\times10^3\ \text{Pa·L/(K·mol)}\times 300\ \text{K}$$

したがって，$w \fallingdotseq 0.22$ g

以上より，液体として存在している水は，

1.8 g − 0.22 g = 1.58 g　　**答** 1.6 g

(2) 体積は(1)の 10 倍になるので，すべて気体として存在していると仮定したときの水蒸気の圧力は，ボイルの法則より 3.0×10^3 Pa になる。これは水の蒸気圧より小さいので，水はすべて気体として存在し，容器内の圧力はこの大きさになっている。　**答** 3.0×10^3 Pa

2章 物質の状態

まとめ

1. ボイル・シャルルの法則

●ボイルの法則　pV = 一定　　物質量 n，絶対温度 T が一定のとき成立

●シャルルの法則　$\frac{V}{T}$ = 一定　　物質量 n，圧力 p が一定のとき成立

●ボイル・シャルルの法則　$\frac{pV}{T}$ = 一定　　物質量 n が一定のとき成立

2. 気体の状態方程式

●気体定数 R　0℃，1.013 × 10^5 Pa のとき，1 mol の気体の体積は 22.4 L より

R = 8.31 × 10^3 Pa･L/(K･mol) = 8.31 J/(K･mol)

●気体の状態方程式　物質量 n〔mol〕の気体について，

気体の圧力 p〔Pa〕，体積 V〔L〕，絶対温度 T〔K〕とすると，

$$pV = nRT$$

●気体の分子量

気体の圧力 p〔Pa〕, 体積 V〔L〕, 絶対温度 T〔K〕で質量 w〔g〕の気体のモル質量 M〔g/mol〕は,

$n = \frac{w}{M}$　より　$M = \frac{wRT}{pV}$　　Mの数値が分子量となる

●分圧　混合気体中の成分気体の圧力。このとき，成分気体と混合気体の占める体積は同じである。

●ドルトンの分圧の法則

混合気体で各成分気体の分圧の和が，混合気体の全圧 p になる。

成分気体 A，B，C，……のそれぞれの分圧を p_A，p_B，p_C，……とすると，

全圧 $p = p_A + p_B + p_C + \cdots\cdots$

●理想気体と実在気体

	粒子の体積	分子間力	状態変化	気体の状態方程式
実在気体	ある	ある	する	厳密には従わない
理想気体	ない	ない	しない	従う

高温・低圧では，実在気体を理想気体として扱うことができる。

論述問題　2章　2節

1 ボイル・シャルルの法則　次の現象を，それぞれ気体の分子運動の立場から説明せよ。

(1) 体積一定では，一定量の気体の圧力は絶対温度が高いほど大きい。

(2) 混合気体の各成分気体の分圧が，成分気体の物質量の割合に比例する。

point 気体の圧力は，気体分子の器壁への衝突によって生じる。(▶p.104)

2 理想気体と実在気体　理想気体 1 mol の 0 ℃，1.013 × 10^5 Pa における体積は 22.4 L である。水素 1 mol の 0 ℃，1.013 × 10^5 Pa における体積は 22.43 L で理想気体よりも大きくなっている。その理由を説明せよ。

point H_2 は分子量が小さな無極性分子であるため，分子間力の影響はあまりない。(▶p.111)

1 ボイル・シャルルの法則　27 ℃，9.7×10^4 Pa で，体積 250 mL の気体は，0 ℃，1.0×10^5 Pa では何 L になるか。

2 気体の状態方程式　ある気体を容積 500 mL の容器に入れて 127 ℃に保ち，圧力を測ると 1.22×10^5 Pa であった。この気体の分子数はいくらか。ただし，気体定数は 8.3×10^3 Pa·L/(K·mol)，アボガドロ定数は 6.0×10^{23} /mol とする。

3 気体の圧力・温度・体積のグラフ　一定量の気体の体積 V〔L〕と温度 T〔K〕，圧力 P〔Pa〕と温度 T〔K〕の関係を表すグラフとして最も適切なものを，次の(a)～(d)のグラフの中から一つ選べ。ただし，$P_1 > P_2$，$V_1 > V_2$ とする。

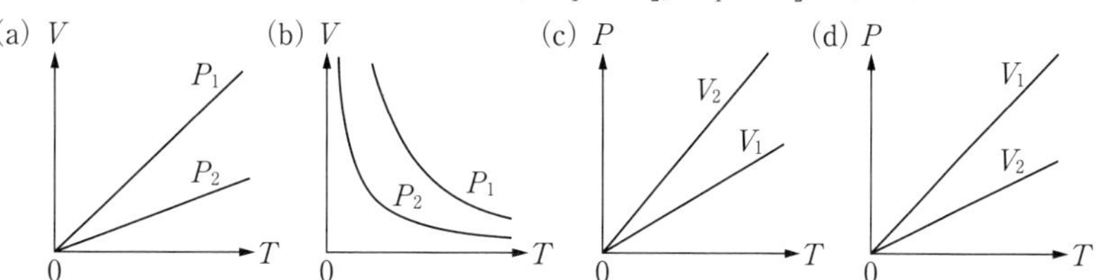

4 気体の密度と分子量　ある気体の密度は 67 ℃，1.1×10^5 Pa のもとで測定したところ，2.3 g/L であった。気体定数を 8.3×10^3 Pa·L/(K·mol) とし，次の(1)，(2)の問いに答えよ。

(1)　この気体の分子量を求めよ。

(2)　この気体の 0 ℃，1.0×10^5 Pa での密度は何 g/L か。

5 混合気体　図のように，容積 1.0 L の容器 A と容積 2.0 L の容器 B が連結されている。一定温度で A に 1.5×10^5 Pa の N_2，B に 1.8×10^5 Pa の He を入れ，コックをあけて気体が均一になるまで静置した。N_2 と He の分圧，および混合気体の全圧を求めよ。

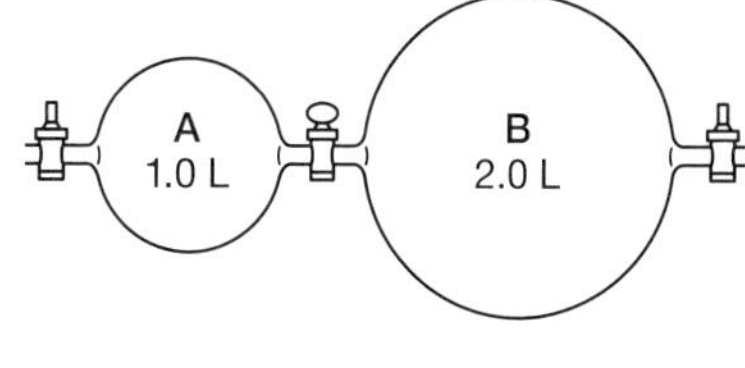

6 蒸気圧　27 ℃，1.010×10^5 Pa の大気圧のもとで，酸素を水上置換で捕集すると，その体積は 250 mL であった。捕集した酸素の質量を求めよ。ただし，捕集した気体の全圧は大気圧と等しいものとし，気体定数は 8.3×10^3 Pa·L/(mol·K)，O の原子量は 16，27 ℃の水の蒸気圧は 3.6×10^3 Pa とする。

7 蒸気圧　水蒸気 5.4 g をシリンダーに入れ，ピストンを固定して体積を 83 L，温度を 27 ℃に保った。気体定数は $R = 8.3 \times 10^3$ Pa·L/(mol·K)，27 ℃における水の蒸気圧は 3.6×10^3 Pa とし，液体の水の体積は無視できるものとする。

(1)　液体の水は生じているか。生じている場合は液体の水の質量を求めよ。

(2)　ピストンを自由に動けるようにして，圧力を 1.8×10^3 Pa，温度を 27 ℃に保ったとき，水蒸気の体積を求めよ。

8 理想気体と実在気体　次の(a)～(d)のうち，実在気体の性質が理想気体に近づく条件はどれか。

(a)　高温，高圧　　(b)　低温，低圧　　(c)　高温，低圧　　(d)　低温，高圧

3節 溶液
Solutions

二酸化硫黄などの火山ガスが溶け込んだ火口湖（アメリカ）

Beginning

1 食塩の飽和水溶液に砂糖を溶かしていくと，溶解度まで溶けるだろうか？
2 炭酸飲料のペットボトルの栓をあけると，泡が出てくるのはなぜか？
3 海水から淡水を得ることはできるだろうか？

1 溶解

Beginning 1

A 電解質の溶解のしくみ

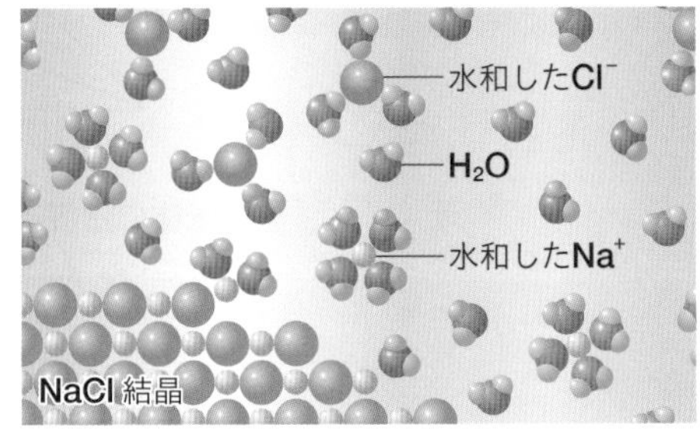

▲図1　イオン結晶の溶解

◆イオン結晶の溶解　イオン結晶は静電気的な力でイオンが結合してできた物質であり，一般に水に溶けやすい。たとえば，塩化ナトリウム NaCl の結晶を水に溶かすと，ナトリウムイオン Na^+ と塩化物イオン Cl^- に分かれる。電解質の水溶液では，水分子が極性をもつため，イオンとの間に静電気的な引力が働き，イオンは水分子に囲まれて，他のイオンと離れた状態で存在する。この現象を **水和**（hydration）といい，水和したイオンを **水和イオン**（hydrated ion）という。イオン結晶でも，硫酸バリウム $BaSO_4$，炭酸カルシウム $CaCO_3$ などのようにイオン結合の強さが大きい結晶は，水和してイオンに分かれにくく，水に溶けにくい。また，イオンは，ベンゼン C_6H_6 やヘキサン C_6H_{14} などの無極性の溶媒分子と結びつきにくいため，イオン結晶はこれらの無極性分子の溶媒には溶けにくい。

◆塩化水素の溶解　塩化水素 HCl は分子であるが，極性が強く，水中で共有結合が切れて，次式のように電離して，水によく溶ける。このとき，Cl^- が水分子に囲まれて水和イオンとなる。

$$HCl + H_2O \longrightarrow H_3O^+ + Cl^- \qquad \langle 1 \rangle$$

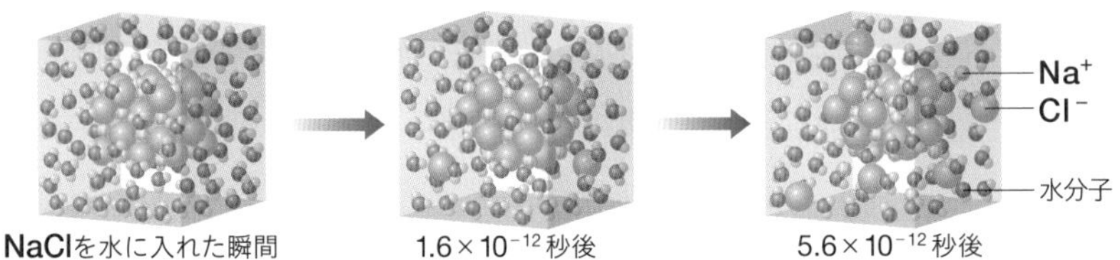

「分子動力学」というシミュレーションに基づき，NaCl の結晶の溶解の過程を推測できる。

▲図2　塩化ナトリウムが水に溶解するようす

B 非電解質の溶解のしくみ

◆極性分子の水への溶解

エタノール C_2H_5OH やグルコース $C_6H_7O(OH)_5$ などには，水分子の OH と同様に極性をもつ **ヒドロキシ基**[1]（hydroxy group）－OH がある。アルコールや糖類が電離しなくても水によく溶けるのは，この －OH 部分が水分子と水素結合を形成して水和した状態になるためである。ヒドロキシ基のように，水和されやすい基を **親水基**（hydrophilic group）という。これに対して，エタノールの残りの部分 $-C_2H_5$ は水和されにくく，**疎水基**（そすい，hydrophobic group）とよばれる。炭素原子の数が多く，疎水基が大きいヘキサノール $C_6H_{13}OH$ などのアルコールは，水分子が水和しにくく，水に溶けにくい。

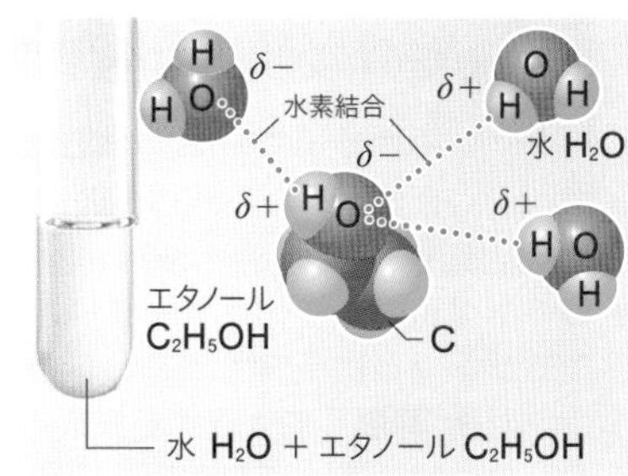

▲図 3　水に溶解する極性分子

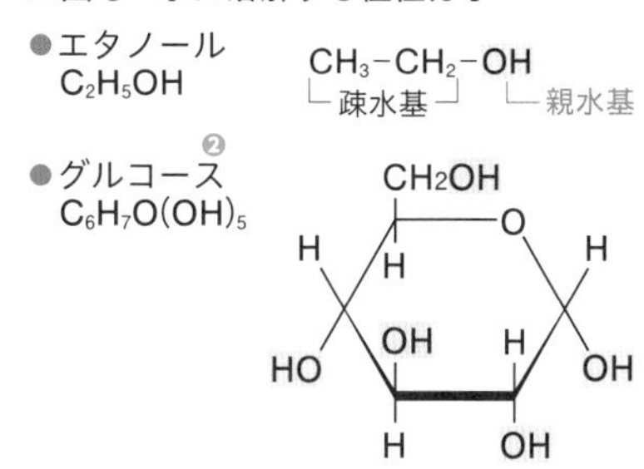

エタノールやグルコースは，親水基であるヒドロキシ基をもつため，水分子が水和する。

▲図 4　親水基と疎水基

◆無極性分子の溶解　無極性分子には，ヨウ素 I_2，ヘキサン C_6H_{14}，シクロヘキサン C_6H_{12}，ベンゼン C_6H_6，ナフタレン $C_{10}H_8$ などがあり，親水基もなく，電離もしないため，極性のある水には溶けにくい。しかし，同じ無極性分子には，分子間力が同じ程度に弱いので，分子の熱運動で互いによく混じる。

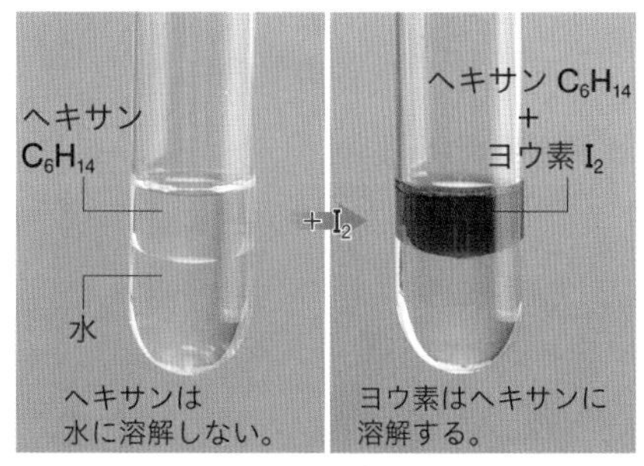

▲図 5　水に溶解しない無極性分子

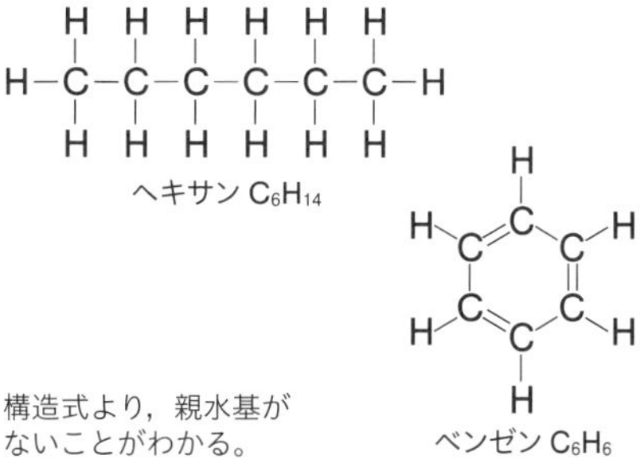

ヘキサン C_6H_{14}

ベンゼン C_6H_6

構造式より，親水基がないことがわかる。

▲図 6　無極性分子の例

C 溶解のしやすさの一般的な傾向

溶解のしやすさは，溶媒・溶質の粒子間に働く引力の強さが関係する。

Key concept　粒子間の引力の強さと溶解のしやすさ

- 溶媒・溶質の粒子間の引力 ≧ 溶質粒子どうしの引力および溶媒粒子どうしの引力 ⇒ 溶解しやすい
- 溶媒・溶質の粒子間の引力 ＜ 溶質粒子どうしの引力もしくは溶媒粒子どうしの引力 ⇒ 溶解しにくい

❶ 化合物の構造において，化合物に特有の性質を与える原子団を **基** という。

❷ 構造式の環内の C は省略している。また，太線は紙面の手前側の結合であることを示している。

実験 1 極性が異なる液体への溶解

極性分子である水 H_2O と無極性分子であるヘキサン C_6H_{14} を用いて，極性が異なる液体への溶解のしやすさを調べてみよう。

実験操作

❶ 水 2 mLが入った試験管に，ヘキサン 2 mL を加えてよく振り混ぜた後，静置してようすを観察する。

❷ ❶の試験管に，硫酸銅(Ⅱ)五水和物 $CuSO_4{\cdot}5H_2O$ を加えてよく振り混ぜた後，静置してようすを観察する。

❸ ❷の試験管にヨウ素 I_2 を加えてよく振り混ぜた後，静置してようすを観察する。

実験結果例

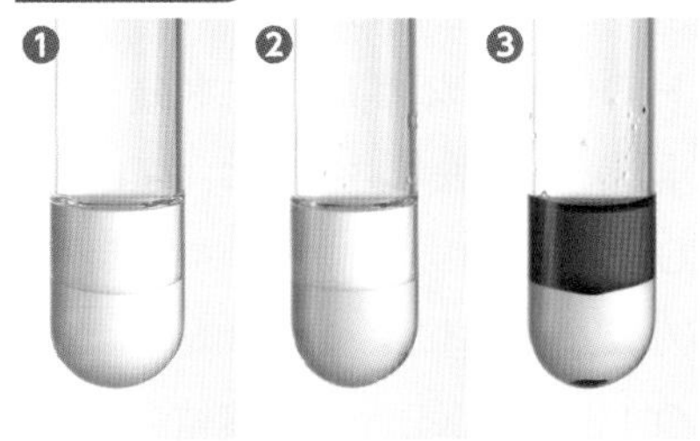

Thinking Point 1

1. $CuSO_4{\cdot}5H_2O$ と I_2 は，それぞれ水とヘキサンのどちらに溶解したか。
2. 実験結果から，極性の有無と溶解のしやすさの関係を考え，表にまとめよ。

参考 分配平衡

水などの極性が大きい溶媒には，無極性分子はまったく溶けないのだろうか。

●**溶けにくい溶媒への溶解**　ヘキサンなど水と混じりあわない有機溶媒(**有機層**とよぶ)と水(**水層**とよぶ)が共存する場合の物質の溶解について考えてみる。たとえば，水に溶けにくく有機溶媒に溶けやすいヨウ素 I_2 を溶解させた場合，多くは有機溶媒に溶けているが，厳密には水にもわずかに溶けている。

●**分配平衡**　水と有機溶媒にそれぞれ溶解している溶質を $S_{水層}$ と $S_{有機層}$ とする。溶質は水と有機溶媒の界面を通過して水と有機溶媒を行き来している。これを，平衡を表す記号 $\rightleftarrows$ を用いて表すと，次のようになる。

$$S_{水層} \rightleftarrows S_{有機層}$$

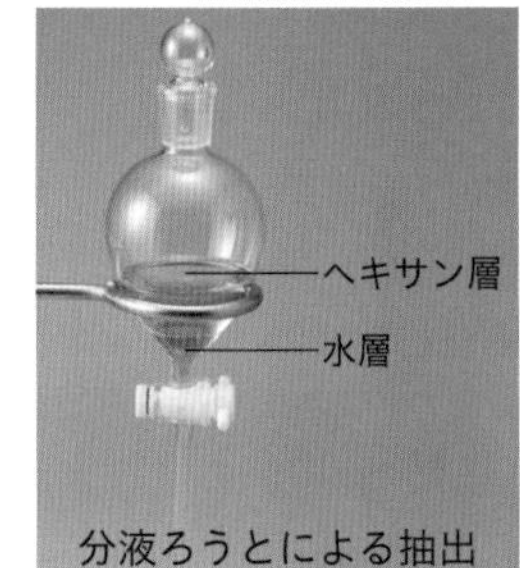

このとき，有機層の S の濃度 $[S]_{有機層}$ と水層の S の濃度 $[S]_{水層}$ は，平衡状態(▶p.99)にあり，これを **分配平衡** とよぶ。分配平衡にあるとき，両者の比は一定で，その比を **分配係数** (あるいは分配定数，分布係数)とよび，K_D で表す。多くの場合，分配係数は，溶質の水への溶解度(▶p.119)と有機溶媒への溶解度の比にほぼ等しい。

$$K_D = \frac{[S]_{有機層}}{[S]_{水層}}\left(\approx \frac{\text{Sの有機溶媒への溶解度}}{\text{Sの水への溶解度}}\right)$$

溶質が I_2 の場合，水に溶けにくく，ヘキサンによく溶けるため，次のようになる。

ヘキサン層
水層
分液ろうとによる抽出

$$I_2 \text{のヘキサンへの溶解度}([S]_{有機層}) \gg I_2 \text{の水への溶解度}([S]_{水層})$$

したがって，K_D の値は大きく，ほとんどの I_2 がヘキサンに溶解している。

この原理を応用して，I_2 を含む水溶液を水と混じりあわないヘキサンとよく振って混合し，しばらく静置すると，I_2 をヘキサンに抽出できる。このとき，ヘキサン層の I_2 濃度 $[I_2]_{ヘキサン}$ と水層の I_2 濃度 $[I_2]_{水}$ とは分配平衡の状態にあり，分配係数 K_D は，温度，圧力が一定なら，次のようになる。

$$K_D = \frac{[I_2]_{ヘキサン}}{[I_2]_{水}} = 一定$$

2 溶解度と溶解平衡

Beginning 2

A 固体の溶解度と平衡

◆固体の溶解と平衡　溶媒に固体を入れると，固体が溶け出して溶液中の濃度が大きくなる。やがて，単位時間に固体から溶け出す粒子数と溶液中から析出する粒子数が同じになる。このように見かけ上溶解が止まった状態を **溶解平衡** といい，その溶液を **飽和溶液**(saturated solution) という。

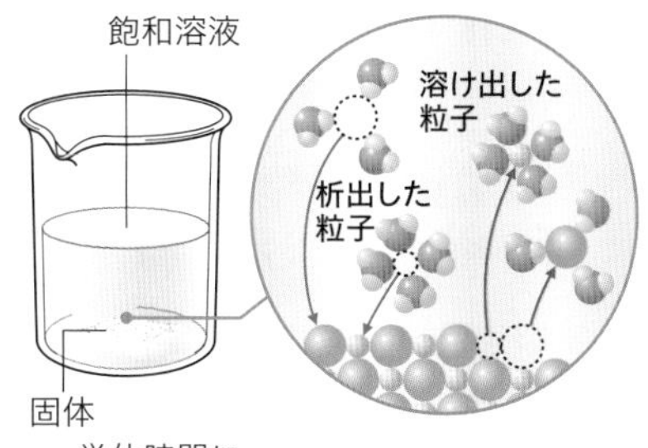

単位時間に
溶け出す粒子数 = 析出する粒子数
一定温度では，飽和溶液の濃度は一定である。

▲図 7　飽和溶液

◆溶解度　ある温度において一定量の溶媒に溶けることができる溶質の最大量を **溶解度**(solubility)[1] という。

固体の溶解度

溶媒 100 g に溶かすことができる溶質の質量(単位：g)の最大の数値。

問 1.　75 ℃ における硝酸カリウムの飽和水溶液100 g を18 ℃ に冷却すると，何g の結晶が析出するか。溶解度は，75 ℃ で150，18 ℃ で30とする。

温度と溶解度の関係を示す曲線を **溶解度曲線**(solubility curve) という。固体の溶解度は，温度が高くなるほど大きくなるものが多いが，塩化ナトリウム NaCl や水酸化カルシウム $Ca(OH)_2$ のように変化が小さいものもある。[2]

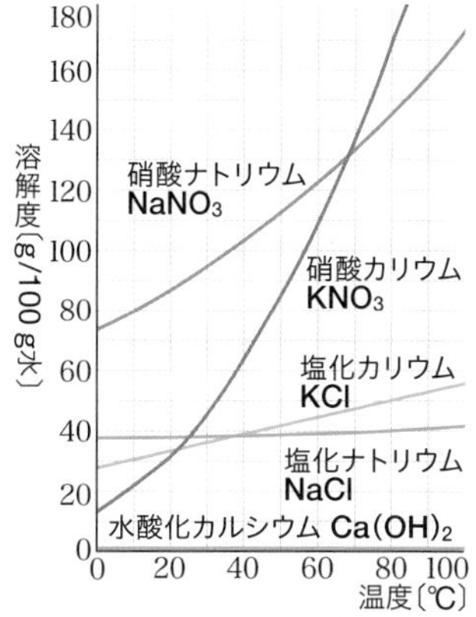

▲図 8　溶解度曲線 (理化学辞典より作成)

◆水和物の溶解度　硫酸銅(Ⅱ)の結晶は，$CuSO_4 \cdot 5H_2O$ のように水和した水分子を含み，**水和物**(hydrate) とよばれる。また，水和した水分子を **水和水(結晶水)** という。水和水を含まない $CuSO_4$ などの塩の結晶は **無水物**(anhydride) (無水塩) とよばれる。水に対する水和物の溶解度は，飽和溶液中の水 100 g に溶けている無水物の g 単位の質量の数値で表される。

Thinking Point 2　水和水は溶液中でどのように存在しているのだろうか。

from Beginning　食塩の飽和水溶液に砂糖を溶かしていくと，溶解度まで溶けるだろうか？

食塩(NaCl)の飽和水溶液では，ナトリウムイオン Na^+ や塩化物イオン Cl^- は水和しており，その分，溶媒の水分子が使われています。つまり，食塩が溶けていないときと比べて，飽和食塩水では，砂糖を溶かすための水分子が減少しているので，砂糖の溶解量も減少します。砂糖も水と水和するヒドロキシ基 −OH がありますが，イオンと水の水和の方が強いため，水和できる砂糖は少なくなります。

Note

溶質と溶液，飽和溶液の関係

溶解度が S のとき飽和溶液において

$$\frac{溶質の質量}{溶媒の質量} = \frac{S}{100} = 一定$$

$$\frac{溶質の質量}{飽和溶液の質量} = \frac{S}{100 + S} = 一定$$

[1] ある温度で溶解度以上の溶質が溶けている状態を**過飽和**といい，そのような溶液を**過飽和溶液**という。過飽和溶液は，わずかな振動や微小な粒子（核や種という）を加えると，過剰に溶けていた溶質が析出する。

[2] 溶解度が温度変化によりあまり変化しない物質では，溶媒を蒸発させて溶質を再結晶させる。この方法は，海水から NaCl を取り出すのに適している。

B 気体の溶解度

◆**圧力の影響**　一定圧力の気体が溶媒に接すると気体の溶解が始まり，やがて，単位時間に溶媒に溶解する気体の粒子数と，溶液中から分子間力を振り切って飛び出す粒子数が等しい溶解平衡の状態になる。さらに，圧力が増大すると，より多くの気体の粒子が溶解し，再び新たな平衡状態になる。

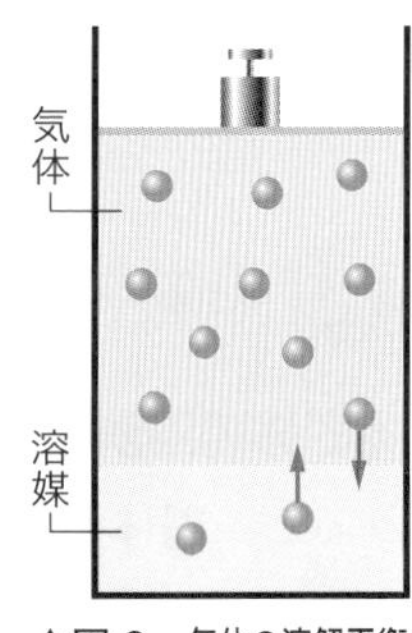

▲図 9　気体の溶解平衡

◆**ヘンリーの法則**　イギリスのヘンリーは，気体の圧力と溶解度の関係である **ヘンリーの法則**（Henry's law）を発見した。

Key concept　ヘンリーの法則

- 一定量の溶媒に溶け込む気体の質量(または物質量)は，一定温度のもとでは，その気体の圧力(混合気体の場合には分圧)に比例する。

ヘンリーの法則は，窒素や酸素などの溶解度の小さい気体ではあてはまるが，塩化水素やアンモニアなどの水への溶解度の大きい気体ではあてはまらない。

◆**温度の影響**　溶液中に溶解している気体分子は，温度の上昇にともなって，分子の熱運動が激しくなり，溶液から飛び出しやすくなるため，溶解度は減少する。

▲図10　温めたサイダー

気体の溶解度の表し方

気体の溶解度は，圧力(分圧) 1.013×10^5 Pa の気体が溶媒 1 L に溶けるときの体積〔L〕を，0 ℃, 1.013×10^5 Pa での体積に換算した値で表すことが多い。

▼表 1　水 1 L に対する気体の溶解度＊(気体の圧力(分圧) 1.013×10^5 Pa のとき)

温度〔℃〕	水に溶けにくい							水に溶けやすい
	水素 H_2	窒素 N_2	酸素 O_2	メタン CH_4	二酸化炭素 CO_2	硫化水素 H_2S	アンモニア NH_3	塩化水素 HCl
0	0.021	0.023	0.049	0.056	1.72	4.621	477	517
20	0.018	0.015	0.031	0.033	0.87	2.554	319	442
40	0.016	0.012	0.023	0.024	0.53	1.664	206	386
60	0.016	0.010	0.020	0.020	0.37	1.176	130	339
80	0.016	0.0096	0.018	0.018	0.28	0.906	81.6	—
100	0.016	0.0095	0.017	0.017	—	0.800	—	—

＊ 0 ℃, 1.013×10^5 Pa のときの体積に換算した値〔L〕。体積を 22.4 L/mol で割ると物質量が求められる。
(出典：化学便覧　改訂 5 版)

from Beginning　炭酸飲料のペットボトルの栓をあけると，泡が出てくるのはなぜか？

炭酸飲料には二酸化炭素が溶けています。多くの二酸化炭素を溶かすために，低温かつヘンリーの法則を考慮し，大気圧よりも高い圧力の環境で溶かします。そのため，炭酸飲料の入ったペットボトルの内側には，高い圧力がかかっています。ペットボトルの栓をあけると，二酸化炭素を溶かしたときよりも，高温で低圧となり，溶けていた二酸化炭素が一気に激しく運動しだします。そのため，溶液内で二酸化炭素が溶液を押しのけ，泡ができるのです。ちなみに，炭酸飲料のペットボトルは，高い圧力に耐えられるように，丸みを帯びた形に工夫されています。

◆ヘンリーの法則と溶解する気体の体積　溶解度の小さい気体では，一定温度のもとで一定量の溶媒に溶ける気体の物質量は，その気体の圧力に比例する。同じ物質量の気体の体積は圧力に反比例するので（ボイルの法則），圧力によらず一定の体積の気体が溶解することになる。

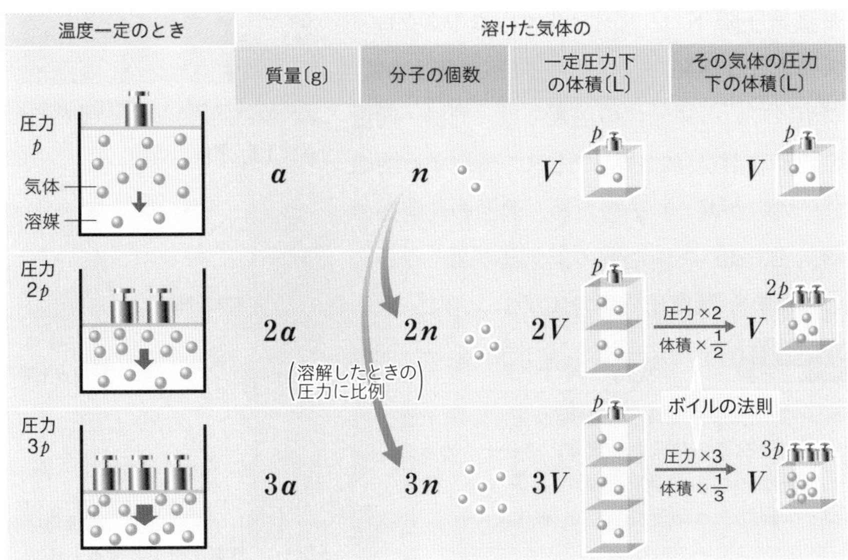

▲図11　ヘンリーの法則

例題 1　ヘンリーの法則と溶解する気体の体積

水素は，温度が 0 ℃，圧力が 1.0×10^5 Pa のとき，水 1.0 L に 0.021 L 溶ける。同じ温度で圧力が 5.0×10^5 Pa のとき，水 1.0 L に溶ける水素は何 g か。また，その体積は 0 ℃，5.0×10^5 Pa で何 L か。ただし，0 ℃，1.0×10^5 Pa での水素 1 mol の体積を 22.4 L とする。

解　0 ℃，1.0×10^5 Pa で水 1.0 L に溶ける水素の量を質量に換算すると，

$$2.0 \times \frac{0.021}{22.4}\ \text{g}$$

ヘンリーの法則より，5.0×10^5 Pa での溶解量は，

$$2.0 \times \frac{0.021}{22.4}\ \text{g} \times \frac{5.0 \times 10^5}{1.0 \times 10^5} = 9.37 \times 10^{-3}\ \text{g}$$

答　9.4×10^{-3} g

ヘンリーの法則より，圧力が 5.0×10^5 Pa になって溶解量が 5.0 倍になっても，ボイルの法則より，一定量の体積は圧力に反比例するから，5.0×10^5 Pa で溶解する体積は圧力が 1.0×10^5 Pa のときと等しい。**答**　0.021 L

類題 1　0 ℃で 1.0×10^5 Pa の酸素が接している水 10 L がある。溶けている酸素の物質量は何 mol か。また，20 ℃で 5.0×10^4 Pa の酸素が接しているとき，水 10 L に溶ける酸素の物質量は何 mol か。p.120表 1 を参照して求めよ。

3 希薄溶液の性質

A 沸点上昇

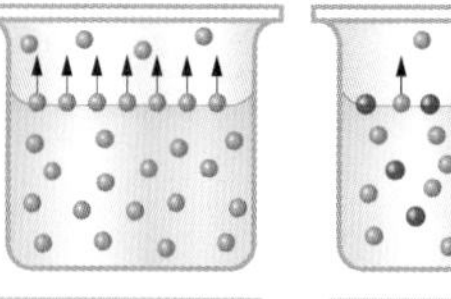

▲図12　溶媒の蒸発

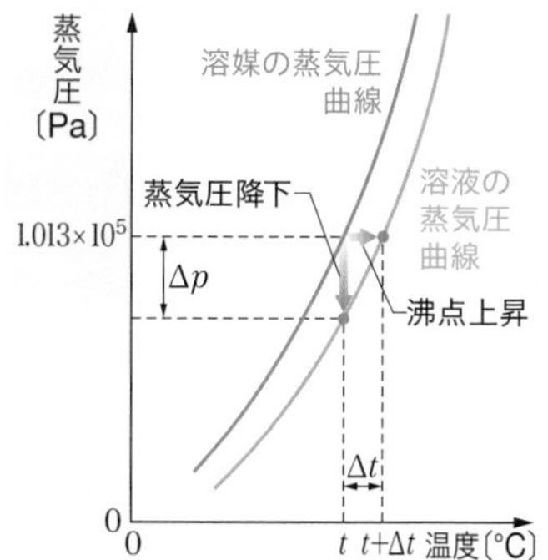

▲図13　蒸気圧降下と沸点上昇

◆**蒸気圧降下**　塩化ナトリウムやスクロースのような揮発[1]しにくい物質(**不揮発性物質**)が溶けている揮発性の溶媒では，同温・同量の純粋な溶媒(純溶媒)に比べて蒸発する溶媒分子の数が減る。そのため，同温の純溶媒の蒸気圧に比べて，溶液の蒸気圧が低くなる。この現象を **蒸気圧降下** (depression of vapor pressure) という。

[1] 常温で液体から気体になること。

Key concept　蒸気圧降下

● 不揮発性物質の希薄溶液では，蒸気圧降下度 Δp(溶液と純溶媒のそれぞれの蒸気圧の差)は，溶質の種類に関係なく，**溶液の質量モル濃度に比例する。**

◆**沸点上昇**　蒸気圧降下のため，溶液の蒸気圧が 1.013×10^5 Pa になる温度は，純溶媒の沸点よりも高くなる。溶液の沸点が純溶媒よりも高くなる現象を **沸点上昇** (elevation of boiling point) といい，溶液と純溶媒のそれぞれの沸点の差 Δt〔K〕を沸点上昇度という。

●沸点上昇

不揮発性の非電解質の希薄溶液[2]では，次式がなりたつ。

$\Delta t = K_b m$　　Δt〔K〕：沸点上昇度　m〔mol/kg〕：質量モル濃度 ▶p.49　〈2〉

[2] 電解質は水溶液中では電離によって粒子の数が増えるため，注意する必要がある（▶p.54）。

K_b は **モル沸点上昇** (molar boiling point elevation) とよばれる比例定数で，溶質の種類に関係なく，溶媒の種類によって決まる。K_b は，濃度 1 mol/kg の不揮発性の非電解質溶液の沸点上昇度とみなせる。

表 2　モル沸点上昇 K_b(出典：化学便覧 改訂 5 版)

溶媒	沸点〔°C〕	K_b〔K·kg/mol〕
水	100	0.52
ベンゼン	80.1	2.53
二硫化炭素	46.2	2.35
ジエチルエーテル	34.6	1.82

問2.　質量モル濃度 0.25 mol/kg のスクロース水溶液の沸点は 何 ℃ か。

参考 ラウールの法則と沸点上昇

不揮発性物質が溶解した希薄溶液の蒸気圧降下と沸点上昇の相関関係について詳しくみてみよう。

●ラウールの法則 1880年代，フランスのラウールは，溶液の蒸気圧降下について，式(1)で表される結果を得た。

● 溶媒分子（n_0〔mol〕）
● 溶質粒子（n_1〔mol〕）

$$p = p_0 \cdot x_0 \qquad (1)$$

p：溶液の蒸気圧　p_0：純溶媒の蒸気圧

x_0：溶媒のモル分率

$$= \frac{\text{溶媒の物質量 } n_0}{\text{溶媒の物質量 } n_0 + \text{不揮発性の溶質の物質量 } n_1}$$

（$0 < x_0 \leqq 1$，希薄溶液では，$x_0 \fallingdotseq 1$）

純溶媒の蒸発（蒸気圧 p_0）　溶液の蒸発（蒸気圧 p）

これを **ラウールの法則**（Raoult's law）という。式(1)を変形して，

$$p = (1 - x_1) \cdot p_0$$

x_1：不揮発性の溶質のモル分率 $= \dfrac{n_1}{n_0 + n_1}$

したがって，

$$p = p_0 - x_1 p_0$$

$$p_0 - p = x_1 p_0 \qquad (2)$$

となる。ここで，$\Delta p = p_0 - p$ は蒸気圧降下度である。

希薄溶液では，$n_0 \gg n_1$ とみなしてよいから，

$$x_1 = \frac{n_1}{n_0 + n_1} \fallingdotseq \frac{n_1}{n_0}$$

溶媒の質量を W_0〔kg〕，モル質量を M_0〔g/mol〕とおくと，

$$x_1 = \frac{n_1}{n_0} = \frac{n_1}{\dfrac{1000\ \mathrm{g/kg}\ W_0}{M_0}} = \frac{n_1 M_0}{1000\ \mathrm{g/kg}\ W_0} \qquad (3)$$

したがって式(2)，(3)より，　$\Delta p = p_0 - p = x_1 p_0 = \dfrac{n_1 M_0}{1000\ \mathrm{g/kg}\ W_0} p_0$

上の式で，$\dfrac{n_1}{W_0}$〔mol/kg〕を質量モル濃度 m，$\dfrac{M_0 p_0}{1000\ \mathrm{g/kg}}$ を溶媒固有の定数として k とおくと，$\Delta p = km$ となり，蒸気圧降下度は質量モル濃度に比例することになる。

●沸点上昇 図は水と2種類の希薄水溶液の蒸気圧の温度変化を示したものである。溶液Ⅰは溶液Ⅱに比べて濃度が低い。1.013×10^5 Pa 下で，水は 100 ℃ で沸騰するが，溶液は100 ℃ における蒸気圧が 1.013×10^5 Pa より低くなるため沸騰しない。

希薄溶液の沸点近くにおける狭い温度範囲では，水とそれぞれの溶液の蒸気圧曲線は，平行な直線とみなすことができる。

図より，△ADB と △AEC は相似の関係にあるため，

$$\Delta P : \Delta P' = \Delta t : \Delta t'$$

ΔP（蒸気圧降下度）と Δt（沸点上昇度）は比例する。

$\Delta P \propto \Delta t$，つまり $\Delta t \propto km$ となり，沸点上昇度 Δt は質量モル濃度に比例することになる。

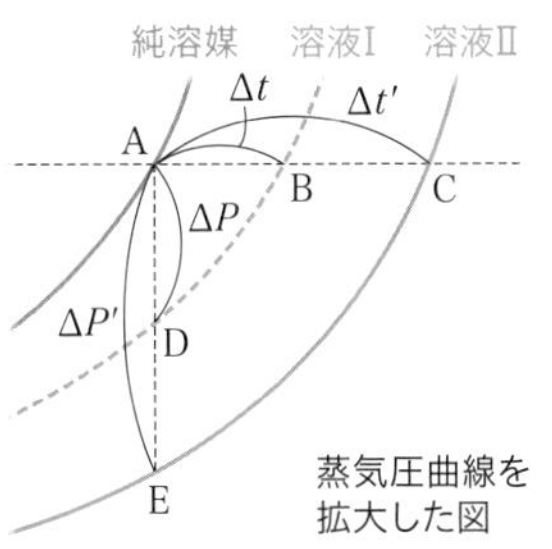

蒸気圧曲線を拡大した図

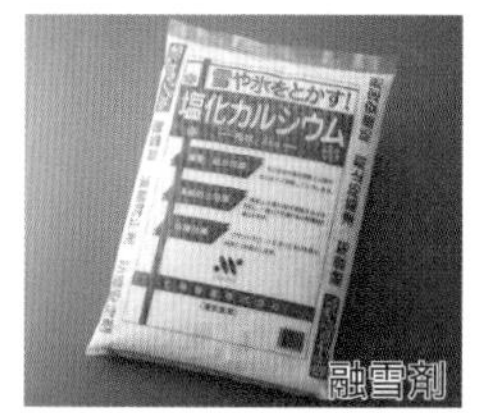

融雪剤　路上にまくことで，溶解するときの発熱（溶解エンタルピー（▶p.159））により雪を融かしたり，凝固点降下により凍結を防ぐことができる。

▲図16　身近な現象と凝固点降下

B 凝固点降下

◆凝固点降下

一部の暖房器具の不凍液に使われるエチレングリコールを水に溶かすと，その水溶液は，0 ℃になっても凝固しない。このように，溶液の凝固点が純溶媒よりも低くなる現象を **凝固点降下**（depression of freezing point）といい，純溶媒と溶液のそれぞれの凝固点の差 Δt[K]を凝固点降下度という。

```
H   H
|   |
H－C－C－H
|   |
OH  OH
```

図14　エチレングリコールの構造式

●凝固点降下

不揮発性の非電解質の希薄溶液では次式がなりたつ。

$\Delta t = K_f m$　　Δt〔K〕：凝固点降下度　m〔mol/kg〕：質量モル濃度　〈3〉

K_f は **モル凝固点降下**（molar freezing point depression）とよばれる比例定数で，溶質の種類に関係なく，溶媒の種類によって決まる。K_f は，濃度 1 mol/kg の不揮発性の非電解質溶液の凝固点降下度とみなせる。

表3　モル凝固点降下 K_f

溶媒	凝固点〔℃〕	K_f〔K·kg/mol〕
水	0	1.85
ベンゼン	5.53	5.12
ナフタレン	80.3	6.94
ショウノウ	178.80	37.7

（出典：化学便覧　改訂5版）

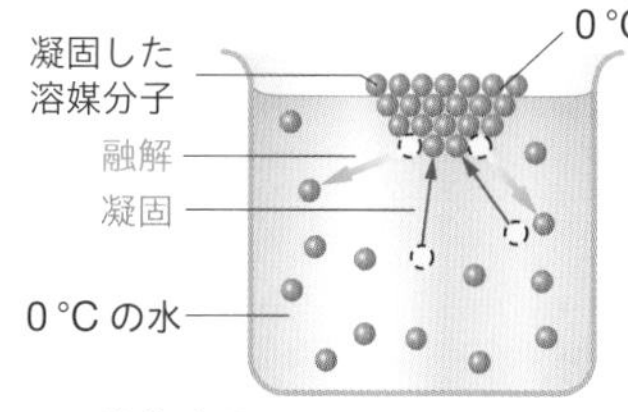

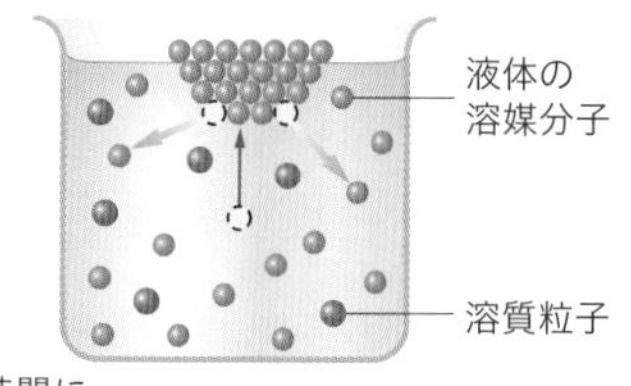

▲図15　凝固点降下が起こるしくみ（水の場合）

問3.　凝固点が −0.37 ℃のスクロース水溶液の質量モル濃度は何 mol/kg か。

◆冷却曲線

純溶媒を冷却していくと，凝固点より温度が低下して **過冷却**（supercooling）となり，凝固が始まると温度は上昇し，凝固点で一定となって凝固が進む。このような温度変化を測定してグラフに表したものを **冷却曲線**（cooling curve）とよび，希薄溶液の場合と比較すると次のようになる。

Note

過冷却

液体の温度を穏やかに下げていくと，凝固点以下になっても固体にならないことがある。このような状態を **過冷却** という。この状態は安定ではなく，振動や微小な粒子があると凝固する。

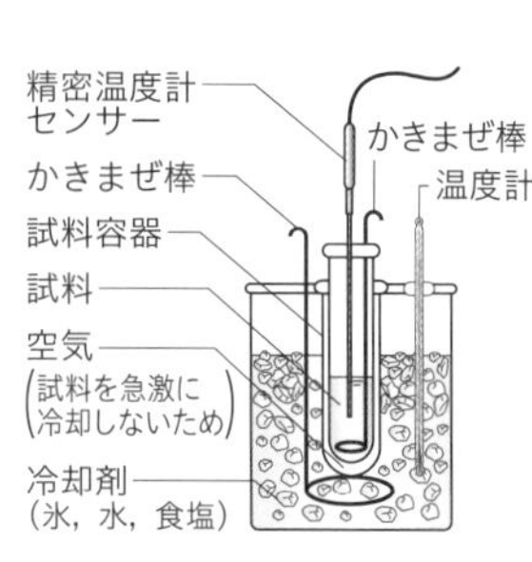

▲図17　冷却曲線の作成実験

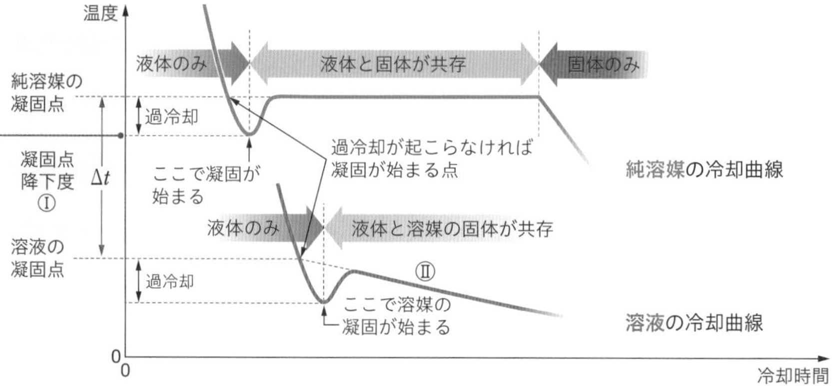

Ⅰ凝固点が純粋な溶媒よりも低くなる
Ⅱ溶媒が凝固するにしたがって溶液の濃度が大きくなるため，凝固が進む間でも曲線が右下がりになる

▶図18　冷却曲線

共晶

希薄溶液中の溶媒が凝固しはじめ，やがて溶媒の量が少なくなると，冷却曲線はどのようになるのだろうか。

●**共晶**　希薄溶液の凝固が開始して，溶媒の凝固が進むと，しだいに溶媒の量が少なくなる。やがて，溶液が飽和し，溶媒の凝固と溶質の析出が同時に起こる。この現象を **共晶** といい，すべての溶液が凝固するまで，温度は一定になる。

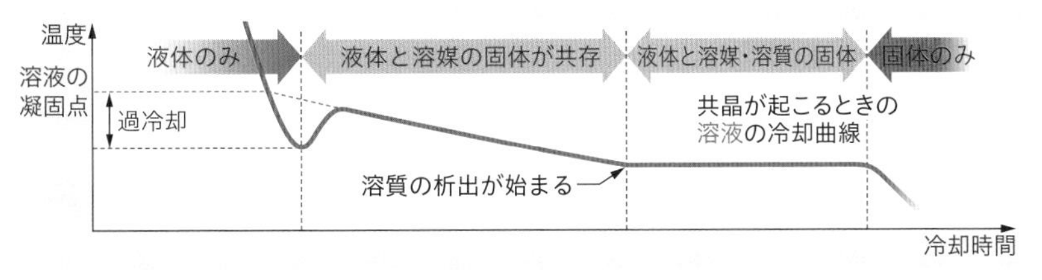

参考

混合物の状態図

純物質だけでなく，混合物についても状態図を示すことができ，混合物の状態図から，身の回りの現象を理解することができる。ここでは，水 H_2O と塩化ナトリウム NaCl との混合物を例にみてみよう。

❶塩化ナトリウム水溶液の状態図

点 D では $NaCl \cdot 2H_2O$ の結晶と NaCl 飽和水溶液と氷が共存していて，約 −21 ℃は NaCl 水溶液が存在できる最低の温度である。点 D の組成 22％の NaCl 水溶液を冷却して領域5になると，$NaCl \cdot 2H_2O$ と氷の微小な結晶の混合物になる。この現象を **共晶** といい，共晶がはじまる温度を **共晶点** という。

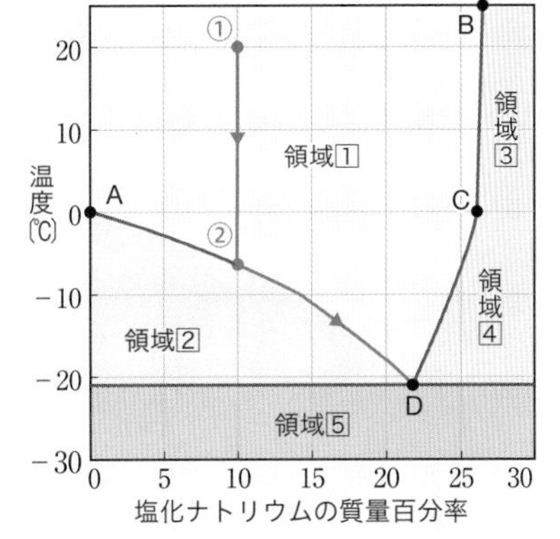

領域1　NaCl水溶液
領域2　氷 + NaCl水溶液
領域3　NaCl(固) + NaCl飽和水溶液
領域4　$NaCl \cdot 2H_2O$(固) + NaCl飽和水溶液
領域5　氷 + $NaCl \cdot 2H_2O$(固)

図 1　塩化ナトリウム水溶液の状態図

❷塩化ナトリウム水溶液の冷却

NaCl 水溶液の状態図から，NaCl 水溶液を冷却したときの状態の変化がわかる。

今，20 ℃，10％の NaCl 水溶液（点①）を冷却すると，曲線 AD とぶつかる点②で水が凝固しはじめ純粋な氷が析出し，NaCl 水溶液の濃度が高くなり凝固点降下が起こることから，さらに冷却すると，NaCl 水溶液は曲線 AD にそって状態が変化する。冷却を続けると，さらに氷が析出するとともに NaCl 水溶液の濃度が高まり（▶p.124 冷却曲線），点 D の状態に達する。

◆**沸点上昇・凝固点降下と分子量**　希薄溶液の沸点上昇度や凝固点降下度は，溶質の質量モル濃度に比例する。比例定数であるモル沸点上昇 K_b やモル凝固点降下 K_f の大きさは，溶媒の種類によって決まっているから，沸点上昇度や凝固点降下度を正確に測定すれば，溶質分子の分子量が求められる。

たとえば，不揮発性の非電解質 w〔g〕を溶媒 W〔kg〕に溶かしたとき，沸点上昇度が Δt〔K〕であったとする。この溶質のモル質量を M〔g/mol〕とし，溶媒のモル沸点上昇またはモル凝固点降下を K〔K･kg/mol〕とするとき，この溶質の物質量は $\frac{w}{M}$〔mol〕となるから，質量モル濃度は $\frac{w}{MW}$〔mol/kg〕となる。

したがって，次のようにして M が求められるため，分子量の値がわかる。

$$\Delta t\text{〔K〕} = K\text{〔K・kg/mol〕}\cdot\frac{w\text{〔g〕}}{M\text{〔g/mol〕}\times W\text{〔kg〕}} \quad \langle 4\rangle$$

●沸点上昇・凝固点降下と分子量

$$M = \frac{K\text{〔K･kg/mol〕}\times w\text{〔g〕}}{W\text{〔kg〕}\times \Delta t\text{〔K〕}} \quad \langle 5\rangle$$

例題 2　沸点上昇と分子量

ある非電解質 3.0 g を水 100 g に溶かした水溶液と水との沸点の差は 0.26 ℃であった。また，0.10 mol/kg の尿素水溶液を用いて，水との沸点の差を測定すると，0.052 ℃であった。このときの非電解質の分子量を求めよ。

解　尿素水溶液の沸点上昇の関係から，モル沸点上昇 K は，

$$K = \frac{\Delta t}{m} = \frac{0.052\ \text{K}}{0.10\ \text{mol/kg}} = 0.52\ \text{K･kg/mol}$$

非電解質のモル質量を M とすると，

$$0.26\ \text{K} = 0.52\ \text{K･kg/mol}\times\frac{3.0\ \text{g}}{M\times 0.100\ \text{kg}}$$　よって，$M = 60$ g/mol

答　60

類題 2　ある不揮発性の非電解質 7.5 g を水 250 g に溶かすと，凝固点は −0.31 ℃であった。また，0.10 mol/kg の尿素水溶液の凝固点を測定すると，−0.186 ℃であった。このときの非電解質の分子量を求めよ。

●沸点上昇・凝固点降下と状態図

沸点上昇と凝固点降下は純溶媒と不揮発性物質の希薄溶液の状態図を使って整理することができる。

- 希薄溶液の蒸気圧曲線が右図のように降下する。
  ➡ 沸点が上昇する
- 希薄溶液の融解曲線が右図のように降下する。
  ➡ 凝固点が降下する

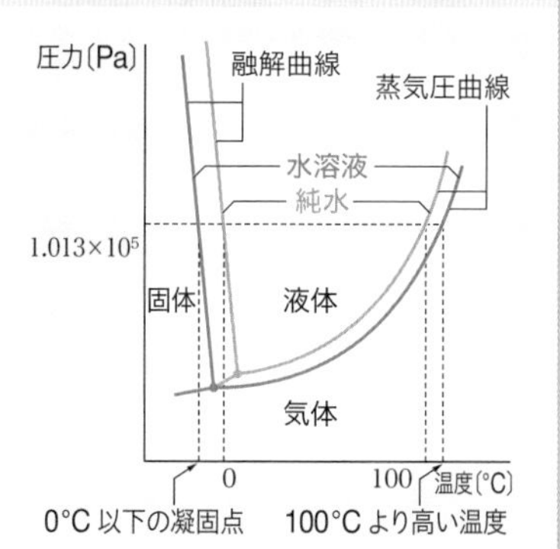

C 浸透圧

◆**半透膜と浸透**　ある種の粒子は通すが，別の種類の粒子を通さない膜を **半透膜**[1] (semipermeable membrane) という。濃度が異なる2つの溶液の境界に，溶媒粒子は通すが溶質粒子は通さない性質をもつ半透膜を置くと，全体の濃度が均一になる方向に，溶媒がこの膜を通って濃度の低い方から高い方へと移動する。このように，溶媒が膜を通って移動する現象を **浸透** (osmosis) という。

[1] セロハンや動物の膀胱膜などが，半透膜として用いられる。半透膜の種類によって，通過できない溶質粒子の種類は異なる。

◆**浸透圧**　図 19 における溶液と溶媒の両液面の高さを等しくするために加える圧力を **浸透圧** (osmotic pressure) という。このとき，浸透圧は，両液が半透膜を押す力の差に等しい。

濃度の低い溶液(希薄溶液)では，浸透圧はモル濃度と絶対温度に比例する。

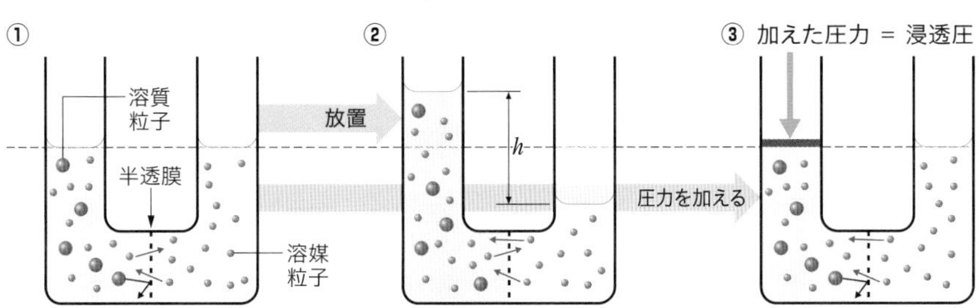

① U字型の容器の中央を半透膜でしきり，これを境界にして一方の側に純粋な溶媒を，他方の側に希薄な溶液を入れ，液面の高さを等しくする。

② しばらく放置すると，溶媒分子が溶液側に浸透するため，溶媒の液面は下がり，溶液の液面は上がる。やがて，液面の高さの差がある大きさ h になったところで浸透が止まる。

③ 両液面の高さを等しく保つためには，溶液側に大気圧のほかに圧力を加えなければならない。この圧力は，両液面が等しいときに半透膜を押す溶液の圧力と溶媒の圧力との差に等しい。この圧力の差を溶液の浸透圧という。

キュウリに塩をつけてもむと，細胞内部の水が細胞膜を透過し，外側に移動するため，しぼむ。

▲図19　浸透と浸透圧

◆**ファントホッフの法則**　希薄溶液の浸透圧 Π(パイ)〔Pa〕が，溶質の種類に関係なく，その溶液のモル濃度 C〔mol/L〕と絶対温度 T〔K〕に比例することを，オランダのファントホッフが発見した(式〈6〉)。

$$\Pi = CRT \quad (R\text{ は気体定数}) \qquad \langle 6\rangle$$

溶液の体積を V〔L〕，溶液に含まれる溶質の物質量を n〔mol〕とすると，$C = \dfrac{n}{V}$ であるから，式〈6〉から次の式〈7〉が導かれる。

Key concept　**ファントホッフの法則**

- 溶液の浸透圧 Π〔Pa〕は，モル濃度 C〔mol/L〕と絶対温度 T〔K〕に比例する。

$$\Pi V = nRT \qquad \langle 7\rangle$$

Π：浸透圧　V：溶液の体積　n：物質量　R：気体定数　T：絶対温度

式〈7〉に含まれる定数 R は気体定数に等しく，式〈7〉は気体の状態方程式と同じ形である。浸透圧について，この関係がなりたつことを，**ファントホッフの法則** (van't Hoff's law) という。

◆浸透圧と分子量　式〈7〉から溶質の分子量を求めることができる。溶けている溶質(非電解質)の質量を w[g]，モル質量を M[g/mol]とすると，式〈7〉において，$n = \dfrac{w}{M}$ から $M = \dfrac{wRT}{\Pi V}$ となり，この M から溶質の分子量が求められる[1]。

[1] この方法は，分子量1万以上の高分子化合物の分子量測定に適している。

問4.　ある非電解質の固体の試料 0.20 g を水に溶かして 100 mL にした水溶液の浸透圧は，27 ℃ で 8.3×10^4 Pa であった。この試料の分子量を求めよ。ただし，気体定数を 8.3×10^3 Pa·L/(K·mol) とする。

参考　浸透圧の測定

実験室で行う浸透圧の測定についてみてみよう。

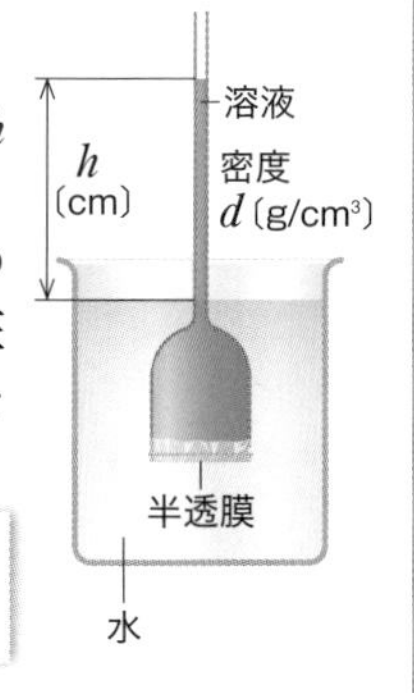

●浸透圧の求め方　浸透圧 Π の大きさは，液面の高さの差 h と希薄溶液の密度 d の積に比例する。

1.013×10^5 Pa は，密度 13.6 g/cm³ の水銀の場合，液面の高さの差にして 76 cm 分の圧力に相当する(▶p.99)から，浸透圧 Π は，液面の高さの差 h[cm]と溶液の密度 d[g/cm³]の値を用いて，次の式により求められる。

$$浸透圧\ \Pi[\mathrm{Pa}] = \frac{h[\mathrm{cm}] \times d[\mathrm{g/cm^3}]}{76\ \mathrm{cm} \times 13.6\ \mathrm{g/cm^3}} \times 1.013 \times 10^5\ \mathrm{Pa} \quad \langle 8 \rangle$$

D　希薄溶液の性質と粒子の数

希薄溶液の蒸気圧降下度，沸点上昇度，凝固点降下度，浸透圧は，溶液に溶けている溶質の濃度が関係している。

◆電解質の希薄溶液　不揮発性の電解質の希薄溶液においても，蒸気圧降下，沸点上昇，凝固点降下，浸透がみられるが，非電解質とは違い，電離によって粒子の数が増えるため，注意する必要がある。

●電解質の希薄溶液の性質

- 電解質は溶解すると電離するため，粒子の数が増加する。
  → **蒸気圧降下度，沸点上昇度，凝固点降下度，浸透圧が増加**
- 蒸気圧降下度，沸点上昇度，凝固点降下度，浸透圧の値から，溶けている溶質が**どのぐらい電離しているか(電離度)を知ることができる。**

●酢酸をベンゼンに溶かすと，酢酸の一部は，会合し，二量体(▶p.76)となって1分子のようにふるまう。これによって，粒子の数が減少するため，ベンゼン溶液の凝固点降下度は，ベンゼンのモル凝固点降下 K_f と溶液の質量モル濃度から計算した値より小さくなる。

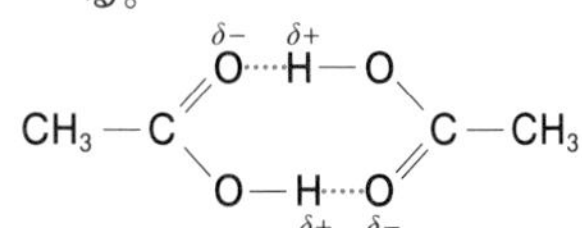

酢酸の二量体の構造式

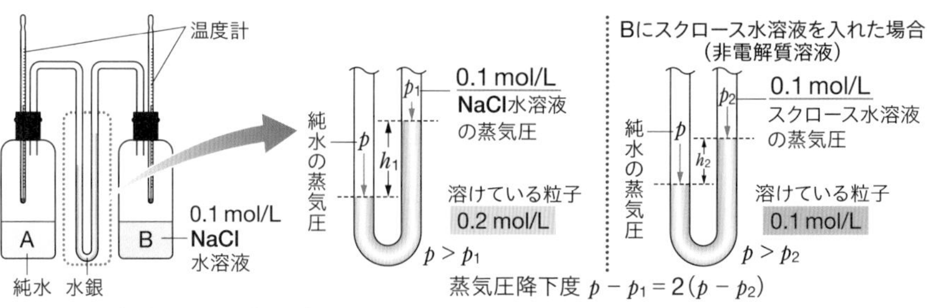

▲図20　電解質溶液と蒸気圧降下度

参考 希薄溶液の性質とエントロピー

純溶媒と，少量の溶質が溶け込んだ希薄溶液とでは，異なる性質が現れる。溶質が溶液の性質にどのような影響を及ぼすのか考えてみよう。

❶蒸発とエントロピー

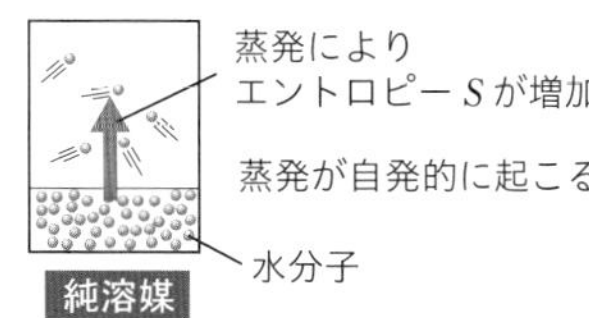

水が蒸発して，水蒸気になる変化は，自然に進む自発的な変化である。このとき，気体の水分子は，自由に空間を飛び回ることになり，液体状態より無秩序な状態になる。これを乱雑さが増したという。自然界の変化の方向を決めるには，乱雑さも重要な要素であり，乱雑さの増加する方向に変化は進もうとする。乱雑さを表す尺度をエントロピー S という(▶p.201)。

❷蒸気圧降下とエントロピー

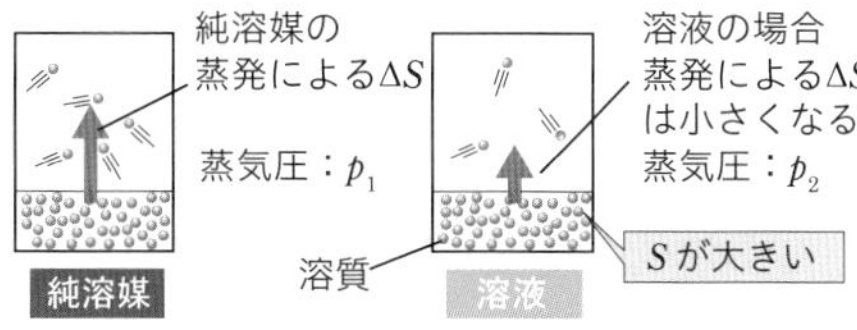

溶液では，自発的に蒸発する傾向が小さくなり，蒸気圧が降下する（$p_1 > p_2$）。

不揮発性の溶質が溶けている溶液と純溶媒の蒸気圧を，エントロピー S を用いて考えると次のようになる。溶液では，溶媒と溶質が混じり合うことで乱雑さが増加する。純溶媒が蒸発する場合と比較すると，溶液中の溶媒が蒸発することによるエントロピー変化 ΔS は小さくなる。このため，溶液中の溶媒が自発的に蒸発する傾向が減少し，[2] 蒸気圧が降下する。したがって，沸点は上昇する(▶p.122)。

❸凝固点降下・浸透圧とエントロピー

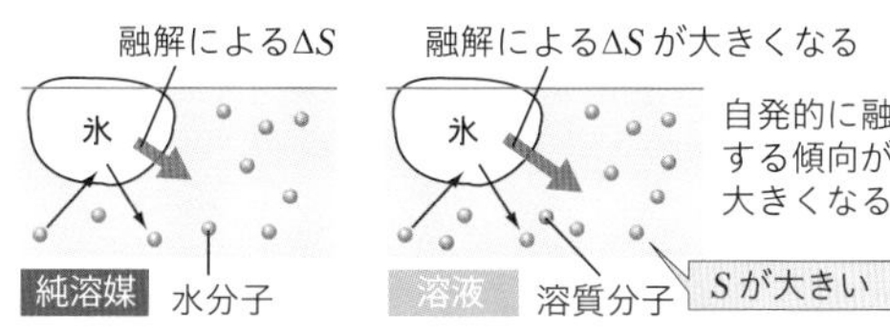

凝固点降下や浸透圧についてもエントロピー S を用いて考えることができる。固体が液体に状態変化する融解では，溶媒分子が自由に移動できるようになりエントロピー S が増加する。純溶媒と比較すると，エントロピー S が大きい溶液では，融解によるエントロピー変化 ΔS が大きくなり，固体が自発的に融解する傾向が増加する。このため，溶媒を凝固させるためには，さらに温度を下げる必要があり凝固点降下が起こる。

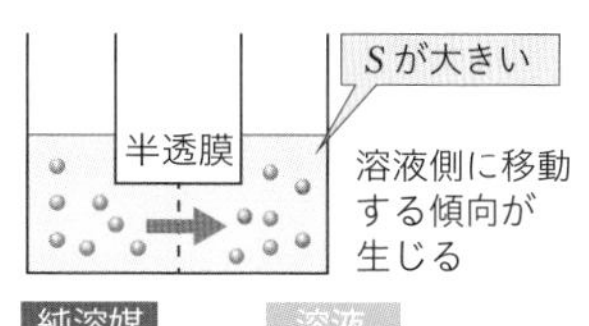

半透膜で純溶媒どうしを左右に仕切った場合には，溶媒が半透膜を通過して浸透する傾向は左右で同じである。一方，純溶媒と溶液を半透膜で仕切った場合には，純溶媒側からエントロピー S が大きい溶液側に，溶媒が自発的に浸透する。このため，全体のエントロピーは増加する。その結果，浸透圧が生じることになる。

❷ 希薄溶液なので蒸発エンタルピー ΔH(▶p.161)は純溶媒でもほぼ同じと考える。純溶媒が蒸発するときのエントロピー変化を ΔS_1，溶液中の溶媒が蒸発するときのエントロピー変化を ΔS_2 とすると，次のようになる。

$$\Delta S_1 > \Delta S_2$$

そのため，純溶媒にくらべ，溶液中の溶媒が自発的に蒸発する傾向は減少する(▶p.202)。

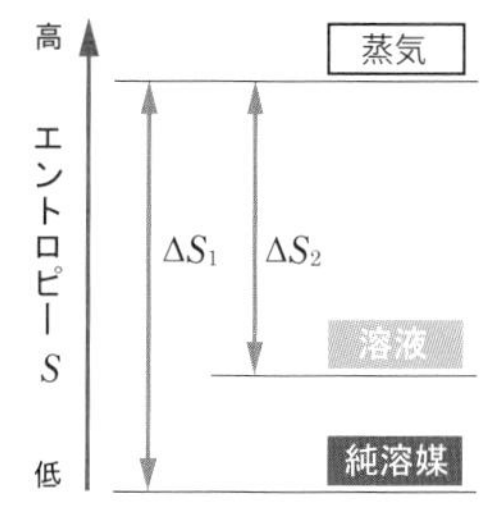

from Beginning 海水から淡水を得ることはできるだろうか？ 家庭

私たちの生活に欠かせない水(淡水)を海水から得るための方法として，半透膜を用いたものがあります。

純水と海水とを半透膜で仕切ると，浸透圧が生じます。そこで，海水に大気圧のほかに浸透圧以上の圧力を加えると，溶媒である水が海水から純水の側に移動するので，海水から純粋な水を取り出すことができます。このような方法で海水を淡水化する方法を逆浸透法といいます。

逆浸透法は，海水を純水に変える大型の装置だけでなく，家庭用の浄水器などにも用いられています。また，トマトジュースの濃縮や注射用無菌水の製造など幅広く用いられています。

逆浸透式淡水化設備

逆浸透法を利用し濃縮したトマトジュース

Note

真の溶液

塩化ナトリウム水溶液などは，溶媒分子と溶質分子の大きさはあまり差がない。このような溶液を真の溶液という。

❶ コロイド粒子を構成している原子の数は，おおよそ 10^3 ～ 10^9 個である。

4 コロイド溶液の性質

A コロイド

◆粒子の分散　デンプン水溶液では，水分子と比べて非常に大きいデンプン分子が水中で均一に分散している。このように，粒子の直径が 10^{-9} ～ 10^{-7} m（1～ 100 nm ）程度の大きさの物質が，水などの小さい物質に均一に分散している状態を **コロイド** といい，分散している粒子を **コロイド粒子** という。❶ コロイド粒子の直径は，ろ紙を通過し，半透膜を通過しない大きさである。

Key concept　コロイド粒子の分散

● コロイド溶液のコロイド粒子は，溶媒分子よりも大きいが，沈殿せず分散してコロイド状態を保っている。この要因として，ある種のコロイド粒子では，一定の符号の電荷を帯び，互いに電気的に反発して近づけないことがある。

コロイド粒子を分散させている物質を **分散媒**（ぶんさんばい，dispersion medium），分散しているコロイド粒子を **分散質**（ぶんさんしつ，dispersoid）という。分散媒が液体のとき，特に **コロイド溶液**（colloidal solution）（**ゾル**（sol））という。

▼表 4　さまざまなコロイド（緑枠はコロイド溶液（ゾル））

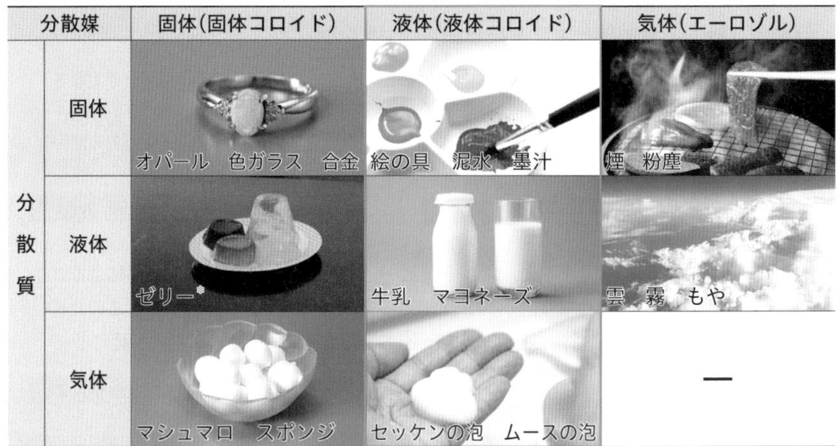

分散媒		固体（固体コロイド）	液体（液体コロイド）	気体（エーロゾル）
分散質	固体	オパール　色ガラス　合金	絵の具　泥水　墨汁	煙　粉塵
	液体	ゼリー*	牛乳　マヨネーズ	雲　霧　もや
	気体	マシュマロ　スポンジ	セッケンの泡　ムースの泡	—

コロイド溶液（ゾル）は，分散媒と分散質の組み合わせが液体と液体は，**乳濁液**（**エマルション**），液体と固体は，**懸濁液**（**サスペンション**）といい，気体が分散媒で液体や固体が分散質のコロイドをエーロゾルという。コロイド粒子より大きい粒子を含む場合も，乳濁液，懸濁液，エーロゾルとよぶことがある。
＊ゼリーは分散媒を液体，分散質を固体とする場合もある。

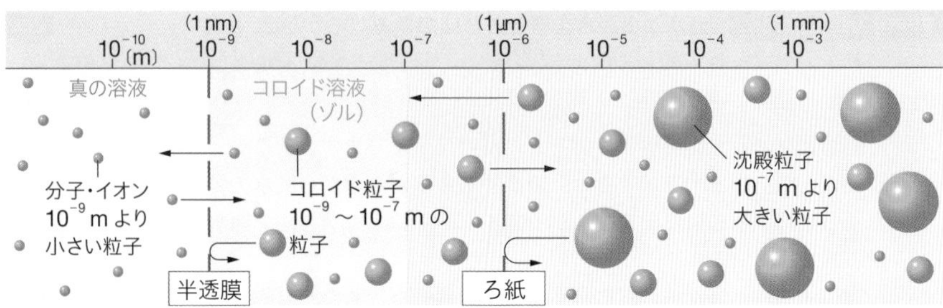

▲図 21　コロイド粒子の大きさ

◉**ゾルとゲル**　ゾルが流動性を失い全体が固まった状態を **ゲル**(gel) といい，ゲルをさらに乾燥させたものを **キセロゲル** という。

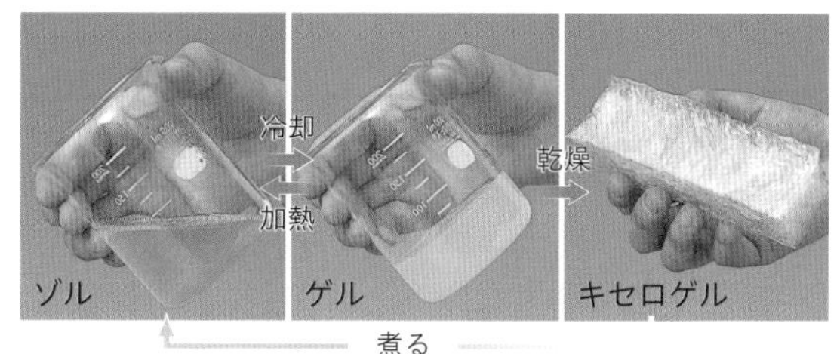

▲図22　寒天におけるゾル・ゲル・キセロゲル

◆コロイド粒子の構成

◉**分散コロイド**　溶媒に溶解しない物質が分散質となったコロイドを **分散コロイド**(dispersion colloid) という。塩化鉄(Ⅲ) $FeCl_3$ の水溶液を多量の沸騰水に加えると，濃い赤褐色のコロイド溶液が得られる。

水酸化鉄(Ⅲ)❷コロイド溶液中には，水素イオンH^+と塩化物イオンCl^-が共存している。

▲図23　水酸化鉄(Ⅲ)コロイド溶液

❷　水酸化鉄（Ⅲ）は条件によって組成は異なるが，FeO(OH) などの鉄の酸化物が含まれる混合物である。

◉**ミセルコロイド(会合コロイド)**　セッケン水は，ある濃度でセッケンの脂肪酸イオンが集まり，コロイド溶液になる。このような粒子の集まりを **ミセル**(micelle) といい，ミセルをつくるコロイドを **ミセルコロイド**(micelle colloid) または **会合コロイド**(association colloid) という。

◉**分子コロイド**　デンプンなどの多糖や，卵白などのタンパク質は，分子 1 個がコロイド粒子の大きさなので，水に溶かしただけでコロイド溶液になる。このようなコロイドを **分子コロイド**(molecular colloid) という。

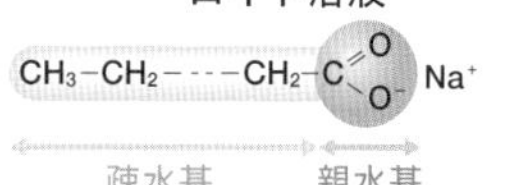

脂肪酸イオン

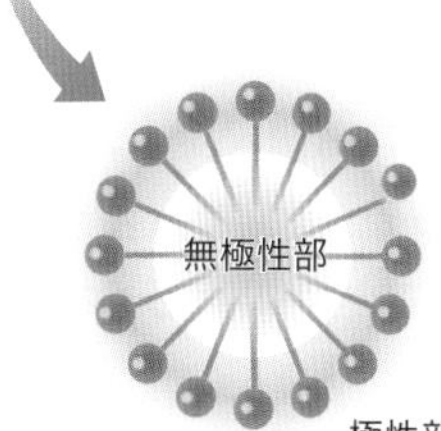

▲図24　ミセルコロイド

B　コロイド溶液の精製と性質

◆**透析**　コロイド粒子は半透膜を通過しないので，半透膜を用いると，それを通るイオンや分子などの溶質をコロイド溶液から分離できる(コロイド溶液の精製)。この操作を **透析**(dialysis) といい，血液の人工透析などに利用される。

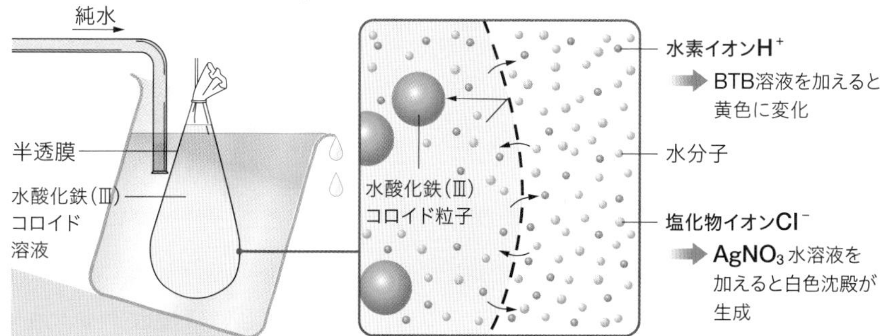

▲図25　水酸化鉄(Ⅲ) コロイド溶液の透析

2章　物質の状態

◆**チンダル現象**　コロイド溶液に強い光線を当てて，光線の進行方向と直角の方から見ると，光の通路が明るく輝いて見える。これは，コロイド粒子によって光が散乱[1]されるためで，**チンダル現象** (Tyndall phenomenon) という。

❶ 光の散乱は，分散している粒子の大きさが可視光の波長（▶p.168）のおよそ $\frac{1}{10}$（10^{-8} ～ 10^{-7} m）以上のときに起こる。

水酸化鉄(Ⅲ)（コロイド溶液）　$CuSO_4$（真の溶液）　うすめた牛乳（コロイド溶液）

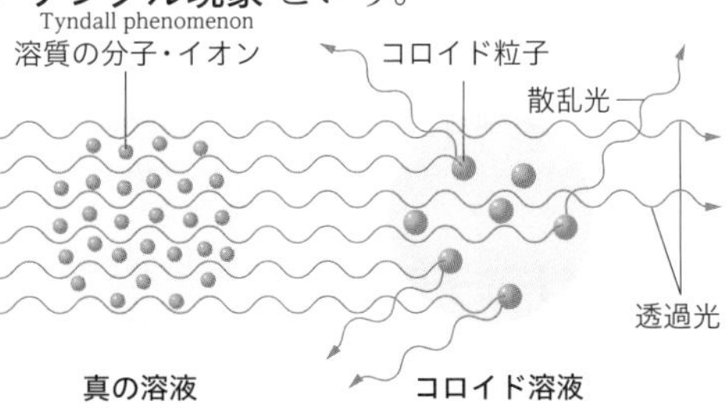

▲図26　チンダル現象　コロイド溶液は濁って半透明である。これは光が散乱されているからである。

◆**ブラウン運動**　限外顕微鏡[2]を用いてコロイド溶液中のコロイド粒子を観察すると，光った粒子が不規則にふるえるようすが見える。これは，分子の熱運動が不規則であるため，分散媒の分子の衝突を受けたコロイド粒子の運動も不規則になって起こる現象で，**ブラウン運動** (Brownian movement) という。

❷ 側面から光を当て，散乱される光を観察する顕微鏡を **限外顕微鏡** という。

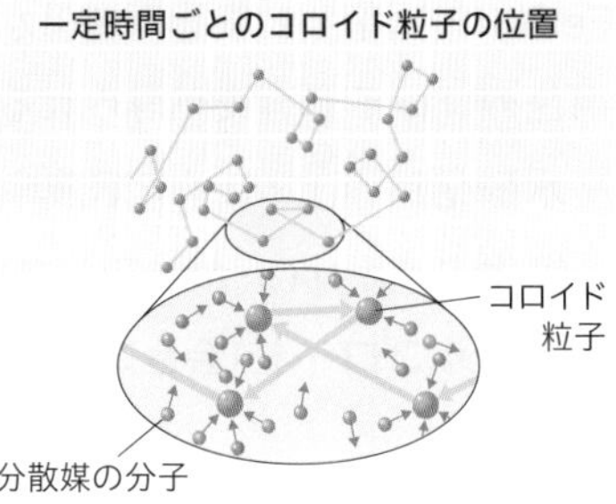

▲図27　ブラウン運動

◆**電気泳動**　ある種のコロイド溶液をU字管に入れて2本の電極を直流電源につなぐと，電荷を帯びたコロイド粒子が電極の一方に引かれて移動する。この現象を **電気泳動** (electrophoresis) という。電気泳動は，アミノ酸の分析やDNA鑑定などに利用されている。

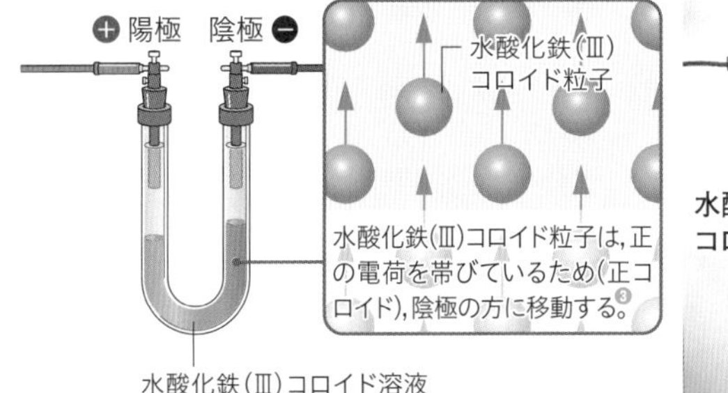

水酸化鉄(Ⅲ)コロイド溶液

▲図28　水酸化鉄(Ⅲ)コロイド溶液の電気泳動

❸ 硫黄や粘土などのコロイド粒子の場合は，負の電荷を帯びており（負コロイド），陽極の方へ移動する。

◆**凝析**　電気泳動の現象からわかるように，コロイド粒子の中には表面に同種の符号の電荷を帯びており，互いに電気的に反発するため集まりにくく，沈殿しないでコロイド状態を保つものがある。ところが，コロイド溶液に少量の電解質溶液を加えると，電解質から生じるイオンの影響で，コロイド粒子の表面の電荷が打ち消されて，コロイド粒子は互いに接近するようになる。その結果，コロイド粒子は集合し，大きな粒子となって沈殿する。この現象を **凝析** (coagulation) という。**コロイド粒子と反対の電荷をもち，価数の大きなイオンは，凝析を起こしやすい。**凝析は，河川水の浄化などに利用されている。

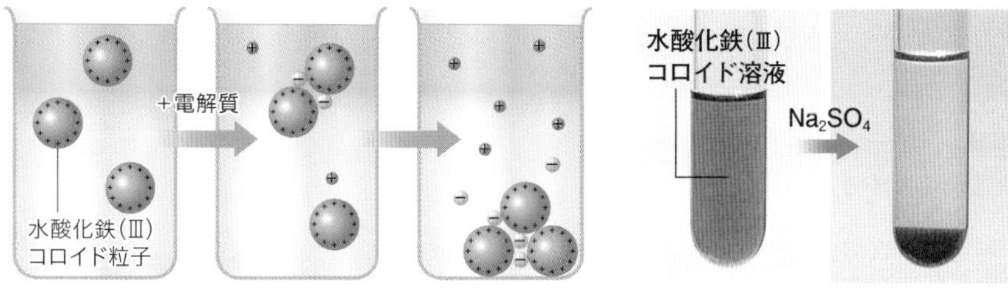

▲図29　水酸化鉄(Ⅲ)コロイド溶液の凝析

問5. 河川の泥水はおもに負に帯電したコロイド粒子からなる。これを浄化するには，次のどの物質を加えるのが最も有効か。
(a) NaCl (b) $MgCl_2$ (c) Na_2SO_4 (d) Na_3PO_4 (e) $Al_2(SO_4)_3$

C 疎水コロイドと親水コロイド

◆疎水コロイド　水との親和力が小さく，電解質溶液を少量加えたとき凝析を起こしやすいコロイドを **疎水コロイド**（hydrophobic colloid）という。水酸化鉄(Ⅲ)のコロイド粒子はその例である。

◆親水コロイド　水との親和力が大きく，電解質溶液を少量加えても凝析しないコロイドを **親水コロイド**（hydrophilic colloid）という。親水コロイドの粒子には多数の水分子が水和して強く結びついているため，イオンの電荷の影響を受けにくい。しかし，多量の電解質を加えると，水和している水分子が引き離され，コロイド粒子が集合して分離する。この現象を **塩析**④（salting out）という。

④ コロイドに電解質を加えた量だけで凝析と塩析を区別することは難しいため，どちらも凝集ということもある。

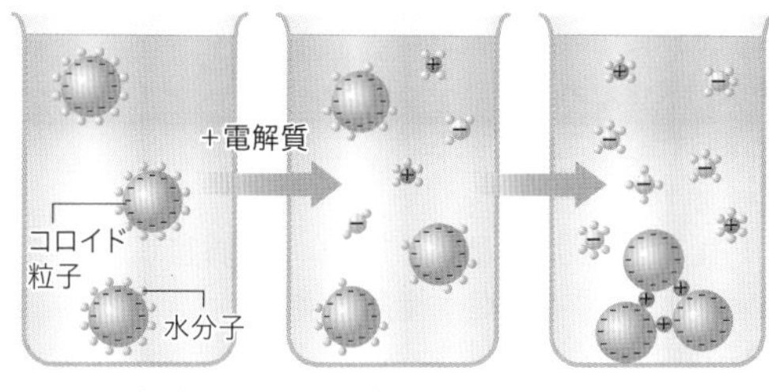

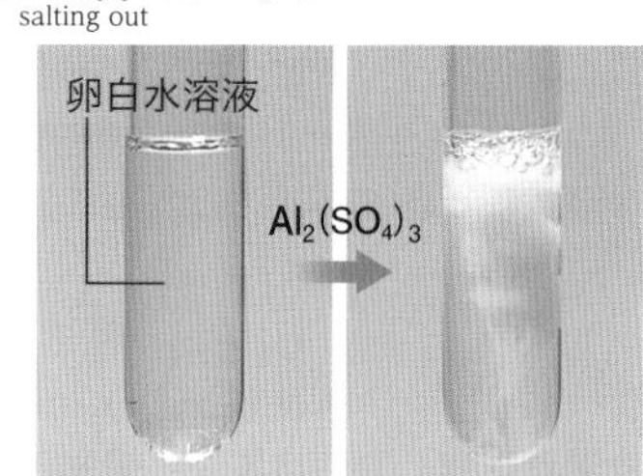

▲図30　親水コロイドと塩析

◆保護コロイド　疎水コロイドの溶液に親水コロイドの溶液を加えると，疎水コロイドの粒子が親水コロイドの粒子によって囲まれ凝析しにくくなる。このような作用をもつ親水コロイドを **保護コロイド**（protective colloid）という。

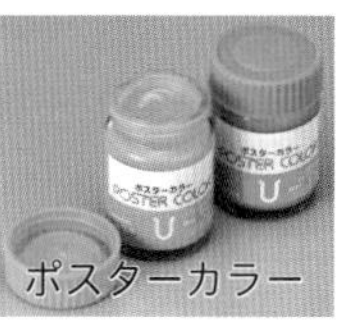

▲図31　保護コロイドの利用　墨汁は，炭素のコロイド溶液で，保護コロイドとしてにかわを加えてある。ポスターカラーには，アラビアゴムなどが添加されている。

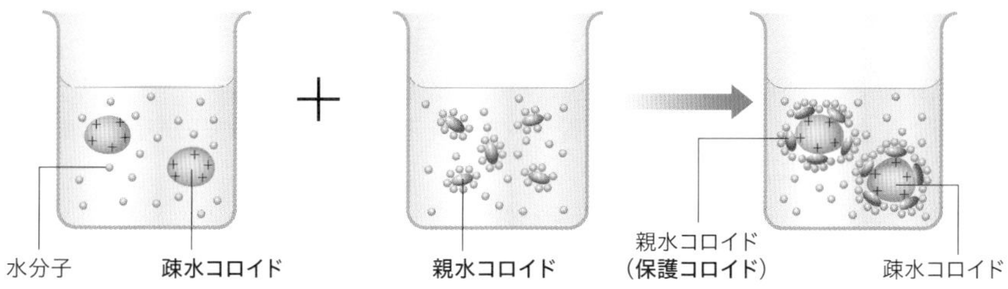

▲図32　保護コロイド

2章 物質の状態

まとめ

1. 溶解

●溶解のしやすさ

溶質・溶媒の粒子間の引力の強さ ≧ 溶質粒子どうしの引力および溶媒粒子どうしの引力の強さ ➡ **溶解しやすい**

2. 溶解度と溶解平衡

●固体の溶解

溶解度：溶媒 100 g に溶かすことができる溶質の質量（g 単位）の最大の数値。水和物の溶解度は，水 100 g に溶けている無水物の質量（g）で表す。

●気体の溶解

溶解度：溶媒 1 L に溶ける気体の体積〔L〕を，0 ℃，1.013×10^5 Pa での体積に換算した値。

ヘンリーの法則：溶解度の小さい気体では，一定温度のもとで一定量の溶媒に溶け込む気体の質量は，その気体の圧力に比例する。

3. 希薄溶液の性質

●**蒸気圧降下**　溶液の蒸気圧は，純溶媒の蒸気圧よりも**低く**なる。

●**沸点上昇と凝固点降下**　不揮発性物質の希薄溶液の沸点は，純溶媒の沸点よりも**高く**なり，凝固点は，純溶媒の凝固点よりも**低く**なる。

$$\Delta t = Km$$

Δt〔K〕：沸点上昇度　または，凝固点降下度

m〔mol/kg〕：質量モル濃度

K：**モル沸点上昇** K_b〔K･kg/mol〕　または，

モル凝固点降下 K_f〔K･kg/mol〕

●**浸透圧**　希薄溶液では，**モル濃度**と**絶対温度**に比例する。

$$\Pi V = nRT$$ （ファントホッフの法則）

Π〔Pa〕：浸透圧　V〔L〕：溶液の体積　n〔mol〕：物質量

R〔Pa･L/(K･mol)〕：気体定数　T〔K〕：絶対温度

●**沸点上昇，凝固点降下，浸透圧と分子量**

沸点上昇，凝固点降下と分子量：$M = \dfrac{K\,[\mathrm{K \cdot kg/mol}] \times w\,[\mathrm{g}]}{W\,[\mathrm{kg}] \times \Delta t\,[\mathrm{K}]}$

浸透圧と分子量：$M = \dfrac{wRT}{\Pi V}$

（以上）モル質量 M (g/mol) から分子量が求まる

4. コロイド溶液の性質

●**コロイド**：コロイド粒子（直径 10^{-9} ～ 10^{-7} m 程度）が，均一に分散している状態。

●**コロイド溶液の性質**

透析：半透膜などを用いて，コロイド溶液を分離・精製する。

チンダル現象：コロイド中で光の通路が明るく輝いて見える。

ブラウン運動：熱運動している分散媒の分子がコロイド粒子に衝突するために起こる，コロイド粒子の不規則な運動。

電気泳動：コロイド粒子が電極に引かれて移動する。

凝析：疎水コロイドに少量の電解質溶液を加えると，コロイド粒子が互いに集合して沈殿する。

塩析：親水コロイドに多量の電解質溶液を加えると，沈殿する。

論述問題　2章　3節

1 冷却曲線　溶媒だけのときと溶液の状態のときでは，温度と冷却時間の関係をグラフにすると，グラフが異なる。特に冷却している際に，溶媒だけだと温度が一定になる区間があるのに対し，溶液では冷却とともに徐々に温度が低下する。その理由を答えよ。

point 凝固にともない，溶液の濃度が大きくなる。(▶ p.124)

節末問題　2章　3節

1 固体の溶解度　40 ℃の硝酸カリウム飽和水溶液 100 g を 20 ℃に冷却したとき，析出する硝酸カリウムの結晶は何 g か。ただし，20 ℃，40 ℃における硝酸カリウムの溶解度をそれぞれ 31.6，63.9 とする。

2 気体の溶解度　p.120 表 1 は，さまざまな気体が，分圧 1.013×10^5 Pa のとき水 1.0 L に溶ける体積を，0 ℃，1.013×10^5 Pa に換算した値で示している。20 ℃で 1.013×10^5 Pa の空気が水に接しているとき，この水 1.0 L に溶けている窒素と酸素の質量を求めよ。ただし，空気は N_2 と O_2 のみからなり，分子数比は $N_2 : O_2 = 4.0 : 1.0$ であるとする。

3 希薄溶液の性質　次の(1)～(3)の記述は，蒸気圧降下，沸点上昇，凝固点降下，浸透圧のうち，どの現象に関係が深いか。

(1)　草花を食塩水に入れると，しおれる。
(2)　水にエチレングリコールを溶かした水溶液を，不凍液として使う。
(3)　海水でぬれた布は，乾きにくい。

4 凝固点降下　次の問いに答えよ。

(1)　次の(a)～(c)の物質について，それぞれ同じ質量を一定量の水に溶かした水溶液がある。凝固点の低い順に並べよ。
(a)　グルコース $C_6H_{12}O_6$　(b)　尿素 $(NH_2)_2CO$　(c)　スクロース $C_{12}H_{22}O_{11}$

(2)　次の(d)～(f)の物質について，それぞれ同じ物質量を一定量の水に溶かした水溶液がある。凝固点の低い順に並べよ。ただし，電解質は完全に電離するものとする。
(d)　塩化カルシウム $CaCl_2$　(e)　尿素 $(NH_2)_2CO$
(f)　塩化ナトリウム NaCl

5 コロイド　次の(a)～(f)のうち，コロイドでないものをすべて答えよ。

(a)　牛乳　(b)　絵の具　(c)　砂糖水　(d)　ムースの泡
(e)　食塩水　(f)　マヨネーズ

6 コロイドの性質　次の(1)～(3)の記述は，チンダル現象，凝析，塩析，電気泳動のうち，どの現象に関係が深いか。

(1)　雲や霧の中を強い光が通るとき，光の進路が明るく輝いて見える。
(2)　煙突に直流電圧をかけることで，すすと煙が除去できる。
(3)　大きな河川の河口付近に三角州が形成される。

1 メタン 6.40 g と窒素 8.40 g と水素 1.60 g を混合し，0 ℃，1.013×10^5 Pa に保った。次の(1)，(2)に有効数字 3 桁で答えよ。

(1) 窒素の分圧は何 hPa か。

(2) 混合気体の体積は何 L か。

2 次の(1)，(2)の問いに答えよ。

(1) 27 ℃において，内容積 1.0 L の容器 A と内容積 0.50 L の容器 B がコックで接続されている。容器 A に圧力 1.0×10^5 Pa の二酸化炭素を，容器 B に圧力 2.0×10^5 Pa の窒素を充塡(てん)した。その後コックを開き両気体を混合した。気体は理想気体とする。ただし，接続部の内容積は無視できるものとする。
① 混合気体の圧力と，② 二酸化炭素および窒素のモル分率を求めよ。

(2) 水およびエタノールの 15 ℃での密度は，それぞれ 1.0 g/cm^3，0.80 g/cm^3 である。

① 水とエタノール各 1 mol の体積から，その合計体積を求めよ。

② 水とエタノール各 1 mol を混ぜ合わせた混合溶液の密度は，0.90 g/cm^3 であった。この混合溶液の体積を求めよ。

3 水 500 g に塩化ナトリウム 5.85 g を溶解した。これについて，次の各問いに答えよ。ただし，水のモル凝固点降下は 1.85 K･kg/mol であり，塩化ナトリウムは水溶液中で完全に電離するものとする。

(1) この水溶液の凝固点は何 ℃か。

(2) この水溶液を −1.00 ℃まで冷却すると，水は何 g できるか。

(3) この水溶液の温度を −1.00 ℃に保ったまま，塩化ナトリウムを加えていくと，何 g 加えたところで氷が全部溶けるか。

4 コロイドに関する次の記述①～⑤のうち誤りを含むものを選び，誤りの理由を述べよ。

① 親水コロイドを塩析させるためには，少量の電解質を加えるだけでよい。

② 疎水コロイドを凝析させるためには，コロイドと反対の電荷をもつ多価イオンの溶液を加えるのが有効である。

③ 保護コロイドを加えると，疎水コロイドが親水コロイドに似た性質を示すようになる。

④ チンダル現象を利用して，水の濁りの度合いを測ることができる。

⑤ 透析とは，半透膜を用いて，コロイド溶液から小さな分子やイオンを除く操作である。

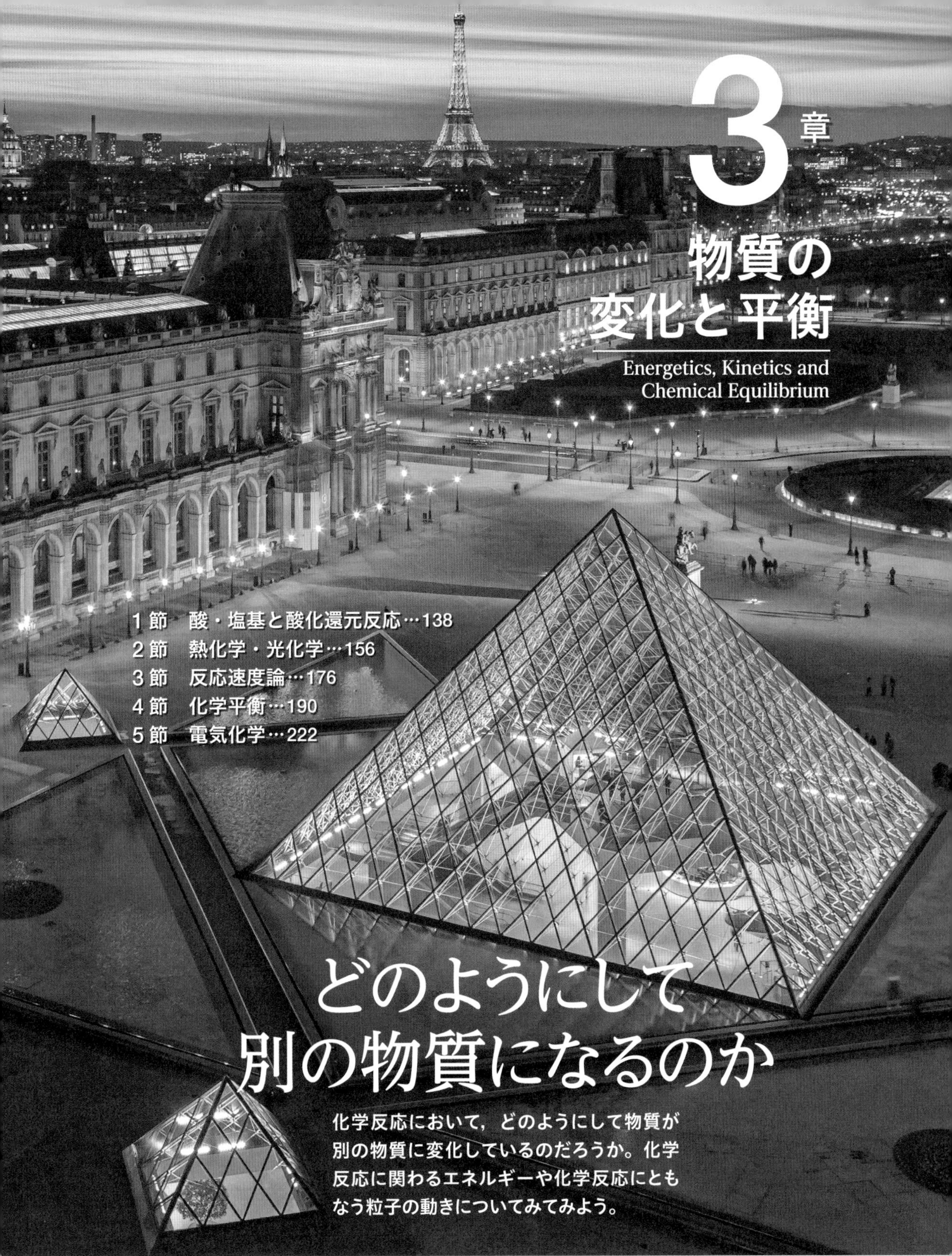

3章 物質の変化と平衡

Energetics, Kinetics and Chemical Equilibrium

どのようにして別の物質になるのか

化学反応において，どのようにして物質が別の物質に変化しているのだろうか。化学反応に関わるエネルギーや化学反応にともなう粒子の動きについてみてみよう。

ルーブル美術館のガラス製ピラミッド（フランス）
「モナ・リザ」をはじめとするさまざまな美術品や古代文明の資料を保管している美術館。入場口のガラス製のピラミッドには，光によって汚れの分解を促進する光触媒が用いられている。

火山活動で生じた酸性湖（カワイジェン火山）

1節 酸・塩基と酸化還元反応

Acids and Bases and Oxidation-Reduction Reactions

Beginning

1 食品を保存するために酢漬けにするのはなぜか？
2 水道水に含まれる塩素はどのような働きをしてるのだろうか？

1 酸・塩基

Beginning 1

A 酸・塩基

◆酸性　塩化水素 HCl や硫酸 H_2SO_4 の水溶液は，青色リトマス紙を赤色に変色させるなどの **酸性**(acidic)[1] という共通の性質をもつ。酸性を示す物質を **酸**(acid) という。

◆塩基性　水酸化ナトリウム NaOH や水酸化カルシウム $Ca(OH)_2$ の水溶液は，酸の水溶液と反応して酸性を打ち消すなどの **塩基性**(basic) という共通の性質をもつ。塩基性を示す物質を **塩基**(base)[2]という。

酸 Acid	塩基 Base
●酸味を示す。 ●青色リトマス紙を赤色に，BTB溶液を黄色に変色させる。 ●マグネシウム Mg や亜鉛 Zn などの金属と反応して水素を発生させる。	●酸と反応して酸性を打ち消す。 ●赤色リトマス紙を青色に，BTB溶液を青色に，フェノールフタレイン溶液を赤色に変色させる。

▲図1　身近な酸，塩基とその性質

❶ 酸と塩基を最初に定義したのはボイル（イギリス，1627~1691）である。1664年に植物色素，特にリトマスゴケの色素を赤く変色させる物質を酸，その酸の性質を打ち消す性質をもつ物質をアルカリと明確に定義した。

リトマスゴケ(標本)

❷ 塩基のうち，水に溶けやすいものを **アルカリ** とよび，その性質を **アルカリ性** ということがある。

B 酸・塩基の定義

◆アレニウスの定義　酸や塩基の水溶液は電流を通す。これは，それぞれの水溶液にイオンが存在するからである。1887年，アレニウス(Arrhenius)(スウェーデン，1859 ~ 1927)は，酸・塩基を次のように定義した。

Key concept　アレニウスの定義

- 酸とは，水溶液中で**水素イオン H^+ を生じる**物質である。
- 塩基とは，水溶液中で**水酸化物イオン OH^- を生じる**物質である。

アレニウス

◆酸と水素イオン

塩化水素 HCl，硫酸 H_2SO_4，酢酸 CH_3COOH の水溶液が酸性を示すのは，これらの酸が水溶液中で電離して，水素イオン H^+ を生じるためである。

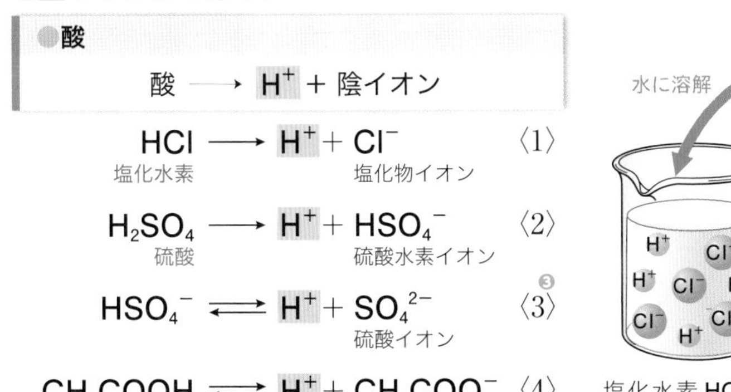

●酸

酸 ⟶ H^+ + 陰イオン

$$\underset{\text{塩化水素}}{HCl} \longrightarrow H^+ + \underset{\text{塩化物イオン}}{Cl^-} \quad \langle 1 \rangle$$

$$\underset{\text{硫酸}}{H_2SO_4} \longrightarrow H^+ + \underset{\text{硫酸水素イオン}}{HSO_4^-} \quad \langle 2 \rangle$$

$$HSO_4^- \rightleftarrows H^+ + \underset{\text{硫酸イオン}}{SO_4^{2-}} \quad \langle 3 \rangle$$ ❸

$$\underset{\text{酢酸}}{CH_3COOH} \rightleftarrows H^+ + \underset{\text{酢酸イオン}}{CH_3COO^-} \quad \langle 4 \rangle$$

塩化水素 HCl の水溶液を塩酸といい，HCl 分子は，水に溶けると H^+ と Cl^- に電離する。

▲図 2　塩化水素の水溶液(塩酸)中での電離

H^+ は，実際には，水溶液中では水 H_2O と結合して，オキソニウムイオン H_3O^+ ❹❺ として存在している。▶p.68 たとえば，塩化水素が電離する式は，厳密には次のように表される。

$$HCl + H_2O \longrightarrow H_3O^+ + Cl^- \quad \langle 5 \rangle$$

ただし，ふつう H_3O^+ は，H^+ と表すことが多い。

問 1.　硝酸 HNO_3 の水溶液中での電離をイオン反応式で表せ。▶p.44

◆塩基と水酸化物イオン

水酸化ナトリウム NaOH，水酸化カルシウム $Ca(OH)_2$ などの塩基は，水溶液中で電離して水酸化物イオン OH^- を生じる。

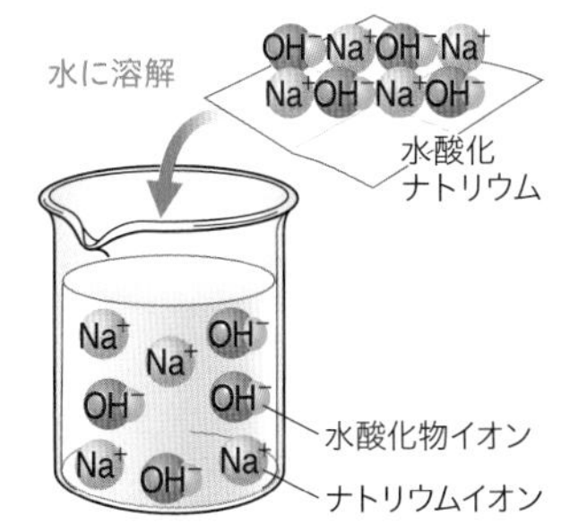

固体の NaOH が水に溶けると，Na^+ と OH^- に電離する。

▲図 3　水酸化ナトリウムの水溶液中での電離

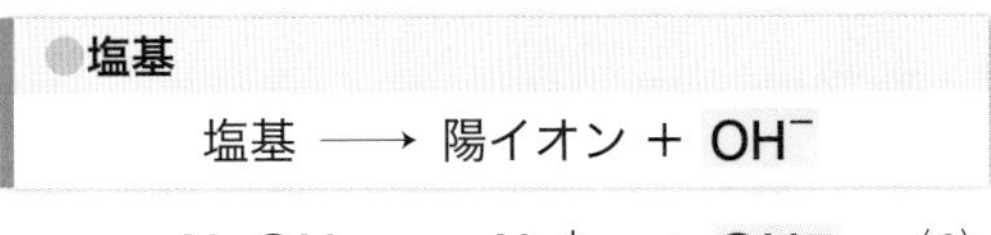

●塩基

塩基 ⟶ 陽イオン + OH^-

$$\underset{\text{水酸化ナトリウム}}{NaOH} \longrightarrow \underset{\text{ナトリウムイオン}}{Na^+} + OH^- \quad \langle 6 \rangle$$

$$\underset{\text{水酸化カルシウム}}{Ca(OH)_2} \longrightarrow \underset{\text{カルシウムイオン}}{Ca^{2+}} + 2OH^- \quad \langle 7 \rangle$$

アンモニア NH_3 は，水に溶けると，一部のアンモニア分子が水と反応して，水酸化物イオン OH^- を生じるので，塩基である。

$$\underset{\text{アンモニア}}{NH_3} + H_2O \rightleftarrows \underset{\text{アンモニウムイオン}}{NH_4^+} + OH^- \quad \langle 8 \rangle$$ ❻

問 2.　水酸化バリウム $Ba(OH)_2$ の水溶液中での電離をイオン反応式で表せ。

---

❸　硫酸 H_2SO_4 は 2 段階に電離する。式〈2〉，〈3〉をまとめてかくと $H_2SO_4 \longrightarrow 2H^+ + SO_4^{2-}$ となる。また，右向きに反応したり左向きに反応したりする状態を ⇄ のように表す。

❹　H^+ と H_2O が結合して，H_3O^+ が生成するとき，H^+ と H_2O の結合を**配位結合**という(▶p.68)。

❺　正式には，**ヒドロキソニウムイオン**という。水溶液中の水素イオンは H^+ としては単独で存在していない。水分子と結合してヒドロキソニウムイオン H_3O^+ を形成している。周囲に水分子が多数存在するので，つねに(10^{-13} 秒くらいの間に)結合の相手を換えている。通常は，このことを理解した上で H_3O^+ を H^+ と略記する。

❻　H^+ と NH_3 が結合して，NH_4^+ が生成するとき，H^+ と NH_3 の結合を配位結合という(▶p.68)。

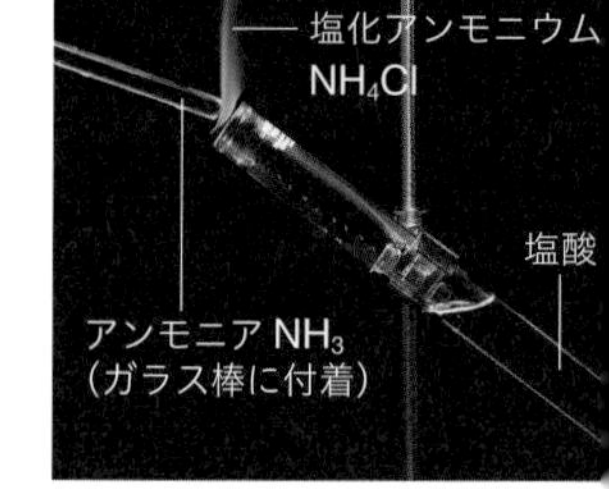

▲図4　HClとNH_3の反応

◆ H^+ の授受による酸・塩基の定義　空気中で塩化水素HClとアンモニアNH_3の気体を接触させると，塩化アンモニウムNH_4Clの白煙(NH_4^+ と Cl^- からなるイオン結晶の微粒子)が生じる。

$$HCl + NH_3 \longrightarrow NH_4Cl \qquad \langle 9 \rangle$$

この反応では，酸であるHClが塩基であるNH_3にH^+を与え，H^+を受け取ったNH_3がNH_4^+になっている。1923年，ブレンステッド(Brønsted)(デンマーク，1879～1947)とローリー(Lowry)❶(イギリス，1874～1936)は，水素イオンH^+の授受で酸・塩基を定義した。

❶　その他の酸・塩基の定義を紹介する。
ルイスは，電子の動きに着目して，酸は電子対を受け取るもの，塩基は電子対を提供するものと定義した（ルイスの酸・塩基）。この考え方は広い視野に立っている。たとえば，水素イオンH^+は電子対を受け取るから酸であり，O^{2-}，OH^-，NH_3は電子対を相手に与えるから塩基である。また，水素イオンが関係しない酸もありうることを示している。ルイスの酸・塩基は，電子式で表すと理解しやすい。一般的には，酸Aと塩基 :Bとの反応は次のように表される。
A ＋ :B ⟶ A:B
このほかに，ピアソンは，1963年に物質の硬さと軟らかさという概念で酸・塩基を分類する方法を提案している。

Key concept　ブレンステッド・ローリーの定義(H^+ の授受による定義)

- 酸とは，相手に**水素イオンH^+を与える**物質である。
- 塩基とは，相手から**H^+を受け取る**物質である。

この定義は，水以外の溶媒中や気体どうしのH^+の授受にも適用できる。

HClの水への溶解では，HClがH_2OにH^+を与えているので，HClが酸で，H^+を受け取るH_2Oが塩基である。

$$HCl + H_2O \longrightarrow H_3O^+ + Cl^- \qquad \langle 10 \rangle$$

酸　塩基　H^+

また，NH_3の水への溶解の場合，右向きの反応では，NH_3が塩基でH_2Oが酸，左向きの反応では，NH_4^+が酸でOH^-が塩基となる。

$$NH_3 + H_2O \rightleftarrows NH_4^+ + OH^- \qquad \langle 11 \rangle$$

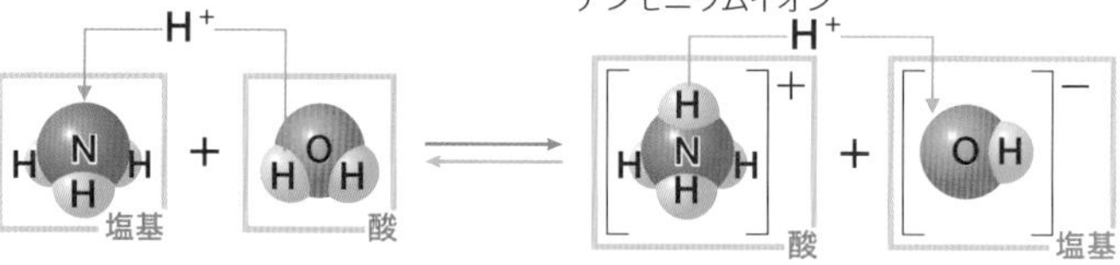

問3.　次の反応のうち水が酸として働いているものはどれか。
(1)　$HNO_3 + H_2O \longrightarrow H_3O^+ + NO_3^-$
(2)　$CO_3^{2-} + H_2O \rightleftarrows HCO_3^- + OH^-$

C 酸・塩基の価数

◆酸の価数　酸の化学式のうち，電離して水素イオンH^+となることができる水素原子の数をその**酸の価数**(degree of acidity)という。たとえば，塩化水素HClや酢酸CH_3COOHは1価の酸，硫酸H_2SO_4は2価の酸である。

◆塩基の価数　塩基では，化学式に含まれる水酸化物イオン OH^- の数(または，受け取ることができる H^+ の数)をその **塩基の価数**(degree of basicity) という。水酸化ナトリウム NaOH は1価の塩基，水酸化カルシウム $Ca(OH)_2$ は2価の塩基である。アンモニア NH_3 など OH^- を含まない塩基は，分子1個が受け取ることができる H^+ の数が価数であるため，NH_3 は1価の塩基である。

▼表1　酸・塩基の価数による分類

酸	化学式	価数	塩基	化学式
塩化水素(塩酸) 硝酸 酢酸	HCl HNO_3 CH_3COOH	1価	水酸化ナトリウム 水酸化カリウム アンモニア	NaOH KOH NH_3
硫酸 シュウ酸*	H_2SO_4 $(COOH)_2$	2価	水酸化カルシウム 水酸化バリウム	$Ca(OH)_2$ $Ba(OH)_2$
リン酸	H_3PO_4	3価	水酸化アルミニウム**	$Al(OH)_3$ ❷

＊$H_2C_2O_4$ とも表す。　＊＊酸と反応するが，塩基とも反応する。

❷ 3価の塩基の例として，以前は $Fe(OH)_3$ が掲載されていたが，この組成式のみで表される物質は現時点で合成されていない。

Note

1価の酸である酢酸

酢酸の構造は，

$$\mathrm{H{-}\overset{\displaystyle H}{\underset{\displaystyle H}{C}}{-}\underset{\displaystyle O}{\underset{\|}{C}}{-}O{-}H}$$

と表される。酸素原子に結合した水素原子Hのみが電離し，H^+ となるため，1価の酸である。

参考　酸素とオキソ酸　歴史

硫酸やリン酸など，分子内に酸素を含む酸が数多く存在する。そもそも酸素が「酸の素(もと)」という元素名になったのはなぜだろうか。

●**酸素という元素名**　18世紀末に質量保存の法則を確立したラボアジエ(フランス，1743〜1794)は，硫黄やリンなどの燃焼実験をくり返し，酸が生成することを確かめ，燃焼に必要な気体が酸の生成に不可欠と考えた。この燃焼に必要な気体を，「酸を生じる」というギリシア語から，元素として酸素(Oxygen)と命名した。しかし，まもなく塩化水素などの酸素を含まない酸があることがわかった。

●**酸素を含む酸：オキソ酸**　中心原子Xに酸素原子がいくつか結合し，その酸素原子の一部または全部に水素が結合していて，その水素が H^+ となって電離する酸を **オキソ酸**(oxoacid)(酸素酸)という。オキソ酸には塩素酸 $HClO_3$(X = Cl)，硫酸 H_2SO_4(X = S)，リン酸 H_3PO_4(X = P)などがある。

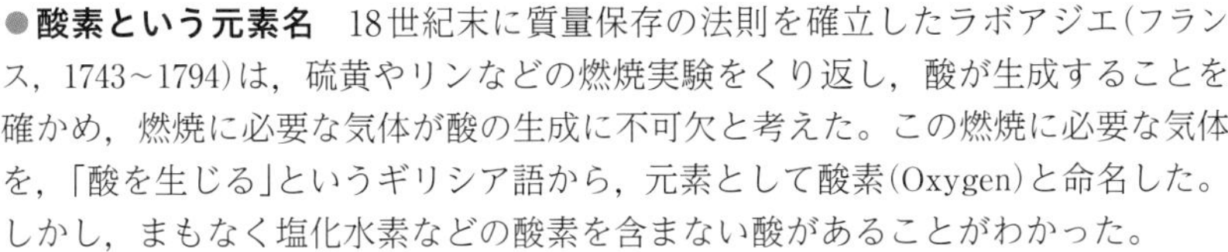

オキソ酸では，中心原子と結合した −OH 基以外のO原子の数が多いほど水溶液の酸性が強くなる傾向がある。

D　酸・塩基の強弱

◆電離度 QR　水に溶かした酸や塩基のような電解質のうち，電離したものの割合を **電離度**❸(degree of electrolytic dissociation) という。電離度 α(アルファ) は次のように表される。

$$\text{電離度}\,\alpha = \frac{\text{電離した電解質の物質量(またはモル濃度)}}{\text{溶解した電解質の物質量(またはモル濃度)}} \quad (0 < \alpha \leqq 1) \qquad \langle 12 \rangle$$

問4.
(1) 0.20 mol/L のある1価の酸において，水溶液の水素イオンのモル濃度は，1.0×10^{-3} mol/L である。このときの酸の電離度を求めよ。
(2) 25 ℃，0.10 mol/L 酢酸水溶液中の酢酸の電離度は α = 0.017 である。この水溶液の水素イオンのモル濃度を求めよ。

❸ 25 ℃，0.10 mol/L 酢酸水溶液中の酢酸の電離度は α = 0.017(1.7 %)で，水に溶けている酢酸分子1000個中17個が電離して H^+ と CH_3COO^- になり，残りの983個は電離していない。電離度は濃度や温度によっても変化する。

◆酸・塩基の強弱　水溶液中で，ほぼすべての溶質が電離する酸や塩基を **強酸**(strong acid)，**強塩基**(strong base) という。また，水溶液中でごく一部の溶質しか電離しない酸や塩基を **弱酸**(weak acid)，**弱塩基**(weak base) という。酸・塩基の強弱は，酸・塩基の価数にまったく関係なく，水に溶けたときの電離度が大きければ強酸・強塩基となる。

- 強酸　例：$HCl \longrightarrow H^+ + Cl^-$　ほぼ完全に電離($\alpha \fallingdotseq 1$)[1]
- 弱酸　例：$CH_3COOH \rightleftarrows H^+ + CH_3COO^-$　約2%が電離($\alpha \fallingdotseq 0.017$)
- 弱塩基　例：$NH_3 + H_2O \rightleftarrows NH_4^+ + OH^-$　約1%が電離($\alpha \fallingdotseq 0.013$)
- 強塩基　例：$NaOH \longrightarrow Na^+ + OH^-$　ほぼ完全に電離($\alpha \fallingdotseq 1$)

❶ ここでの電離度αは，25℃，0.10 mol/L の水溶液の値である。

▼表2　酸・塩基の価数と強弱

強酸	弱酸	価数	弱塩基	強塩基
HCl　塩化水素 HNO_3　硝酸	HF　フッ化水素 CH_3COOH　酢酸	1価	NH_3　アンモニア	$NaOH$　水酸化ナトリウム KOH　水酸化カリウム
H_2SO_4　硫酸	H_2S　硫化水素 CO_2*　二酸化炭素 $(COOH)_2$　シュウ酸	2価	$Mg(OH)_2$***　水酸化マグネシウム $Cu(OH)_2$***　水酸化銅(Ⅱ) $Fe(OH)_2$***　水酸化鉄(Ⅱ)	$Ca(OH)_2$　水酸化カルシウム $Ba(OH)_2$　水酸化バリウム
	H_3PO_4**　リン酸	3価	$Al(OH)_3$***　水酸化アルミニウム	

＊二酸化炭素の水溶液は炭酸水とよばれ，弱酸性を示す。　$H_2O + CO_2 \rightleftarrows H_2CO_3$
＊＊リン酸は，弱酸の中では比較的強い酸であり，中程度の酸といわれる。
＊＊＊$Mg(OH)_2$，$Cu(OH)_2$，$Fe(OH)_2$，$Al(OH)_3$ は，OH^- を含み酸と反応して H^+ を受け取るため塩基であるが，ほとんど水に溶けないため，弱塩基に分類される。

参考　酸性酸化物と塩基性酸化物

CO_2 のように，酸化物には，水と反応して酸性や塩基性を示すものがある。

●**酸性酸化物**　二酸化炭素 CO_2 のように，非金属元素の酸化物には，水に溶けて酸を生じたり，塩基と反応して塩(えん)を生じたりするものが多い。このような酸化物を **酸性酸化物**(acidic oxide) という。

《水との反応　→　酸性を示す》　$CO_2 + H_2O \rightleftarrows H_2CO_3$[2]

《塩基との反応　→　塩を生じる》　$CO_2 + 2NaOH \longrightarrow Na_2CO_3 + H_2O$

●**塩基性酸化物**　酸化カルシウム CaO のように，金属元素の酸化物[3]には，水に溶けて塩基を生じたり，酸と反応して塩を生じたりするものが多い。このような酸化物を **塩基性酸化物**(basic oxide) という。

《水との反応　→　塩基性を示す》　$CaO + H_2O \longrightarrow Ca(OH)_2$

《酸との反応　→　塩を生じる》　$CaO + 2HCl \longrightarrow CaCl_2 + H_2O$

❷ 水溶液中では H_2CO_3 はほとんど存在せず，CO_2 で存在するか，電離して HCO_3^- で存在している。

❸ 酸化アルミニウム Al_2O_3 や酸化亜鉛 ZnO などの両性金属の酸化物は，酸とも塩基とも反応する。このような酸化物を**両性酸化物**という。

from Beginning　食品を保存するために酢漬けにするのはなぜか？　家庭

食品が腐る原因の一つに，微生物によるはたらきがあります。微生物によって食品の腐敗が進むと，風味が損なわれるだけでなく，食中毒などを引き起こす原因にもなることがあります。これを防ぐための方法の１つが酢漬けです。食酢は，酢酸 CH_3COOH を 5%(質量%濃度)程度含み，酸性を示します。多くの微生物は，酸性(pH = 約4.0以下)▶p.204参照の環境では繁殖することができないため，**酢漬けにすることで，微生物の繁殖を防ぎ，食品を長持ちさせることができるのです。**

2 中和反応と塩の生成

A 中和反応

◆中和反応　酸と塩基が反応し，それぞれの性質を互いに打ち消しあう反応を **中和反応**，または **中和**(neutralization) という[4]。塩酸と水酸化ナトリウム水溶液は，次式のように反応して，塩化ナトリウムと水が生じる。

[4] 中和反応はエネルギーの放出であり，発熱する（▶p.159）。

$$HCl + NaOH \longrightarrow NaCl + H_2O \quad \langle 13 \rangle$$

水溶液中で電離している物質をイオンで表すと，次のようになる。

$$H^+ + Cl^- + Na^+ + OH^- \longrightarrow Na^+ + Cl^- + H_2O \quad \langle 14 \rangle$$

反応前後で変化していないイオンを両辺から除くと，次式が得られる。

$$H^+ + OH^- \longrightarrow H_2O \quad \langle 15 \rangle$$

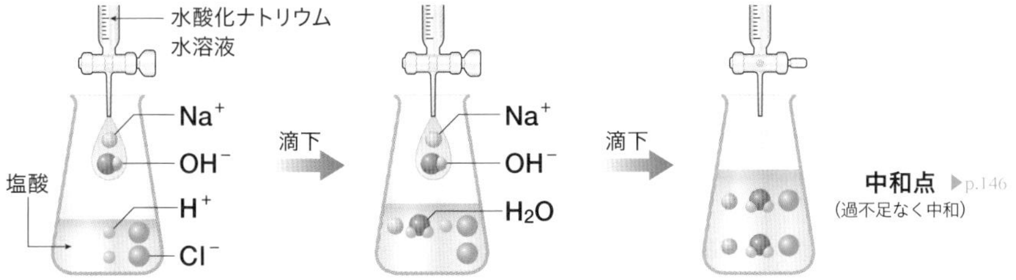

▲図5　塩酸を水酸化ナトリウム水溶液で中和するときのモデル

> 中和反応とは，酸から生じた H^+ と塩基から生じた OH^- が結合し，水 H_2O が生成する反応ということができる。

ただし，アンモニアと塩化水素の中和のように，水が生じない場合もある。

$$NH_3 + HCl \longrightarrow NH_4Cl \quad \langle 16 \rangle$$

2価の酸である硫酸 H_2SO_4 と2価の塩基である水酸化バリウム $Ba(OH)_2$ の中和反応が完全に起こったとき，反応式は次のようになる。

$$H_2SO_4 + Ba(OH)_2 \longrightarrow BaSO_4 + 2H_2O \quad \langle 17 \rangle$$

◆塩　NaCl，NH_4Cl，$BaSO_4$ のように，酸から生じる陰イオンと塩基から生じる陽イオンが結合した化合物を **塩**(えん, salt) という。

問5.　次の酸と塩基を過不足なく中和させたときの化学反応式を書け。
(1) HNO_3 と NaOH　(2) HCl と $Ca(OH)_2$　(3) H_2SO_4 と $Al(OH)_3$

B 塩

◆塩の種類　酸と塩基の中和反応により生成した塩は，その組成により次のように分類される。化学式中に酸の H も塩基の OH も残っていない塩を **正塩**(normal salt)，酸の H が残っている塩を **酸性塩**(acid salt) という。また，化学式中に塩基の OH が残っている塩を **塩基性塩**(basic salt) という。

▼表 3　塩の分類

分類		例			
		塩の名称	組成式	もとの酸	もとの塩基
酸性塩	酸のHが残っている塩	硫酸水素ナトリウム 炭酸水素ナトリウム	$NaHSO_4$ $NaHCO_3$	H_2SO_4 H_2CO_3	NaOH NaOH
正塩	酸のHも塩基のOHも残っていない塩	塩化ナトリウム 酢酸ナトリウム 塩化アンモニウム	NaCl CH_3COONa NH_4Cl	HCl CH_3COOH HCl	NaOH NaOH NH_3
塩基性塩	塩基のOHが残っている塩	塩化水酸化マグネシウム 塩化水酸化銅(Ⅱ)	MgCl(OH) CuCl(OH)	HCl HCl	$Mg(OH)_2$ $Cu(OH)_2$

問6.　リン酸 H_3PO_4 と水酸化ナトリウムの反応によって生じる可能性のある塩の化学式をすべて書け。

C 塩の性質

◆塩の水溶液の性質 ▶p.209, p210　正塩の水溶液であっても，中性ではなく，酸性や塩基性を示すことがある。正塩・酸性塩・塩基性塩という分類は，塩の組成からつけられたものであり，その水溶液の性質とは必ずしも一致しない。

酸性塩の水溶液でも，硫酸水素ナトリウム $NaHSO_4$ は次のように電離し強い酸性を示すが，炭酸水素ナトリウム $NaHCO_3$ は弱い塩基性を示す。

$$NaHSO_4 \longrightarrow Na^+ + HSO_4^- \quad \langle 18 \rangle$$

$$HSO_4^- \rightleftarrows H^+ + SO_4^{2-} \quad \langle 19 \rangle$$

●正塩とその水溶液の性質

正塩の水溶液の性質は，塩の構成イオンによって異なる。

正塩	水溶液	酸 + 塩基	もとの酸	もとの塩基
KNO_3	中　性	強　酸 + 強塩基	HNO_3	KOH
$CaCl_2$			HCl	$Ca(OH)_2$
$(NH_4)_2SO_4$	酸　性	強　酸 + 弱塩基	H_2SO_4	NH_3
$CuCl_2$			HCl	$Cu(OH)_2$
CH_3COONa	塩基性	弱　酸 + 強塩基	CH_3COOH	NaOH
$Na_2C_2O_4$			$(COOH)_2$	NaOH

3 中和滴定

A 中和反応と量的関係

◆中和の量的関係　酸から生じる H^+ の物質量と塩基から生じる OH^- の物質量が等しいとき，酸と塩基は過不足なく中和し，次のような関係がなりたつ。

Key concept　中和反応の量的関係

- a 価の酸の 1 mol は，a mol の H^+ を放出することができる。
- b 価の塩基の 1 mol は，b mol の OH^- を放出することができる。
  （b mol の H^+ を受け取ることができる。）

酸の価数 × 酸の物質量　＝　塩基の価数 × 塩基の物質量
（酸から生じる H^+ の物質量）　（塩基から生じる OH^- の物質量）
（塩基が受け取ることのできる H^+ の物質量）

中和反応の量的関係(濃度・体積)

濃度c〔mol/L〕のa価の酸の水溶液V〔L〕と，濃度c'〔mol/L〕のb価の塩基の水溶液V'〔L〕が，ちょうど中和したとすると，次の関係式がなりたつ。

すなわち，

$$\text{酸からの } H^+ \text{ の物質量} = \text{塩基からの } OH^- \text{ の物質量}$$

$$a \times c \times V = b \times c' \times V'$$

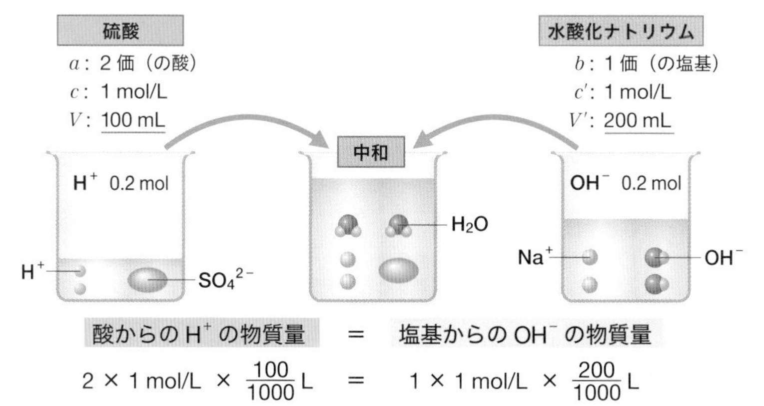

$$\text{酸からの } H^+ \text{ の物質量} = \text{塩基からの } OH^- \text{ の物質量}$$

$$2 \times 1\ \text{mol/L} \times \frac{100}{1000}\text{L} = 1 \times 1\ \text{mol/L} \times \frac{200}{1000}\text{L}$$

例題 1 中和反応の量的関係

濃度のわからない酢酸水溶液10.0 mLの中和に，0.100 mol/L水酸化ナトリウム水溶液17.6 mLを要した。この酢酸水溶液の濃度は何mol/Lか。[1]

解 酢酸水溶液の濃度をc〔mol/L〕とすると，酢酸CH_3COOHは1価の酸で，水酸化ナトリウム$NaOH$は1価の塩基であるから，

$$1 \times c\,〔\text{mol/L}〕 \times \frac{10.0}{1\,000}\text{L} = 1 \times 0.100\ \text{mol/L} \times \frac{17.6}{1\,000}\text{L}$$

これより，酢酸水溶液の濃度$c = 0.176$ mol/L　**答** 0.176 mol/L

類題 1 濃度9.0×10^{-2} mol/Lの硫酸10 mLを0.10 mol/Lの水酸化ナトリウム水溶液で過不足なく中和するとき，必要な水酸化ナトリウム水溶液は何mLか。

B 中和滴定と滴定曲線

◆中和滴定 ▶p147 正確な濃度がわかっている酸(または塩基)と，濃度未知の塩基(または酸)を過不足なく中和させ，中和の量的関係を利用して，中和に要した体積から未知の濃度を求めることができる。このような操作を **中和滴定** (neutralization titration) という。

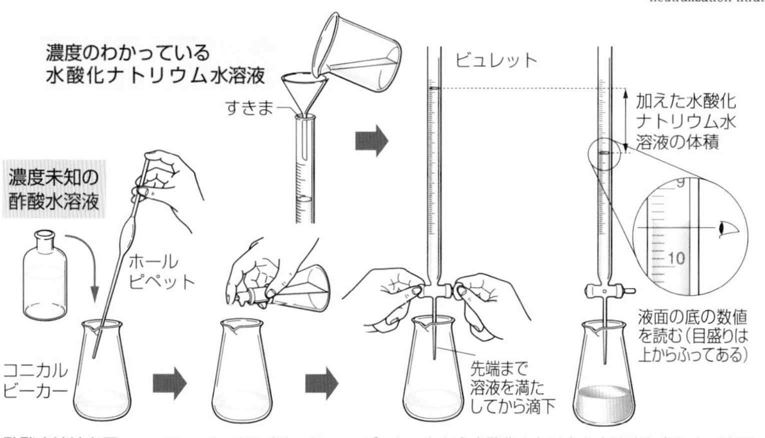

図6 中和滴定による酢酸水溶液の濃度決定

---

❶ **酸・塩基の強弱と中和反応** 1価の強酸である塩化水素HCl 1 molを，水酸化ナトリウムNaOHのような強塩基で過不足なく中和する場合，HCl 1 molはH^+ 1 molを放出することができる。

一方，1価の弱酸である酢酸CH_3COOH 1 molを水酸化ナトリウムで過不足なく中和する場合を考える。酢酸は電離度が小さいため，ほとんどが酢酸分子として存在しており，水溶液中のH^+の量は少ない。しかし，中和反応でH^+が消費されるにつれて，酢酸分子が次々と電離してH^+を生じる。中和反応と電離をくり返すことで，最終的に，酢酸1 molはH^+ 1 molを放出することができる。また，弱塩基についても同様のことがいえる。したがって，中和反応の量的関係には次のことがいえる。

中和反応の量的関係には，酸・塩基の強弱は関係ない。

（▶p.195 平衡移動）

参考 中和滴定に使用する器具の扱い方

中和滴定によって，濃度未知の酸または塩基の水溶液の濃度を正確に決定するために，実験器具を正しく用いる必要がある。

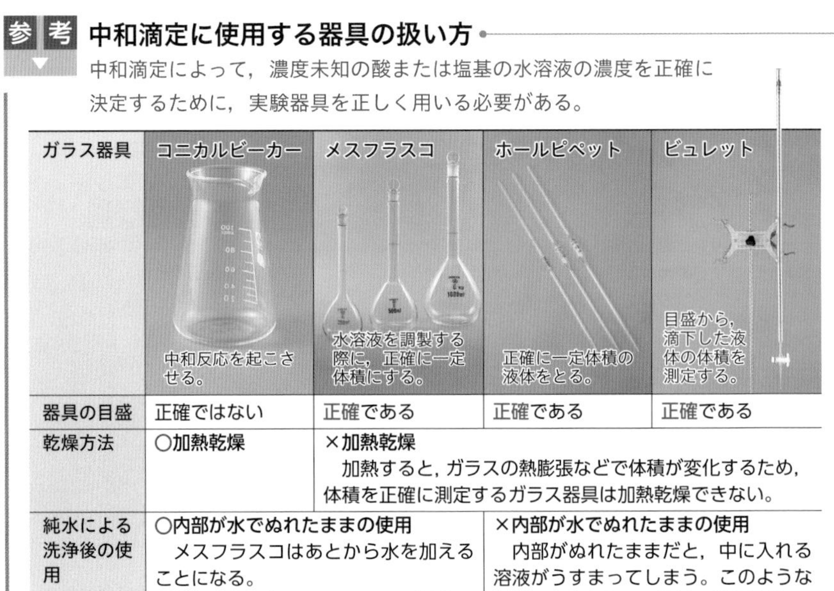

ガラス器具	コニカルビーカー	メスフラスコ	ホールピペット	ビュレット
	中和反応を起こさせる。	水溶液を調製する際に，正確に一定体積にする。	正確に一定体積の液体をとる。	目盛から，滴下した液体の体積を測定する。
器具の目盛	正確ではない	正確である	正確である	正確である
乾燥方法	○加熱乾燥	×加熱乾燥 加熱すると，ガラスの熱膨張などで体積が変化するため，体積を正確に測定するガラス器具は加熱乾燥できない。		
純水による洗浄後の使用	○内部が水でぬれたままの使用 メスフラスコはあとから水を加えることになる。 コニカルビーカーを用いる操作では，溶質の物質量だけが重要である。		×内部が水でぬれたままの使用 内部がぬれたままだと，中に入れる溶液がうすまってしまう。このようなときは，中に入れる溶液で数回洗う(共洗い)。	

C 滴定曲線と指示薬

◆滴定曲線　中和滴定で，加えた酸または塩基の水溶液の体積と，混合水溶液のpHとの関係を示したグラフを中和滴定の **滴定曲線** (titration curve)（**中和滴定曲線**）という。酸と塩基が過不足なく中和し，ちょうど反応が終わる点を **中和点** (neutralization point) といい，中和点付近でpHが大きく変化する。[1]

[1] 用いた酸・塩基の種類によって，中和点のpHが異なり，いつもpH＝7とは限らない。

◆指示薬　中和滴定で，指示薬を用いると，混合水溶液の色の変化から中和点を正確に知ることができる。中和点付近では，混合水溶液のpHが大きく変化しているため，変色域がこの範囲内である指示薬を選択する必要がある。

> 中和反応で生じる塩の水溶液は，必ずしも中性ではないため，塩の性質も考慮して，指示薬を選択する。

▲図7　中和滴定曲線と指示薬　0.1 mol/L の酸 10 mL に 0.1 mol/L の塩基を加えたときの滴定曲線

参考 炭酸ナトリウムの二段階滴定

弱酸の塩であるNa_2CO_3を塩酸で滴定したときの滴定曲線についてみてみよう。

●炭酸ナトリウムと塩酸　炭酸ナトリウム Na_2CO_3 は，弱酸の塩であるため，強酸である塩酸と反応する。Na_2CO_3 水溶液を塩酸で滴定すると，次のように2段階で反応(弱酸の遊離)が起こる。

反応❶　$Na_2CO_3 + HCl \longrightarrow NaHCO_3 + NaCl$　(1)
　　　$(CO_3^{2-} + H^+ \longrightarrow HCO_3^-)$
反応❷　$NaHCO_3 + HCl \longrightarrow NaCl + H_2O + CO_2$　(2)
　　　$(HCO_3^- + H^+ \longrightarrow H_2O + CO_2)$

反応❶と反応❷が起こるpH領域が異なるため，滴定曲線は2つの中和点をもつ。

●指示薬の変色域　反応❶と反応❷において，塩基の強さは，$CO_3^{2-} > HCO_3^-$であるため，塩酸を滴下するとまず**反応❶**が起こり，続いて**反応❷**が起こる。

反応❶の中和点は，pH = 8前後で，フェノールフタレインの変色域(赤色から無色)に一致し，**反応❷**の中和点は，生じた二酸化炭素 CO_2 の影響で，pH = 4前後となり，メチルオレンジの変色域(黄色から赤色)に一致する。

●二段階中和での量的関係　Na_2CO_3 水溶液にフェノールフタレインを加えておき，無色になるまでの塩酸の滴下量をV_1〔mL〕，さらに，そこにメチルオレンジを加えて黄色から赤色になるまでの塩酸のはじめからの滴下量をV_2〔mL〕とすると，**反応❶**と**反応❷**の化学反応式の係数比から，次の関係がなりたつ。

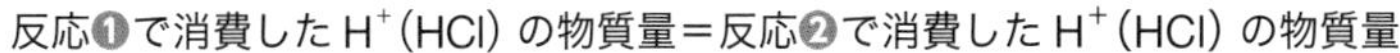

反応❶で消費したH^+(HCl)の物質量＝反応❷で消費したH^+(HCl)の物質量

したがって，$V_1 = V_2 - V_1 (= 10\ \text{mL})$，すなわち，$2V_1 = V_2 (= 20\ \text{mL})$になる。さらに，塩酸の濃度と滴下量から，$Na_2CO_3$ 水溶液の濃度を求めることができる。

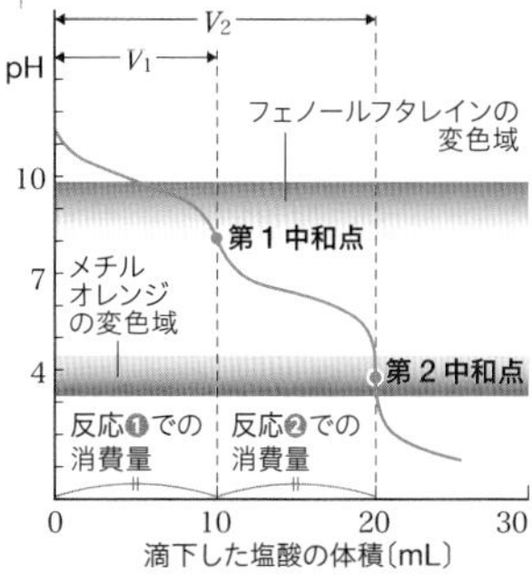

炭酸ナトリウム水溶液の滴定曲線

参考 濃度が正確にわかっている水溶液

中和滴定には，標準溶液という，濃度が正確にわかっている水溶液が必要になる。

●酸の標準溶液　酸において，硫酸は空気中の水分を吸収しやすく，塩酸は溶質の塩化水素が揮発しやすいため，ともに濃度が変化しやすい。そこで，中和滴定では，標準溶液としてシュウ酸二水和物 $(COOH)_2 \cdot 2H_2O$ の結晶を溶かした水溶液を用いる。**シュウ酸二水和物は，安定な固体で，**[2] **質量を正確に測ることができ，水によく溶けるからである。**

●塩基の標準溶液　塩基において，代表的な物質である水酸化ナトリウム NaOH の固体は，空気中の水分を吸収して溶け出したり(**潮解** deliquescence)，空気中の二酸化炭素を吸収したりするため，[3] 質量を正確に測ることができない。そこで，NaOH 水溶液を用いて濃度がわからない酸水溶液の濃度を決める場合には，**その NaOH 水溶液を使用直前にシュウ酸標準溶液で滴定し，正確な濃度を決めてから使用する。**

❷ シュウ酸二水和物の結晶

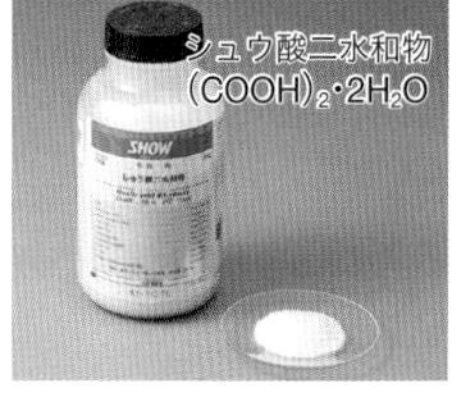

❸ 水酸化ナトリウムは水や二酸化炭素を吸収しやすい。

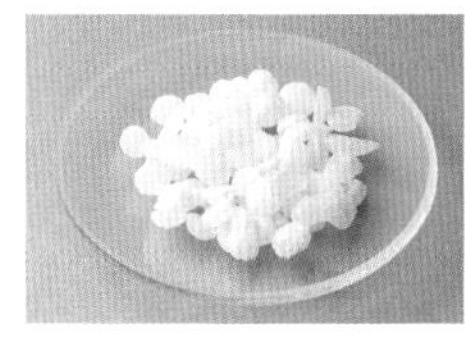

放置

3 弱酸 ＋ 強塩基 ($0.1\ \text{mol/L}\ CH_3COOH$ と $0.1\ \text{mol/L}\ NaOH$)

フェノールフタレイン(PP)：赤 9.8 ～ 8.0 無
ブロモチモールブルー(BTB)：青 7.6 ～ 6.0 黄

pH14 / 10 / 7 / 4 ／ 中和点 ／ 不適 ／ 0 5 10 15 ／ 滴下したNaOH水溶液の体積〔mL〕

➡ PPを使う。

4 弱酸 ＋ 弱塩基 ($0.1\ \text{mol/L}\ CH_3COOH$ と $0.1\ \text{mol/L}\ NH_3$)

pH14 / 10 / 7 / 4 ／ 不適 ／ 中和点 ／ 不適 ／ 0 5 10 15 ／ 滴下したNH_3水溶液の体積〔mL〕

➡ 指示薬での判定は難しい。

中和滴定での指示薬は，メチルオレンジ(MO)やフェノールフタレイン(PP)がよく用いられる。

3章 物質の変化と平衡

Note

電子 e^-

electron（電子）の頭文字を用いて，e^- で電子を表す。

4 酸化還元反応

Beginning 2

A 酸化と還元の定義

◆電子の授受と酸化・還元　式〈20〉の銅 Cu の酸化反応で電子 e^- の授受に着目すると，銅原子 Cu は，酸化されるとき，電子を失って銅(Ⅱ)イオン Cu^{2+} になっている。一方，酸素分子 O_2 中の酸素原子 O は，電子を受け取って酸化物イオン O^{2-} になっている。

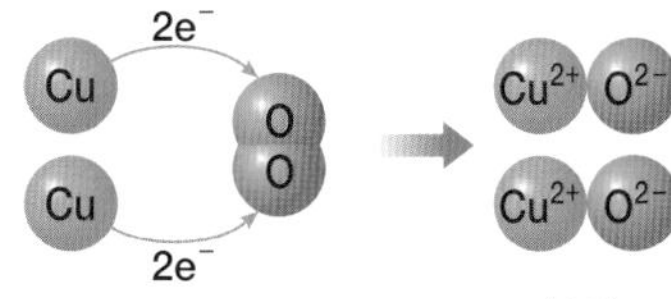

$$2Cu + O_2 \longrightarrow 2CuO \qquad 〈20〉$$

電子の授受を表す式にする

$$2Cu \longrightarrow 2Cu^{2+} + 4e^- \qquad 〈21〉$$

$$O_2 + 4e^- \longrightarrow 2O^{2-} \qquad 〈22〉$$

このように，酸化または還元が起こると，原子や物質の間で電子の授受が行われるため，電子の移動に着目して酸化・還元を定義することができる。❶

Key concept　電子の授受と酸化・還元

- 原子や物質が**電子を失った**とき，**酸化された**❷という。
- 原子や物質が**電子を受け取った**とき，**還元された**❷という。

このとき，**失われた電子の数 ＝ 受け取られた電子の数** である。

塩素 Cl_2 の中に熱した銅線 Cu を入れると，激しく反応し，塩化銅(Ⅱ)$CuCl_2$ になる。このような，酸素や水素が関係しない反応でも，電子の授受に着目して酸化･還元を定義することができる。

$$Cu + Cl_2 \longrightarrow CuCl_2 \qquad 〈23〉$$

$$Cu \longrightarrow Cu^{2+} + 2e^- \quad \text{酸化された} \qquad 〈24〉$$

$$Cl_2 + 2e^- \longrightarrow 2Cl^- \quad \text{還元された} \qquad 〈25〉$$

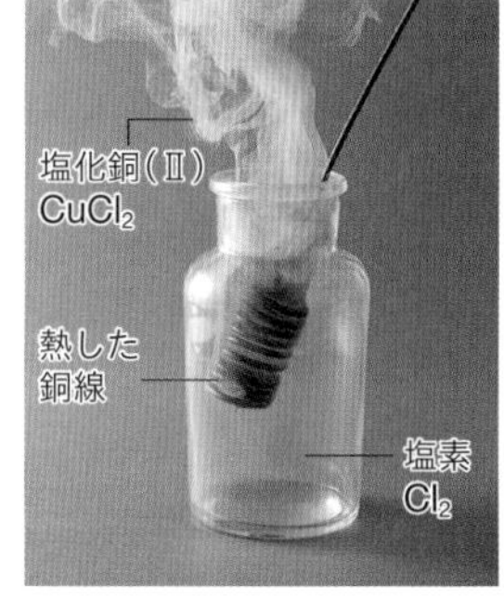

▲図 8　銅と塩素の反応

◆酸化と還元は同時に起こる　ある原子や物質が酸化され失った電子は，必ず他の原子や物質が受け取っている(還元されている)。このように，酸化と還元は同時に起こるため，酸化と還元をまとめて **酸化還元反応**（oxidation-reduction reaction(redox reaction)）という。

❶　酸化の概念は，ラボアジエによって導入された。ものが燃える燃焼の現象は，古くはフロギストン説によって説明されていたが，これを物質が酸素と結びつく反応ととらえたのは，ラボアジエであった。酸素と結びつく反応を「酸化」と称し，燃焼，金属のさび，生体内の反応などがいずれも「酸化反応」であると考えた。逆に，酸化物が水素や炭素と反応すると酸素を失うので，このような反応は「還元反応」とよばれるようになった。その後，酸化・還元の概念はしだいに拡張された。たとえば，水素を失う反応を酸化，逆に水素に結びつく反応を還元とした。また，類似の反応（たとえば，硫化物や塩化物ができる反応など）を統一的に見るようになった。現在では，電子の授受や酸化数の変化の概念，さらには標準酸化還元電位の大小によって理解されるようになっている。

❷　多くの場合，酸化反応・還元反応は，受け身型で表現する。

B 酸化数

◆酸化数とその決め方　原子や物質が酸化されたか，還元されたかを判定するとき，CuO のようなイオン結合の物質が関与する酸化還元反応の場合は電子の授受のようすがわかりやすいが，H_2O，CO_2 のような共有結合の物質が関与する酸化還元反応の場合，電子の授受のようすがわかりにくい。そこで，原子やイオンが電子何個分を授受して酸化または還元されているかを明確にするために，**酸化数**（oxidation number）という数値が用いられる。酸化数は，表 4 に示す規則によって決められ，0以外は必ず＋，－の符号をつける。❸

❸ 酸化数は，ローマ数字を用いて，＋Ⅰ，－Ⅱ のように示すこともある。

▼表 4　酸化数を決める規則とその例　青色の数字は酸化数を示す。

	規則	例
1	【単体中の原子】 ・単体の中の原子の酸化数は 0 とする。	H_2（0）　Cu（0）
2	【化合物中の原子】 ・化合物中の水素原子 H の酸化数は +1，酸素原子 O の酸化数は −2 とし，化合物全体の酸化数の総和は 0 とする。 ※NaH，CaH_2 などの金属の水素化物では，H の酸化数は −1 とし，過酸化水素 H_2O_2 などの過酸化物では，O の酸化数は −1 とする。	H_2O（H +1，O −2）　$(+1)\times 2+(-2)=0$ H_2SO_4（H +1，S x，O −2）　S の酸化数を x とすると， $(+1)\times 2+x+(-2)\times 4=0$ より $x=+6$
3	【イオン】 ・単原子イオンの酸化数はそのイオンの符号を含めた電荷に等しい。 ・多原子イオンでは成分原子の酸化数の総和が，そのイオンの符号を含めた電荷に等しい。	Na^+（+1）　Fe^{3+}（+3）　Cl^-（−1）　S^{2-}（−2） SO_4^{2-}（S x）　$x+(-2)\times 4=-2$ より $x=+6$ NH_4^+（N x）　$x+(+1)\times 4=+1$ より $x=-3$

●**共有電子対の電子と酸化数**
共有結合でできた化合物中の原子の酸化数は，共有電子対の電子が，電気陰性度の大きい方の原子に 2 個とも移ったと考えて決める(同じ原子の場合は 1 個ずつ)。したがって，水分子中の H 原子は+1，O 原子は−2 となる。

水
H:Ö:H
↓
H^+ (:Ö:)$^{2-}$ H^+
+1　−2　+1

過酸化水素
H:Ö:Ö:H
↓
H^+ (:Ö:Ö:)$^{2-}$ H^+
+1　−1　−1　+1

過酸化水素 H_2O_2 では，O 原子間の共有電子対の電子 1 個ずつが O 原子に移ったと考えて，O 原子は−1 となる。

◆酸化数の増減と酸化剤・還元剤　式〈26〉の酸化銅(Ⅱ) CuO と炭素 C の反応に関係する各原子の酸化数を求め，反応の前後で比較する。Cu の酸化数は，CuO の還元にともない+2から0に減少している。一方，C の酸化数は，酸化にともない0から+4に増加している。

$$2CuO + C \longrightarrow 2Cu + CO_2 \quad \langle 26 \rangle$$

（Cu +2，O −2 ／ C 0 ／ Cu 0 ／ C +4，O −2）
還元された(酸化数の減少)　酸化された(酸化数の増加)

・Cu の酸化数の全変化量 ＝ (−2) × 2 ＝ −4　4 減少
・C の酸化数の全変化量 ＝ (+4) × 1 ＝ +4　4 増加

|Cu| 酸化数：Cu 0　Cu_2O +1　CuO +2
|C| 酸化数：C 0　CO +2　$(COOH)_2$ +3　CO_2 +4

このことから，酸化数の増減に着目して酸化・還元を定義することができる。❹

❹ 反応の前後で酸化数が増加した場合は酸化されており，減少した場合は還元されている。

この反応の CuO のように，相手の物質を酸化する物質を **酸化剤**（oxidizing agent）といい，この反応の C のように，相手の物質を還元する物質を **還元剤**（reducing agent）という。

一般に，酸化剤はそれ自身が還元されやすい物質であり，還元剤はそれ自身が酸化されやすい物質である。

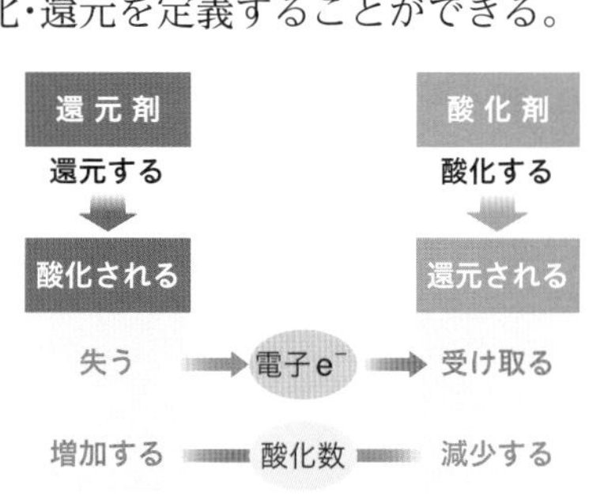

▲図 9　酸化剤と還元剤

C 酸化剤と還元剤の働き

◆酸化剤と還元剤　無色のヨウ化カリウム KI (還元剤)水溶液に塩素 Cl_2 (酸化剤)を加えると，ヨウ素 I_2 が生じて水溶液が褐色になる。この反応では，ヨウ化物イオン I^- と塩素 Cl_2 の間で電子の授受が行われており，Cl_2 が還元され，KI が酸化されている。

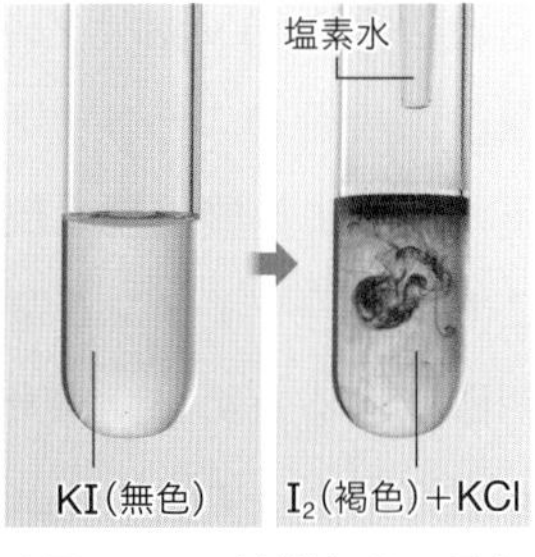

▲図10　KI 水溶液と Cl_2 の反応

$$2K\underset{+1\ -1}{I} + \underset{0}{Cl_2} \longrightarrow \underset{0}{I_2} + 2\underset{+1\ -1}{KCl} \qquad \langle 27\rangle$$

酸化された(相手を還元した)　　還元された(相手を酸化した)

式〈27〉の反応を電子の授受に着目し，電子 e^- を含んだ反応式❶で表すと，次式のようになる。酸化剤は電子を受け取って還元されて酸化数が減少し，還元剤は電子を放出して酸化されて酸化数が増加する。このとき，酸化数の変化の総和と授受する電子の数は一致する。

還元剤	$2I^- \longrightarrow I_2 + 2e^-$	電子を失う…酸化された(反応式の右辺に電子)	〈28〉
酸化剤	$Cl_2 + 2e^- \longrightarrow 2Cl^-$	電子を受け取る…還元された(反応式の左辺に電子)	〈29〉

▼表5　酸化剤・還元剤とその働き方

	物質	働き方の例	参照
酸化剤	オゾン O_3 (酸性)	$O_3 + 2H^+ + 2e^- \longrightarrow O_2 + H_2O$	
	(中性・塩基性)	$O_3 + H_2O + 2e^- \longrightarrow O_2 + 2OH^-$	
	酸素 O_2	$O_2 + 4H^+ + 4e^- \longrightarrow 2H_2O$	▶p.225
	過酸化水素 H_2O_2 (酸性)	$H_2O_2 + 2H^+ + 2e^- \longrightarrow 2H_2O$	▶p.151
	(中性・塩基性)	$H_2O_2 + 2e^- \longrightarrow 2OH^-$	
	過マンガン酸カリウム (酸性)	$MnO_4^- + 8H^+ + 5e^- \longrightarrow Mn^{2+} + 4H_2O$	❷
	$KMnO_4$ (中性・塩基性)	$MnO_4^- + 2H_2O + 3e^- \longrightarrow MnO_2 + 4OH^-$	
	ハロゲン Cl_2，Br_2，I_2	$Cl_2 + 2e^- \longrightarrow 2Cl^-$	
	二クロム酸カリウム $K_2Cr_2O_7$	$Cr_2O_7^{2-} + 14H^+ + 6e^- \longrightarrow 2Cr^{3+} + 7H_2O$	
	希硝酸 HNO_3	$HNO_3 + 3H^+ + 3e^- \longrightarrow NO + 2H_2O$	
	濃硝酸 HNO_3	$HNO_3 + H^+ + e^- \longrightarrow NO_2 + H_2O$	
	二酸化硫黄* SO_2	$SO_2 + 4H^+ + 4e^- \longrightarrow S + 2H_2O$	
	熱濃硫酸 H_2SO_4	$H_2SO_4 + 2H^+ + 2e^- \longrightarrow SO_2 + 2H_2O$	
還元剤	水素 H_2	$H_2 \longrightarrow 2H^+ + 2e^-$	
	Na，Mg など	$Na \longrightarrow Na^+ + e^-$	
	過酸化水素** H_2O_2	$H_2O_2 \longrightarrow O_2 + 2H^+ + 2e^-$	
	シュウ酸 $(COOH)_2$	$(COOH)_2 \longrightarrow 2CO_2 + 2H^+ + 2e^-$	
	硫化水素 H_2S	$H_2S \longrightarrow S + 2H^+ + 2e^-$	
	塩化スズ(Ⅱ)$SnCl_2$	$Sn^{2+} \longrightarrow Sn^{4+} + 2e^-$	
	二酸化硫黄 SO_2	$SO_2 + 2H_2O \longrightarrow SO_4^{2-} + 4H^+ + 2e^-$	
	ヨウ化カリウム KI	$2I^- \longrightarrow I_2 + 2e^-$	
	硫酸鉄(Ⅱ)$FeSO_4$	$Fe^{2+} \longrightarrow Fe^{3+} + e^-$	
	チオ硫酸ナトリウム $Na_2S_2O_3$	$2S_2O_3^{2-} \longrightarrow S_4O_6^{2-} + 2e^-$	

* SO_2 は，硫化水素 H_2S に対しては，酸化剤として働く。
** H_2O_2 は，過マンガン酸カリウム $KMnO_4$ の酸性溶液などに対しては，還元剤として働く。

❶ 酸化還元反応において酸化剤もしくは還元剤の働き方の一方のみを表す反応式を**半反応式**ともいう。

❷ 過マンガン酸カリウム MnO_4^- は，希硫酸で酸性にした水溶液（硫酸酸性水溶液）中で，還元剤から電子を奪い Mn^{2+} になる。

酸化剤

●硫酸で酸性にする意味
$KMnO_4$ などの酸化剤が働くときに必要な水素イオン H^+ は，酸化剤の水溶液を酸性にすることによって供給される(表5参照)。この際，酸としては硫酸が用いられ，これを **硫酸酸性水溶液** という。塩酸や硝酸が用いられないのは，塩酸は塩化物イオン Cl^- が酸化され，硝酸はそれ自身が酸化剤として働くからである。

◆**酸化剤・還元剤の強さ**　同じ物質でも反応する物質によって，酸化剤にも還元剤にもなる場合があり，酸化数に着目すると理解しやすい。

●**過酸化水素 H_2O_2**　H_2O_2 は，硫酸酸性水溶液中では，次式のように **酸化剤** として働くことが多い。

酸化剤　$H_2O_2 + 2H^+ + 2e^- \longrightarrow 2H_2O$　〈30〉

しかし，強い酸化剤である $KMnO_4$ や二クロム酸カリウム $K_2Cr_2O_7$ の硫酸酸性水溶液に対しては，次式のように **還元剤** として働き，酸素 O_2 が生成する。

還元剤　$H_2O_2 \longrightarrow O_2 + 2H^+ + 2e^-$　〈31〉

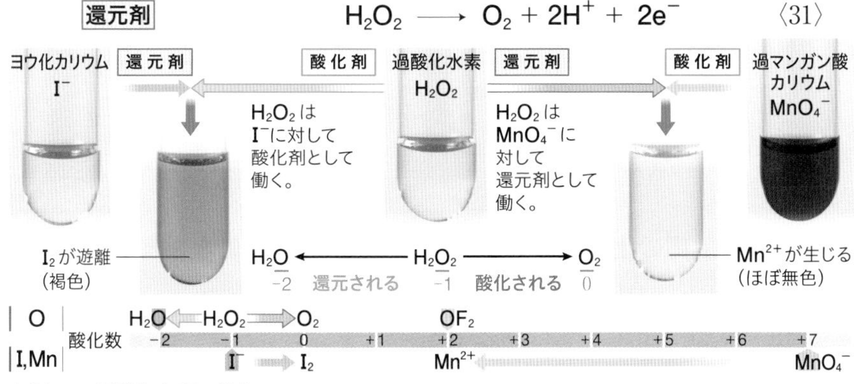

▲図11　過酸化水素の働き

●**酸化剤となるか還元剤となるか**

- **原子が最高酸化数**である物質：**酸化剤** としてのみ働く
- **原子が最低酸化数**である物質：**還元剤** としてのみ働く
- 原子の酸化数が最低酸化数から最高酸化数の間である物質：
  反応する物質によって **酸化剤** にも **還元剤** にもなる

●**酸化剤・還元剤の働きを表す反応式(半反応式)のつくり方**

●**酸化剤の働き方を表す反応式のつくり方**(例：硫酸で酸性にした $KMnO_4$)

① 反応前の酸化剤(MnO_4^-)を左辺，反応後の物質(Mn^{2+})を右辺に示す。　$MnO_4^- \longrightarrow Mn^{2+}$

② 酸化剤の酸化数の変化を調べ，電子 e^- を左辺に加える($+5e^-$)。　$\underset{+7}{MnO_4^-} + 5e^- \longrightarrow \underset{+2}{Mn^{2+}}$

③ 左辺の電荷の総和と右辺の電荷の総和を等しくするため，酸性溶液では左辺に H^+ を加える($+8H^+$)。　$MnO_4^- + 8H^+ + 5e^- \longrightarrow Mn^{2+}$

④ 両辺の H，O の数をそろえるため，右辺に水を加える($+4H_2O$)。　$MnO_4^- + 8H^+ + 5e^- \longrightarrow Mn^{2+} + 4H_2O$

●**還元剤の働き方を表す反応式のつくり方**(例：二酸化硫黄 SO_2)

① 反応前の還元剤[3](SO_2)を左辺，反応後の物質(SO_4^{2-})を右辺に示す。　$SO_2 \longrightarrow SO_4^{2-}$

② 還元剤の酸化数の変化を調べ，電子 e^- を右辺に加える($+2e^-$)。　$\underset{+4}{SO_2} \longrightarrow \underset{+6}{SO_4^{2-}} + 2e^-$

③ 左辺の電荷の総和と右辺の電荷の総和を等しくするため，還元剤では右辺に H^+ を加える($+4H^+$)。　$SO_2 \longrightarrow SO_4^{2-} + 4H^+ + 2e^-$

④ 両辺の H，O の数をそろえるため，左辺に水を加える($+2H_2O$)。　$SO_2 + 2H_2O \longrightarrow SO_4^{2-} + 4H^+ + 2e^-$

❸ SO_2 は還元剤として働くことが多いが，強い還元剤である H_2S に対しては，次式のように酸化剤として働き，硫黄 S が生成する。
$SO_2 + 4H^+ + 4e^- \longrightarrow S + 2H_2O$

D 酸化剤・還元剤の量的関係

◆**酸化剤・還元剤と電子の授受**　酸化還元反応では，電子の授受は過不足なく行われるので，次の関係がなりたつ。

Key concept　酸化剤と還元剤の量的関係(電子 e^- の物質量)

濃度 c〔mol/L〕の酸化剤の溶液 V〔L〕と濃度 c'〔mol/L〕の還元剤の溶液 V'〔L〕とが過不足なく反応したとき，酸化剤が受け取った e^- の物質量と，還元剤が失った e^- の物質量は等しい。次式がなりたつ。

酸化剤 が受け取った e^- の物質量 ＝ **還元剤** が失った e^- の物質量

$$n \times c \times V = n' \times c' \times V' \quad \langle 32 \rangle$$

ただし，n は酸化剤の分子(またはイオン) 1 個が受け取った e^- の数を，n' は還元剤の分子(またはイオン) 1 個が失った e^- の数とする。

◆**酸化還元反応の化学反応式**　酸化剤と還元剤の働きを表す反応式から，酸化還元反応の化学反応式をつくることができる。

酸化還元反応の化学反応式のつくり方　(例　酸化剤：$KMnO_4$　還元剤 H_2O_2)

- **酸化剤・還元剤の電子とイオンを含む反応式をそれぞれつくる**

酸化剤　$MnO_4^- + 8H^+ + 5e^- \longrightarrow Mn^{2+} + 4H_2O$　〈33〉

還元剤　$H_2O_2 \longrightarrow O_2 + 2H^+ + 2e^-$　〈34〉

- **イオン反応式をつくる**　酸化還元反応では，電子の授受が過不足なく行われる。したがって，式〈33〉× 2 ＋式〈34〉× 5 として e^- を消去する(両辺で $10H^+$ も消去)。

$$2MnO_4^- + 5H_2O_2 + 6H^+ \longrightarrow 2Mn^{2+} + 5O_2 + 8H_2O \quad \langle 35 \rangle$$

この式から，MnO_4^- と H_2O_2 は，物質量の比が 2：5 で過不足なく反応することがわかる。

- **イオンを含まない化学反応式を完成させる**　$KMnO_4$ を用いた化学反応式にするために，両辺に省略されている($2K^+ + 3SO_4^{2-}$)を加えると，次の化学反応式が得られる。

$$2KMnO_4 + 3H_2SO_4 + 5H_2O_2 \longrightarrow 2MnSO_4 + 5O_2 + 8H_2O + K_2SO_4 \quad \langle 36 \rangle$$

◆**酸化還元滴定**　式〈35〉の関係を利用し，中和滴定と同様の方法で，濃度がわかっている酸化剤(または還元剤)の水溶液を用い，濃度未知の還元剤(または酸化剤)の水溶液の濃度を求める操作を **酸化還元滴定** (redox titration) という。

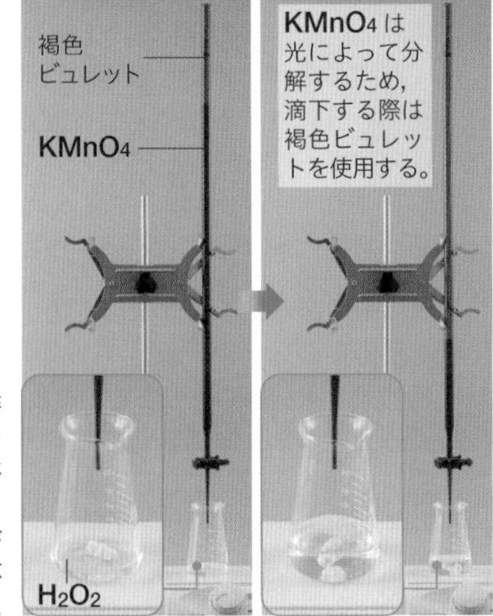

▶図12　酸化還元滴定
濃度のわかっている過マンガン酸カリウム $KMnO_4$ 水溶液をビュレットに入れ，濃度未知の過酸化水素水をホールピペットで正確に測りとってコニカルビーカーに移し，硫酸を加えて $KMnO_4$ 水溶液を滴下していく。$KMnO_4$ 水溶液の過マンガン酸イオン MnO_4^- の赤紫色がわずかに消えずに残ったときが，$KMnO_4$ と H_2O_2 が過不足なく反応したときである。このとき指示薬は不要である。

● **ヨウ素を用いた酸化還元滴定**　ヨウ素デンプン反応を示すヨウ素 I_2 は，酸化剤であり，酸化還元反応によってヨウ化物イオン I^- になる。I_2 がすべて I^- になったことは，ヨウ素デンプン反応の青紫色が消えたことで明確に判別できるため，I_2 を酸化還元滴定に用いることが多い。I_2 を用いた滴定を **ヨウ素滴定** という。

ヨウ素滴定には，I_2 を酸化剤として用いて還元剤の定量を行うヨウ素酸化滴定と，酸化剤をヨウ化カリウム KI と反応させ，生じた I_2 を還元剤のチオ硫酸ナトリウム $Na_2S_2O_3$ 水溶液で定量するヨウ素還元滴定がある。

例題 2　酸化剤と還元剤の量的関係

0.10 mol/L のシュウ酸水溶液 10 mL に希硫酸を加えたものと過不足なく反応する 0.020 mol/L の過マンガン酸カリウム水溶液は何 mL か。

解　この酸化還元反応では，過マンガン酸カリウム $KMnO_4$ が酸化剤，シュウ酸 $(COOH)_2$ が還元剤で，それぞれ次のように反応する。

$$MnO_4^- + 8H^+ + 5e^- \longrightarrow Mn^{2+} + 4H_2O$$ （MnO_4^- 1個が5個の e^- を受け取る）

$$(COOH)_2 \longrightarrow 2CO_2 + 2H^+ + 2e^-$$ （$(COOH)_2$ 1個が2個の e^- を失う）

求める過マンガン酸カリウム水溶液の体積を v mL とすると，次式がなりたつ。

$$5 \times 0.020 \times \frac{v}{1000} = 2 \times 0.10 \times \frac{10}{1000}$$

これを解くと v mL = 20 mL　　**答** 20 mL

《別解》 $KMnO_4$ と $(COOH)_2$ のイオン反応式は，次のようになる。

$$2MnO_4^- + 5(COOH)_2 + 6H^+ \longrightarrow 2Mn^{2+} + 10CO_2 + 8H_2O$$

この反応式の係数の関係より，$KMnO_4$ と $(COOH)_2$ は物質量比が 2：5 で反応する。求める過マンガン酸カリウム水溶液の体積を v mL とすると，

（$KMnO_4$ の物質量）：（$(COOH)_2$ の物質量）＝ 2：5

$$0.020 \times \frac{v}{1000} \ : \ 0.10 \times \frac{10}{1000} = 2:5$$

これを解くと v mL = 20 mL　　**答** 20 mL

類題 2　標準状態で 56 mL の塩素（酸化剤）をすべて反応させるためには，還元剤の 0.10 mol/L のヨウ化カリウム水溶液が何 mL 必要か。

from Beginning　水道水に含まれている塩素は，どのような働きをしているのだろうか？

浄水場では，湖や河川の水を水道水として使うために，殺菌・消毒しています。実際に殺菌・消毒には，水に溶かした塩素 Cl_2 や次亜塩素酸ナトリウム NaClO などが使われています。塩素 Cl_2 は酸化剤ですが，水に溶けるとより強力な酸化剤である次亜塩素酸 HClO[1] を生じ，この酸化作用で水道水の殺菌をしています。

$$Cl_2 + H_2O \rightleftarrows HCl + HClO$$

プール

ちなみに，Cl_2 が水に溶けることで生じる HClO は，殺菌以外にも漂白効果があります。これは HClO が色素を酸化し，分解するためです。そのため，HClO とナトリウム Na との化合物である NaClO は漂白剤[2] にも用いられています。

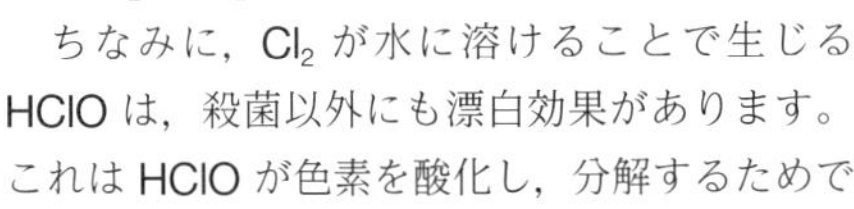

水道水に塩素が含まれていることは，硝酸銀水溶液を加えることで確認できます。

HClO は，水溶液中でのみ存在する不安定な弱酸で，pH の値により HClO の存在比率は右図のようになります。

図より，pH が小さくなると HClO から有毒の塩素 Cl_2 が生じるため，NaClO を酸性洗剤とともに使用してはいけないのです。

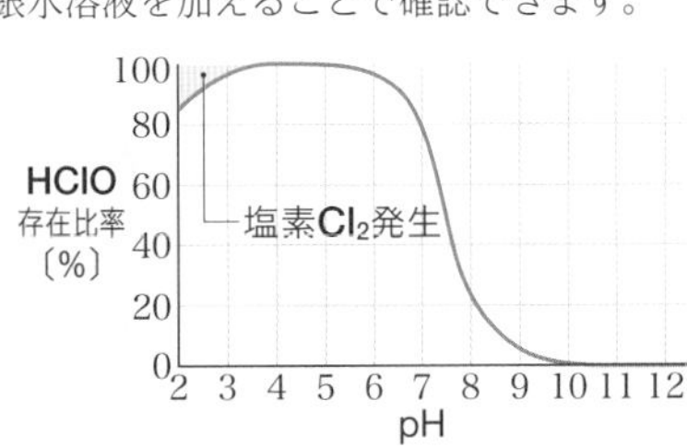

● **身近な還元剤**　食品に添加される酸化防止剤には，アスコルビン酸（ビタミンC）や，亜硫酸ナトリウム Na_2SO_3 などが使われ，還元剤として働く。

$$SO_3^{2-} + H_2O \longrightarrow SO_4^{2-} + 2H^+ + 2e^-$$

還元剤を含む飲料

● **身近な酸化剤**

NaClO を含む台所用漂白剤など

[1] 次亜塩素酸イオンは，IUPAC2005年勧告に従うと，OCl^- と表記される。

[2] NaClO を含む塩素系漂白剤

$$ClO^- + H_2O + 2e^- \longrightarrow Cl^- + 2OH^-$$

3章　物質の変化と平衡

まとめ

1. 酸・塩基

酸・塩基の定義

	アレニウスの定義	ブレンステッド・ローリーの定義
酸	水溶液中でH^+を生じる物質	水素イオンH^+を与える物質
塩基	水溶液中でOH^-を生じる物質	水素イオンH^+を受け取る物質

電離度

電離度 $\alpha = \dfrac{\text{電離した電解質の物質量(またはモル濃度)}}{\text{溶解した電解質の物質量(またはモル濃度)}}$ $(0 < \alpha \leqq 1)$

酸・塩基の価数と強弱

	酸	塩基
価数	H^+になることができるHの数 (与えることができるH^+の数)	OH^-になることができるOHの数 (受け取ることができるH^+の数)
強弱	強酸・強塩基：電離度$\alpha \fallingdotseq 1$	弱酸・弱塩基：電離度$\alpha \ll 1$

2. 中和反応と塩の生成

中和反応　酸 + 塩基 ⟶ 塩 + 水　例：$HCl + NaOH \longrightarrow NaCl + H_2O$

塩の性質

正塩	酸 + 塩基	水溶液の性質
NaCl	強　酸 + 強塩基	中　性
NH_4Cl	強　酸 + 弱塩基	酸　性
CH_3COONa	弱　酸 + 強塩基	塩基性

3. 中和滴定

中和反応の量的関係　中和点では関係式①，関係式②がなりたつ。

関係式①　酸の価数 × 酸の物質量 = 塩基の価数 × 塩基の物質量
(酸からの H^+ の物質量)　(塩基からの OH^- の物質量)

関係式②　$a \times c \times V = b \times c' \times V'$
(c〔mol/L〕のa価の酸V〔L〕と，c'〔mol/L〕のb価の塩基V'〔L〕で中和)

実験器具

メスフラスコ	正確な濃度の溶液を調製する	水でぬれたまま使用してもよい
コニカルビーカー	中和反応を起こさせる	
ホールピペット	液体の体積を正確に測りとる	使用する溶液で数回洗って使用(共洗い)
ビュレット	滴下した液体の体積を測定する	

4. 酸化還元反応

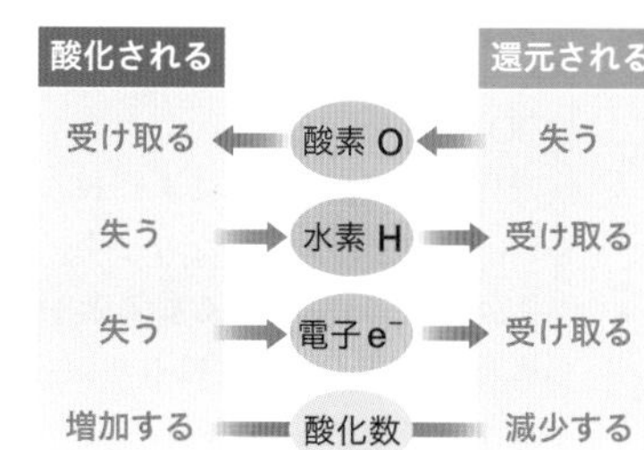

酸化と還元の定義

物質が**酸化**されると**電子を失い**，
物質が**還元**されると**電子を受け取る**。
酸化と還元は**同時に起こる**。

酸化剤と還元剤

酸化剤は，**相手の物質を**酸化する　→
電子を受け取って**自身は還元される**。

還元剤は，**相手の物質を**還元する　→　電子を放出して**自身は酸化される**。

酸化剤が受け取った電子の物質量　=　還元剤が失った電子の物質量

論述問題　3章 1節

1 中和滴定　中和滴定を行うとき，酸の標準溶液として塩酸よりもシュウ酸水溶液を用いる方がよい。塩酸が中和滴定における酸の標準溶液として通常使われない理由を，塩酸の性質に基づいて簡潔に述べよ。

point 塩酸中の塩化水素は揮発しやすく，濃度が変化しやすい。

節末問題　3章 1節

1 ブレンステッド・ローリーの酸・塩基　次の反応Ⅰおよび反応Ⅱで，下線を付した分子またはイオン(a～d)のうち，酸として働くものを，下のa～dのうちからすべて選べ。

反応Ⅰ　$CH_3COOH + \underset{a}{\underline{H_2O}} \rightleftarrows CH_3COO^- + \underset{b}{\underline{H_3O^+}}$

反応Ⅱ　$NH_3 + \underset{c}{\underline{H_2O}} \rightleftarrows NH_4^+ + \underset{d}{\underline{OH^-}}$

2 中和滴定と指示薬　食酢中の酸の濃度を調べるために次の操作をした。これについて下の(1)～(4)の問いに答えよ。ただし，食酢中の酸はすべて酢酸であるとする。

[操作]食酢 10.0 mLを(A)でとり，100 mL用の(B)に入れて，正確に10倍にうすめた。うすめた水溶液の 10.0 mLを新たな(A)でとり，(C)に入れた。そこに指示薬を加え，(D)から 0.100 mol/L の水酸化ナトリウム水溶液を滴下すると，7.00 mL加えたところで指示薬が変色した。

(1)　(A) ～ (D)にあてはまる適切な実験器具を下から選び，記号で答えよ。

(a)　メスシリンダー　(b)　コニカルビーカー　(c)　ビュレット
(d)　ホールピペット　(e)　メスフラスコ　(f)　駒込ピペット

(2)　(A) ～ (D)のうち，純水で洗浄後，ぬれたまま使用できるものはどれか。

(3)　指示薬は何を用いるとよいか。

(4)　10倍にうすめる前の食酢中に含まれる酢酸のモル濃度と質量パーセント濃度を求めよ。食酢の密度は 1.00 g/cm^3 とする。

3 酸化還元反応　次の(1)～(5)の反応の前後で，下線を付した原子の酸化数の変化が最も大きいものはどれか。

(1)　$3Cu + 8H\underline{N}O_3 \longrightarrow 3Cu(NO_3)_2 + 4H_2O + 2\underline{N}O$

(2)　$2H_2\underline{O}_2 \longrightarrow 2H_2O + \underline{O}_2$

(3)　$Fe + 2\underline{H}Cl \longrightarrow FeCl_2 + \underline{H}_2$

(4)　$Ca\underline{C}O_3 \longrightarrow CaO + \underline{C}O_2$

(5)　$Cu + 2H_2\underline{S}O_4 \longrightarrow CuSO_4 + 2H_2O + \underline{S}O_2$

4 酸化剤と還元剤の量的関係　濃度が 0.050 mol/L の $(COOH)_2$ 水溶液 10 mL に希硫酸を加え，濃度未知の $KMnO_4$ 水溶液を滴下すると，8.0 mL 加えたところで反応が完了した。

(1)　$KMnO_4$ と $(COOH)_2$ の反応のイオン反応式および化学反応式を書け。

(2)　この滴定に用いた $KMnO_4$ 水溶液の濃度を求めよ。

酸化還元反応で得られた高温の赤熱する鉄

2節 熱化学・光化学
Chemical Reaction and Thermal and Light Energy

Beginning

1 そもそもエネルギーとはなんだろうか？
2 化学反応によって出入りする熱エネルギーは，すべて実験で測定することができるだろうか？

1 エネルギーの変換と保存
Beginning 1

A 化学エネルギーとその変換
物理

◆**化学エネルギー**　物質はそれぞれ固有のエネルギーをもっており，これを**化学エネルギー**(chemical energy)という。燃焼などの化学反応によって，物質を構成する粒子間の結合が変化すると化学エネルギーも変化する。そのため，化学反応において，反応物と生成物のもつ化学エネルギーは異なることが多い。

◆**エネルギーの変換**　化学反応では，反応物の化学エネルギーの総和が生成物の化学エネルギーの総和よりも大きい場合，化学エネルギーの差は，熱エネルギー，光エネルギー，電気エネルギーなどになる。このようにエネルギーが別のエネルギーに変わることを**エネルギーの変換**という。

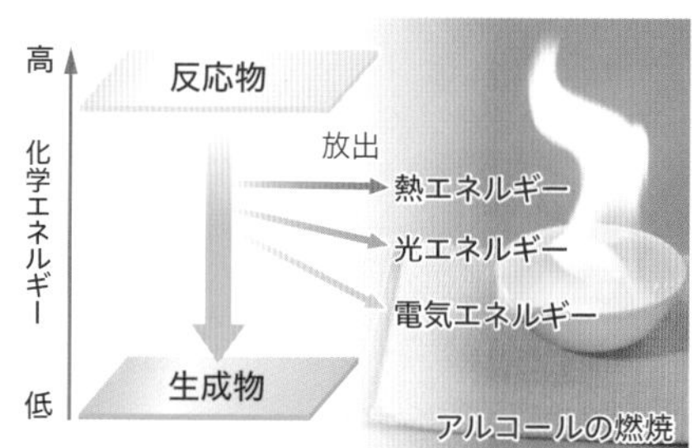

▲図1　化学エネルギー（反応物 > 生成物のとき）
化学反応が起こると，化学エネルギーは，熱エネルギーなどに変換される。

◆**エネルギー保存の法則と変換効率**　変換が起こっても，その前後におけるエネルギーの総量は変わらない。これを**エネルギー保存の法則**(energy conservation law)という。しかし，あるエネルギーをすべて特定のエネルギーに変換することは困難である。あるエネルギーが別の特定のエネルギーに変換された比率を**変換効率**という。

from Beginning　そもそもエネルギーとはなんだろうか？

物質が他の物体を動かしたり，変形させたりする能力を**エネルギー**といいます。火力発電は，熱を加えて得た高温・高圧の水蒸気によって，発電機を回して発電しています。このとき，水蒸気はエネルギーをもっているということができます。この場合，水に熱を加えて水蒸気にすることにより，水にエネルギーを与えたことになります。このように，熱という形態で物質に出入りするエネルギーを**熱エネルギー**といい，出入りする熱エネルギーの量を**熱量**といいます。

2 化学反応と熱エネルギー

A 化学反応と熱

◆**発熱反応と吸熱反応**　物質が変化するときは，化学エネルギーが変化し，エネルギーの出入りがある。通常，出入りするエネルギーは熱エネルギーであるが，燃焼反応のように発光をともなう反応もある。

熱エネルギーを放出する反応を **発熱反応**(exothermic reaction)，熱エネルギーを吸収する反応を **吸熱反応**(endothermic reaction) という。たとえば，メタン CH_4 が燃焼する反応(式〈1〉)は発熱反応であり，窒素と酸素が反応して一酸化窒素になる反応(式〈2〉)は吸熱反応である。

▲図 2　発熱反応(メタンの燃焼)

$CH_4 + 2O_2 \longrightarrow CO_2 + 2H_2O$　熱エネルギー放出　〈1〉

$N_2 + O_2 \longrightarrow 2NO$　熱エネルギー吸収　〈2〉

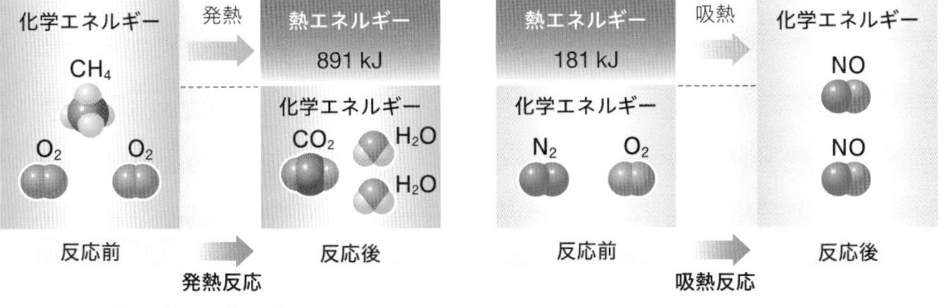

▲図 3　発熱反応と吸熱反応
物質がもつ化学エネルギーが反応によって変化する分だけ，熱エネルギーが放出・吸収される。

◆**反応熱**　化学反応の進行にともなって，放出または吸収される熱エネルギーを **反応熱**(heat of reaction) という。反応熱は，反応物の化学エネルギーの総和と生成物の化学エネルギーの総和の差となる。

反応熱と生成物の化学エネルギーの関係

- **発熱反応**　反応熱として熱エネルギーを放出する。
  → 生成物の化学エネルギーは低くなる。
- **吸熱反応**　反応熱として熱エネルギーを吸収する。
  → 生成物の化学エネルギーは高くなる。
- **反応熱＝(生成物の化学エネルギーの総和)－(反応物の化学エネルギーの総和)**

Note

反応熱の測定における条件

反応熱は，温度や圧力の違いによって異なるため，一般に 25 ℃，1 気圧(1.013×10^5 Pa)における値を用いる。

参考 エネルギーの大きさと単位　物理

エネルギーの大きさはどのような単位を用いて表すのだろうか。

物理学では，物体がもつ仕事をする能力をエネルギーという。ここでいう「仕事」とは，日常会話の仕事とは異なり，物体に力を加えて，その力の向きに物体を動かすことである。仕事の単位はJ(ジュール)[1]であり，次式で表される。

仕事〔J〕＝ **力**〔N〕× **距離**〔m〕

エネルギーの大きさは仕事により測定されるため，エネルギーの単位も，仕事と同様に J となる。

[1] 1 J とは，大きさ 1 N の力を受ける物体が，力の向きに 1 m 動くときに受ける仕事であり，
1 J ＝ 1 N・m
となる。

B 反応熱とエンタルピー変化

◆エンタルピー　化学実験は一定圧力のもとで行われることが多い。一定圧力での化学反応において，**エンタルピー**(enthalpy) という物理量(H で表す)で考えると，物質が熱エネルギーをどれだけ放出・吸収したかを理解しやすい。物質の熱エネルギーが増加すると，その物質のエンタルピー H も増加する関係がある。

◆エンタルピー変化　反応の前後におけるエンタルピーの変化量である**エンタルピー変化** ΔH は，一定圧力では，化学反応によって出入りする熱エネルギーの量と等しく，次のような関係がある。

> **Note**
> Δ(デルタ)
> 変化する値の変化量を表す際に用いる記号(ギリシア文字の一つ)である。

Key concept　エンタルピー変化 ΔH と熱エネルギーの出入り

- 一定圧力のとき，反応前後のエンタルピーをそれぞれ H_1，H_2 とすると，エンタルピー変化 ΔH と熱エネルギーの出入りには次の関係がある。
  $\Delta H = H_2 - H_1$　　**発熱反応**　$\Delta H < 0$　　**吸熱反応**　$\Delta H > 0$

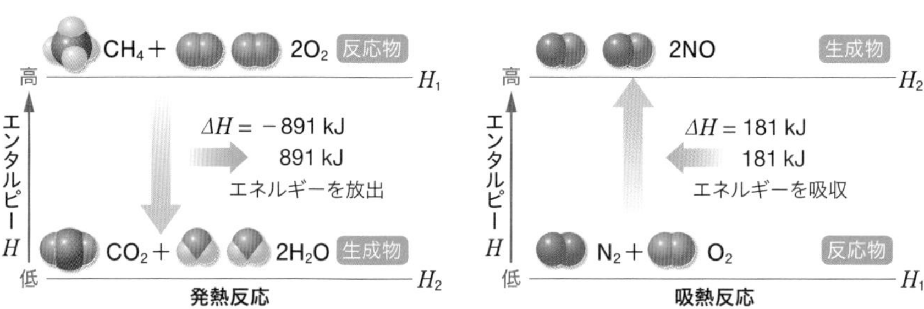

▲図 4　発熱反応と吸熱反応におけるエンタルピー変化と反応熱

◆反応熱の表し方　物質のもつエネルギーはその状態によって大きさが異なるため，反応熱は ΔH を用いて化学反応式とともに次のように示す。

> **Note**
> 物質の状態の表し方
> 気体(gas)を(g)，液体(liquid)を(l)，固体(solid)を(s)で表すこともある。

反応熱の表し方

(例)メタン CH_4 1 mol が完全に燃焼して，二酸化炭素 CO_2 と水 H_2O が生じる場合

CH_4 (気) + $2O_2$ (気) ⟶ CO_2 (気) + $2H_2O$ (液)　$\Delta H = -891$ kJ

物質の状態を示す　　　$\Delta H < 0$ より，発熱反応であることがわかる。

- 化学式に物質の状態や同素体の名称を付記する。
  物質の状態：(固)，(液)，(気)
  同素体：(黒鉛)，(ダイヤモンド)など
- 反応熱は，エンタルピー変化 ΔH〔kJ〕で示し，反応エンタルピーという。

C さまざまな反応エンタルピー

反応エンタルピーには特別な名称をもつものがある。

◆燃焼エンタルピー(enthalpy of combustion)　1 mol の物質が完全に燃焼するときの反応エンタルピーを，**燃焼エンタルピー** という。燃焼反応は発熱反応であるため，常に $\Delta H < 0$ となる。

$$CH_3OH(液) + \frac{3}{2}O_2(気) \longrightarrow CO_2(気) + 2H_2O(液)$$
$$\Delta H = -726\ \mathrm{kJ} \qquad \langle 3 \rangle$$

式〈3〉により，CH_3OH(液)の燃焼エンタルピーは，-726 kJ/molとなる。

◆**生成エンタルピー**[1] enthalpy of formation　1 mol の化合物がその成分元素の単体から生成するときの反応エンタルピーを，**生成エンタルピー** という。

$$\mathrm{Na}(固) + \frac{1}{2}\mathrm{Cl_2}(気) \longrightarrow \mathrm{NaCl}(固) \qquad \Delta H = -411\ \mathrm{kJ} \qquad \langle 4 \rangle$$

式〈4〉により，NaCl(固)の生成エンタルピーは−411 kJ/molとなる。

◆**中和エンタルピー** enthalpy of neutralization　酸と塩基の中和反応によって，1 mol の水が生成するときの反応エンタルピーを，**中和エンタルピー** という。中和反応は発熱反応であるため，常に $\Delta H < 0$ となる。

$$\mathrm{HCl\ aq}^{[2]} + \mathrm{NaOH\ aq} \longrightarrow \mathrm{NaCl\ aq} + \mathrm{H_2O}(液)$$
$$\Delta H = -55.8\ \mathrm{kJ} \qquad \langle 5 \rangle$$

式〈5〉により，上記の中和反応の中和エンタルピーは，−55.8 kJ/molとなる。

◆**溶解エンタルピー** enthalpy of dissolution　1 mol の物質が多量の溶媒に溶解するときの反応エンタルピーを，**溶解エンタルピー** という。

$$\mathrm{H_2SO_4}(液) \xrightarrow{\mathrm{H_2O}} \mathrm{H_2SO_4\ aq} \qquad \Delta H = -95\ \mathrm{kJ} \qquad \langle 6 \rangle$$

式〈6〉により，H_2SO_4(液)の溶解エンタルピーは，−95 kJ/molとなる。

問 1. 次の反応について，化学反応式とエンタルピー変化 ΔH を用いて表せ。
(1) エタン C_2H_6 1 mol が完全に燃焼すると 1560 kJ の熱量を放出する。
(2) アンモニア NH_3 の生成エンタルピーは −45.9 kJ/mol である。
(3) 硝酸アンモニウム NH_4NO_3 1 mol が多量の水に溶けると，26 kJ の熱量を吸収する。

▼表 1　燃焼エンタルピー[3]

物質(状態)	ΔH 〔kJ/mol〕
H_2(気)	−286
C(固・黒鉛)	−394
CO(気)	−283
CH_4(気)	−891
CH_3OH(液)	−726
C_3H_8(気)	−2219

▼表 2　生成エンタルピー

物質(状態)	ΔH 〔kJ/mol〕	物質(状態)	ΔH 〔kJ/mol〕
H_2O(気)	−242	C_2H_4(気)	52
H_2O(液)	−286	C_2H_2(気)	227
HCl(気)	−92	C_2H_5OH(液)	−277
CO(気)	−111	C_3H_8(気)	−105
CO_2(気)	−394	$C_6H_{12}O_6$*(固)	−1273
CH_4(気)	−75	NaCl(固)	−411

▼表 3　溶解エンタルピー

物質(状態)	ΔH** 〔kJ/mol〕
NH_3(気)	−34
NaOH(固)	−45
HCl(気)	−75
H_2SO_4(液)	−95
NaCl(固)	3.9
NH_4NO_3(固)	26

(表 1 ~ 3 の出典：化学便覧 5 版)　＊グルコースの値　＊＊溶媒が水のときの値

▲図 5　メタノールの燃焼

▲図 6　塩化ナトリウムの生成

▲図 7　塩酸と水酸化ナトリウム水溶液の中和

▲図 8　硫酸の水への溶解

❶ 生成エンタルピーの算出には，標準状態（25 ℃，1.013×10^5 Pa）で安定な単体から生成するときの反応エンタルピーを使う。同素体がある場合には，標準状態で安定な方の同素体を使う。たとえば，炭素は標準状態でダイヤモンド(金剛石)よりもグラファイト(黒鉛)の方が安定であるから，炭素化合物の生成エンタルピーはグラファイトを基準にして求める。たとえば，

$$\mathrm{C}(黒鉛) + \mathrm{O_2(g)} \longrightarrow \mathrm{CO_2(g)}$$
$$\Delta H = -394\ \mathrm{kJ}$$

である。なお，

$$\mathrm{C}(ダイヤモンド) \longrightarrow \mathrm{C}(黒鉛)$$
$$\Delta H = -1.90\ \mathrm{kJ}$$

である。

❷ aq はラテン語の水（aqua）を略したもので，HCl aq は塩化水素の水溶液（塩酸）を意味する。aq だけで多量の水を表すこともある。

❸ H_2（気），C（黒鉛）の燃焼エンタルピーは，それぞれ H_2O（液），CO_2（気）の生成エンタルピーと考えることもできる。

参考 燃焼エンタルピーと溶解エンタルピーの測定

反応エンタルピーはどのように測定することができるのだろうか。

❶燃焼エンタルピーの測定　燃焼反応によって得られる発熱量は，右図のような体積一定の鋼鉄製の密閉容器を水中に入れて測定される。試料の燃焼により，発生する熱量 Q は，水と容器に吸収される。したがって，水温の上昇を測定することによって発熱量 Q が計算できる。

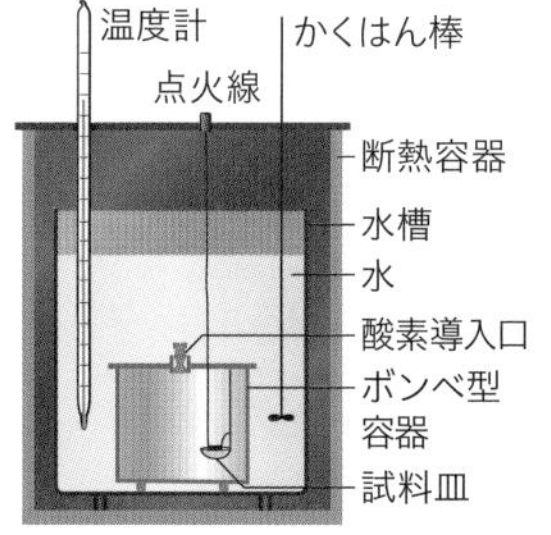

熱量計

周囲の水の質量 m〔g〕，反応前後における周囲の水の温度差 Δt〔K〕，水 1 g の温度を 1 K 上げるのに必要な熱量である **比熱**（**比熱容量**）c〔J/(g·K)〕とすると，発熱量 Q は，次式で求まる（実際には容器の熱容量も補正する）。

$$\text{発熱量 } Q〔\mathrm{J}〕 = m〔\mathrm{g}〕 \times c〔\mathrm{J/(g \cdot K)}〕 \times \Delta t〔\mathrm{K}〕 \quad (1)$$

この熱量計の中の反応は一定圧力ではないため，反応エンタルピー $\Delta H = -$ 発熱量 Q は成立しない。ΔH の値を求めるには補正が必要になるが，その補正の値は非常に小さい。

❷溶解エンタルピーの測定　発泡ポリスチレン製容器を用いた簡易定圧熱量計を使って，圧力一定の条件のもと，水酸化ナトリウム NaOH の溶解エンタルピーを測定する。

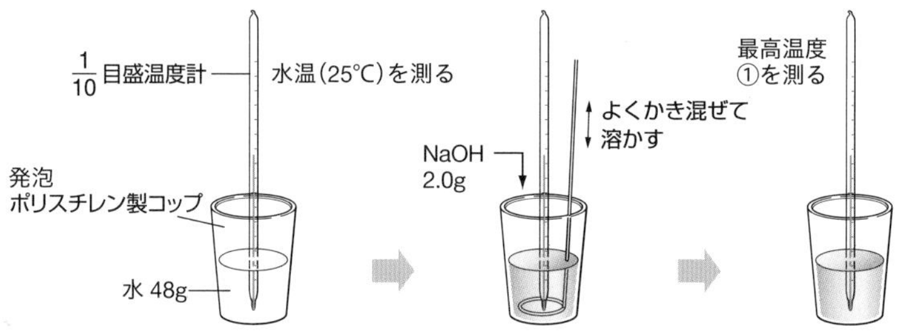

簡易定圧熱量計に水 48 g をとり，水酸化ナトリウム 2.0 g を入れてよくかき混ぜながら温度を測定したところ，右図のような結果が得られた。この実験では，NaOH が溶けきるまでは溶解による熱が生じるとともに，周囲に熱が放出されているため，①は真の最高温度ではない。真の最高温度は，NaOH が瞬間的に溶解し熱が周囲に放出されなかったときの温度で，放熱を示すグラフの②部を 0 分まで延長して求めた縦軸との交点③と考えられる。

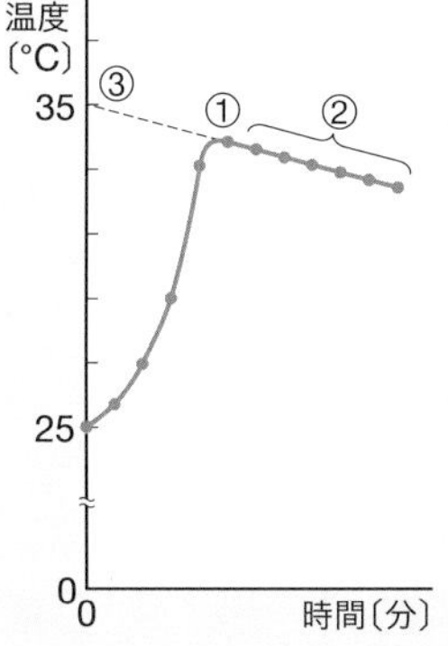

水溶液の比熱容量を 4.2 J/(g·K) とすると，式(1)より，発生した熱量 Q〔J〕は，

$$\begin{aligned} Q〔\mathrm{J}〕 &= (48 + 2.0)\,\mathrm{g} \times 4.2\,\mathrm{J/(g \cdot K)} \times (35 - 25)\,\mathrm{K} \\ &= 2100\,\mathrm{J}\,(= 2.1\,\mathrm{kJ}) \end{aligned}$$

NaOH の水への溶解エンタルピー ΔH は，発生した熱量を NaOH（式量 40）1 mol あたりに換算して，次のように求められる。

$$Q = 2.1\,\mathrm{kJ} \times \frac{40\,\mathrm{g/mol}}{2.0\,\mathrm{g}} = 42\,\mathrm{kJ/mol} \quad (2)$$

$$\Delta H = -Q = -42\,\mathrm{kJ/mol} \quad (3)$$

D 状態変化とエンタルピー変化

化学反応だけでなく，状態変化もエンタルピー変化をともなう。[1]

◆固体→液体→気体の状態変化

固体が融解して液体になるときに吸収する熱エネルギーを **融解熱**（heat of fusion）といい，このときのエンタルピー変化 ΔH を **融解エンタルピー** という。1 mol の固体の水(氷)が融解して液体の水になるときの融解エンタルピーは，0 ℃ において6.0 kJ/mol であり，式〈7〉で表すことができる。

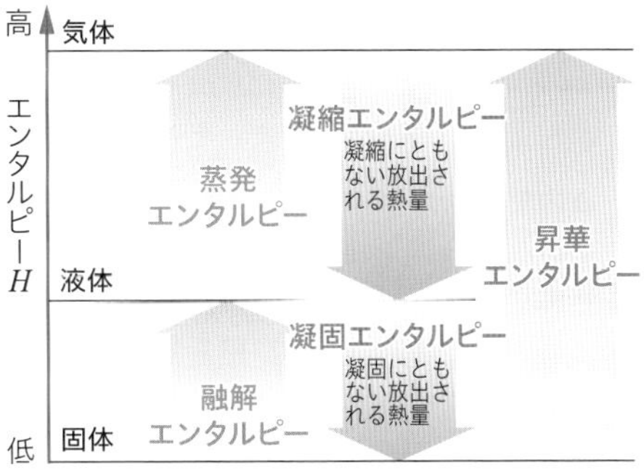

▲図9 H_2Oの状態変化

$$H_2O(固) \longrightarrow H_2O(液) \quad \Delta H = 6.0\ \text{kJ} \qquad \langle 7\rangle$$

液体が蒸発して気体になるときに吸収する熱エネルギーを **蒸発熱**（heat of vaporization）といい，このときのエンタルピー変化 ΔH を **蒸発エンタルピー** という。1 mol の液体の水が蒸発して気体の水になるときの蒸発エンタルピーは，25 ℃ において 44 kJ/mol であり，式〈8〉で表すことができる。

$$H_2O(液) \longrightarrow H_2O(気) \quad \Delta H = 44\ \text{kJ}^{❷} \qquad \langle 8\rangle$$

◆気体→液体→固体の状態変化

気体が液体に，液体が固体に変化するときは，融解エンタルピーや蒸発エンタルピーに相当する熱エネルギーを放出する。

$$H_2O(液) \longrightarrow H_2O(固) \quad \Delta H = -6.0\ \text{kJ} \qquad \langle 9\rangle$$

$$H_2O(気) \longrightarrow H_2O(液) \quad \Delta H = -44\ \text{kJ} \qquad \langle 10\rangle$$

◆固体→気体の状態変化

固体が昇華して気体になるときに吸収する熱エネルギーを **昇華熱**（heat of sublimation）といい，このときのエンタルピー変化 ΔH を **昇華エンタルピー** という。1 mol の固体の二酸化炭素(ドライアイス)が昇華して気体の二酸化炭素になるときの昇華エンタルピーは，−78 ℃ において 25 kJ/molであり，式〈11〉で表すことができる。

$$CO_2(固) \longrightarrow CO_2(気) \quad \Delta H = 25\ \text{kJ} \qquad \langle 11\rangle$$

問2. 25 ℃ において，水 1.0 L が蒸発するときのエンタルピー変化は何 kJ か。式〈8〉を用いて求めよ。ただし，水の密度は 1.0 g/cm^3 とする。

❶ 状態変化によるエンタルピー変化は，1.013 × 10^5 Pa のもとで，物質 1 mol あたりの放出または吸収する熱エネルギーの値を示すことが多いが，物質 1 g あたりで示すこともある。

❷ 1 mol の液体の水が，25 ℃，1.013 × 10^5 Pa（1 気圧）のもとで徐々に蒸発するときに吸収するエネルギーが 44 kJ である。このときの蒸発エンタルピーは 44 kJ/mol である。ただし，沸点における水の蒸発エンタルピーは 41 kJ/mol となる。

参考 反応熱と内部エネルギー

物理

物質が変化する際に放出・吸収する熱エネルギーを，物質のエンタルピー変化として扱ってきた。そもそもエンタルピーとは何か，詳しくみてみよう。

●内部エネルギー ビーカー中の溶液やフラスコ内の気体など，観測者が着目している部分を**系**(system)という。容器内に入っている気体を系と考えると，気体分子は，熱運動により，空間を飛び回るだけではなく，分子の重心のまわりの回転運動や分子中の化学結合が伸び縮みするような伸縮振動をする。このような系のさまざまな運動エネルギーと化学エネルギーなどの総和，すなわち系の全エネルギーを**内部エネルギー**(internal energy) U と定義する。

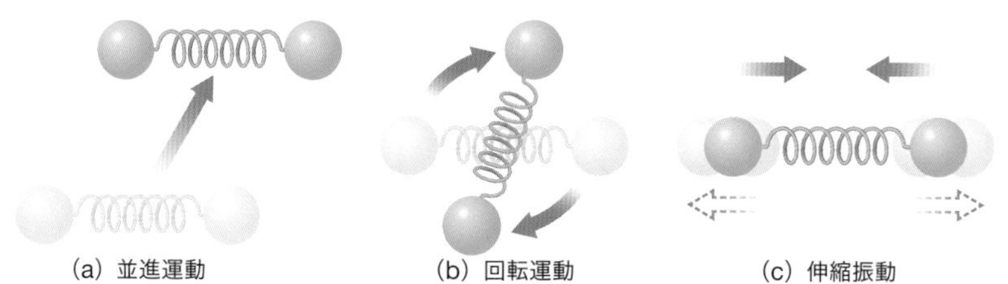

(a) 並進運動　(b) 回転運動　(c) 伸縮振動

気体分子が入った一定体積 V の容器(状態1)に外部から熱エネルギー Q を加えると，熱エネルギー Q はすべて内部エネルギー U に変換されて気体分子の運動エネルギーなどが増加することで温度が上昇する(状態2)。このとき状態1と状態2の内部エネルギーを，それぞれ U_1, U_2 とすると，内部エネルギー変化 ΔU は，次のように表される。

$$Q = U_2 - U_1 = \Delta U$$

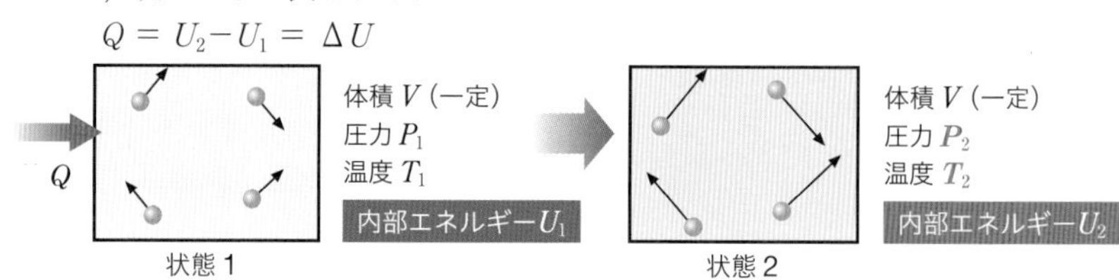

状態1　状態2

●エンタルピー 一般に，化学実験は，大気圧下のように圧力が一定の条件で行われる。下に示す状態3のように圧力 P で一定の場合，気体分子の入った容器内に外部から熱エネルギー Q を加えると，内部エネルギーが増加するとともに，気体の体積が増加する。体積の増加量を ΔV とすると，容器内の気体は外部に対して $P\Delta V$ の仕事[1]をしたことになる。このとき，熱エネルギー Q と内部エネルギー変化 ΔU の関係は，次のように表される。

$$Q = \Delta U + P\Delta V$$

系に加えられた熱エネルギー Q はエンタルピー変化 ΔH と等しいことから，$\Delta H = \Delta U + P\Delta V$ となる。よって，エンタルピー H は，内部エネルギー U と PV から次のように定義される。

$$H = U + PV$$

仕事 $P\Delta V$

体積変化 $\Delta V = V_2 - V_1$

Q

圧力 P (一定)
体積 V_1
温度 T_1
内部エネルギー U_1

圧力 P (一定)
体積 V_2
温度 T_2
内部エネルギー U_2

状態3　状態4

内部エネルギー変化 $\Delta U = U_2 - U_1$　**エンタルピー変化 $\Delta H = \Delta U + P\Delta V$**

[1] $P\Delta V$ の単位は次のように表され，エネルギーの単位（▶p.157）になる。

$$\mathrm{Pa \cdot m^3 = N \cdot m^{-2} \cdot m^3 = N \cdot m = J}$$

ヘスの法則

Beginning 2

A 反応の経路と熱

◆ヘスの法則　ヘス(スイス，1802～1850)は，多くの実験から反応熱に関する法則を見いだした。この法則を **ヘスの法則**(Hess's law) という。

ヘスの法則(総熱量保存の法則)

物質が変化する際の反応熱の総和は，変化する前の状態と変化した後の状態だけで決まり，その変化の経路には無関係である。

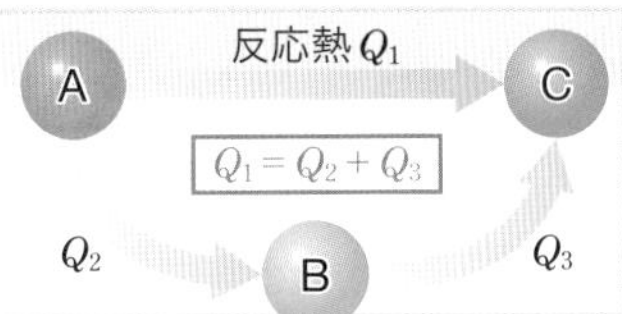

Key concept　反応の経路とエンタルピー変化

- 圧力一定のとき反応熱はエンタルピー変化 ΔH に等しい。

→ ヘスの法則[2]により，変化の経路に関係なく，物質がある物質に変化する際のエンタルピー変化 ΔH は同じであるといえる。

[2] ヘスの法則は定圧条件のときは ΔH について成立し，定積条件では ΔU (▶p.162) について成立する。

◆反応の経路とエンタルピー変化　固体の水酸化ナトリウム 1 mol を塩化水素 1 mol が溶けている塩酸で中和する反応では，次の (a)，(b) 2 つの変化の経路があるが，どちらの経路を進んでも，全体としてのエンタルピー変化 ΔH は等しい。

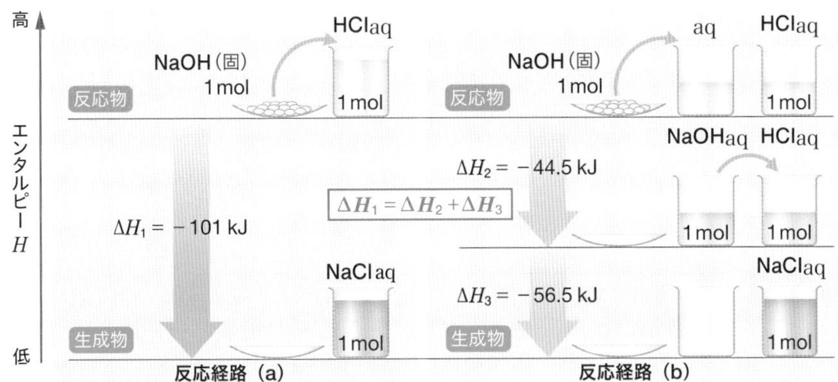

▲図 10　反応経路とエンタルピー変化 ΔH

反応経路(a)　固体の水酸化ナトリウムと塩酸の反応

NaOH(固) + HCl aq ⟶ NaCl aq + H_2O(液)　　$\Delta H_1 = -101$ kJ　①

反応経路(b)　固体の水酸化ナトリウムの水への溶解

NaOH(固) $\xrightarrow{H_2O}$ NaOH aq　　$\Delta H_2 = -44.5$ kJ　②

水酸化ナトリウム水溶液と塩酸の反応

NaOH aq + HCl aq ⟶ NaCl aq + H_2O(液)　　$\Delta H_3 = -56.5$ kJ　③

3章 物質の変化と平衡

◆**ヘスの法則の利用**　ヘスの法則を用いると，直接的に測定が困難な反応のエンタルピー変化 ΔH を，計算により求めることができる。

たとえば，炭素C(黒鉛)の燃焼による一酸化炭素COの生成エンタルピーを測定しようとしても，炭素の一部が完全燃焼して二酸化炭素 CO_2 になる反応が同時に起こるので，直接測定することは難しい。しかし，ヘスの法則を用いることで，間接的にCOの生成エンタルピーを求めることができる。

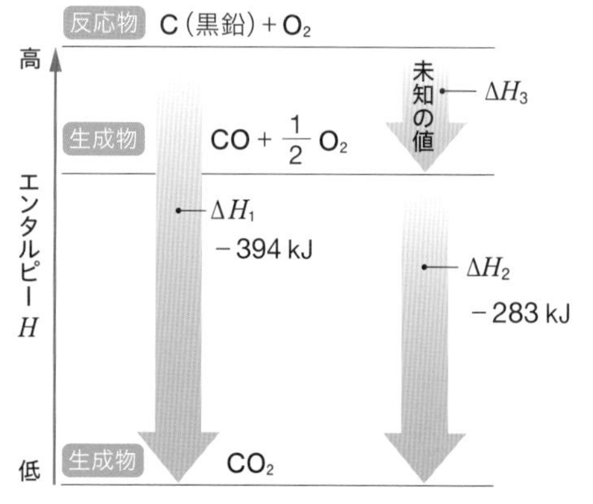

実験から，炭素(黒鉛)の燃焼エンタルピー ΔH_1 と一酸化炭素COの燃焼エンタルピー ΔH_2 を求める。ヘスの法則から，計算で未知の反応エンタルピー ΔH_3 を求める。

$C(黒鉛) + O_2 \longrightarrow CO_2$　①
$\Delta H_1 = -394$ kJ

$CO + \frac{1}{2}O_2 \longrightarrow CO_2$　②
$\Delta H_2 = -283$ kJ

③＝①－② より $\Delta H_3 = \Delta H_1 - \Delta H_2$

$C(黒鉛) + \frac{1}{2}O_2 \longrightarrow CO$　③
$\Delta H_3 = -111$ kJ

したがってCOの生成エンタルピーは，－111 kJ/mol となる。

▲図11　計算によるCOの生成エンタルピーの求め方
エンタルピー変化 ΔH を含めた化学反応式を代数式と同じように扱い，式①から式②を引き，移項して整理すると，式③および ΔH_3 が得られる。

例題 1　ヘスの法則

黒鉛とダイヤモンドの燃焼エンタルピーは，それぞれ －394 kJ/mol，－395 kJ/mol である。黒鉛からダイヤモンドをつくるときのエンタルピー変化を求めよ。

解　黒鉛とダイヤモンドの燃焼反応のエンタルピー変化は，次のようになる。

$C(黒鉛) + O_2(気) \longrightarrow CO_2(気)$　$\Delta H = -394$ kJ　①
$C(ダイヤモンド) + O_2(気) \longrightarrow CO_2(気)$　$\Delta H = -395$ kJ　②

式①－式②より，　$C(黒鉛) \longrightarrow C(ダイヤモンド)$　$\Delta H = 1$ kJ

求めるエンタルピー変化は，$\Delta H = 1$ kJ で吸熱である。黒鉛の方がダイヤモンドより安定であるとわかる。　**答**　$\Delta H = 1$ kJ

類題 1　二酸化炭素 CO_2，水(液)の生成エンタルピーは，それぞれ －394 kJ/mol，－286 kJ/mol である。また，プロパン C_3H_8 の燃焼エンタルピーは －2220 kJ/mol である。プロパンの生成エンタルピーを求めよ。

from Beginning　化学反応によって出入りする熱エネルギーは，すべて実験で測定することができるだろうか？

化学反応にともなうエンタルピー変化 ΔH は，直接実験で測定することが難しい場合があります。そのような場合，ヘスの法則から別の経路の化学反応のすでにわかっている ΔH の値を用いて求められます。ヘスは反応熱を正確に測定できる熱量計を考案し，硫酸とアンモニアの中和と硫酸の溶解との反応熱の関係を調べました。この実験から化学反応にともなう熱の変化は反応の経路に無関係と結論づけました。これは，エネルギー保存の法則の先駆的な研究でした。

◆反応熱の算出　ヘスの法則がなりたつことから，物質の生成エンタルピーから反応エンタルピーを求めることもできる。

表4の生成エンタルピーの ΔH の値から，メタン CH_4 の燃焼エンタルピーの ΔH について考えてみる。二酸化炭素，液体の水，メタンを，各成分元素の単体からつくる反応は，次の反応式で表される。

$$C(\text{黒鉛}) + O_2(\text{気}) \longrightarrow CO_2(\text{気}) \quad \Delta H_1 = -394\ \text{kJ} \quad \langle 12 \rangle$$

$$2H_2(\text{気}) + O_2(\text{気}) \longrightarrow 2H_2O(\text{液}) \quad \Delta H_2 = (-286 \times 2)\ \text{kJ} \quad \langle 13 \rangle$$

$$C(\text{黒鉛}) + 2H_2(\text{気}) \longrightarrow CH_4(\text{気}) \quad \Delta H_3 = -75\ \text{kJ} \quad \langle 14 \rangle$$

ヘスの法則を用いて，〈12〉＋〈13〉－〈14〉より，メタン 1 mol の燃焼エンタルピー ΔH は，-891 kJ/mol となる。

$$CH_4(\text{気}) + 2O_2(\text{気}) \longrightarrow CO_2(\text{気}) + 2H_2O(\text{液})$$

単体の生成エンタルピーを0kJ/molとする（$2O_2$）

$$\Delta H = \{(-394 - 286 \times 2) - (-75)\}\ \text{kJ}$$

CO_2 の生成エンタルピー ΔH_1（-394）
H_2O の生成エンタルピー×2 ΔH_2（-286×2）
CH_4 の生成エンタルピー ΔH_3（-75）

Key concept　生成エンタルピーと反応エンタルピー

● ヘスの法則から，次の等式で生成エンタルピーの和から反応エンタルピーが求められる。

反応エンタルピー＝(生成物の生成エンタルピーの総和)－(反応物の生成エンタルピーの総和)

▼表4　生成エンタルピー

物質(状態)	ΔH (kJ/mol)
H_2O(気)	−242
H_2O(液)	−286
HCl(気)	−92
CO(気)	−111
CO_2(気)	−394
CH_4(気)	−75
C_2H_4(気)	52
C_2H_2(気)	227
C_2H_5OH(液)	−277
C_3H_8(気)	−105
NaCl(固)	−411

生成エンタルピーは，25℃，1.013×10^5 Pa での値である標準生成エンタルピーの値を使う。
(出典：化学便覧5版)

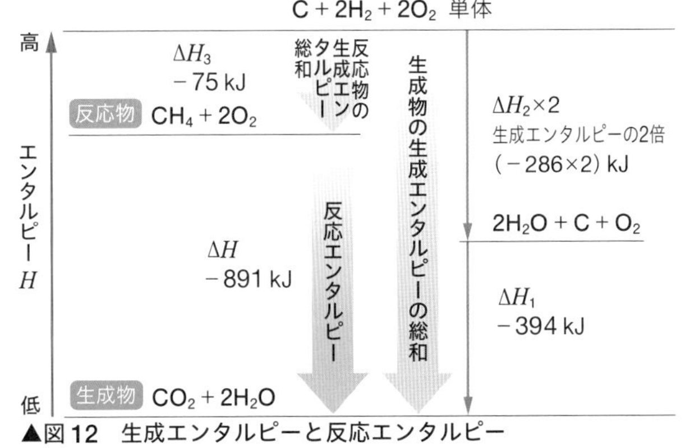

▲図12　生成エンタルピーと反応エンタルピー

問3.　表4の数値を用いて，次の反応式のエンタルピー変化 ΔH を求めよ。

$$C_2H_4(\text{気}) + 3O_2(\text{気}) \longrightarrow 2CO_2(\text{気}) + 2H_2O(\text{液})$$

Thinking Point 1　単体の生成エンタルピーは 0 kJ/mol とするが，炭素の同素体である黒鉛，ダイヤモンド，フラーレン C_{60} の中で，炭素原子 1 mol あたりに含まれるエネルギーが最も大きいものはどれだと考えられるか。ただし，フラーレン C_{60} の燃焼エンタルピーは -2.61×10^4 kJ/mol である。

3章　物質の変化と平衡

B 結合エンタルピー

◆**結合エンタルピー**　共有結合している原子どうしの結合を切るときのエンタルピー変化を **結合エンタルピー**[1] (bond enthalpy) という。たとえば，1 mol の水素 H_2 を 2 mol の水素原子に分解するには，436 kJ のエネルギーを加える必要があるため，水素原子間の結合H−Hの結合エンタルピーは，436 kJ/mol である。

$$H_2(\text{気}) \longrightarrow 2H(\text{気}) \quad \Delta H = 436 \text{ kJ} \quad \langle 15 \rangle$$

問4.　表5の値を用いて，塩素分子 Cl_2，塩化水素分子 HCl が分解して，それぞれ気体状態の原子になる反応を，ΔH を用いて化学反応式で表せ。

▼表5　結合エンタルピー

結合	ΔH^{*} 〔kJ/mol〕
H−H	436
H−N (アンモニア)	390
H−F	570
H−Cl	431
H−C (CH_4)	416
C−C (ダイヤモンド)	357
C−C (C_2H_6)	377
C=C (C_2H_4)	728
C≡C (C_2H_2)	965
C=O (CO_2)	804
F−F	159
Cl−Cl	243
O−H (H_2O)	463
O=O	498

＊298.15 Kにおける値

[1] 結合の強さを表すには，0 K，一定圧力下で 1 mol の結合を切るエネルギーである結合解離エネルギーと，一般に 298 K で結合を切るときのエンタルピー変化を表す結合エンタルピーがあるが，本書では結合エンタルピーの値を用いている。アンモニア NH_3 のように，1つの分子に同種の結合が複数あるときは，それらが全部切れる反応のエンタルピー変化をその結合の個数で割って平均した値を用いる。

◆**結合エンタルピーと反応エンタルピー**

化学反応では，反応物の原子間の結合が切れ，異なる原子間に新しい結合を生じて生成物になっていくため，結合エンタルピーと反応エンタルピーには次のような関係がある。

Key concept　結合エンタルピーと反応エンタルピー (反応物も生成物も気体の場合)

反応エンタルピー＝(反応物の結合エンタルピーの総和)−(生成物の結合エンタルピーの総和)

たとえば，水素 1 mol と塩素 1 mol から塩化水素 2 mol が生成するときの反応エンタルピーは，結合エンタルピーの値から，図13のようにして求めることができる。この反応の反応式は，エンタルピー変化 ΔH を用いて，次のように表される。

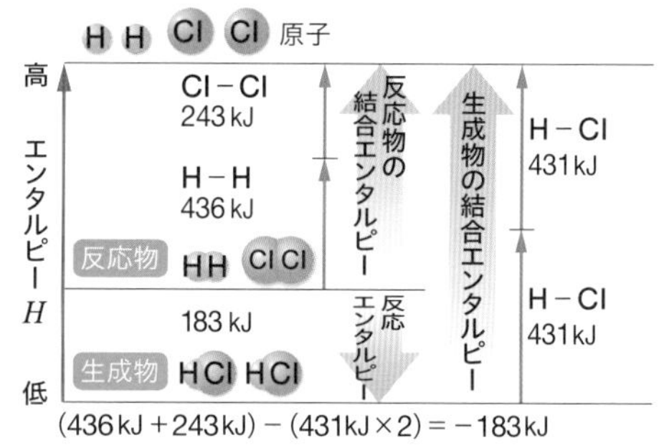

▲図13　結合エンタルピーと反応エンタルピー

$$H_2(\text{気}) + Cl_2(\text{気}) \longrightarrow 2HCl(\text{気}) \quad \Delta H = -183 \text{ kJ} \quad \langle 16 \rangle$$

参考 格子エンタルピーとボルン・ハーバー・サイクル

イオン結晶のイオン結合を切断して，イオンをばらばらにするとき，結合エネルギーと同じように考えられるのだろうか。イオン結晶についてみてみよう。

❶格子エンタルピー 真空中でイオン結晶が構成粒子イオンになるときのエンタルピー変化 ΔH を **格子エンタルピー**[2] という。常に正の値になる。ここでは，塩化ナトリウムの格子エンタルピー ΔH[kJ/mol]について考える。

$$NaCl(固) \longrightarrow Na^+(気) + Cl^-(気)$$

結晶の安定度の目安になる格子エンタルピーは，直接測定することは難しいが，ヘスの法則を用いて，測定できる次のような物理量から求めることができる。

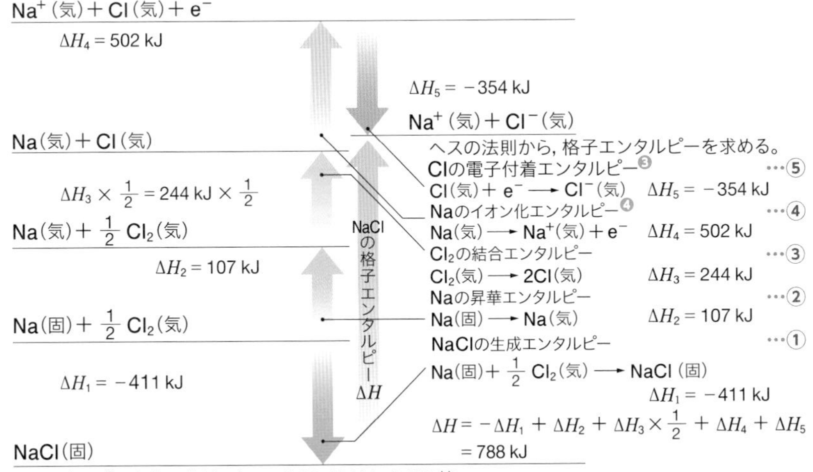

＊エンタルピー変化の値は，すべて 298.15 K における値。

このように，イオン結晶の格子エンタルピーを求めるような一連の手順を **ボルン・ハーバー・サイクル** という。

❷溶解エンタルピー NaCl(固)を水に溶解したときの溶解エンタルピー $\Delta H'$ は，NaClの格子エンタルピーと，イオン(Na^+ と Cl^-)の水和エンタルピーの和と考えられる。

溶解エンタルピー ＝ 格子エンタルピー ＋ イオンの水和エンタルピー

各イオンの水和エンタルピーの値から，次のように溶解エンタルピーが求まり，実測値の 3.9 kJ/mol と近い値が得られる。

$$Na^+(気) \xrightarrow{H_2O} Na^+\,aq \quad \Delta H = -421\ \mathrm{kJ}$$

$$Cl^-(気) \xrightarrow{H_2O} Cl^-\,aq \quad \Delta H = -363\ \mathrm{kJ}$$

$$\Delta H' = 788\ \mathrm{kJ} + (-421\ \mathrm{kJ} - 363\ \mathrm{kJ}) = 4\ \mathrm{kJ}$$ となる。

❸貴ガス元素の最初の化合物の合成 貴ガスは価電子をもたず原子価は 0 であり，化合物の合成は不可能と思われていた。しかし，1960年代初頭キセノンXeの化合物が世界で初めて合成された。

ニール・バートレット(Neil Bartlett)は，室温において PtF_6 と O_2 が反応して O_2PtF_6 の組成をもつ結晶になることを見いだした。この結晶は，イオン結晶の $KSbF_6$ と結晶形が同じであり，また単位格子の大きさもほぼ等しいことから，得られた化合物が $O_2^+[PtF_6]^-$ の構成をもつものであろうと考えた。もしそうであるならば，イオン化エネルギーが O_2(1165 kJ/mol)とほぼ等しい Xe(1170 kJ/mol)を使っても，$Xe^+[PtF_6]^-$ が存在するであろうと予測した。つまり，**ボルン・ハーバー・サイクル**の一連の反応で，①，②，③，⑤は O_2PtF_6 と共通であり，反応④のイオン化エネルギーが少し違うだけ[5]である。実際に，Xe と PtF_6 を反応させたところ，最初の貴ガス化合物 $Xe^+[PtF_6]^-$ を合成することに成功した。

---

❷ 0 K において，1 mol の塩化ナトリウムのようなイオン結晶中の結合を切断し，すべてのイオンを，互いに遠く離して，力を及ぼしあわない状態にするのに必要なエネルギーを **格子エネルギー** という。通常の温度では格子エンタルピーとの差は，ほんの数 kJ/mol しか違わない。

❸ 原子が電子を受け取り，陰イオンをつくるときのエンタルピー変化 ΔH を電子付着（取得）エンタルピーとよぶ。電子親和力 E とは，符号が逆になる。

❹ 原子から電子を奪い陽イオンにするときのエンタルピー変化 ΔH をイオン化エンタルピーという。イオン化エネルギー（▶p.29）との違いは無視できることが多い。

❺ バートレットは，この結果を1962年6月に報告した。その後の研究で，この化合物は当初考えられたほど簡単な構造ではなく，$[XeF]^+[PtF_6]^-$，$[XeF]^+[Pt_2F_{11}]^-$，$[Xe_2F_3]^+[PtF_6]^-$ などの混合物であるらしいことがわかってきた。なお，同じ 1962 年に別の研究者によって XeF_4 と XeF_2 が合成され，前者は9月に，後者は11月に報告された。貴ガスのイオン化エネルギーは，Ar，Kr，Xe の順に低くなり，それとともに電子を奪われやすくなるので，Xe では，電子を非常に受け取りやすい F と反応しやすくなる。現在では，Rn，Kr，Ar の化合物も報告されている。

4 化学反応と光エネルギー

A 光と化学反応

物理 ◆**光**　光は，物質中でも，真空中でも，伝わる波である[1]。人間の目に見える光は**可視光線** (visible radiation) といい，波長[2]はおよそ $3.8 \times 10^{-7} \sim 7.8 \times 10^{-7}$ m である。波長が短いほど，光のエネルギーは大きくなる。▶p.172波長により電波，赤外線，可視光線，紫外線などがあり，これらを総称して**電磁波** (electromagnetic wave) という。

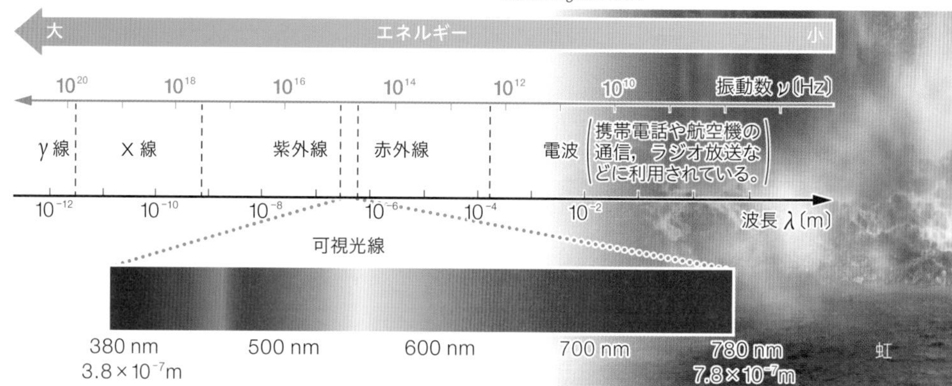

▲図 14　光の種類と波長・エネルギー

◆**化学反応と光エネルギー**　化学反応によって光が放出される場合がある。化学反応によって観察される発光を**化学発光** (chemiluminescence) といい，生物の体内で起こる化学反応による発光を**生物発光** (bioluminescence) という。また，物質が光を吸収することで，化学反応が起こる場合があり，これを**光化学反応**[3] (photochemical reaction) という。

このように，化学発光や生物発光，光化学反応では，化学反応により光エネルギーの出入りが起こる。

Thinking Point 2　あるアルカリ金属を含む化合物の水溶液を，白金線の先に少しつけてガスバーナーの炎に入れると波長 589 nm の電磁波が放出された。このアルカリ金属元素は何か図 14 を参考に推定せよ。

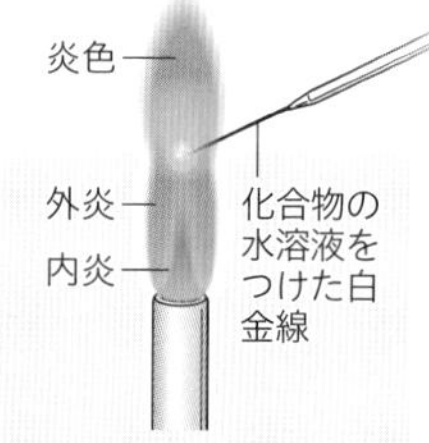

❶ 光は波の性質と質量のない粒子の集団としての性質をもつ。

❷ 波長は波の山から次の山までの距離である。波長 λ(ラムダ) の単位は m である。また，ある点を 1 秒間に通過する波の数である振動数 ν(ニュー) の単位は 1/s となるが，Hz(ヘルツ) を用いる。ここで，光の速度を c〔m/s〕とすると，$\lambda \nu = c$ の関係がなりたつ。

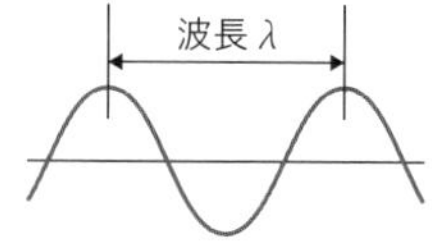

❸ 「光化学」の読み方には決まりはなく，「コウカガク」と読んでも，「ヒカリカガク」と読んでもよい。

参考 基底状態と励起状態

物理

化学発光などの発光はどのようにして起こるのだろうか。

原子や分子がとりうる状態のうちで，最もエネルギーが低い状態を**基底状態**(きてい) (ground state) という。また，基底状態にある原子や分子が，光や熱などからエネルギーをもらうと，エネルギーの高い不安定な状態になる。これを**励起状態**(れいき) (excited state) という。

炎色反応や化学発光は，それぞれ加熱や化学反応によって生成した励起状態の原子や分子が基底状態に移る際に，励起状態と基底状態のエネルギーの差に対応した光エネルギーを放出する現象である。

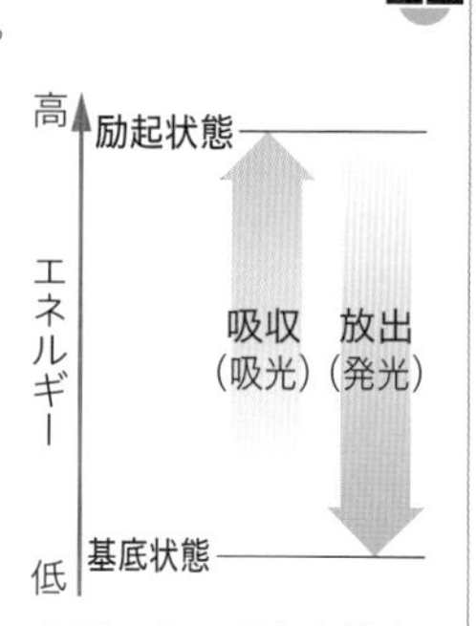

分子の光の吸収と放出

B 化学発光

化学反応にともない発光するのは，反応によって高エネルギー状態になった分子または原子が，低エネルギー状態に変わる際に光を放出するためである。

◆ルミノール　塩基性水溶液中でルミノールを過酸化水素などで酸化すると，青い発光が観察される。これを **ルミノール反応** (luminol reaction) という。

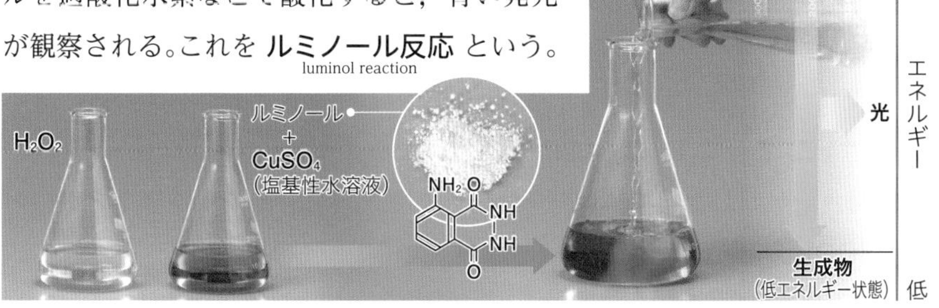

▲図 15　**ルミノール反応**　ルミノールと酸化剤の混合物に血液を加えた場合，血液成分が触媒となり，強く発光する。このためルミノール反応は，血痕の鑑識などに利用されている。

◆シュウ酸ジフェニル　シュウ酸ジフェニルに蛍光物質を混合して過酸化水素を加えると，フェノールと二酸化炭素が生じる際，蛍光物質にエネルギーを与えて発光する。

シュウ酸ジフェニルは，ケミカルライトとして利用されている。

▲ 図16　シュウ酸ジフェニルによる発光

参考　錯イオンの色と電子の軌道

遷移元素は錯イオンをつくるものが多く，錯イオンの塩やその水溶液は着色しているものが多い。これは，錯イオンが可視光線の波長領域(波長 約400 nm～800 nm)の光を一部吸収し，吸収されなかった光の色(補色)が見えるからである。❹

● $[CoCl_2(NH_3)_4]^+$ の色　トランス形の $[CoCl_2(NH_3)_4]^+$ の色が緑色であるのは，おもに緑色の補色である赤色領域の可視光(波長 680 nm)を吸収しているからである。シス形では黄緑色の光を吸収するので，その補色である紫色を呈する。

Co^{3+} では，最外殻の 1 つ内側の M 殻に 3d 軌道があり，d 軌道の電子が配位子の負電荷との反発によって，3d 軌道の中でもエネルギーの高い状態と，低い状態に分かれている(2つに分裂している)。この分裂した軌道のエネルギー差 ΔE は可視光領域の光のエネルギーに相当しているため，低い状態の 3d 軌道の電子が，赤色の光を吸収して，エネルギーの高い状態の 3d 軌道に移ることで，補色の緑色が見える。

この 3d 軌道の分裂による ΔE の大きさは，同じイオンでも配位子の種類や立体構造により変化するため，吸収する光の波長が変わり，錯イオンの色が変化する。

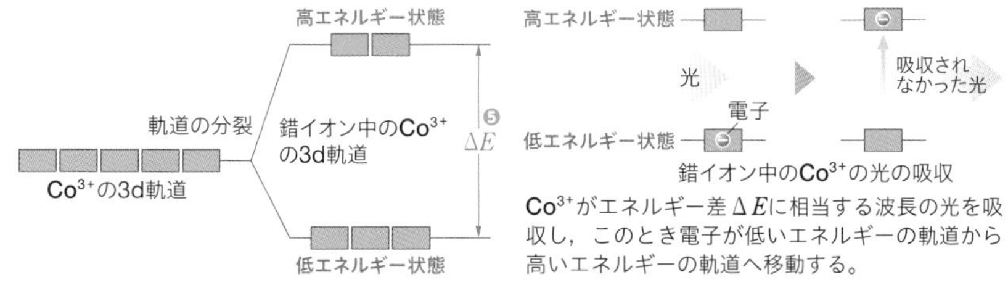

錯イオン中の Co^{3+} イオンの 3d 軌道の分裂と光の吸収

❹　錯イオンが可視光線のうち特定の光を吸収したとき，吸収されずに反射された残りの波長の色(補色)が見える。

▼表 6　吸収される光の色と錯イオンの色

吸収される光の色	錯イオンの色
紫	黄緑
青	黄～橙
青緑	赤
緑	赤紫
黄緑	紫
黄	青
橙	緑青
赤	青緑

❺　ΔE と吸収された光の波長 λ は次の関係になる (▶p.172)。

$$\Delta E = h\nu = h\frac{c}{\lambda}$$

h: プランク定数
ν: 光の振動数
λ: 光の波長
c: 光の速度

3章　物質の変化と平衡

C 光化学反応

光を吸収して起こる化学反応には次のようなものがある。▶p.172

◆光による分解反応　硝酸 HNO_3 や過マンガン酸カリウム $KMnO_4$，塩化銀 AgCl などは，光を吸収して分解する。

$$4HNO_3 \xrightarrow{光} 4NO_2 + 2H_2O + O_2 \quad \langle 17 \rangle$$

Note
褐色びんでの保存
硝酸など，光によって分解する物質は，褐色びんに入れて，冷暗所で保存する。

◆光合成　光合成は，緑色植物が葉緑体内部にある色素クロロフィルで光を吸収し，二酸化炭素 CO_2 と水 H_2O からデンプンなどの有機物と酸素 O_2 を生成する反応である。CO_2 と H_2O からグルコース $C_6H_{12}O_6$ が合成される場合，吸収した光エネルギーを使った吸熱反応であると理解できる。

$$6CO_2(気) + 6H_2O(液) \xrightarrow{光} C_6H_{12}O_6(固) + 6O_2(気)$$
$$\Delta H = 2807\ kJ \quad \langle 18 \rangle$$

光合成では，まず，吸収した光エネルギーによって H_2O を酸化し，O_2 と e^- を生じる(式〈19〉)。生じた e^- によって CO_2 を還元し有機物が合成される。

光合成を行う植物

$$2H_2O \xrightarrow{光} O_2 + 4H^+ + 4e^- \quad \langle 19 \rangle$$

◆連鎖反応　水素と塩素を混合して，強い光を当てると爆発的に反応して塩化水素が生成する。

$$Cl_2 + H_2 \xrightarrow{光} 2HCl \quad \langle 20 \rangle$$

この反応では，塩素が光エネルギーによって不対電子をもつ塩素原子 Cl· となり，水素と反応して塩化水素が生成する。この塩素原子のように不対電子をもつ原子や原子団は **遊離基**(free radical)(ラジカル)とよばれ，反応性が高い。

$$Cl_2 \xrightarrow{光} 2Cl\cdot \quad \langle 21 \rangle$$
$$Cl\cdot + H_2 \longrightarrow HCl + H\cdot \quad \langle 22 \rangle$$
$$H\cdot + Cl_2 \longrightarrow HCl + Cl\cdot \quad \langle 23 \rangle$$

Cl· が生成されると，式〈22〉，〈23〉の反応が連続してくり返され爆発的に反応が進行する。このような反応を **連鎖反応**(chain reaction) という。

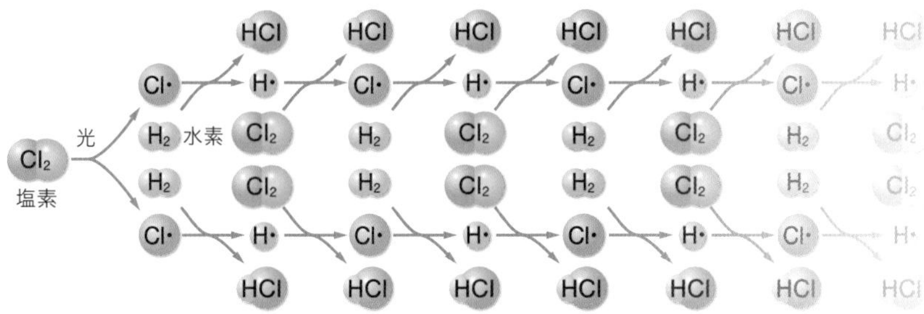

▲図 17　水素と塩素の連鎖反応

参考 光異性化

生物

分子が光エネルギーを吸収することで，分子の構造が変化することがある。

●光エネルギーによる構造の変化

分子が光エネルギーを吸収すると，分子中の化学結合の性質が変化し，通常では起こらない二重結合のまわりの回転や，結合の組み換えが起こる。このような反応を **光異性化**（photoisomerization）という。アゾベンゼンはトランス形に紫外線を当てるとシス形に変化し，シス形に可視光線を当てるとトランス形に変化する。後者は，加熱しても起こる。

紫外線 / 可視光線
トランス形 ⇄ シス形

照射する光の波長によって異性体比率が変化する性質を利用して，アゾ化合物は記録材料などに用いられている。

●生体内での光異性化 ヒトの視覚は光異性化を利用している。網膜細胞表面のタンパク質に含まれるレチナールは，可視光線によってシス形からトランス形に変化する。これによって視細胞が活性化され，電気信号が大脳へ伝えられる。

可視光 / 熱
シス形のレチナール ⇄ トランス形のレチナール

参考 環境問題と光化学反応

環境

光化学反応が関係する環境問題についてみてみよう。

●連鎖反応によるオゾン層の分解 上空約 20～40 km（成層圏）には，太陽光に含まれる有害な紫外線を吸収しているオゾン層が存在している。しかし，冷蔵庫の冷媒，スプレー噴射剤などに使用されていた，CCl_3F などのフロン（クロロフルオロカーボン）が原因で，1970年代から，南極上空にオゾン濃度が極端に低い部分（オゾンホール）が観測されるようになった。成層圏で強い紫外線を受けて分解したフロンは，反応性の高い塩素原子（塩素遊離基）を生じる。ここで生じた塩素遊離基により，連鎖反応が生じ，オゾンが酸素に分解される。

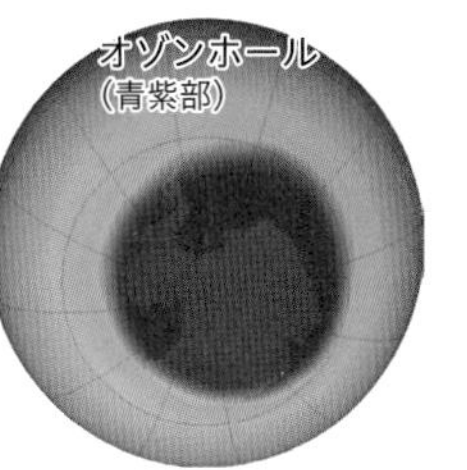

NASA Ozone Watch

$$\mathrm{Cl\cdot} + \mathrm{O_3} \longrightarrow \mathrm{\cdot OCl} + \mathrm{O_2} \qquad \mathrm{\cdot OCl} + \mathrm{\cdot O\cdot}^{❶} \longrightarrow \mathrm{O_2} + \mathrm{Cl\cdot}$$

●光化学オキシダント 大気中に排出された NO_2 などの窒素酸化物が太陽光によって有機化合物と光化学反応すると，オゾン O_3 などの酸化性物質が生じる。これを **光化学オキシダント** といい，強い酸化作用をもつことから目や喉の粘膜を刺激する。光化学オキシダントと空気中の水分からできた霧を **光化学スモッグ** という。

❶ O_2 が紫外線によって分解し生成した酸素原子。

参考 光エネルギーと光化学反応 ▶p.168, 170

日常生活において，熱や電気に比べて，光をエネルギーとして意識することは少ないが，光のもつエネルギーはどのくらいの大きさなのだろうか。また，光によって起こる反応は，熱による反応と比べて，どのような特徴があるのだろうか。

❶光のもつエネルギー

光のもつエネルギーを最初に明確に定義したのは，ドイツ出身の **アインシュタイン** (A. Einstein, 1879～1955)である。19世紀の終わり頃，金属の表面に光を当てると，表面から電子が飛び出す現象が知られていた。この現象は **光電効果** とよばれ，現在でもさまざまな技術に利用されている(図1)。19世紀の物理学ではこの現象を説明することができなかったが，アインシュタインは，光を粒子とみなし，光電効果は光の粒子が電子をはじき飛ばすような現象であると考えることによって，この現象を見事に説明した。光を粒子とみるとき，これを **光子** という。アインシュタインは，当てる光の振動数と飛び出す電子のエネルギーとの関係から，光子1個のエネルギー E〔J〕は式(1)で表されることを示した。

アインシュタイン

$$E = h\nu \qquad (1)$$

ここで，ν〔/s〕は光の振動数であり，h はドイツ出身の **プランク**(M. Planck, 1858～1947)の名をとって **プランク定数**($h = 6.626 \times 10^{-34}$ J·s)とよばれる定数である。

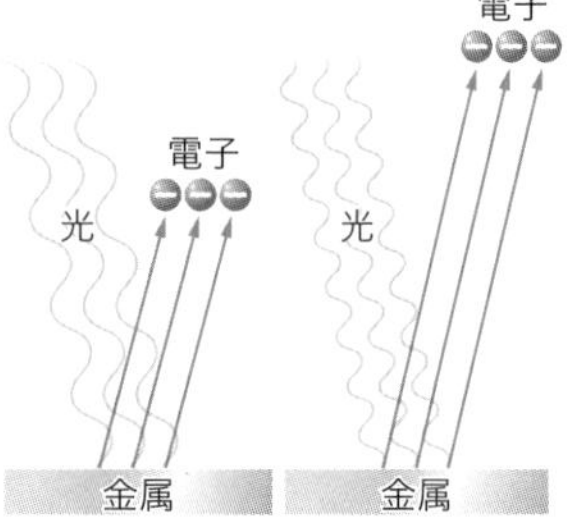

図1　光電効果　強い光を当てると，多数の電子が飛び出す。当てる光の振動数を大きくすると，飛び出す電子のエネルギーが大きくなる。

式(1)に示すとおり，光子のエネルギーは光の振動数に比例する。光速度を c〔m/s〕とすると，光の振動数 ν〔/s〕と波長 λ〔m〕の間には $\nu = \dfrac{c}{\lambda}$ の関係があるから，光のエネルギーは波長に反比例することになる。

❷光のエネルギーと光化学反応

物質と光との相互作用を考えるとき，光を粒子とみなすと，大変都合がよい。物質に光を当てると，物質を構成する原子や分子が光子と衝突し，光子のもつエネルギーが原子や分子に移動する。これによって，原子や分子は高いエネルギー状態(**励起状態**(れいき))になり，光子は消滅する。これが，物質による光の吸収であり，物質を構成する粒子が励起状態になることによって引き起こされる化学反応が **光化学反応** である。

● 可視光線から紫外線領域の光　塩素分子 Cl_2 が光を吸収すると塩素原子 $Cl\cdot$ が発生し，さまざまな反応を引き起こす(▶p.170参照)。この光化学反応には，波長 330 nm（1 nm ＝ 10^{-9} m）の紫外線を用いることができる。この光のエネルギーを求めてみよう。

$$E = h\nu = \frac{hc}{\lambda} = \frac{(6.63 \times 10^{-34}\ \mathrm{J \cdot s}) \times (3.00 \times 10^{8}\ \mathrm{m/s})}{330 \times 10^{-9}\ \mathrm{m}} \fallingdotseq 6.03 \times 10^{-19}\ \mathrm{J} \quad (2)$$

これは光子 1 個のエネルギーであるから，アボガドロ定数 N_A（6.02×10^{23} /mol）を掛けて光子 1 mol のエネルギーにすると，363 kJ/mol となる。Cl−Cl の結合エンタルピーは 243 kJ/mol であるから，この光は Cl_2 の結合を解離させるために十分なエネルギーをもっていることがわかる。

一般に，光化学反応には，可視光線から紫外線領域の光が用いられる。これは，分子がこの波長領域の光を吸収して励起状態になると，結合の切断などの化学反応を起こすために必要なエネルギーを獲得できるからである。

● 光エネルギーと熱エネルギー　熱による化学反応は，安定なエネルギー状態（**基底状態**）にある分子の反応である。図 2 に Cl_2 の結合解離（切断）反応について，熱反応と光化学反応との反応経路の違いを模式的に示した。

基底状態において Cl_2 の結合を解離させるためには，Cl_2 を加熱して分子振動を活発にさせ，結合エンタルピーを超えるエネルギーをもつ分子を増やしてやらねばならない。実際には，反応系を数100 ℃ に加熱する必要がある。熱による反応と比較すると，光は，想像するよりも大きなエネルギーをもっていることがわかる。

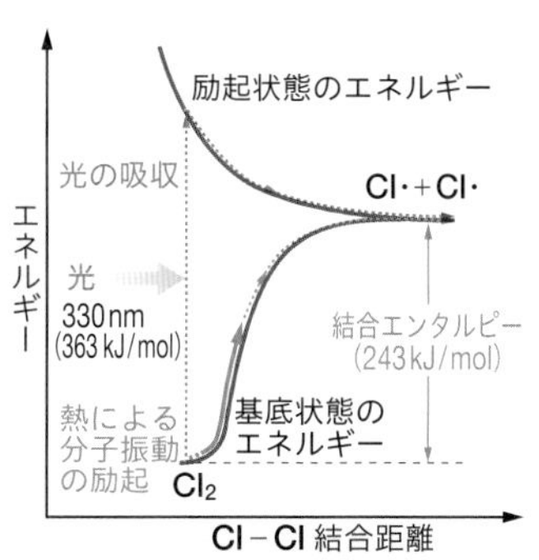

図2　塩素分子 Cl_2 の結合解離反応のエネルギー　赤線が光化学反応の経路，青線が熱反応の経路を表す。

● 光化学反応の特徴　光化学反応は，熱による反応とは違い，次のような特徴がある。

・光を吸収した分子だけが反応するため，特定の空間領域にいる分子を選択的に反応させることができ，きわめて低い温度でも反応を起こさせることができる。

・励起状態の分子は，基底状態の分子とは構造や性質が異なっているため，光化学反応と熱による反応では生成物が異なることも多い。また，他の分子にエネルギーや電子を移動させて，他の分子の反応を誘発することができる。

このような特徴をいかして，光化学反応は，高分子化合物の合成，半導体の製造，病気の治療など，私たちの身のまわりのさまざまな技術に利用されている。

参考 光触媒

光によって化学反応を促進させる物質がある。

環境

光触媒を用いた建築物

● 光による酸化還元反応の促進 光エネルギーによって化学反応を促進させる物質(**触媒**▶p.184)を **光触媒**(photocatalyst) という。代表的な光触媒である酸化チタン(Ⅳ) TiO_2 は，紫外線を吸収して高い酸化力と親水性を示すため，ビルのガラスや壁面，自動車のサイドミラーなどのコーティング剤として活用されている。

TiO_2 を塩基性の水溶液に，白金 Pt を酸性の水溶液に電極として浸し，TiO_2 に紫外線を照射すると，光エネルギーを吸収した TiO_2 表面が強い酸化力をもち，水の電気分解のような反応が起こって，TiO_2 電極からは酸素 O_2 が，Pt 電極からは水素 H_2 が発生する。この現象は発見者の名をとって **本多・藤嶋効果** とよばれている。

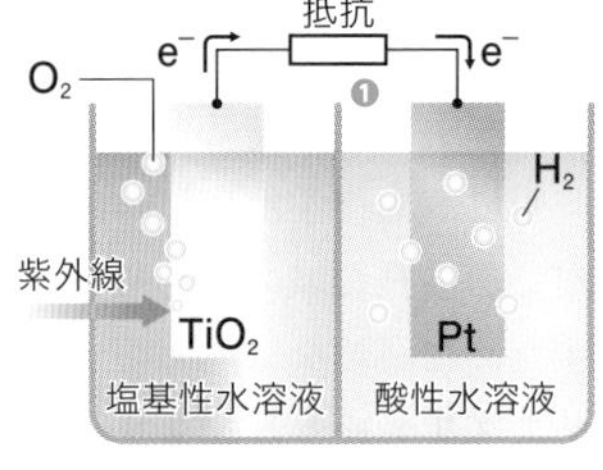

本多・藤嶋効果のモデル図

❶ セパレーター(▶p.223)

● 光触媒の分解力 紫外線が照射された TiO_2 の表面では，電子と，電子が抜けてできた正電荷をもつ部分(**正孔**)が生じる。この電子と正孔が空気中の O_2 と H_2O にそれぞれ反応し，汚れやバクテリアなどを分解する **活性酸素**[❷] が生成する。

❷ $\cdot O_2^-$ や $\cdot OH$ などの反応性の高い酸素化合物のこと。

● 光触媒の親水性 水の存在下で TiO_2 に紫外線を照射すると，TiO_2 のチタン Ti と酸素 O の結合が切れ，水と反応して，極性をもつヒドロキシ基を形成するため，親水性がきわめて高くなる(**超親水性**)。

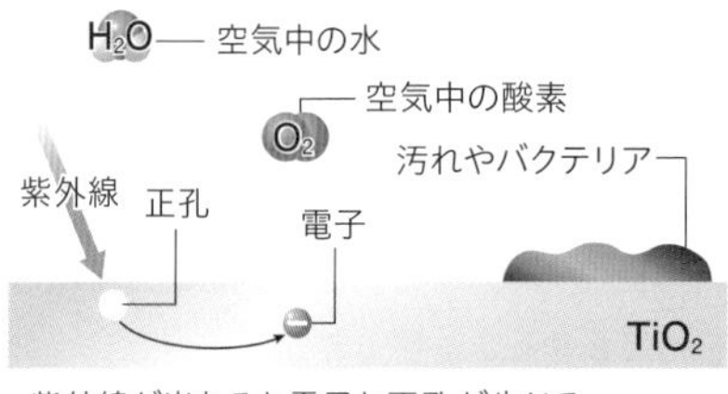

紫外線が当たると電子と正孔が生じる。

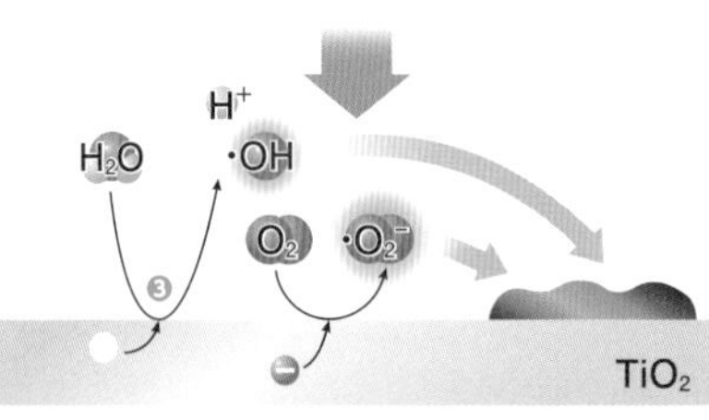

電子は空気中の酸素と反応し $\cdot O_2^-$ が，正孔は空気中の水と反応し $\cdot OH$ が生じる。$\cdot O_2^-$ と $\cdot OH$ が汚れやバクテリアを分解する。

光触媒の分解力

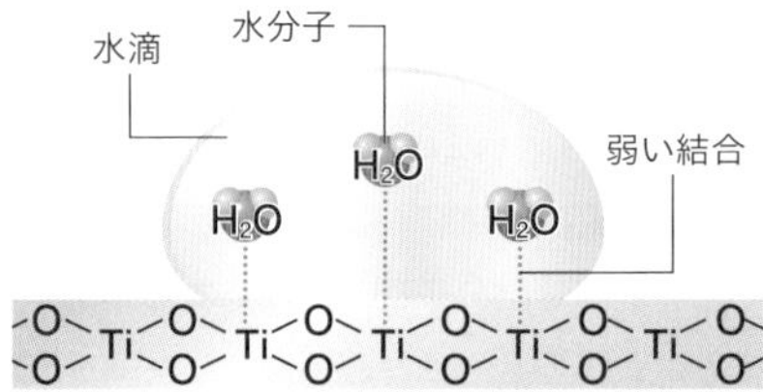

TiO_2 は，部分的に水と弱い結合を形成するが，水をはじく。

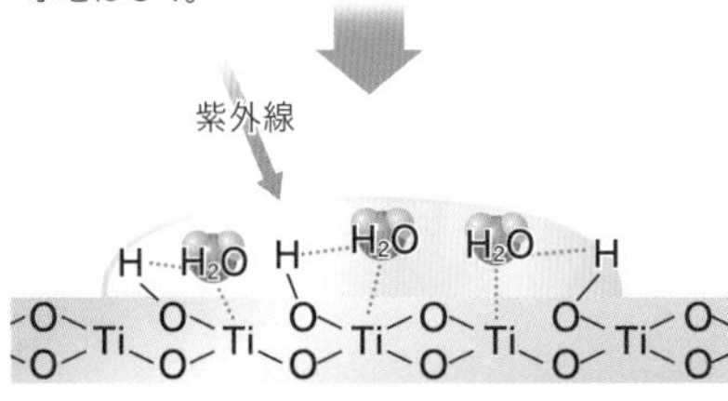

紫外線が当たると，TiO_2 表面で Ti と O の結合が切れ，O と水が反応して，極性をもつヒドロキシ基が形成される。そのため，親水性が高まる。

光触媒の親水性

❸ 水と反応して，正孔でなくなると正電荷もなくなる。

まとめ

1. **エネルギーの変換と保存**

- **エネルギー保存の法則**　エネルギーは他のエネルギーに変換されるが，その前後でエネルギーの総量は変わらない。
- **変換効率**　あるエネルギーが特定のエネルギーにどれだけ変換されたかを表す。

2. **化学反応と熱エネルギー**

- エンタルピー H　圧力一定において，物質を出入りする熱エネルギーと関係する物理量。

発熱反応　エンタルピー変化 $\Delta H < 0$　　吸熱反応　エンタルピー変化 $\Delta H > 0$

3. **ヘスの法則**

- **ヘスの法則**　圧力一定において，物質が変化する際の反応熱(反応エンタルピー)は,変化する前後の状態だけで決まり,変化の経路には無関係である。
- **生成エンタルピーと反応エンタルピー / 結合エンタルピーと反応エンタルピー**

反応エンタルピー ＝（生成物の生成エンタルピーの総和）−（反応物の生成エンタルピーの総和）
＝（反応物の結合エンタルピーの総和）−（生成物の結合エンタルピーの総和）

4. **化学反応と光エネルギー**

- **化学発光**　化学反応による発光(ルミノールの酸化など)
- **生物発光**　生物の体内の化学反応による発光(ルシフェリンの酸化など)
- **光化学反応**　光のエネルギーにより起こる化学反応(光合成など)

論述問題　3章　2節

1 **状態変化にともなう熱量**　暑い日に庭や道に水をまく(打ち水)と，水をまいた部分の気温が少し下がる。これはなぜか。

point 液体が蒸発して気体になるときに吸収する熱量が蒸発エンタルピーである。(▶p.161)

節末問題　3章　2節

1 **燃焼エンタルピー**　グルコース $C_6H_{12}O_6$ 1.00 g を完全に燃焼させ，発生する熱のすべてを14.0 ℃の水 100 g に与えたところ，水の温度が 52.0 ℃ になった。これよりグルコースの燃焼エンタルピー ΔH[kJ/mol]を求めよ。ただし，水 1 g の温度を 1 K 上げるのに必要な熱量を 4.18 J/(g･K)とする。

2 **ヘスの法則**　メタノール(CH_3OH)，炭素，水素の燃焼エンタルピー ΔH [kJ/mol]は，それぞれ −726 kJ/mol，−394 kJ/mol，−286 kJ/mol である。次の(1)，(2)の問いに答えよ。

(1)　メタノールの生成エンタルピー ΔH [kJ/mol]を求めよ。

(2)　p.165 図 12のように，各燃焼エンタルピーと生成エンタルピーの関係を図式化せよ。

3 **結合エンタルピー**　H−H，N≡N，および N−H の結合エンタルピー ΔH [kJ/mol]は，それぞれ 436 kJ/mol，944 kJ/mol，390 kJ/mol である。アンモニア NH_3 の生成エンタルピー ΔH[kJ/mol]を求めよ。

3節 反応速度論

Kinetics and Mechanism of Chemical Reaction

Beginning

1 化学反応の速さを比較する方法はあるだろうか？

2 水素と酸素を混ぜただけでは反応しないのはなぜか？

1 反応の速さ

Beginning 1

A 速い反応と遅い反応

▲図1　速い反応の例

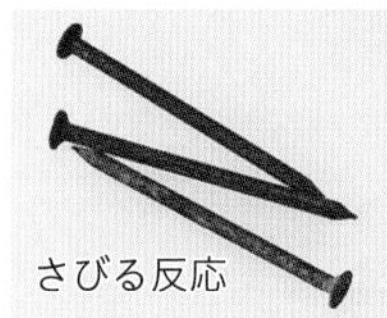

▲図2　遅い反応の例

◆化学反応の速さ　塩化ナトリウム NaCl 水溶液に硝酸銀 $AgNO_3$ 水溶液を加え塩化銀 AgCl の白い沈殿が生じる沈殿反応や，中和反応，気体の爆発反応など，化学反応には瞬間的に起こる速い反応がある。一方，鉄や銅などが空気中でさびる反応や，微生物の活動によってみそや酒をつくる反応のように，長時間を要する遅い反応もある。

このように，身のまわりの化学反応には，すみやかに反応が進むものと反応の進みが遅いものがある。また，同じ化学反応でも，温度，圧力などの条件や反応に関与する物質の状態によって，反応の速さは変化する。

B 反応速度

◆反応の速さの表し方　一般に，反応の速さは，単位時間あたりの反応物または生成物の変化量で表し，これを **反応速度**（reaction rate）という。反応が一定体積中で進む場合，物質の濃度の変化量を用いて，反応速度 v は次の式で表される。

Key concept　反応速度の表し方

$$\text{反応速度 } v = \frac{\text{反応物の濃度の減少量}}{\text{反応時間}} \text{ または } \frac{\text{生成物の濃度の増加量}}{\text{反応時間}} \quad \langle 1 \rangle$$

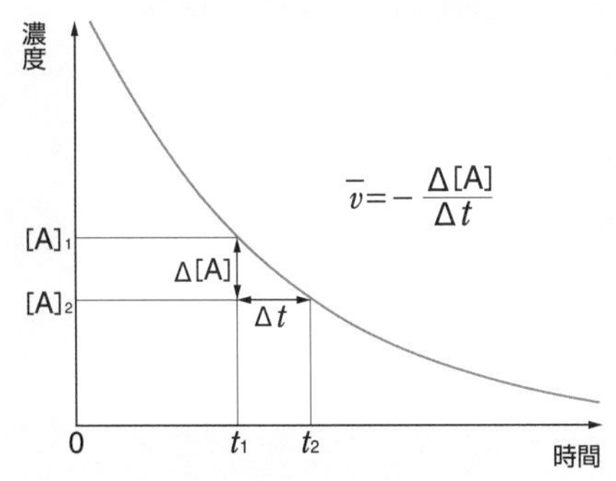

▲図3　濃度と反応速度

反応速度は，ある時間内における変化の平均として表されることが多い。たとえば，時刻 t_1 から t_2 の間に反応物の濃度が $[A]_1$ から $[A]_2$ に減少したとすると，この間の平均の反応速度 $\bar{v}$ は，次式で表される。

$$\bar{v} = -\frac{[A]_2 - [A]_1}{t_2 - t_1} = -\frac{\Delta[A]}{\Delta t} \quad \langle 2 \rangle$$

（平均の反応速度 $\bar{v}$ を正の値にするため，－（マイナス）符号をつける。）

◆化学反応式の係数と反応速度

反応物A，生成物Bにおける化学反応 A ⟶ 2B の反応時間 Δt 間の平均の反応速度は，着目した物質によって次のように表される。

$$A の減少のとき\ \bar{v} = -\frac{\Delta[A]}{\Delta t},\quad B の増加のとき\ \bar{v'} = \frac{\Delta[B]}{\Delta t} \qquad \langle 3 \rangle$$

反応物Aの濃度が1 mol/L変化すると，生成物Bの濃度は2 mol/L変化するので，$\bar{v'} = 2\bar{v}$ の関係があり，反応に関係する物質の反応速度の比は，各々の係数の比に等しく，$\bar{v} : \bar{v'} = 1 : 2$ となる。

Note
瞬間的な反応速度の表し方
Aのモル濃度は，記号[A]で表す。よって，$\Delta[A] = [A]_2 - [A]_1$，$\Delta t = t_2 - t_1$ である。Δt を十分小さくすれば，t_1 における瞬間的な反応速度を表すことになる。この値は，t_1 における，グラフの接線の傾きを表す。

Thinking Point 1 化学反応式の係数が異なると，同じ化学反応にもかかわらず，物質によって反応速度が異なる。これを避けるためにはどのように計算すればよいか。

例題 1 反応速度

ある一定の温度で，容積1.0 Lの容器に水素 H_2 とヨウ素 I_2 をそれぞれ0.120 mol入れてヨウ化水素HIを生成する反応を行ったところ，2時間後に H_2 が0.090 molになっていた。以下の問いに答えよ。

(1) 2時間の間に，I_2 とHIの物質量は，それぞれ何mol増減したか。

(2) この2時間の反応時間における平均の反応速度を，I_2 とHIについて，それぞれの濃度変化を使って示し，その値を比較せよ。

解 (1) H_2 と I_2 の反応は次の式で示される。

$H_2 + I_2 \longrightarrow 2HI$

2時間後の H_2 の物質量の変化量は，

0.120 mol − 0.090 mol = 0.030 mol

したがって，2時間後に変化した I_2 の物質量は0.030 mol減るため，生成したHIの物質量は，

HI　0.030 mol × 2 = 0.060 mol

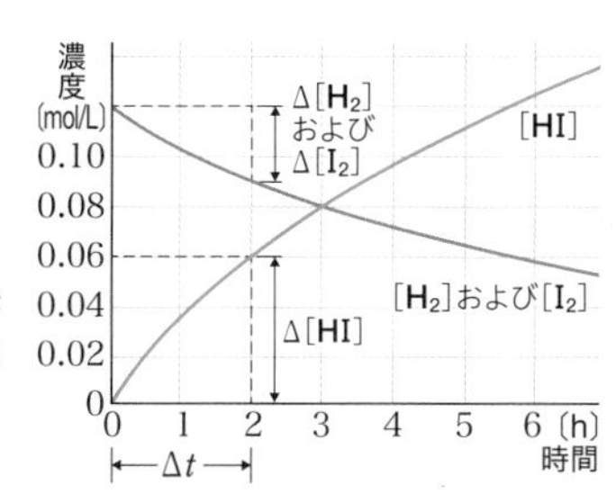

答 I_2：0.030 mol減少，HI：0.060 mol増加

(2) (1)より，2時間の I_2 とHIの平均の反応速度は，次のようになる。

$$\overline{v_{I_2}} = -\frac{\Delta[I_2]}{\Delta t} = \frac{0.030\ \text{mol/L}}{2\ \text{h}} = 0.015\ \text{mol/(L·h)}$$

$$\overline{v_{HI}} = \frac{\Delta[HI]}{\Delta t} = \frac{0.060\ \text{mol/L}}{2\ \text{h}} = 0.030\ \text{mol/(L·h)} \qquad \overline{v_{I_2}} : \overline{v_{HI}} = 1 : 2$$

答 $\overline{v_{I_2}} = 0.015$ mol/(L·h)，$\overline{v_{HI}} = 0.030$ mol/(L·h)，$\overline{v_{I_2}} : \overline{v_{HI}} = 1 : 2$

類題 1 (1) ある温度で，容積2.0 Lの容器に窒素 N_2 と水素 H_2 を入れて反応させたところ，20秒後にアンモニア NH_3 が0.040 mol生成していた。この20秒間の平均の反応速度を N_2，H_2，NH_3 の濃度変化を使って示せ。

(2) (1)の N_2，H_2，NH_3 の濃度変化を使って表した平均の反応速度の大きさを，数値を使って比較せよ。

from Beginning 化学反応の速さを比較する方法はあるだろうか？

化学反応に関わる物質は，反応によって減少または増加します。そのため，物質ごとに測定した変化量と反応にかかった時間から反応の速さを表すことができ，物質の変化量は濃度の変化から求めることができます。つまり，**反応の速さは単位時間あたりに減少または増加する物質の濃度で表すことができ，これにより速さを比較することができるのです。**

2 反応速度を変える条件としくみ

A 反応速度と濃度

◆濃度の影響　空気中で線香に火をつけるとゆっくり燃えていくが，酸素中(空気中の約 5 倍の酸素濃度)に入れると激しく燃焼する。このことから，燃焼の反応速度は酸素の濃度に関係していることが考えられる。

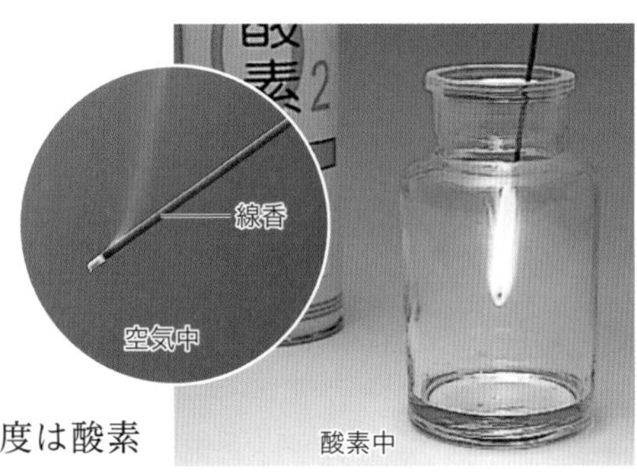

▲図 4　線香の燃焼

◆反応速度式　水素 H_2 とヨウ素 I_2 からヨウ化水素 HI が生成する気体反応の反応速度 v は，実験の結果，一定温度では H_2 の濃度 $[H_2]$ と I_2 の濃度 $[I_2]$ の積に比例することが知られている。

$$v = k[H_2][I_2] \quad (k\text{ は比例定数}) \qquad \langle 4 \rangle$$

このような，反応速度と濃度の関係を表した式を **反応速度式**(**速度式**)(rate equation)という。比例定数 k は **反応速度定数**(**速度定数**)(rate constant)といい，反応の種類によって異なり，一般に温度が一定ならば濃度によらず一定の値をとる。

Note
反応速度式
反応物の濃度の何乗に関係するかは，実験によって求められる。

●反応速度と濃度の関係
反応速度は，温度一定のとき反応物の濃度を大きくすると大きくなり，濃度に関係して変化することが多い。

◆反応速度と分圧　気体反応のとき，成分の濃度はその分圧に比例するから，濃度のかわりに分圧を用いて反応速度を表すこともある。したがって，気体反応では，分圧が大きいほど反応速度も大きくなる。

Thinking Point 2　モル濃度 $\frac{n}{V}$ が圧力 p に比例するか，気体の状態方程式から考えよ。

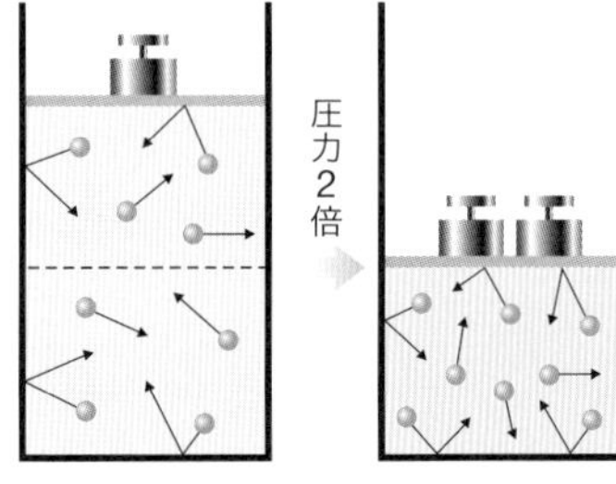

▲図 5　気体の反応　圧力を 2 倍にすると体積は半分になり，濃度は 2 倍になる。

◆実験による反応速度定数の求め方　五酸化二窒素 N_2O_5 が分解して，二酸化窒素 NO_2 と酸素 O_2 になる化学反応の反応式は，次のように表される。

$$2N_2O_5 \longrightarrow 4NO_2 + O_2 \qquad \langle 5 \rangle$$

この反応を 45 ℃ で進行させたとき，反応開始からの時間と N_2O_5 の濃度 $[N_2O_5]$ の関係は表 1 のようになった。時刻 t_1 のとき $[N_2O_5] = c_1$，時刻 t_2 のとき $[N_2O_5] = c_2$ とすると，時刻 t_1 から時刻 t_2 の間の平均の濃度 $\overline{[N_2O_5]}$ ❶ と平均の反応速度 $\bar{v}$ ❷ を求めることができる。

❶ 平均の濃度
$$\overline{[N_2O_5]} = \frac{c_1 + c_2}{2}$$

❷ 平均の反応速度
$$\bar{v} = -\frac{c_2 - c_1}{t_2 - t_1}$$

表 1 の$\overline{[N_2O_5]}$と平均の反応速度$\bar{v}$を図 6 のようなグラフにすると，$\overline{[N_2O_5]}$と$\bar{v}$の関係がわかりやすい。グラフから，この反応では，平均の反応速度$\bar{v}$は$\overline{[N_2O_5]}$に比例していることがわかる。このことから，$\overline{[N_2O_5]}$を用いると平均の反応速度$\bar{v}$は次のように表すことができ，反応速度定数kは，グラフの傾きから求めることができる。

$$\bar{v} = k\bar{c} = k\overline{[N_2O_5]} \qquad \langle 6 \rangle$$

表 1 において，平均の反応速度$\bar{v}$を，それぞれの$\overline{[N_2O_5]}$で割った値は，およそ4.5×10^{-4} /s ～ 5.0×10^{-4} /s の値になっている。その平均の値は 4.7×10^{-4} /s であり，図6のグラフの傾き(反応速度定数 k)の値とほぼ一致する。

▼表 1　N_2O_5 の分解反応の濃度と反応速度(45 ℃，気体)

時間〔s〕	$[N_2O_5]$〔$\times 10^{-3}$ mol/L〕	($\overline{[N_2O_5]}$)〔$\times 10^{-3}$ mol/L〕	$\bar{v}$〔$\times 10^{-6}$ mol/(L·s)〕	$\bar{v}$/($\overline{[N_2O_5]}$)〔$\times 10^{-4}$/s〕
0	12.5			
		10.9	5.3	4.9
600	9.3			
		8.2	3.7	4.5
1200	7.1			
		6.2	3.0	4.8
1800	5.3			
		4.6	2.3	5.0
2400	3.9			
		3.4	1.7	5.0
3000	2.9			
		2.6	1.2	4.6
3600	2.2			
		2.0	0.8	4.0
4200	1.7			
		1.5	0.8	5.3
4800	1.2			
		1.1	0.5	4.5
5400	0.9			

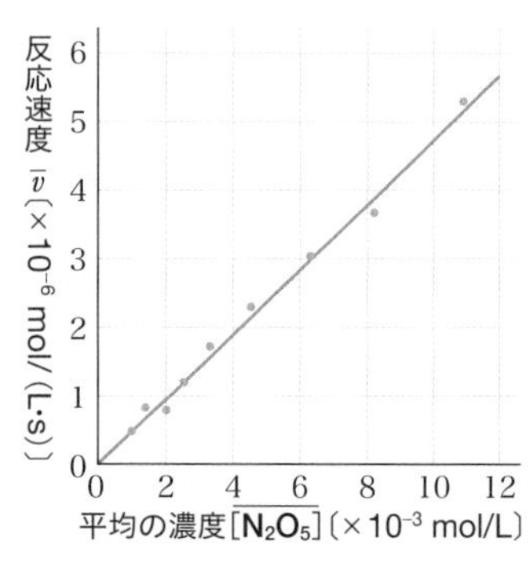

▲図 6　反応速度と平均の濃度

B 粒子の衝突と濃度

原子や分子などの粒子が互いに衝突することで化学反応が起こる。一定体積の容器内で溶液や気体の成分が反応するときには，濃度が大きいほど，気体反応においては分圧が大きいほど，単位時間あたりの衝突回数が増加し，反応する粒子の数が多いため，反応速度が大きくなる。

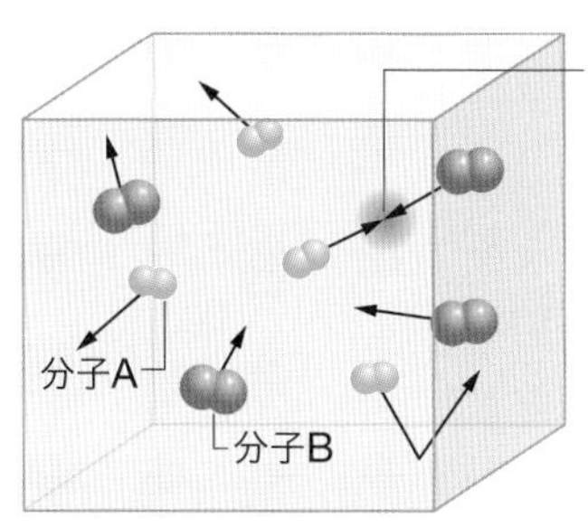

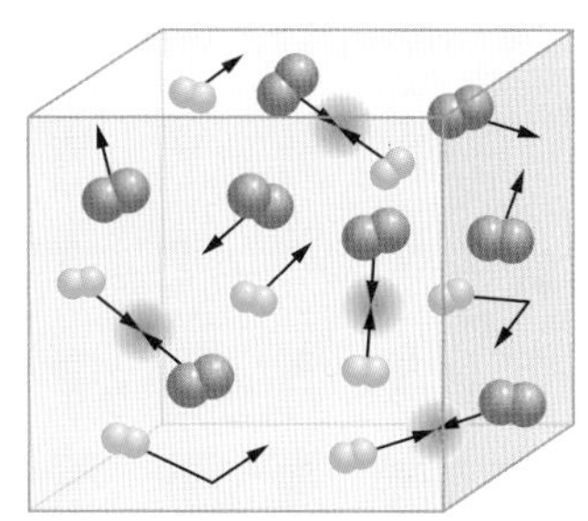

▲図 7　濃度と衝突回数　分子 A と分子 B の反応を表している。A，B の濃度がそれぞれ 2 倍になれば，衝突回数は $2 \times 2 = 4$(倍)となる。A が a 倍，B が b 倍となれば，衝突回数は$(a \times b)$倍となる。

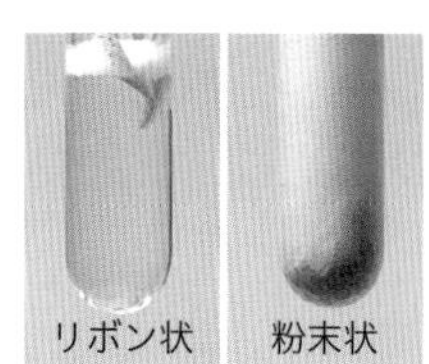

▲図 8　Mg と塩酸の反応　マグネシウム Mg は，リボン状よりも粉末を使用した方が塩酸と激しく反応して，水素 H_2 が発生する。これは，表面積の大きい粉末の方が，粒子が衝突できる部分が大きいためである。

Thinking Point 3　鉄板とは違い，スチールウールは火を近づけると容易に燃焼する。この理由を簡単に説明せよ。

参考 反応の進行と濃度変化

N_2O_5 の分解反応において，最初の濃度 $[N_2O_5]_0$ が半分になるまでの時間を考えてみよう。

●反応速度式からみた反応の分類　五酸化二窒素 N_2O_5 の分解反応では，実験から反応速度は，式〈6〉より次式のように表され，濃度$[N_2O_5]$に比例する。

$$v = k[N_2O_5] \tag{1}$$

また，水素 H_2 とヨウ素 I_2 からヨウ化水素 HI が生成する気体反応では，その反応速度 v は，実験より式〈4〉にあるように次式が知られている。

$$v = k[H_2][I_2] \tag{2}$$

式(1)の反応のように，**濃度の 1 乗に比例する反応**を **一次反応**（first-order reaction）という。放射性同位体の壊変も一次反応である。また，式(2)のように，$[H_2]$と$[I_2]$の積といった，**濃度の積に比例する反応や，1 つの物質の濃度の 2 乗に比例する反応** を **二次反応**（second-order reaction）という。

●一次反応と半減期　物質 A の分解反応の反応速度が[A]に比例する一次反応のとき，時間 Δt 間における濃度変化 Δ[A] から，平均の反応速度は次式で示される。

$$\bar{v} = -\frac{\Delta[A]}{\Delta t} = k[A] \tag{3}$$

式(3)から，ある瞬間における A の分解の反応速度は次式となる。

$$-\frac{d[A]}{dt} = k[A] \tag{4}$$

式(4)を変形して，

$$-\frac{1}{[A]}d[A] = kdt \tag{5}$$

半減期 τ と濃度[A]

式(5)を積分すると次式が得られる。

$$\log_e[A] = -kt + C \quad (C は積分定数) \tag{6}$$

A の最初の濃度を $[A]_0$ とすると，$t = 0$ では $\log_e[A]_0 = C$ となるため式(7)が得られる。

$$\log_e\frac{[A]}{[A]_0} = -kt \tag{7}$$

式(7)から，反応の進行による濃度変化は，右上図のようになる。グラフの各点における接線の傾きの絶対値が，そのときの反応速度であるから，反応速度は時間とともに刻々と変化することがわかる。[A] が $[A]_0$ の半分になるまでの **半減期**（half-life）を τ（タウ）とすると，$\dfrac{[A]}{[A]_0} = \dfrac{1}{2}$ より，式(7)は次のようになる。

$$\log_e\frac{1}{2} = -k\tau \tag{8}$$

$\log_e 2 = 0.693$ であるから，$\tau = \dfrac{0.693}{k}$ となる。半減期は反応速度定数 k によって決まり，反応物の最初の濃度 $[A]_0$ にはよらない。また，式(7)から，$\log_e\dfrac{[A]}{[A]_0}$ と t のグラフは直線になり，その傾きから反応速度定数 k を知ることができる。

❶ ln は**自然対数**(natural logarithm, Napierian logarithm)であって，**ネイピア数**(Napier constant) e を底とする対数である。すなわち，**常用対数**(common logarithm, Briggsian logarithm)が，10 を底とした対数 $\log x = \log_{10} x$ であるのに対して，自然対数は $\ln x = \log_e x$ と定義される。両者の関係は，次のようになるので，算法は常用対数と同じ規則になる。

$$\ln x = (\log_e 10)\cdot(\log_{10} x) \fallingdotseq 2.303 \log_{10} x$$

$$\ln x = (\log_{10} x)/(\log_{10} e) \fallingdotseq \frac{\log_{10} x}{0.4343}$$

ネイピア数というのは，自然科学の教科書にはよくでてくる無理数 e のことであって，

$$e = \lim_{x\to\infty}\left(1 + \frac{1}{x}\right)^x = 2.7182818285\cdots$$

と定義されている。したがって，$b = e^a$ の自然対数は，$\ln b = a$ になる。逆に，$\ln b = a$ であれば，$b = e^a$ である。e^a は，また $\exp(a)$ ともかく。このネイピア数は無理数であるが，自然科学においてはきわめて便利な数で，たとえば化学平衡，反応速度，ボルツマン分布(統計力学)，分光学などに使われる。

C 反応速度と温度

◆温度と反応速度定数　温度を変えて，N_2O_5 の分解反応において反応速度 v を測定すると，高温になるほど反応速度定数 k の値が大きくなる。

$$v = k[N_2O_5] \quad \langle 7 \rangle$$

表2より，この反応では，温度が 10 K 上昇するごとに反応速度定数が 3～4 倍になっていることがわかる。多くの場合，温度が 10 K 上昇するごとに反応速度定数は 2～4 倍になる。

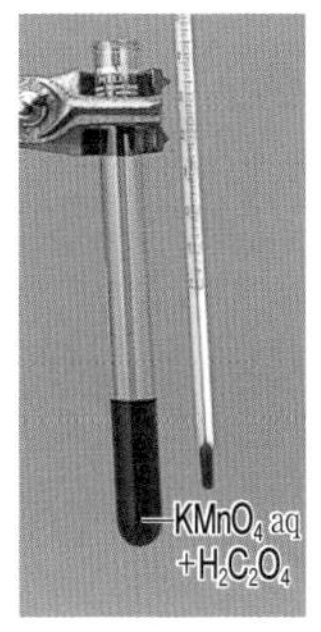

温度を上げる

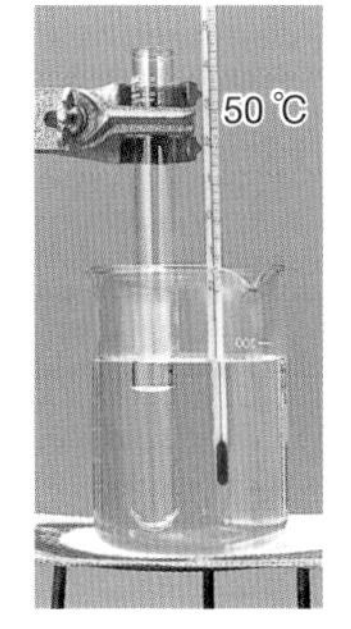

▲図 10　温度の反応速度への影響　過マンガン酸カリウムとシュウ酸を高い温度で反応させた方が，反応の進行が速い。

▼表 2　N_2O_5 の分解反応の反応速度定数の比

温度 T〔K〕	反応速度定数 k〔/s〕	k の比
273	7.87×10^{-7}	
298	3.46×10^{-5}	
		3.9 倍
308	1.35×10^{-4}	
		3.7 倍
318	4.98×10^{-4}	
		3.0 倍
328	1.50×10^{-3}	
		3.2 倍
338	4.87×10^{-3}	

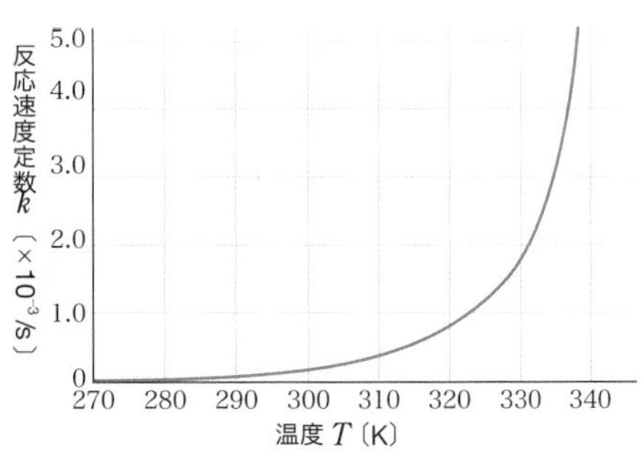

▲図 9　N_2O_5 の分解反応の温度と反応速度定数

●反応速度と温度の関係

一般に，化学反応では，他の条件が一定のとき，高温ほど反応速度が大きい。

問 1.　ある反応は，室温付近で温度が 10 K 上昇すると反応速度定数が 2 倍になる。反応温度を 25 ℃ から 55 ℃ にすると，反応速度定数は何倍になるか。

D 遷移状態と活性化エネルギー

◆遷移状態　反応は粒子どうしの衝突によって引き起こされるが，すべての衝突で反応が起こるとは限らない。H_2 と I_2 との反応を例に考える。

$$H_2 + I_2 \longrightarrow 2HI \quad \langle 8 \rangle$$

[2]

H_2 と I_2 が，十分なエネルギーをもって，反応に都合のよい衝突をすると，エネルギーの高い不安定な状態を経由して反応が起こる。このエネルギーの高い状態を **遷移状態**(transition state)(**活性化状態**(activated state)) という。反応物が生成物になるときは遷移状態を経由する。

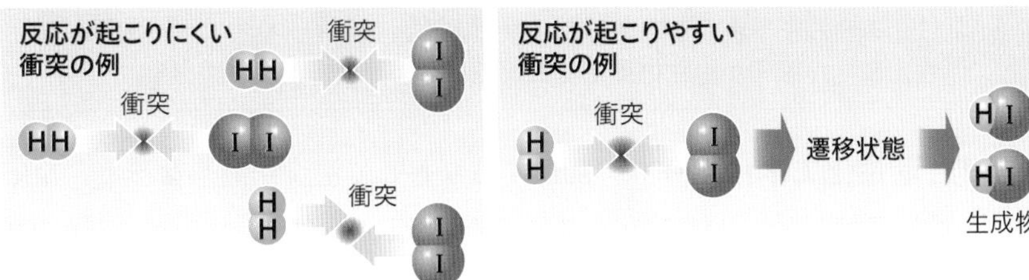

▲図11　H_2 と I_2 の衝突による反応のモデル

❷ この反応は，次の (1)，(2) の素反応からなる多段階反応(▶p.187)であると考えられている。
(ヨウ素 I_2 の解離)
$$I_2 \rightleftarrows 2I \quad (1)$$
(解離したヨウ素 I と水素 H_2 の反応)
$$2I + H_2 \longrightarrow 2HI \quad (2)$$
素反応(1)の速さは素反応(2)に比べて非常に大きい。すなわち，素反応(2)が律速段階(▶p.187)と考えられ，(2)の反応の速さが式〈8〉に示す全体の反応の速さを決めている。

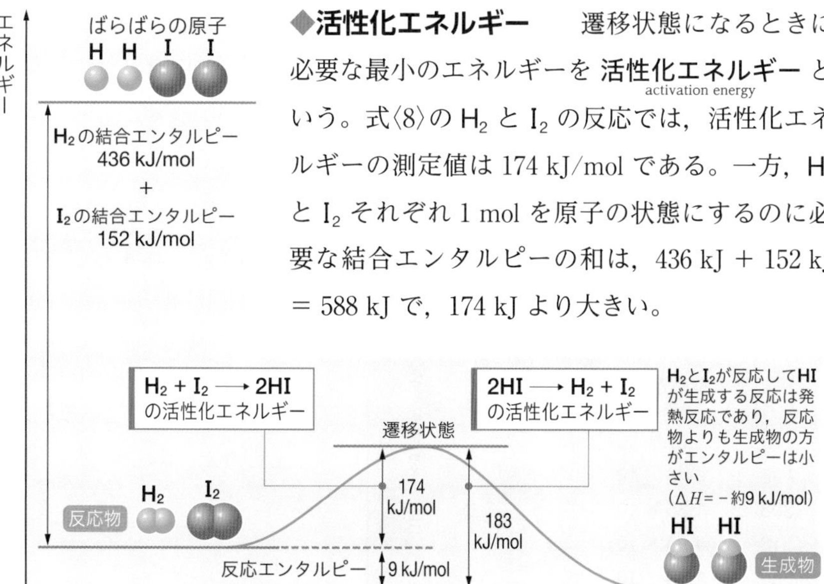

◆**活性化エネルギー**　遷移状態になるときに必要な最小のエネルギーを **活性化エネルギー**（activation energy）という。式〈8〉の H_2 と I_2 の反応では，活性化エネルギーの測定値は 174 kJ/mol である。一方，H_2 と I_2 それぞれ 1 mol を原子の状態にするのに必要な結合エンタルピーの和は，436 kJ ＋ 152 kJ ＝ 588 kJ で，174 kJ より大きい。

▲図12　H_2 と I_2 の反応における遷移状態と活性化エネルギー

❶ 反応座標は，原子どうしの空間的位置（構造）を表しており，反応の経路にそって変化する。

◆**反応機構と遷移状態**　活性化エネルギーが 1 mol の H_2 と I_2 の結合エンタルピーの和よりも小さいことから，H_2 と I_2 の反応は，H_2，I_2 の分子すべてが原子の状態になることなく進行すると考えられる。このことから，遷移状態では反応物を構成する原子の結合は完全に切れることはなく，新しい結合が形成される前の状態と考えられる。このときの原子の集合体を **活性錯体**（**活性錯合体**）（activated complex）という。

E　反応条件と活性化エネルギー

◆**エネルギーと反応の進行**　衝突する反応物 H_2 と I_2 の相対的な運動エネルギーの和が，式〈8〉の H_2 と I_2 の反応の活性化エネルギー 174 kJ より大きいときに，遷移状態を経て生成物 HI になる。一般に，化学反応と活性化エネルギーについて次のことがいえる。

Key concept　化学反応と活性化エネルギー

- 衝突した粒子のもつエネルギーが
活性化エネルギーよりも大きいとき反応する。
- 活性化エネルギーが小さい反応ほど反応しやすく反応速度が大きい。

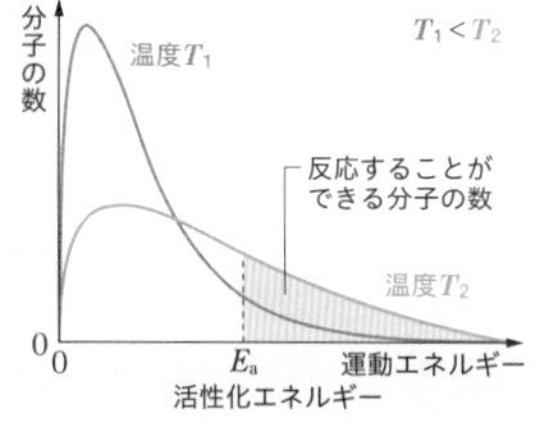

曲線と横軸で囲まれた部分の面積は，各温度での容器内の分子総数を表し，温度によらず一定である。
温度が高くなると，エネルギーの大きい分子の割合が増し，曲線は右の方へ広がる。その結果，活性化エネルギーより大きいエネルギーをもつ分子の割合が急速に増加する。

▲図13　気体分子の運動エネルギーと分子数の関係

◆**温度と活性化エネルギー**　加熱するなどして温度が高くなると，反応速度は大きくなる。これは，粒子の熱運動が激しくなることにより，衝突回数が増えるとともに，粒子のもつ運動エネルギーが増加して，活性化エネルギーよりも大きいエネルギーをもつ粒子の割合が急速に増加するためである。

参考 アレニウスの式

活性化エネルギーが小さい反応は反応速度が大きい。反応速度を決める反応速度定数と活性化エネルギーの間には，どのような関係があるのだろうか。

アレニウスは，1889年，反応速度定数 k と温度の関係を研究し，反応速度定数 k が，活性化エネルギー E_a〔J/mol〕，絶対温度 T〔K〕，気体定数 R〔J/(K･mol)〕によって，次式で表されることを見いだした。この式を **アレニウスの式**（Arrhenius' equation）という。

$$k = Ae^{-E_a/RT} \quad (R：気体定数\ 8.3\ J/(K･mol),\ A：頻度因子とよばれる定数) \qquad (1)$$

●活性化エネルギー E_a の算出

式(1)の両辺の自然対数(底が e の対数)をとると，$\log_e k = -\dfrac{E_a}{RT} + \log_e A$ (2)

この式(2)を利用して，異なる2つの温度 T で反応速度定数 k を求めると，活性化エネルギーの値を求めることができる。下記の五酸化二窒素の分解反応の実験結果を利用して活性化エネルギーを求めてみる。

［例］ N_2O_5 の分解反応($2N_2O_5 \longrightarrow 4NO_2 + O_2$)の反応速度定数 k

温度 T〔K〕	反応速度定数 k〔/s〕	$\log_e k$	$1/T$〔/K〕
308	1.35×10^{-4}	−8.91	3.25×10^{-3}
318	4.98×10^{-4}	−7.60	3.14×10^{-3}

318 K のとき $\log_e(4.98 \times 10^{-4}) = -\dfrac{E_a}{8.3 \times 318} + \log_e A = -7.60$ (3)

308 K のとき $\log_e(1.35 \times 10^{-4}) = -\dfrac{E_a}{8.3 \times 308} + \log_e A = -8.91$ (4)

(3)−(4)より，$1.31 = -\dfrac{E_a}{8.3\ J/(K･mol)} \times \dfrac{(308 - 318)\ K}{318\ K \times 308\ K}$ $E_a \fallingdotseq 1.1 \times 10^5$ J/mol

また，3つ以上の温度 T でのデータを用いて，$\log_e k$ と温度の逆数 $1/T$ のグラフを描くと，直線の関係になり，傾き $-E_a/R = -1.3 \times 10^4$ K から活性化エネルギー $E_a \fallingdotseq 1.1 \times 10^5$ J/mol を求めることができる。

$\log_e k$ と $1/T$ の関係

●活性化エネルギーと反応速度定数

上記のように活性化エネルギーがわかると，300 K から 310 K での反応速度定数 k が何倍になるかを計算することができる。

310 K $\log_e k' = -\dfrac{1.1 \times 10^5}{8.3 \times 310} + \log_e A$ (5)

300 K $\log_e k = -\dfrac{1.1 \times 10^5}{8.3 \times 300} + \log_e A$ (6)

(5)−(6)より

$\log_e(k'/k) = -\dfrac{1.1 \times 10^5}{8.3} \times \dfrac{300 - 310}{310 \times 300} \fallingdotseq 1.43$ よって，$k'/k \fallingdotseq 4.2$

すなわち，反応速度は約4倍になる。

from Beginning 水素と酸素を混ぜただけでは反応しないのはなぜか？

水素と酸素を混ぜただけでは，常温では反応物の粒子が衝突しても，遷移状態にならないため，水にはなりません。反応させるためには，電気火花を飛ばすなどして，外からエネルギーを与えます。エネルギーを与えると，水素分子と酸素分子が反応して，水分子を形成するとともに，この反応が発熱反応なのでエネルギーを放出します。このエネルギーによって，別の水素分子と酸素分子が遷移状態になり反応が進みます。したがって，次々とこのような反応が進み，反応が瞬時に起こります。このことから，水素と酸素の反応は連鎖反応(▶p. 170)の一つといえます。

H_2とO_2の反応(H_2の燃焼)

F 反応速度と触媒

◆**触媒の影響**　過酸化水素 H_2O_2 は，低温の暗い場所ではほとんど分解しないが，酸化マンガン(Ⅳ)MnO_2 や Fe^{3+} を少量加えると，分解して酸素を発生する。そのため，MnO_2 や Fe^{3+} は，H_2O_2 の分解反応の速度を大きくしたと考えられる。このように少量加えることにより，反応速度を大きくする物質を **触媒**(catalyst) という。触媒は，反応に深く関わっており，反応速度定数 k を大きくするが，反応後はもとの物質に戻る。生体では，取り込まれた物質の分解や再合成などの化学反応が起こっており，生体内の反応に酵素が触媒として作用している。

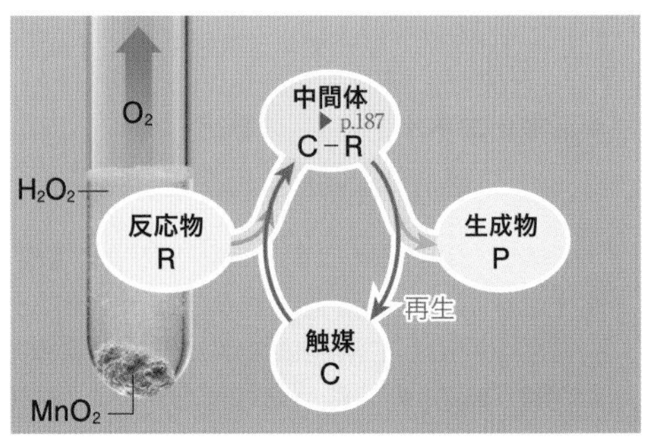

▲図14　触媒の関わり方

> **●反応速度と触媒の関係**
> 化学反応では，触媒によって反応速度が大きくなる。

◆**触媒の種類**　触媒には，大きく分けて均一触媒と不均一触媒がある。

◉**均一触媒**　反応物と均一に混じって作用する触媒を **均一触媒**(homogeneous catalyst) という。過酸化水素 H_2O_2 の分解に作用する Fe^{3+} の水溶液などがある。[1]

◉**不均一触媒**　反応物と均一に混合しない状態で作用する触媒を **不均一触媒**(heterogeneous catalyst) という。液体や気体の反応において，触媒が固体状態であるときは，不均一触媒である。過酸化水素 H_2O_2 の分解に作用する酸化マンガン(Ⅳ)MnO_2 や，水素と酸素から水を生成する反応を常温で観察できるほどに著しく速く進行させる白金 Pt などがある。[3]

▲図15　均一触媒と不均一触媒[2]

◆**触媒と活性化エネルギー**　触媒を用いると反応速度は大きくなる。これは，触媒が反応のしくみを変えることにより，化学反応が活性化エネルギーの小さい反応経路を経由して進行するからである。

ただし，化学反応における反応エンタルピーは，触媒の有無にかかわらず一定である。これは，ヘスの法則より，反応エンタルピーが物質の変化前と変化後の状態によって決まるからである。

❶ 均一触媒として，溶液中の酸触媒や遷移金属の錯塩なども使用できる。特に遷移金属の錯塩には有機化学の反応で優れた触媒となるものがあり，多く使用されている。

❷ 均一系触媒，不均一系触媒ともいう。

❸ 鈴木章，根岸英一らは，パラジウム Pd による不均一触媒を用いたクロスカップリングの開発により，2010 年にノーベル化学賞を受賞した。

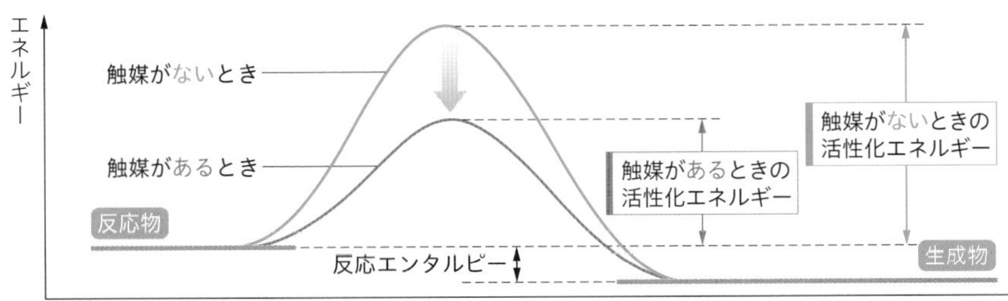

反応式	活性化エネルギーの大きさ〔kJ/mol〕	
	触媒がないとき	触媒があるとき
$2HI \longrightarrow H_2 + I_2$	183	58 (Pt) 105 (Au)
$2NH_3 \longrightarrow N_2 + 3H_2$	326	178 (W) 167～178 (Mo) 188 (Fe)
$2SO_2 + O_2 \longrightarrow 2SO_3$	251	63 (V_2O_5)

触媒により，反応速度は正反応，逆反応とも大きくなるが，反応エンタルピーの大きさは変わらない。

▲図16　触媒の有無と活性化エネルギーの変化[4]

◆触媒と反応経路　触媒の種類が異なる場合は，反応経路も異なるため，違う反応が起こることもある。たとえば，ギ酸 HCOOH は，触媒によって式〈9〉に示すように異なる反応をする。

$$HCOOH \begin{cases} \xrightarrow{\text{Ni または ZnO}} H_2 + CO_2 \\ \xrightarrow{\text{H}^+ \text{ または } Al_2O_3} H_2O + CO \end{cases} \quad \langle 9 \rangle$$

[4] 実際には，中間体（▶p.187）を形成しながら反応が進行するため，遷移状態はいくつかできる。エンタルピーが最大の遷移状態になるために必要なエンタルピー変化が，その反応全体の活性化エネルギーの大きさを決める。

参考 触媒の利用

身のまわりや化学工業で，触媒は広く用いられている。

●工業と触媒　反応速度を大きくする触媒は，化学工業では特に重要であり，H_2 と N_2 より NH_3 を生成する反応（ハーバー・ボッシュ法▶p.200）での四酸化三鉄 Fe_3O_4[5]など，各種の触媒が用いられている。

化学工業で用いられる触媒の例

	工業製品	触媒の関係する反応	触媒
無機工業	アンモニア（ハーバー法）	$N_2 + 3H_2 \longrightarrow 2NH_3$	Fe_3O_4
	硝酸（オストワルト法）	$4NH_3 + 5O_2 \longrightarrow 4NO + 6H_2O$	Pt
	硫酸（接触法）	$2SO_2 + O_2 \longrightarrow 2SO_3$	V_2O_5
有機工業	石油分解（クラッキング）	$CH_3CH_2CH_2-\cdots \longrightarrow CH_4 + C_2H_2 + \cdots$	ゼオライト（沸石）
	メタノール	$CO + 2H_2 \longrightarrow CH_3OH$	CuO－ZnO
	硬化油	$-CH=CH- + H_2 \longrightarrow -CH_2-CH_2-$	Ni
	アルデヒド	$2CH_2=CH_2 + O_2 \longrightarrow 2CH_3CHO$	$PdCl_2-CuCl_2$
	ポリエチレン	$nCH_2=CH_2 \longrightarrow \lbrack CH_2-CH_2 \rbrack_n$	$TiCl_4-Al(C_2H_5)_3$
その他	自動車・ストーブ排ガスの浄化	未燃焼炭化水素や CO の酸化	Pt－Pd－Rh（三元触媒）
	糖類からのアルコール生成	糖類 ⟶ エタノール	チマーゼ（酵素群）
	携帯カイロ	鉄の酸化	NaCl，活性炭

[5] **身のまわりで利用されている触媒**
自動車の排気ガス中の窒素酸化物 NO_2 や N_2O，一酸化炭素 CO，炭化水素などの有害物質の除去するための三元触媒（Pt－Pd－Rh）や，使いすてカイロ（NaCl，活性炭）など，身近なところにも触媒が利用されている。

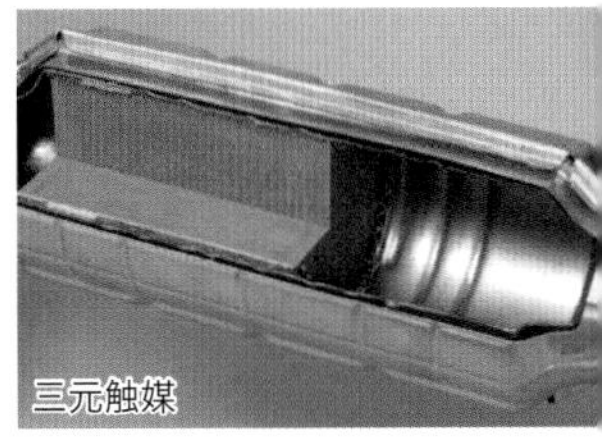

参考 固体触媒

代表的な不均一触媒である白金触媒のメカニズムをみてみよう。

●固体触媒の働き　固体の触媒(▶p.184)には，アルミナ Al_2O_3 などの表面に，触媒作用のある金属微粒子を分散したものがある。反応分子が金属微粒子の表面で活性化されて，活性化エネルギーの小さい反応経路で反応が進行するようになる。たとえば，一酸化炭素 CO と酸素 O_2 を室温で混合しても二酸化炭素 CO_2 を生成しないが，これに白金触媒を加えると CO_2 が発生する。まず，白金微粒子に CO と O_2 が吸着し，次にそれらが反応して CO_2 となり脱離する。

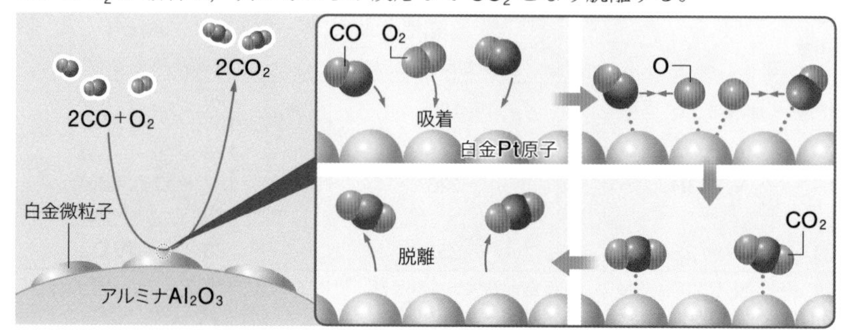

参考 エステル化のしくみと酸触媒

エステル化[1]ではカルボン酸の OH とアルコールの H から水 H_2O が生じることが実験から明らかになった。

●酸素の同位体を用いた実験　酸素の同位体 ^{18}O を含むアルコールを用いてエステル化を行ったところ，生成した水の分子量は18($H_2{}^{16}O$)であった。このことから，アルコール由来の ^{18}O 原子はエステルの中にあり，エステル化では，カルボン酸の OH とアルコールの H から水 H_2O が生じることが明らかにされた。

$$\mathrm{R{-}COOH + R'{-}{}^{18}OH \longrightarrow R{-}CO^{18}OR' + H_2O}$$

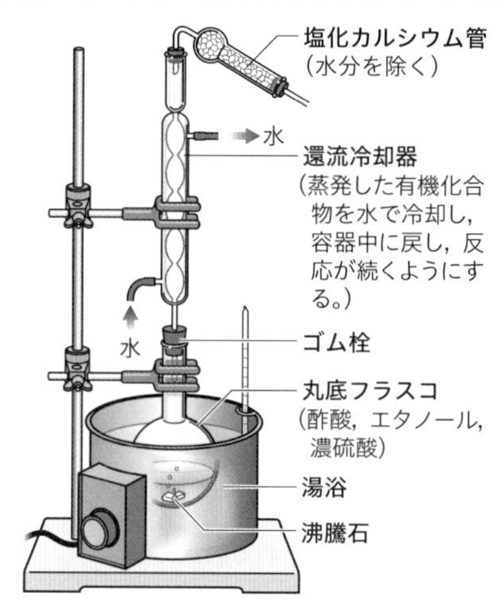

エステル化の反応機構

$$\mathrm{R{-}\underset{\|}{\overset{}{C}}{-}OH}\ (\mathrm{C{=}O}) + \underset{酸}{\mathrm{H^+}} \rightleftarrows \mathrm{R{-}\overset{+}{C}(OH){-}OH} \xrightleftharpoons[-\mathrm{R'OH}]{+\mathrm{R'{-}OH}} \mathrm{R{-}C(OH)(\overset{+}{O}HR'){-}OH} \rightleftarrows \mathrm{R{-}C(OH)(OR'){-}\overset{+}{O}H_2}$$

$$\xrightleftharpoons[+\mathrm{H_2O}]{-\mathrm{H_2O}} \mathrm{R{-}\overset{+}{C}(OH){-}O{-}R'} \xrightleftharpoons[+\mathrm{H^+}]{-\mathrm{H^+}} \mathrm{R{-}C({=}O){-}O{-}R'}$$

❶ 酢酸のようにカルボキシ基（$-COOH$）を持つカルボン酸(▶p.76)とエタノールのようにヒドロキシ基（$-OH$）を持つアルコール(▶p.75, p.76)から水が取れると，$-COO-$を持つ化合物が生じる。この化合物を**エステル**，エステルの生成反応を**エステル化反応**（**エステル化**）という。

参考 多段階反応

化学反応は，化学反応式どおりではなく，実際にはいくつかの反応が組み合わさって起こっている場合がある。そのような反応についてみてみよう。

❶ニトロ化の反応機構　ベンゼンの置換反応[❷]であるニトロ化反応は，さまざまな実験の結果から，次のような反応機構で進行することが明らかにされている。

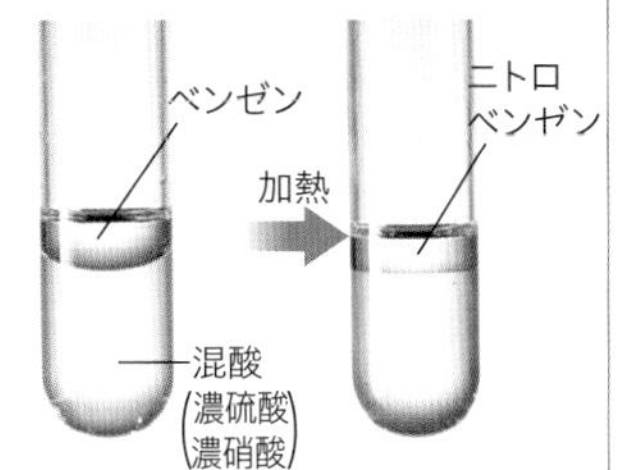

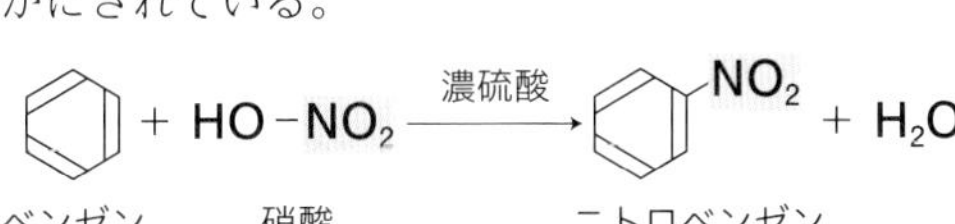

段階❶　：　濃硝酸と濃硫酸の反応により，反応溶液中に NO_2^+ の化学式で示される陽イオンが低濃度で生成する。NO_2^+ はニトロニウムイオンとよばれ，これが求電子剤として働く。

$$HNO_3 + 2H_2SO_4 \rightleftarrows NO_2^+ + 2HSO_4^- + H_3O^+$$

段階❷　：　ベンゼンの π 電子のうち2個が電子対となって NO_2^+ の窒素原子に移動し，炭素－窒素結合が形成される。生成物は A のような構造をもつカルボカチオン(炭素原子上に正電荷をもつ陽イオン)となる。A は反応の途中に一時的に生成する不安定な物質であり，このような物質を，一般に **反応中間体** という。

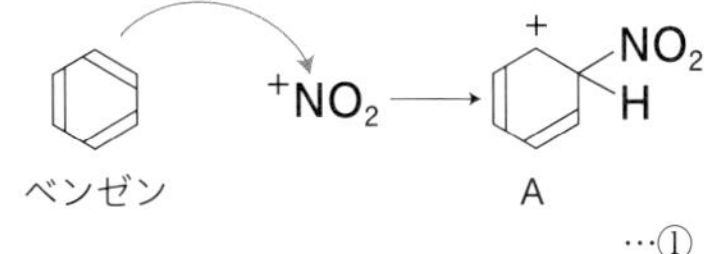

…①

段階❸　：　A の炭素－水素結合を形成している電子対が + の電荷をもつ炭素原子に移動することによって，炭素－水素結合は開裂し，ベンゼン環が再生され，ニトロベンゼンが生成する。①，②の反応を **素反応**(elementary reaction) という。

A → ニトロベンゼン + H^+

…②

このようにいくつかの素反応を含んでいる反応を **多段階反応**(multistep reaction) という。

❷律速段階　ベンゼンと NO_2^+ の反応について，反応の進行にともなうエネルギー変化を定性的に示すと図1のようになる。図からわかるように，反応は2つの遷移状態を経て進行し，その間のエネルギー極小値が反応中間体Aに相当する。また，遷移状態のエネルギーは段階❷の方が高く，$E_1 > E_2$ である。

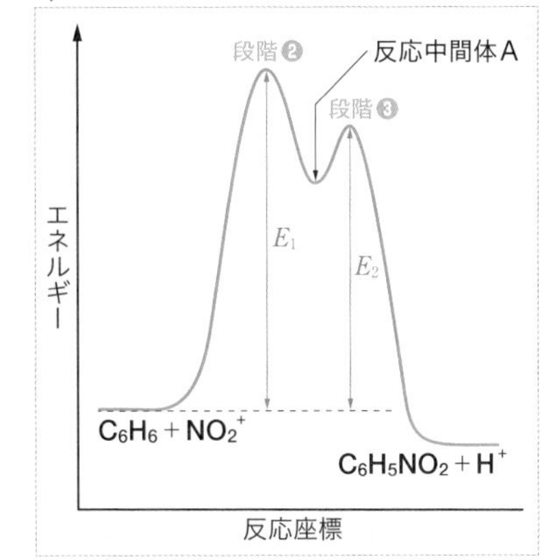

図1　ベンゼンのニトロ化反応の進行にともなうエネルギー変化

したがって，段階❷がこの反応全体の **律速段階**(rate-determining step) となり，反応全体の速度を支配する。反応全体の速度定数 k と活性化エネルギー E_1 との間には次の **アレニウスの式** が成立する。

$$k = Ae^{-\frac{E_1}{RT}} \qquad (e = 2.7182818284590\cdots\ (一定値)) \qquad (1)$$

▶p.183

ここで，A は定数，T は絶対温度，R は気体定数である。

❷ ベンゼン環では，ベンゼン環平面の上下に広がって存在し，特定の原子間だけに局在しない **π電子** がある。ベンゼンの置換反応では，π電子から，反応溶液中に発生した電子を受け取る試剤(求電子剤)に対して電子対が移動することにより，反応が開始すると考えられている。また，その後の生成物に至る過程も，電子対の移動による結合の開裂により説明することができる。このような求電子剤による置換反応を，一般に **求電子置換反応** という。

まとめ

1. 反応の速さ

● 平均の反応速度 $\bar{v}=\dfrac{\text{反応物の濃度の減少量}}{\text{反応時間}}$ または $\dfrac{\text{生成物の濃度の増加量}}{\text{反応時間}}$

2. 反応速度を変える条件

● **反応速度式** 反応速度と濃度の関係を表した式。

例 $H_2 + I_2 \longrightarrow 2HI$ $v = k[H_2][I_2]$ k：反応速度定数

反応物の濃度の何乗に関係するかは，実験によって求められる。

● 反応物の濃度が **大きい** ほど，温度が **高い** ほど，反応速度は **大きくなる**。

● **触媒** 反応の前後でそれ自身は変化せず，反応速度のみを大きくする物質。

3. 反応のしくみ

● 反応が起こるためには，反応物の粒子が衝突することによって，エネルギーの高い不安定な状態である **遷移状態** になる必要がある。

● 遷移状態になるために必要な最小のエネルギーを **活性化エネルギー** といい，結合エンタルピーの和よりも小さい。

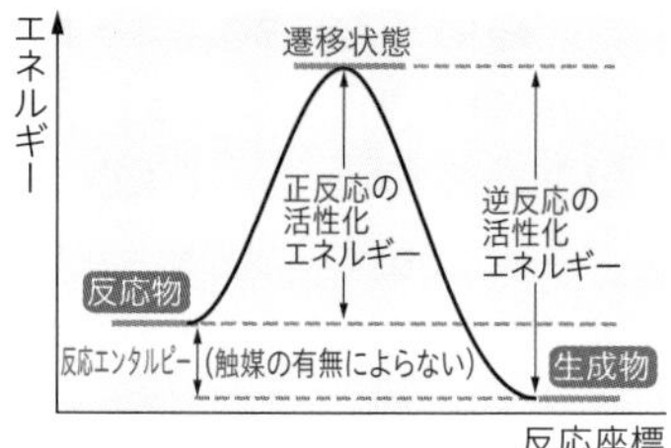

4. 多段階反応

● **素反応と多段階反応**

$2N_2O_5 \longrightarrow 4NO_2 + O_2$ (Ⅰ)

式(Ⅰ)の反応は，次のような ❶ ～ ❹ の反応が組み合わされた複雑なしくみで起こることが提案されている。このとき，❶ ～ ❹ の反応を **素反応** という。

$N_2O_5 \longrightarrow NO_2 + NO_3$ ❶

$NO_2 + NO_3 \longrightarrow N_2O_5$ ❷

$NO_2 + NO_3 \longrightarrow NO_2 + O_2 + NO$ ❸

$NO + NO_3 \longrightarrow 2NO_2$ ❹

これらの素反応を用いると，式(Ⅰ)は，3 × 式❶ ＋ 式❷ ＋ 式❸ ＋ 式❹ で表される。

このように，いくつかの素反応を含んでいる反応を **多段階反応** という。

● **律速段階**

多段階反応の全体の速さは，最も遅い素反応の段階❶で決まる。そのような素反応を **律速段階** とよぶ。

式❶の反応速度式は，

$v = k[N_2O_5]$ k：反応速度定数

となり，これが式(Ⅰ)の反応速度式になる。

論述問題　3章　3節

1 反応速度と濃度　気体反応においては，その成分気体の分圧が大きくなると，反応速度も大きくなる。この理由を簡潔に述べよ。

point 温度一定のとき，気体の濃度を大きくすると，反応速度は大きくなる。

2 触媒　触媒を用いると，正反応の速度ばかりでなく，逆反応の速度も速くなるのはなぜか。この理由を簡潔に述べよ。

point 触媒は，活性化エネルギーを小さくし，反応速度を大きくする。

節末問題　3章　3節

1 反応速度　次の問いに答えよ。

(1)　水素とヨウ素からヨウ化水素が生成する反応において，ある時刻に，ヨウ素が 1 秒間に 0.005 mol/L ずつ減少していた。このとき，同じ時刻にヨウ化水素は毎秒何 mol/L ずつ増加していくか。

(2)　$A + B \longrightarrow C$ の反応で，A の濃度を 2 倍にしたら反応速度は 2 倍になり，B の濃度を 3 倍にしたところ反応速度は 3 倍になった。このとき，A，B 両物質とも濃度を 3 倍にすると反応速度は何倍になるか。

2 反応速度を変える条件　次の(1)～(4)の現象は，反応速度を変える 4 つの条件(a)濃度，(b)温度，(c)触媒，(d)表面積のうち，どれに最も関係が深いか。

(1)　マッチ棒は，空気中より酸素中の方が激しく燃える。

(2)　鉄の粉末は，空気に触れると，さびによる発熱のため高温になる。

(3)　酸化マンガン(Ⅳ)を過酸化水素水に加えると，容易に酸素が発生する。

(4)　銅片は，空気中で表面が徐々に黒くなるが，熱するとすぐに黒くなる。

3 活性化エネルギー　下の図は，窒素と水素が反応してアンモニアが生成するとき，触媒を加えたときと加えないときの反応にともなうエネルギーの変化を表したもので，図中のx～zは正の数である。

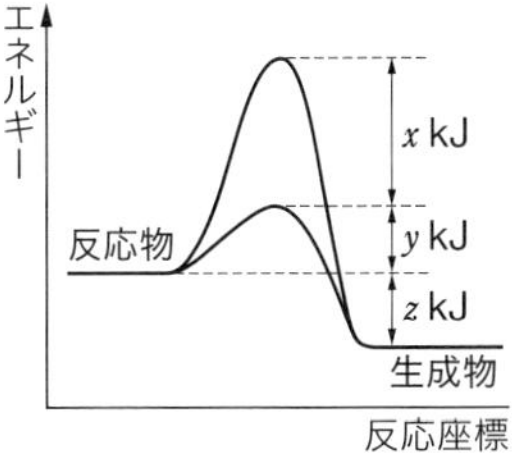

(1)　次の①～③を，それぞれ x ～ z を用いて表せ。

①　触媒を用いたときの活性化エネルギーと反応エンタルピー

②　触媒を用いないときの活性化エネルギーと反応エンタルピー

③　触媒を用いないときの生成物から反応物に戻る反応の活性化エネルギーと反応エンタルピー

(2)　次の記述の正誤を，図から判断して答えよ。

①　触媒のあるときもないときも，反応物から生成物になるときの活性化エネルギーは，生成物から反応物に戻る反応の活性化エネルギーより大きい。

②　反応エンタルピーの大きさは，触媒の有無にかかわらず，変わらない。

3章 物質の変化と平衡

地層から流れ出た石灰分が $CaCO_3$ として沈殿してできた黄龍の五彩池（中国）

4節 化学平衡

Chemical Equilibrium

Beginning

1 化学変化にも，溶解平衡のように変化が止まって見えることはあるだろうか？
2 窒素と水素から直接アンモニアを作る方法が人類の食糧を確保したといわれるのはなぜか？
3 水たまりの水が蒸発してなくなるのはなぜだろうか？

1 可逆反応と化学平衡

Beginning 1

A 可逆反応と不可逆反応

◆可逆反応　水素 H_2 とヨウ素 I_2 を密閉容器に入れて高温に保つと，H_2 と I_2 が反応してヨウ化水素 HI ができる（式〈1〉）。また，HI を密閉容器に入れて高温に保つと，HI が分解して H_2 と I_2 ができ，式〈1〉と逆向きの反応が起こる（式〈2〉）。

$$H_2 + I_2 \longrightarrow 2HI \qquad \langle 1\rangle$$

$$2HI \longrightarrow H_2 + I_2 \qquad \langle 2\rangle$$

このように，ある反応について，その逆向きの反応も起こるとき，その反応を**可逆反応**（かぎゃく／reversible reaction）という。可逆反応は，記号 $\rightleftarrows$ を用いて次のように表す。

$$H_2 + I_2 \rightleftarrows 2HI \qquad \langle 3\rangle$$

可逆反応において右向きの反応を**正反応**（forward reaction），左向きの反応を**逆反応**（reverse reaction）という。

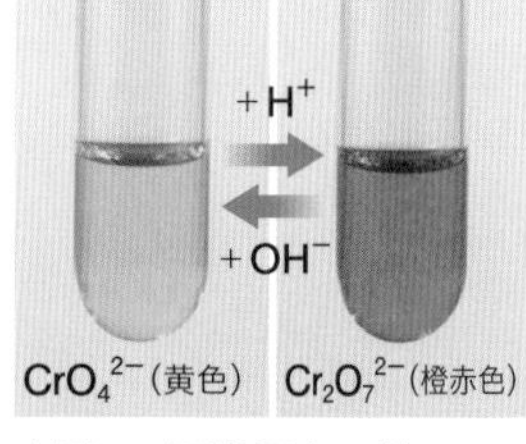

▲図1　可逆反応の例
CrO_4^{2-} に酸を加えると $Cr_2O_7^{2-}$ となり，$Cr_2O_7^{2-}$ に塩基を加えると CrO_4^{2-} となる。

◆不可逆反応　爆発反応や開放状態で気体が発生する反応のように，一方向にだけ進行する反応を**不可逆反応**（irreversible reaction）という。

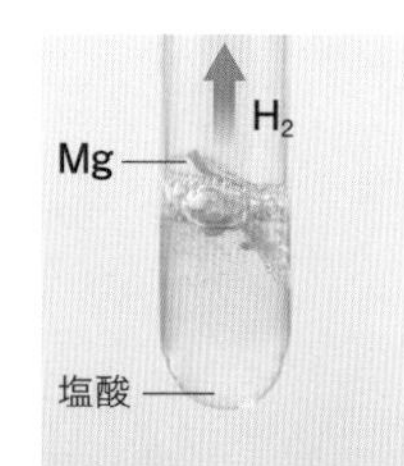

▲図2　不可逆反応の例

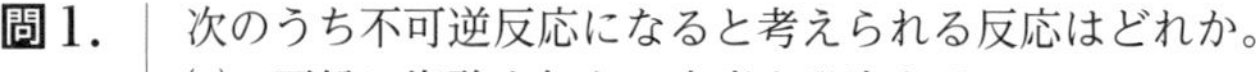

問1.　次のうち不可逆反応になると考えられる反応はどれか。
(1)　亜鉛に塩酸を加えて水素を発生させる。
(2)　窒素と水素を反応させてアンモニアを生成する。

B 化学平衡

◆可逆反応と反応速度　一定体積の容器に同じ物質量の水素 H_2 とヨウ素 I_2 を入れて高温に保つと，H_2 と I_2 の濃度は図3のように時間とともにしだいに減少し，ヨウ化水素 HI が生成してくる。しかし，いくら長時間たっても，H_2 と I_2 が完全に HI に変化してしまうことはない。この反応は可逆反応であり，生成した HI が H_2 と I_2 に分解する反応も同時に起こるからである。

◆**化学平衡**　正反応の反応速度(HI の生成速度)を v_1，逆反応の反応速度(HI の分解速度)を v_2 とすると，反応速度式は次のようになる。

$$v_1 = k_1[H_2][I_2] \quad \langle 4\rangle$$

$$v_2 = k_2[HI]^2 \quad \langle 5\rangle$$

k_1，k_2 は比例定数(反応速度定数)

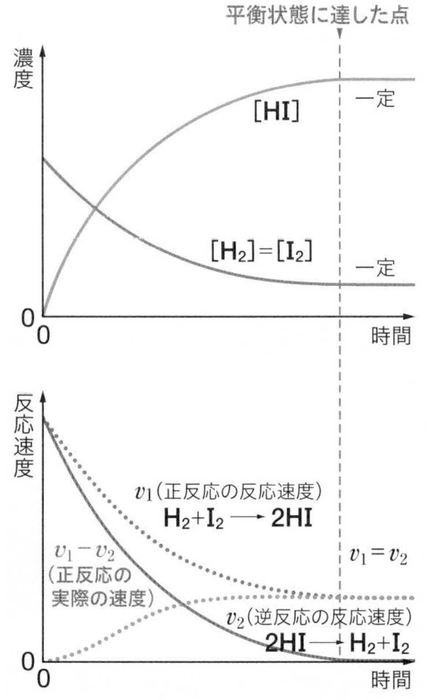

▲図3　$H_2 + I_2 \rightleftarrows 2HI$ の反応における濃度と反応速度の変化

反応の初期は，H_2 や I_2 の濃度が高く，v_1 が大きいが，反応が進行していくと，H_2 や I_2 の濃度が減少して HI の濃度が増加するので，v_2 がしだいに大きくなる。したがって，実際に正反応として観測される反応速度は $v_1 - v_2$ となる。ある時間経過すると，v_1 と v_2 が等しくなり，$v_1 - v_2$ は 0 になり，見かけ上，反応は停止した状態になる。

可逆反応において，実際には両方の反応が起きているにもかかわらず，見かけ上，反応が止まっているような状態を **化学平衡**(chemical equilibrium) の状態または反応の **平衡状態**(equilibrium state) という。このとき，次の関係がある。

Key concept　**化学平衡**

- 可逆反応において，**正反応の反応速度 v_1 = 逆反応の反応速度 v_2** となる。

　例)　$H_2 + I_2 \underset{\text{反応速度 } v_2}{\overset{\text{反応速度 } v_1}{\rightleftarrows}} 2HI$　　$v_1 = v_2$

C　化学平衡の法則

◆**平衡定数**　酢酸 CH_3COOH とエタノール C_2H_5OH は，濃硫酸などの酸を触媒としてエステル化を起こし，酢酸エチル $CH_3COOC_2H_5$ と水が生成する。▶p.186しかし，この反応は酢酸やエタノールがすべて消費されるまで進行することはなく，反応がある程度進むと，平衡状態に達する。

$$CH_3COOH + C_2H_5OH \overset{❶}{\rightleftarrows} CH_3COOC_2H_5 + H_2O \quad \langle 6\rangle$$

平衡状態では，酢酸，エタノール，酢酸エチル，水がある濃度で混合している。それぞれの物質のモル濃度 $[CH_3COOH]$，$[C_2H_5OH]$，$[CH_3COOC_2H_5]$，$[H_2O]$ の間には，一定温度では，次の関係がなりたつ。

$$\frac{[CH_3COOC_2H_5][H_2O]}{[CH_3COOH][C_2H_5OH]} = K(\text{一定}) \quad \langle 7\rangle$$

K を **平衡定数**❷(equilibrium constant) という。

❶ IUPAC（国際純正および応用化学連合）では，平衡状態を表すときには，記号 $\rightleftharpoons$ を用いる。

❷ 濃度に関する定数なので **濃度平衡定数**(concentration constant) ともよぶ。濃度(concentration)の c を斜体添字として K_c と表すこともある。

❶ **質量作用の法則**(law of mass action)ということもある。

質量作用の法則は，1864 年にグルベルとワーゲが導いた。

ノルウェーのワーゲは，義弟のグルベルとエステル生成の反応速度の研究を行い，反応が物質間の親和力によって引き起こされ，その親和力は反応する分子の周囲にある物質量に比例すると考えて反応速度を式に表し，化学平衡の式を導いた。これが，1867 年の**質量作用の法則**である。ここでいう質量は，むしろ濃度と理解したほうがよい。この法則を導く過程で，反応速度式が使われたが，これは必ずしも正しくなく，後にファントホッフによって改めて熱力学を使って化学平衡の法則が正しく導かれた。

グルベル　　ワーゲ

❷ 固体物質が関係する化学平衡を考えるとき，平衡定数を表す式に固体物質は含めない(▶p.216)。また，溶液中の化学平衡を考えるとき，溶質に比べて多量にある溶媒の濃度を一定とみなすことができるため，平衡定数を表す式に溶媒の濃度は含めない(▶p.204, 206, 207)。

◆平衡定数の値　平衡定数 K は，温度が変わらなければ一定の値となり，温度が異なれば違った値となる。

> はじめの物質の濃度に関係なく，温度が一定ならば，K の値は一定である。

表 1 より，76 ℃ で酢酸とエタノールをさまざまな濃度で混合してエステル化を行っても，式〈7〉の左辺の値はほぼ等しい。

▼表 1　$CH_3COOH + C_2H_5OH \rightleftarrows CH_3COOC_2H_5 + H_2O$ の平衡時の濃度(76 ℃)

実験	測定	物質のモル濃度〔mol/L〕				平衡定数 K
		$[CH_3COOH]$	$[C_2H_5OH]$	$[CH_3COOC_2H_5]$	$[H_2O]$	
①	初期	1.000	1.000	0	0	
	変化量	−0.658	−0.658	+0.658	+0.658	3.70
	平衡時	0.342	0.342	0.658	0.658	
②	初期	0.800	0.600	0	0	
	変化量	−0.448	−0.448	+0.448	+0.448	3.75
	平衡時	0.352	0.152	0.448	0.448	
③	初期	0	0	1.000	0.800	
	変化量	+0.305	+0.305	−0.305	−0.305	3.70
	平衡時	0.305	0.305	0.695	0.495	

◆化学平衡の法則　化学式に大文字，係数に小文字を用いて，一般的な可逆反応を次のような式で表す。

$$a\mathrm{A} + b\mathrm{B} + \cdots \rightleftarrows m\mathrm{M} + n\mathrm{N} + \cdots \quad \langle 8 \rangle$$

この反応が平衡状態にあるとき，各成分のモル濃度[A]，[B]，…，[M]，[N]，…の間には，一定温度において，次の関係がなりたつ。

Key concept

化学平衡の法則❶

$$\frac{[\mathrm{M}]^m[\mathrm{N}]^n\cdots}{[\mathrm{A}]^a[\mathrm{B}]^b\cdots} = K\ (K \text{ の単位：(mol/L)}^{(m+n+\cdots)-(a+b+\cdots)}) \quad \langle 9 \rangle$$

● K は平衡定数であり，温度が一定ならばつねに一定である。❷

◉気体のみが関係する反応と平衡定数　化学平衡の法則を用いると，気体反応の平衡定数 K は，各気体成分のモル濃度を用いて下表のように表すことができる。

▼表 2　気体反応の平衡定数

可逆反応	平衡定数 K を表す式	単位
$N_2O_4 \rightleftarrows 2NO_2$	$\frac{[NO_2]^2}{[N_2O_4]}$	mol/L
$N_2 + 3H_2 \rightleftarrows 2NH_3$	$\frac{[NH_3]^2}{[N_2][H_2]^3}$	$(mol/L)^{-2}$
$2SO_2 + O_2 \rightleftarrows 2SO_3$	$\frac{[SO_3]^2}{[SO_2]^2[O_2]}$	$(mol/L)^{-1}$
$CO_2 + H_2 \rightleftarrows CO + H_2O$(気)	$\frac{[CO][H_2O]}{[CO_2][H_2]}$	―

●固体と気体が関係する反応と平衡定数　赤熱したコークスCに水蒸気H_2Oを反応させると，一酸化炭素COと水素H_2が生成し，平衡に達する。

$$C(固) + H_2O(気) \rightleftarrows CO(気) + H_2(気) \quad 〈10〉$$

このように，気体が固体と平衡状態にあるとき，平衡定数Kは，気体成分のモル濃度によって表される[3]。

$$K = \frac{[CO(気)][H_2(気)]}{[H_2O(気)]} \text{〔mol/L〕} \quad 〈11〉$$

[3] 液体と気体が平衡状態にあるときも，平衡定数は，気体成分のモル濃度だけで表される。

問2. 可逆反応$N_2 + 3H_2 \rightleftarrows 2NH_3$が化学平衡の状態にあるとき，正しい記述はどれか。

(1) 反応は止まる。
(2) N_2，H_2，NH_3の濃度が等しくなる。
(3) NH_3の生成速度と分解速度が等しい。

例題 1 化学平衡の法則

酢酸CH_3COOH 1.0 molとエタノールC_2H_5OH 1.0 molを混合し，少量の濃硫酸を加えて混合液全体の体積を100 mLとした。ある一定の温度で反応させたところ，酢酸エチル$CH_3COOC_2H_5$が0.60 mol生成したところで平衡に達した。混合液の体積は変わらないとしたとき，次の化学反応式で表される反応の平衡定数Kを求めよ。

$$CH_3COOH + C_2H_5OH \rightleftarrows CH_3COOC_2H_5 + H_2O$$

解　平衡状態における各物質の物質量の関係は，次のようになる。

$$CH_3COOH + C_2H_5OH \rightleftarrows CH_3COOC_2H_5 + H_2O$$

	CH_3COOH	C_2H_5OH	$CH_3COOC_2H_5$	H_2O	
反応前	1.0	1.0	0	0	〔mol〕
	↓ − 0.60	↓ − 0.60	↓ + 0.60	↓ + 0.60	
平衡時	0.40	0.40	0.60	0.60	〔mol〕

混合液の体積が一定(100 mL)なので，平衡時の各物質の濃度は，

$$[CH_3COOH] = [C_2H_5OH] = \frac{0.40\ \text{mol}}{0.10\ \text{L}} = 4.0\ \text{mol/L}$$

$$[CH_3COOC_2H_5] = [H_2O] = \frac{0.60\ \text{mol}}{0.10\ \text{L}} = 6.0\ \text{mol/L}$$

したがって，平衡定数Kは[4]，

$$K = \frac{[CH_3COOC_2H_5][H_2O]}{[CH_3COOH][C_2H_5OH]} = \frac{(6.0\ \text{mol/L})^2}{(4.0\ \text{mol/L})^2} = 2.25$$

答　$K = 2.3$

[4] この化学反応式の右辺にある水H_2Oは，生成物の1つであり，溶媒ではない。よって，平衡定数を表す式に$[H_2O]$を含めて考える必要がある。

類題 1

(1) 酢酸3.0 molとエタノール3.5 molに触媒量の硫酸を加えて，一定温度で反応させると，酢酸エチルが1.8 mol生成して平衡になった。この温度での平衡定数を求めよ。

(2) 容積一定の容器に水素H_2 0.50 molとヨウ素I_2 0.35 molを入れて，一定温度で反応させ平衡に達したとき，ヨウ化水素HIが0.60 mol生成した。このときの平衡定数を求めよ。また，この温度でH_2 1.0 molとI_2 1.0 molを反応させると，平衡状態ではHIは何mol生成するか。

◆気体の分圧と平衡定数　気体の反応では，濃度変化よりも圧力変化の測定が容易なので，濃度のかわりに分圧で平衡定数を表すことが多い。たとえば，$N_2 + 3H_2 \rightleftarrows 2NH_3$ という可逆反応が平衡状態にあるとき，平衡時のそれぞれの分圧を p_{N_2}，p_{H_2}，p_{NH_3} とすると，平衡定数 K_p は次のように表される。

$$K_p = \frac{{p_{NH_3}}^2}{p_{N_2} \cdot {p_{H_2}}^3} \quad \langle 12 \rangle$$

ここで，K_p[1]を **圧平衡定数** といい，濃度平衡定数 K と同様に，圧平衡定数 K_p は，温度が変わらなければ，一定の値となる。

[1] K_p の添字 p は，pressure の頭文字で，物理量である圧力に基づくので斜体文字で示す。

◆圧平衡定数と濃度平衡定数の関係　気体の状態方程式▶p.107から，分圧は濃度に比例するため，濃度平衡定数 K から圧平衡定数 K_p を求めることができる。たとえば，$N_2 + 3H_2 \rightleftarrows 2NH_3$ の反応が平衡状態にあるとき，体積を V[L]，N_2，H_2，NH_3 の物質量をそれぞれ n_{N_2}，n_{H_2}，n_{NH_3}[mol]，温度を T[K]，気体定数を R とすると，それぞれの分圧は，気体の状態方程式から次のように表される。

$$\begin{aligned} p_{N_2} &= \frac{n_{N_2}}{V}RT = [N_2]RT \\ p_{H_2} &= \frac{n_{H_2}}{V}RT = [H_2]RT \quad \langle 13 \rangle \\ p_{NH_3} &= \frac{n_{NH_3}}{V}RT = [NH_3]RT \end{aligned}$$

これらを式〈12〉に代入すると，圧平衡定数は次のように表される。

$$K_p = \frac{{p_{NH_3}}^2}{p_{N_2} \cdot {p_{H_2}}^3} = \frac{[NH_3]^2(RT)^2}{[N_2][H_2]^3(RT)^4} = K(RT)^{2-4} = \frac{K}{(RT)^2} \quad \langle 14 \rangle$$

温度が一定ならば，K は一定であり，RT も一定となるので，K_p の値も一定になる。一般に，気体の可逆反応が次式のとき，

$$aA + bB + \cdots\cdots \rightleftarrows mM + nN + \cdots\cdots \quad \langle 15 \rangle$$

K_p と K の関係は次の式〈16〉になる。

> 圧平衡定数 $K_p = K(RT)^{(m+n+\cdots)-(a+b+\cdots)}$（単位：$Pa^{(m+n+\cdots)-(a+b+\cdots)}$）〈16〉

from Beginning　化学変化にも，溶解平衡のように変化が止まって見えることはあるだろうか？

一般に，ある化学変化とその逆向きの変化が同じ速さで起こっていると，見た目には何も起こっていないように見えます。この状態は，実際には化学変化が起こっていることから**動的な平衡**といいます。蒸発と凝縮の平衡（**気液平衡**▶p.99）や溶解と析出の平衡（**溶解平衡**▶p.119），正反応と逆反応の平衡（**化学平衡**）は，すべて動的な平衡です。一方，公園のシーソーに人が乗ってつり合ったときのように，まったく変化のない状態を**静的な平衡**といいます。

2 化学平衡の移動

Beginning 2
Beginning 3

A 平衡の移動とその原理

◆化学平衡の移動　化学反応が平衡状態にあるとき，濃度・圧力・温度などの反応条件を変化させると，いったん平衡状態でなくなり，正反応または逆反応が進行して，新しい平衡状態になる。この現象を **化学平衡の移動** または **平衡の移動**❷ という。

◆ルシャトリエの原理　ルシャトリエ(フランス，1850～1936)は，化学反応や物質の状態変化にも適用できる **ルシャトリエの原理**(平衡移動の原理)を1884年に発表した。
Le Chatelier's principle

ルシャトリエ

❷ 平衡状態にある化学反応の反応条件を変えて，正反応が進み新しい平衡状態になったとき，平衡は右に移動したという。また，逆反応が進み新しい平衡状態になったとき，平衡が左に移動したという。

Key concept　ルシャトリエの原理(平衡移動の原理)

- 化学反応が平衡状態にあるとき，濃度・圧力・温度などの反応条件を変化させると，その変化をやわらげる方向に反応が進み新しい平衡状態になる。

●平衡の移動と反応速度

次の可逆反応の正反応，逆反応の反応速度をそれぞれ v_1，v_2 とする。

$$H_2 + I_2 \rightleftarrows 2HI \qquad \langle 17 \rangle$$

この可逆反応が平衡にあるとき，左辺の H_2 を加えると，正反応の反応速度 v_1 が急に大きくなり平衡状態ではなくなる。しかし，その後，H_2 と I_2 が消費され，HI が増加するため，次第に v_1 は小さくなり，v_2 は大きくなる。こうして，再び $v_1 = v_2$ となり，新しい平衡状態になる。これが平衡の移動である。

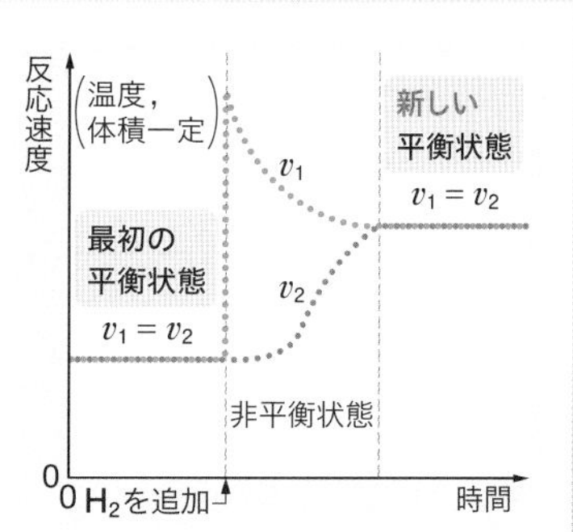

反応条件の変化				平衡の移動方向(変化をやわらげる方向)
	濃度	ある物質の濃度減少	→	その物質の濃度が増加する方向
		ある物質の濃度増加	→	その物質の濃度が減少する方向
	圧力	減圧（膨張）	→	気体全体の物質量が増加する方向
		加圧（圧縮）	→	気体全体の物質量が減少する方向
	温度	冷却	→	発熱する方向
		加熱	→	吸熱する方向

Note
新しい平衡状態での反応速度の値は，最初の平衡状態での反応速度の値とは違う。

B 濃度と平衡の移動

QR

◆濃度変化と平衡の移動　式〈17〉の反応で，水素 H_2，ヨウ素 I_2，ヨウ化水素 HI が平衡状態にあるとき，体積，温度を一定に保ち，さらに I_2 を加えると，HI の生成する反応が進み，新しい平衡状態になる。

$$H_2 + I_2 \rightleftarrows 2HI \qquad \langle 18 \rangle$$

これは，ルシャトリエの原理から，I_2 の濃度の増加をやわらげる(I_2 の濃度が減少する)方向の平衡移動である。

◆**濃度変化と平衡定数**　平衡の移動は，化学平衡の法則▶p.192から考えることができる。水素 H_2 とヨウ素 I_2 からヨウ化水素 HI が生成する式〈18〉の可逆反応について考えてみると，平衡状態では次の関係式がなりたつ。

$$\frac{[HI]^2}{[H_2][I_2]} = K \quad \text{(温度一定のとき，} K \text{は一定の値)} \qquad \langle 19 \rangle$$

平衡状態で I_2 を加えると，$[I_2]$が増加し，分母が大きくなり，左辺は小さくなる。左辺の値が K と等しくなるように，$[H_2]$，$[I_2]$が減少し，[HI]が大きくなる方向(HI の生成する方向)に平衡が移動する。

逆に平衡状態で HI を加えると，左辺の値が K と等しくなるように[HI]が小さくなる方向(H_2 と I_2 が生成する方向)に平衡が移動する。

問3.　次の可逆反応が，一定の温度・体積のもとで平衡状態にあるとき，(　)内の条件変化を与えると，平衡はどちらに移動するか。

(1)　$N_2 + 3H_2 \rightleftarrows 2NH_3$(水素を加える)

(2)　$2CO + O_2 \rightleftarrows 2CO_2$(一酸化炭素を除く)

C 圧力と平衡の移動

◆**圧力変化と平衡の移動**　赤褐色の気体である二酸化窒素 NO_2 は，無色の四酸化二窒素 N_2O_4 を生じ，次式で表される平衡状態になる。

$$2NO_2\text{(赤褐色)} \rightleftarrows N_2O_4\text{(無色)} \qquad \langle 20 \rangle$$

正反応 $2NO_2 \longrightarrow N_2O_4$ が起こると，2 mol の NO_2 から 1 mol の N_2O_4 が生じるので，全体として気体分子の物質量(気体分子数)は減少する。

いま，温度一定で，平衡状態の NO_2 と N_2O_4 の混合気体を圧縮して圧力を大きくしたとき，ルシャトリエの原理より圧力の上昇を小さくする方向に反応が進む。すなわち，温度一定では，気体分子の物質量と圧力は比例するため，混合気体の物質量の減る正反応の方向に反応が進み，新しい平衡状態に達する。

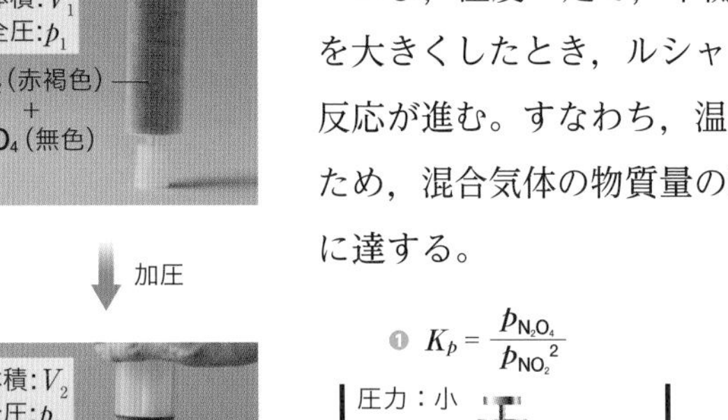

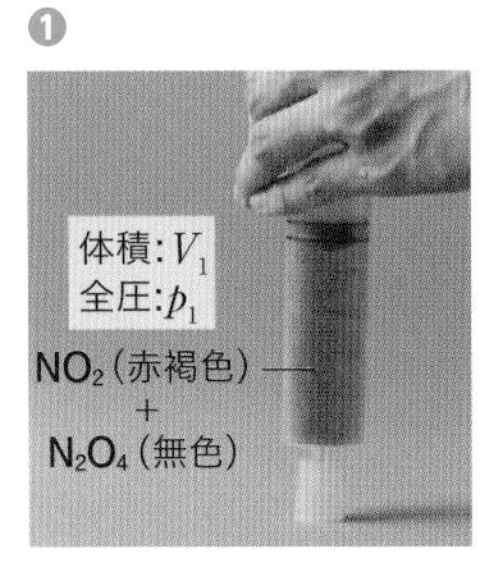

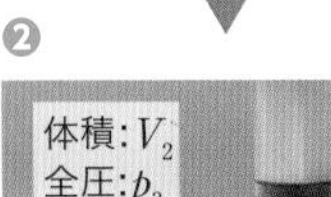

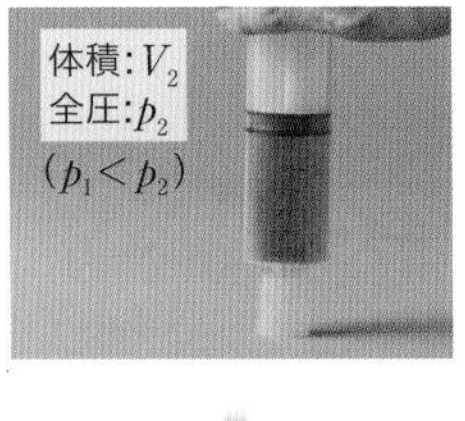

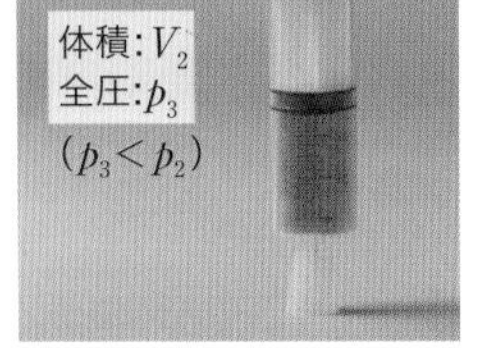

いったん濃くなるが，しばらくすると薄くなる。

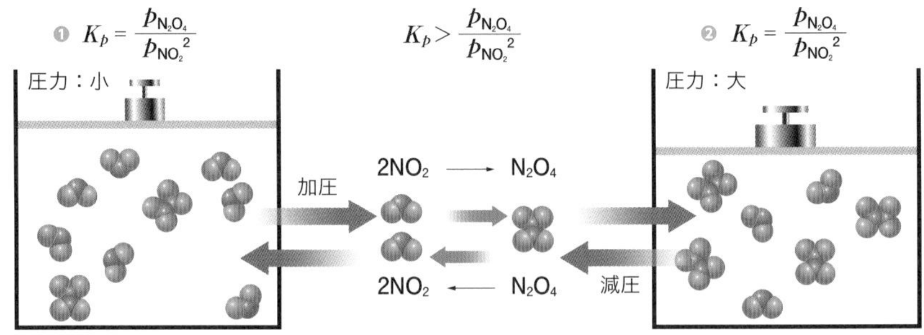

▲**図4　化学平衡における圧力の影響**
加圧すると，2 分子の NO_2 から 1 分子の N_2O_4 が生じて，圧力の上昇を小さくする。
減圧すると，1 分子の N_2O_4 から 2 分子の NO_2 が生じて，圧力の低下を小さくする。

Thinking Point 1　水素 H_2 とヨウ素 I_2 を密閉容器に入れ高温に保ったところ，次の反応が起こり平衡状態に達した。このとき，密閉容器の気体に圧力を加えるとどうなるか，平衡の移動に着目して考えよ。

$$H_2 + I_2 \rightleftarrows 2HI$$

◆**圧力変化と平衡定数**　赤褐色の二酸化窒素 NO_2 と無色の四酸化二窒素 N_2O_4 との混合気体における圧平衡定数 K_p は，平衡時の NO_2 の分圧を p_{NO_2}，N_2O_4 の分圧を $p_{N_2O_4}$ とすると，式〈20〉から次のようになる。

$$K_p = \frac{p_{N_2O_4}}{{p_{NO_2}}^2} \quad \text{（温度一定のとき，}K_p\text{ は一定の値）} \qquad \langle 21 \rangle$$

温度一定で，平衡状態にある混合気体の圧力を 2 倍にすると（混合気体の入った容器の体積を半分に圧縮すると），p_{NO_2} と $p_{N_2O_4}$ は，ともに 2 倍となる。このとき，式〈21〉の右辺の分数の分子は 2 倍となるが，分母は 4 倍となり，左辺 > 右辺 となるため，式〈21〉の関係を満たさなくなる。したがって，式〈21〉の関係を満たすように，p_{NO_2} が減少し，$p_{N_2O_4}$ が増加する方向に平衡が移動する。すなわち，圧力を増加させると，式〈20〉の平衡は，N_2O_4 の生成する方向に反応が進み，全体の気体分子数が減少するように平衡が移動する。

問4.　次の気体反応が平衡状態にあるとき，一定温度で圧力を加えて圧縮すると，平衡はどちらに移動するか。

(1)　$2CO(気) + O_2(気) \rightleftarrows 2CO_2(気)$

(2)　$C(固) + CO_2(気) \rightleftarrows 2CO(気)$

(3)　$CO_2(気) + H_2(気) \rightleftarrows CO(気) + H_2O(気)$

例題 2　気体反応と平衡の移動

体積が自由に変化できるピストン付き容器内で窒素 N_2 と水素 H_2 からアンモニアを生成する反応を一定温度で行い平衡に達した。(1)～(3)の操作を行うと，平衡はどうなるか。平衡定数から考えてみよ。

$$N_2 + 3H_2 \rightleftarrows 2NH_3$$

(1) ピストンを押して圧縮した。

(2) ピストンにかかる力を一定にして He を加えた。

(3) ピストンを固定して He を加えた。

解　この反応における平衡定数は $K = \dfrac{[NH_3]^2}{[N_2][H_2]^3}$

温度一定なので，いずれの場合も平衡定数 K は一定。

(1) 体積減少により濃度が増加し，増加の割合は $[N_2][H_2]^3 > [NH_3]^2$。

答　N_2 と H_2 から NH_3 が生成する方向に平衡は移動する。

(2) 体積が膨張し濃度は減少し，減少の割合は $[N_2][H_2]^3 > [NH_3]^2$ となる。

答　NH_3 から N_2 と H_2 が生成する方向に平衡は移動する。

(3) **答**　体積変化がなく，濃度変化もないので，平衡は変わらない。

類題 2　二酸化窒素 NO_2 から四酸化二窒素 N_2O_4 の生成する反応は，発熱反応である。温度，圧力と，平衡状態における混合物中の N_2O_4 の割合についての正しいグラフは，ア～エのうちどれか。

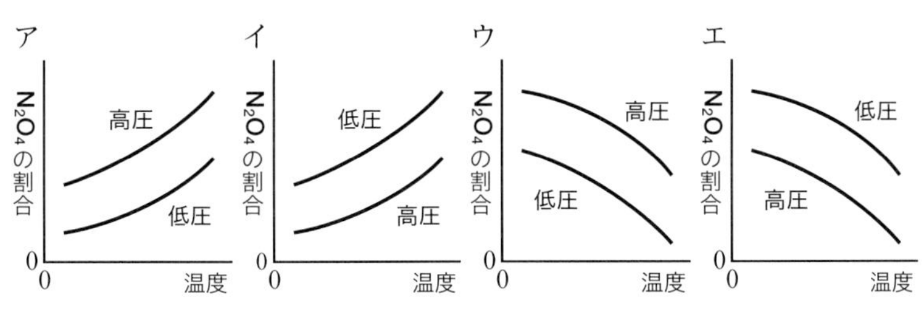

●**体積一定で加える場合**

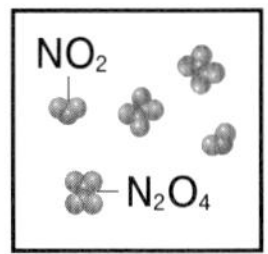

Heを加える

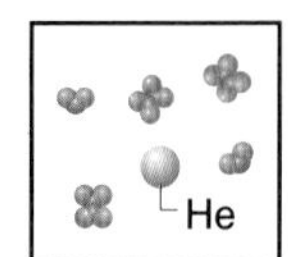

体積一定の場合は
平衡は移動しない
全圧は増えるが p_{NO_2}，$p_{N_2O_4}$ は変化なし

●**全圧一定で加える場合**

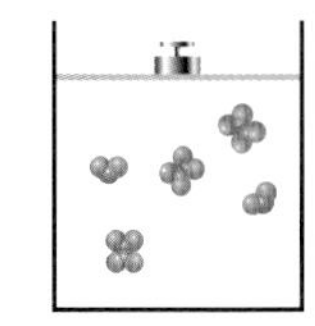

Heを加える

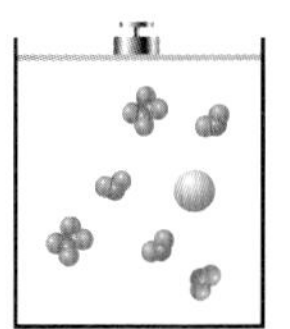

全圧一定の場合は
平衡は移動する
Heを加えた分，
p_{NO_2}，$p_{N_2O_4}$ は減少

D 温度と平衡の移動

◆**温度変化と平衡の移動**　赤褐色の気体である二酸化窒素 NO_2 から，無色の気体である四酸化二窒素 N_2O_4 が生成する反応は，発熱反応であることが知られており，逆反応は吸熱反応である。

$$2NO_2(気) \longrightarrow N_2O_4(気) \qquad \Delta H = -57\ \mathrm{kJ} \qquad \langle 22 \rangle$$

$$N_2O_4(気) \longrightarrow 2NO_2(気) \qquad \Delta H = 57\ \mathrm{kJ} \qquad \langle 23 \rangle$$

平衡状態にある NO_2 と N_2O_4 の混合気体を，圧力を変えずに加熱すると，温度の上昇をなるべく小さくする吸熱の方向($N_2O_4 \longrightarrow 2NO_2$)に反応が進み，$NO_2$ の割合が増加し，N_2O_4 の割合が減少する(気体の色が濃くなる)。逆に，冷却すると，NO_2 の割合が減少し，N_2O_4 の割合が増加する(気体の色がうすくなる)。

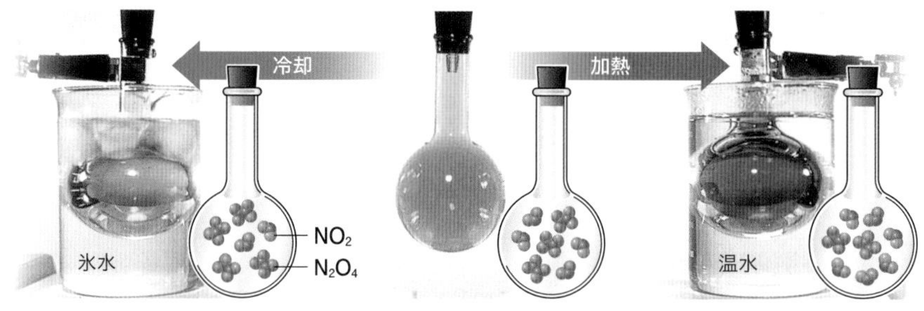

▲図 5　化学平衡における温度の影響
加熱すると，1 分子の N_2O_4 から 2 分子の NO_2 が生じる吸熱反応が進み，温度の上昇を小さくする。
冷却すると，2 分子の NO_2 から 1 分子の N_2O_4 が生じる発熱反応が進み，温度の降下を小さくする。

◆**温度変化と平衡定数**　一般に，温度が上昇すると，発熱反応では平衡定数 K の値は小さく，逆に吸熱反応では，平衡定数 K' の値は大きくなる。したがって，式〈20〉▶p.196の反応では，温度が上昇すると，吸熱反応の方向に平衡が移動するため，NO_2 は増加，N_2O_4 は減少する。逆に，温度を下げると発熱反応の方向に平衡が移動する。

$K=\dfrac{[N_2O_4]}{[NO_2]^2}\ (\mathrm{mol/L})^{-1}$　　$K'=\dfrac{[NO_2]^2}{[N_2O_4]}\ (\mathrm{mol/L})$

$2NO_2 \underset{逆反応}{\overset{正反応}{\rightleftarrows}} N_2O_4$

正反応の K　逆反応の K'　温度〔°C〕

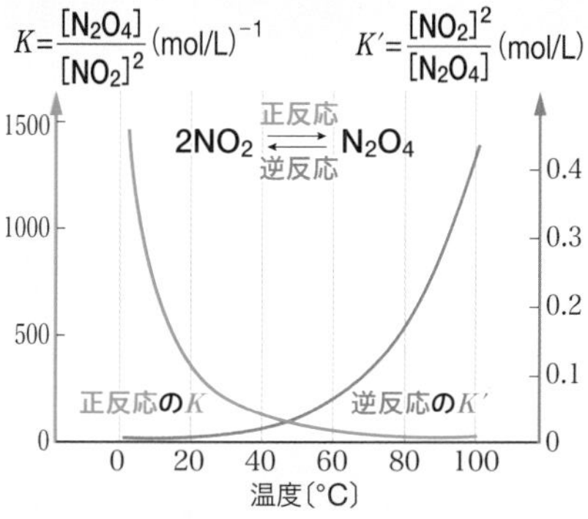

▲図 6　温度変化と平衡定数

E 触媒と化学平衡

触媒は，正反応と逆反応の活性化エネルギーを小さくし，正反応と逆反応の速さを同じように大きくする。したがって，触媒[1]が加わると，平衡に達するまでの時間は短くなる。

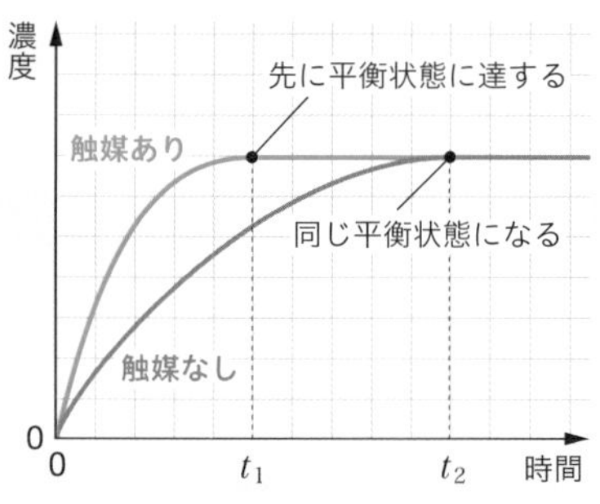

図 7　触媒と化学平衡
触媒を加えると，平衡に達する時間は短くなる。

[1] 触媒を加えても平衡定数は変わらないため，平衡は移動しない。

F 化学平衡と反応速度

◆**平衡定数と活性化エネルギー** 平衡定数が大きいほど，反応が進行し十分時間が経過して平衡状態に達すれば，正反応の生成物の割合が多くなる。

しかし，平衡定数が大きくても反応速度が大きいとは限らない。水素 H_2 と酸素 O_2 から水 H_2O が生成する反応の平衡定数 K はきわめて大きな値であるが，室温で H_2 と O_2 の混合気体から H_2O が生成することは難しい。

$$H_2(気) + \frac{1}{2}O_2(気) \rightleftarrows H_2O(気) \quad \langle 24\rangle$$

$$K = \frac{[H_2O]}{[H_2][O_2]^{\frac{1}{2}}} \fallingdotseq 10^{40}(\mathrm{mol/L})^{-\frac{1}{2}} \quad \langle 25\rangle$$

実際に反応がすみやかに進行するかどうかは，平衡定数の大きさではなく，活性化エネルギーの大きさによるからである。

Key concept 化学反応における平衡定数と活性化エネルギー

- 平衡定数が大きいと平衡状態において正反応の生成物の割合が多い。
- 活性化エネルギーが大きいと反応は進行しにくく平衡に達するまでの時間がかかる。

参考 逆反応の反応速度式の予測

化学反応の速度式を化学反応式から推定することは一般に不可能であるが，平衡反応において，一方向の反応速度式が実験的に求められていれば，化学平衡の法則から逆反応の速度式を求めることができる場合がある。

可逆反応 $aA + bB \rightleftarrows cC + dD$ が平衡状態に達したとき，正反応の速度を v_1，逆反応の速度を v_2 とする。このとき，実験から，正反応の反応速度式が次の式のように表されたとする（正反応の反応速度定数を k_1 とする）。

$$v_1 = k_1[A]^a[B]^b \quad (1)$$

平衡状態では，正反応と逆反応の速度が等しいから，

$$v_1 = v_2 \quad (2)$$

また，平衡時には化学平衡の法則により，次の式がなりたつ。

$$K = \frac{[C]^c[D]^d}{[A]^a[B]^b} \quad (3)$$

以上から，次のように，逆反応の反応速度式が予測できる（逆反応の反応速度定数を k_2 とする）。ただし，これは予測であり，必ずこの通りになるとは限らない。

$$v_2 = k_1\frac{[C]^c[D]^d}{K} = k_2[C]^c[D]^d \qquad \left(k_2 = \frac{k_1}{K}\right)$$

◆アンモニア合成と平衡の移動　肥料に使う窒素成分は，工業的には，空気中の窒素 N_2 と水素 H_2 とを反応させ合成したアンモニア NH_3 から得ている。この NH_3 合成反応は可逆反応で，正反応は発熱反応である。

$$N_2 + 3H_2 \rightleftarrows 2NH_3 \quad \Delta H = -92\ \mathrm{kJ} \tag{26}$$

ルシャトリエの原理より，低温・高圧の方がアンモニアの生成に有利である。しかし，低温だと反応の進行に時間がかかり，高圧だとそれに耐える設備が必要で，工業化は容易ではなかった。

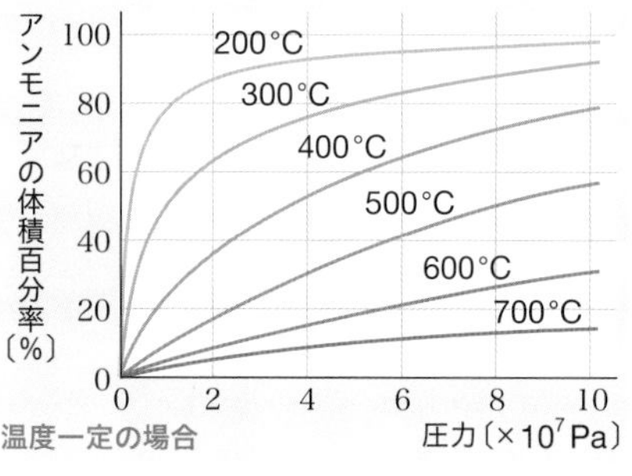

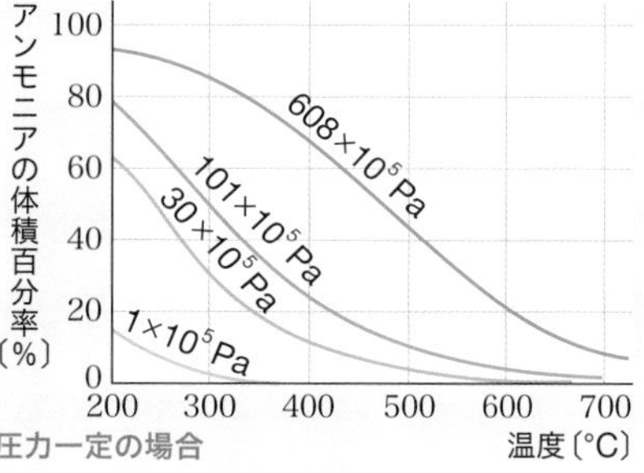

▲図 8　平衡状態におけるアンモニアの生成と温度・圧力

◆ハーバー・ボッシュ法　ハーバー（ドイツ，1868～1934）は，オスミウム Os を触媒に用いて，H_2 と空気中の N_2 から直接 NH_3 を合成する方法を発明した。その後，ミタッシュ（ドイツ，1869～1953）は，鉄触媒が最も活性が高く効果があることを発見した。ハーバーやミタッシュによる触媒の開発をうけ，ボッシュ（ドイツ，1874～1940）は工業化に必要な高圧に耐える装置の開発を行った。現在，400～600 ℃，2×10^7～1×10^8 Pa で，Fe_3O_4 を触媒に用いて[1] N_2 と H_2 を反応させ NH_3 を工業的に生産している。この合成方法を **ハーバー・ボッシュ法** Haber-Bosch process という。

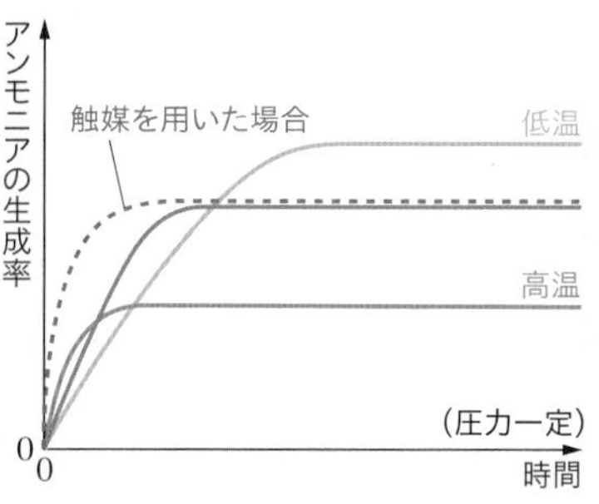

▲図 9　アンモニア合成の温度と触媒の影響

短時間で平衡に達するには高温・触媒存在下が，平衡時にアンモニアを多く生成するには低温がよい。

❶ Fe_3O_4 は H_2 によって還元されて Fe になり，これが触媒として働く。

from Beginning　窒素と水素から直接アンモニアをつくる方法が人類の食糧を確保したといわれるのはなぜか？

19世紀のヨーロッパでは，産業革命にともなう急激な人口の増加によって食糧の増産が必要となりました。当時は，チリから輸入されたチリ硝石（天然に産出する硝酸ナトリウム）などしか窒素肥料に利用できなかったため，食糧生産を増やすことは容易ではありませんでした。しかし，ハーバー・ボッシュ法によって空気中に大量にある窒素からアンモニアを合成できるようになったことで，硫酸アンモニウムなどの窒素肥料の大量生産が可能になりました。それによって，食糧の増産も可能になったため，ハーバー・ボッシュ法は人類の食糧を確保したといわれています。

G 自発的に進む反応

◆自発的に進む発熱反応　プロパン C_3H_8 の燃焼などの発熱反応では，エンタルピー変化 $\Delta H < 0$ で，エネルギーが低下する方向に自発的に反応が進む[2]。逆に，生じた H_2O と CO_2 の混合物に点火しても外部から熱を吸収し，プロパン C_3H_8 が生成する反応は自発的に進まない。

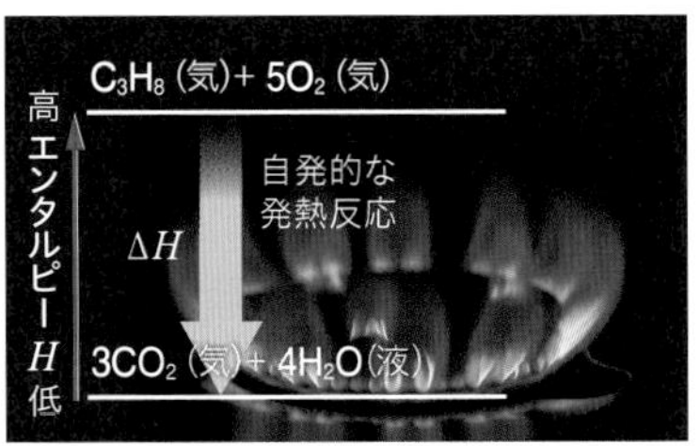

▲図10　自発的に進む発熱反応の例

$$C_3H_8(\text{気}) + 5O_2(\text{気}) \longrightarrow 3CO_2(\text{気}) + 4H_2O(\text{液}) \quad \Delta H = -2219\ \text{kJ} \quad \langle 27 \rangle$$

[2] 自発的に反応が進むとは，ひとりでに進む変化という意味であるが，自発変化をすみやかに起こすには点火などのきっかけが必要な反応もある。(▶p.183)。

◆自発的に進む吸熱反応　吸熱反応では，エンタルピー変化 $\Delta H > 0$ である。塩化アンモニウム NH_4Cl と水酸化カルシウム $Ca(OH)_2$ の反応などは吸熱反応であるが，自発的に進む。

$$2NH_4Cl(\text{固}) + Ca(OH)_2(\text{固}) \longrightarrow CaCl_2(\text{固}) + 2NH_3(\text{気}) + 2H_2O(\text{液}) \quad \Delta H = 442\ \text{kJ} \quad \langle 28 \rangle$$

◆乱雑さとエントロピー 物理　吸熱反応が自発的に進むように，エンタルピー変化 ΔH 以外にも反応が自発的に進む要因がある。水に滴下したインクは自然に水中に広がるが，もとには戻らない。これは色素粒子が溶媒と混合して，乱雑な状態になる現象である。このように自然界の変化は **乱雑さ** が増加する傾向にある。この乱雑さを表す度合いを **エントロピー**[3] といい，S で表す。式⟨28⟩の反応は，$\Delta H > 0$ であるが，固体から気体や液体が生じエントロピー変化 $\Delta S > 0$ となるため自発的に進行する。このように，化学反応が自発的に進むかどうかは，エンタルピー変化 ΔH とエントロピー変化 ΔS によって考えることができる。

▲図11　インクの拡散

[3] ある温度 T で物体が Q の熱エネルギーを可逆的に吸収したとき，その物体のエントロピーは $\Delta S = \frac{Q}{T}$ だけ増加する。

Key concept　化学反応が自発的に進む要因

- $\Delta H < 0$，$\Delta S > 0$　自発的に反応が進む
- $\Delta H > 0$，$\Delta S > 0$ または $\Delta H < 0$，$\Delta S < 0$　条件により自発的に反応が進む
- $\Delta H > 0$，$\Delta S < 0$　自発的に反応が進まない

from Beginning　水たまりの水が蒸発してなくなるのはなぜだろうか？

雨の日にできた水たまりは，時間がたつと消えてしまいます。これは，液体よりも気体である方が乱雑さは増し，蒸発によってエントロピー S が増加する変化だからです。凝縮はエントロピー S が減少する変化と考えることができます。

参考 化学反応とエントロピー

いままでに，次のような可逆反応があることを学習してきた。

$$N_2 + 3H_2 \rightleftarrows 2NH_3 \quad (1)$$

この反応は，触媒などにより反応速度を速くさせると，比較的短時間で化学平衡に達し，正逆両反応の反応速度が等しくなる。この反応の正反応は発熱反応であるので，逆反応は吸熱反応である。容器内での化学反応に注目すれば，エネルギーを放出して安定な状態になる発熱反応が自然に起こりやすいと考えられるが，吸熱の逆反応も同程度に起こりやすいことを，この例は示している。すなわち，化学反応の起こる方向を決めるのは反応エンタルピーだけではないことを意味している。反応の方向を決めるには，エントロピーも重要な要素であり，エントロピーの増加する方向に反応は進もうとする。可逆反応①について考えてみよう。

正反応では，2種類の異なる気体 N_2 と H_2 から1種類の気体 NH_3 になるだけでなく，気体4分子から気体2分子が生成するので，より乱れの少ない状態になり，反応容器内ではエントロピーは減少する。しかし，反応によって放出される熱により，容器外の環境は乱されてエントロピーは増大する。反応容器内の気体分子の状態のエントロピーと環境のエントロピーを合わせると，全体としてエントロピーは増大すると考えられる。

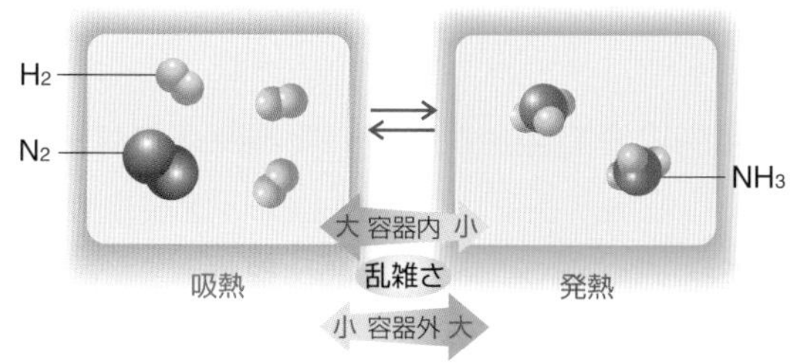

図1 反応の進行とエントロピー

逆反応では，1種類の気体から2種類の気体が生じるとともに，気体分子の数も増加するので，容器内の気体分子の状態のエントロピーは増大する。しかし，吸熱によって，容器外の環境のエントロピーは減少する。この両方の効果を合わせたものが逆反応全体のエントロピーの変化である。

正反応が進み，NH_3 の割合が増加してくると，反応容器内ではエントロピーの増加する逆反応を推進しようとする効果が大きくなってくる。この効果が，吸熱による容器外の環境のエントロピー減少の効果より大きくなると，逆反応は進行する。容器内の反応に関係する分子の状態のエントロピーの変化と，反応エンタルピーによってもたらされる容器外の環境のエントロピーの変化を合わせた全体のエントロピーを考えたとき，つねに増大する方向に反応は進行する。

参考 ギブズエネルギー

エンタルピー変化 $\Delta H > 0$ でも，エントロピー変化 $\Delta S > 0$ の影響によって，自発的に進行する場合がある。反応が自発的に進むかどうかについてさらに詳しくみてみよう。

❶化学反応での ΔH と ΔS の考慮 ギブズ(アメリカ，1839～1903)は，定温定圧での状態変化や化学反応が自発的に進行するかどうかを，次式の ΔG の符号で判定できることを明らかにした。$\Delta G < 0$ のとき，自発的に進行する。また，可逆反応が平衡状態にあるとき(▶p.191) $\Delta G = 0$ となる。

$$\Delta G = \Delta H - T\Delta S \quad (1)$$

G は**ギブズエネルギー**(**ギブズの自由エネルギー，自由エネルギー**)とよばれ，物質のエンタルピー H, エントロピー S, 絶対温度 T から $H - TS$ で定義される。そのため，ΔG の符号は ΔH と ΔS の寄与の兼ね合いで決まる。

❷ΔH と ΔS の寄与　ΔG の符号が，ΔH や ΔS の符号とどのような関係にあるか調べてみると，右の表のようになる。

表1　ΔGの符号とΔHおよびΔSの符号との関係

	$\Delta H > 0$	$\Delta H < 0$
$\Delta S > 0$	?	$\Delta G < 0$
$\Delta S < 0$	$\Delta G > 0$	?

?：状態変化や反応により ΔG の符号が異なる

発熱($\Delta H < 0$)して乱雑さが増す($\Delta S > 0$)ときは，必ず $\Delta G < 0$ となり自発的に変化する。その逆に，吸熱($\Delta H > 0$)して乱雑さが減少($\Delta S < 0$)する場合，$\Delta G > 0$ となるので自発的には変化しない。

結晶の溶解，液体の蒸発，固体の融解のように，吸熱($\Delta H > 0$)する現象が自発的に進むときには，粒子間の結びつきが弱まって乱雑さが増す($\Delta S > 0$)。このとき ΔH よりも ΔS の寄与の方が大きいことから $\Delta G < 0$ となる。

水蒸気が冷たいガラスの表面に結露するときは，蒸気が凝縮して熱を放出し($\Delta H < 0$)，気体分子が集まって乱雑さが減る($\Delta S < 0$)。この場合，ΔS よりも ΔH の寄与の方が大きいことから $\Delta G < 0$ となる。

❸反応が進む方向と平衡

定温定圧では，反応はギブズエネルギー Gが減少する方向に進行する。Gが極小となったとき，すなわち反応に伴うGの変化ΔGが0になったとき，反応はどちらの方向にも進行しない。これが平衡状態である。二酸化窒素NO_2の二量化反応(式(2))を例として，このことを定量的に示してみよう。

$$2NO_2(気) \rightleftarrows N_2O_4(気) \qquad (2)$$

一般に，理想気体iの1 molあたりのギブズエネルギー μ_i(モルギブズエネルギーあるいは化学ポテンシャルという)は次式で表される[1]。

$$\mu_i = \mu_i^\circ + RT \ln (p_i / p^\circ) \qquad (3)$$

ここでp°は「標準圧力」とよばれ，普通1 bar(バール，1 bar = 10^5 Pa)とし，この状態を「標準状態」という。μ_i° は気体iの標準状態におけるモルギブズエネルギー，p_iは気体iの圧力，RとTはそれぞれ気体定数と絶対温度である。さて，反応開始時には2 molのNO_2のみが圧力p[bar]で存在する場合を考える。反応の進行の程度を表す指標として反応進行度xを導入すると[2]，反応進行中のNO_2，N_2O_4の物質量はそれぞれ$(2-2x)$[mol]，x[mol]となるから，反応進行度がxのときの反応系全体のギブズエネルギー $G(x)$は次式のようになる。

$$G(x) = (2-2x)\left(\mu^\circ_{NO_2} + RT\ln\left(\frac{2-2x}{2-x}\frac{p}{p^\circ}\right)\right) + x\left(\mu^\circ_{N_2O_4} + RT\ln\left(\frac{x}{2-x}\frac{p}{p^\circ}\right)\right) \qquad (4)$$

図1に，$p = 1$ bar，$T = 298.15$ K(25 ℃)のときのxとGの関係を示した[3]。Gは反応の進行とともに減少するが，$x = 0.812$付近で極小値をとることがわかる。このとき，$p_{NO_2} = 0.316$ bar，$p_{N_2O_4} = 0.684$ barである。ここにおいて$\Delta G = dG/dx = 0$となり，反応は平衡状態となる。

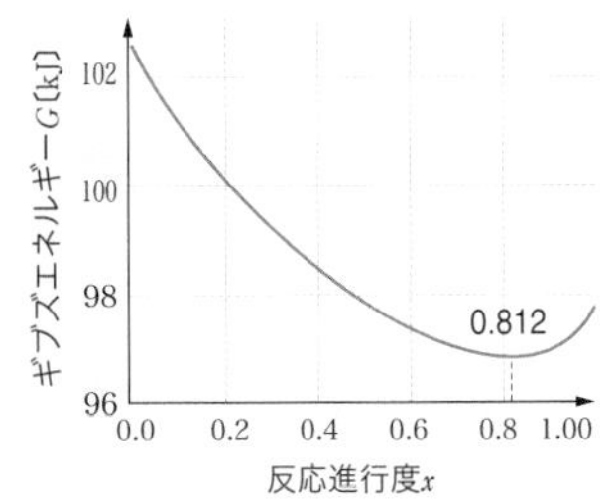

図1　反応混合物とギブズエネルギー

また，式(4)は，各気体のモル分率$X_{NO_2} = (2-2x)/(2-x)$，$X_{N_2O_4} = x/(2-x)$を用いて次のように書き換えることができる。

$$G(x) = 2\mu^\circ_{NO_2} + x(\mu^\circ_{N_2O_4} - 2\mu^\circ_{NO_2}) + \underline{(2-x)RT(X_{NO_2}\ln X_{NO_2} + X_{N_2O_4}\ln X_{N_2O_4})} + (2-x)RT\ln\frac{p}{p^\circ} \qquad (5)$$

式(5)の青下線部は$-T\Delta_{mix}S$と書くことができ，NO_2とN_2O_4の混合によるギブズエネルギーの減少を表している($\Delta_{mix}S$を混合エントロピーという)。Gが極小値をとるのはこの項の効果であり，反応の推進力には気体の混合と同様の効果が寄与していることがわかる。

❶　自然対数 ln については，p.180 の側注を参照すること。

❷　反応進行度は，たとえば反応が

$$aA + bB \longrightarrow cC + dD$$

とかけるとき，物質A，B，C，Dの物質量をn_A，n_B，n_C，n_Dと表し，初期濃度に^{0}をつけて表すことにすると，反応進行度xは次のように定義される(普通は，xに対応するギリシア文字ξを使う)。

$$n_A - n_A^0 = -ax$$
$$n_B - n_B^0 = -bx$$
$$n_C - n_C^0 = cx$$
$$n_D - n_D^0 = dx$$

❸　μ_i° には熱力学データとして得られる各気体の標準生成ギブズエネルギー$\Delta_f G^\circ$の値を用いている($\Delta_f G^\circ_{NO_2} = 51.29$ kJ/mol，$\Delta_f G^\circ_{N_2O_4} = 97.82$ kJ/mol)。すなわち図1の縦軸は，標準状態における窒素N_2と酸素O_2(いずれも$\Delta_f G^\circ = 0$)のギブズエネルギーを基準とする値である。

3 電解質水溶液の平衡

A 電離平衡

◆**電離平衡と電離度**　酸・塩基・塩など電解質を水に溶かすと，電離してイオンを生じ，電離していないもとの化合物と平衡状態になる。このような電離による平衡を **電離平衡**（electrolytic dissociation equilibrium）という。

◆**水の電離平衡**　純粋な水もわずかながら電離して電離平衡になっている。

$$H_2O \rightleftarrows H^+ + OH^- \qquad \langle 29\rangle$$

化学平衡の法則▶p.192から，次の関係式が得られる。

$$\frac{[H^+][OH^-]}{[H_2O]} = K \qquad \langle 30\rangle$$

水の濃度$[H_2O]$は一定とみなせるから，式〈30〉は次の式になる。

$$[H^+][OH^-] = K[H_2O] = K_w{}^{❶} \qquad \langle 31\rangle$$

K_w を **水のイオン積**（ion product of water）という。25 ℃ では，次のようになる。

●**水のイオン積(25 ℃)**

$$K_w = [H^+][OH^-] = (1.0\times10^{-7}\ \text{mol/L})^2 = 1.0\times10^{-14}\ \text{mol}^2/\text{L}^2 \qquad \langle 32\rangle$$

コールラウシュ

ドイツのコールラウシュは 40 回以上も蒸留をくり返した水の電気伝導度から，純水もイオンに分かれることを証明した。

水のイオン積は温度が高いほど大きい。これは，水が電離する反応が吸熱反応であることによる。

$$H_2O \longrightarrow H^+ + OH^- \quad \Delta H = 56.5\ \text{kJ} \qquad \langle 33\rangle$$

熱が加わって，温度が高くなると，ルシャトリエの原理▶p.195により，平衡は吸熱の方向(右方向)に移動するので，電離が起こりやすくなる。すなわち，水のイオン積は，温度が高いほど大きくなる。

▼表 3　水のイオン積 K_w

温度〔℃〕	K_w〔mol^2/L^2〕❷
0	0.11×10^{-14}
10	0.29×10^{-14}
20	0.68×10^{-14}
25	1.0×10^{-14}
50	5.5×10^{-14}

(1.013×10^5 Pa での値)
(出典：化学便覧 5 版)

Note

水のイオン積の値

一般に，電離平衡や水のイオン積 K_w について 25 ℃ で議論することが多いため，本書ではことわりが無い場合，K_w は 25 ℃ での値を用いる。

B 水素イオン濃度と pH

◆**pH(水素イオン指数)**　水素イオン濃度 $[H^+]$ は，通常，非常に小さい値になることが多く，また，酸性溶液から塩基性溶液にわたって値が大きく変化する。この変化を表すのに，水素イオン濃度の常用対数を用いると便利である。$[H^+] = a\times10^{-n}$ mol/L のとき，次の数値を **pH**(ピーエイチ)▶p.239(**水素イオン指数**)❸（hydrogen ion exponent）という。

❶ K_w 添字の w は，水(water) を意味する。

❷ K_w の単位を$(\text{mol/L})^2$と表すこともある。

❸ pH は，1909 年デンマークの化学者セーレンセンにより提唱された。ここで，pH の "p" は power (英語)，puissance (フランス語)，potenz (ドイツ語) などの指数の累乗を表す単語を，"H" は水素イオン濃度を意味している。

pH(水素イオン指数)

$$\mathrm{pH} = -\log_{10}(a \times 10^{-n}) = -(\log_{10}a + \log_{10}10^{-n}) = -\log_{10}a^{❹} + n \quad 〈34〉$$

❹ 底の 10 を省略して，単に log a と記すこともある。

たとえば，強酸の水溶液である 0.010 mol/L 塩酸は $[H^+]$ = 0.010 mol/L = 1.0×10^{-2} mol/L であるから，pH は次のようになる。

$$\mathrm{pH} = -\log_{10}(1.0 \times 10^{-2}) = -(\log_{10}1.0 + \log_{10}10^{-2}) = 0 - (-2) = 2^{❺}$$

❺ 常用対数における有効数字を考えた場合，2.00 となる（▶p.239）。

◆塩基性水溶液の pH　塩基の水溶液でも，25 ℃ のとき，水のイオン積(式〈32〉)から pH を求めることができる。▶p.204

たとえば，強塩基の水溶液である 0.010 mol/L 水酸化ナトリウム水溶液中の水酸化物イオン濃度は $[OH^-]$ = 0.010 mol/L = 1.0×10^{-2} mol/L より，

$$[H^+] = \frac{K_w}{[OH^-]} = \frac{1.0 \times 10^{-14}\ \mathrm{mol^2/L^2}}{1.0 \times 10^{-2}\ \mathrm{mol/L}} = 1.0 \times 10^{-12}\ \mathrm{mol/L}$$

したがって，pH は次のようになる。

$$\mathrm{pH} = -\log_{10}(1.0 \times 10^{-12}) = 12$$

Note

pOH
(水酸化物イオン指数)
$[OH^-]$ に着目した pOH もある。
$[OH^-] = (b \times 10^{-n})$ mol/L のとき，次のようになる。
$\mathrm{pOH} = -\log_{10}(b \times 10^{-n})$
25 ℃ では，次のようになる。
pH + pOH = 14

例題 3　pH(水素イオン指数)

0.010 mol/L の酢酸水溶液(電離度 0.050，$\log_{10}5.0 = 0.70$ とする)の pH を小数第 1 位まで求めよ。

解　酢酸は 1 価の弱酸であるから，$[H^+]$ = 酢酸水溶液の濃度 × 電離度 より，

$[H^+] = 0.010\ \mathrm{mol/L} \times 0.050 = 5.0 \times 10^{-4}\ \mathrm{mol/L}$

$\mathrm{pH} = -\log_{10}(5.0 \times 10^{-4}) = -\log_{10}5.0 - \log_{10}10^{-4}$

$= -0.70 - (-4) = 3.30$

答　pH = 3.3

類題 3　25 ℃ において，0.10 mol/L のアンモニア水は次式のように電離している。

$$NH_3 + H_2O \rightleftarrows NH_4^+ + OH^-$$

(1) 電離度を 0.010 としたときの水酸化物イオン濃度 $[OH^-]$ を求めよ。

(2) p.204 の式〈32〉より $[H^+]$ を求めよ。また，pH を小数第 1 位まで求めよ。

← 酸性　　中性　　塩基性 →

pH	0	1	2	3	4	5	6	7	8	9	10	11	12	13	14
$[H^+]$	1	10^{-1}	10^{-2}	10^{-3}	10^{-4}	10^{-5}	10^{-6}	10^{-7}	10^{-8}	10^{-9}	10^{-10}	10^{-11}	10^{-12}	10^{-13}	10^{-14}
$[OH^-]$	10^{-14}	10^{-13}	10^{-12}	10^{-11}	10^{-10}	10^{-9}	10^{-8}	10^{-7}	10^{-6}	10^{-5}	10^{-4}	10^{-3}	10^{-2}	10^{-1}	1

▲図12　pH と $[H^+]$ と $[OH^-]$

C 電離平衡と電離定数

◆弱酸の電離平衡　塩化水素などの強酸は水溶液中でほぼ完全に電離しているが，酢酸などの弱酸は水溶液中で電離平衡の状態にある。たとえば，酢酸を水に溶かすと，式〈35〉のような電離平衡がなりたち，化学平衡の法則から式〈36〉が得られる。

$$CH_3COOH + H_2O \rightleftarrows CH_3COO^- + H_3O^+ \quad 〈35〉$$

$$\frac{[CH_3COO^-][H_3O^+]}{[CH_3COOH][H_2O]} = K \quad 〈36〉$$

◆電離定数　希薄水溶液では，溶質に比べて水が多量にあり，また反応する水の量は少量であるので，水の濃度 $[H_2O]$ は一定とみなせる。そこで，定数となる $K[H_2O]$ を K_a[1] と表す。H_3O^+ を H^+ と書くと，次式のようになる。

$$\frac{[CH_3COO^-][H^+]}{[CH_3COOH]} = K_a \quad \langle 37 \rangle$$

この K_a を，**酸の電離定数**[2]（electrolytic dissociation constant of acid）といい，温度が一定ならば一定の値となる。

◆弱酸の電離度と電離定数の関係　酢酸のモル濃度を c〔mol/L〕，電離度を α とすると，電離平衡の状態での濃度は次のような関係となる。

	CH_3COOH	$\rightleftarrows$ CH_3COO^-	+ H^+
電離前の状態	c〔mol/L〕	0 mol/L	0 mol/L
電離平衡の状態	$c(1-\alpha)$〔mol/L〕	$c\alpha$〔mol/L〕	$c\alpha$〔mol/L〕
	未電離の酢酸の濃度	電離して生じた CH_3COO^- と H^+ の濃度	

これらの値を式〈37〉に代入して整理すると次の式が得られる。

$$\frac{[CH_3COO^-][H^+]}{[CH_3COOH]} = \frac{c\alpha \times c\alpha}{c(1-\alpha)} = \frac{c\alpha^2}{1-\alpha} = K_a \quad \langle 38 \rangle$$

酢酸は弱酸であるから，電離度 α は1より非常に小さく，$1-\alpha \fallingdotseq 1$ と近似できるため，$c\alpha^2 = K_a$ となる。よって，電離度 α は次のように表され，濃度の小さいものほど大きくなることがわかる。

●弱酸の電離度 α と電離定数 K_a の関係

電離度 $\alpha = \sqrt{\frac{K_a}{c}}$　　$[H^+] = c\alpha = \sqrt{cK_a}$　〈39〉

（弱酸のモル濃度：c〔mol/L〕）

◆酸の濃度と電離度　1価の弱酸では K_a が一定であるから，酸の濃度を大きくすると，電離度が小さくなり，電離が起こりにくくなることがわかる。酢酸の場合，$\alpha = \sqrt{\frac{K_a}{c}}$ をグラフにすると，右のようになる[3]。

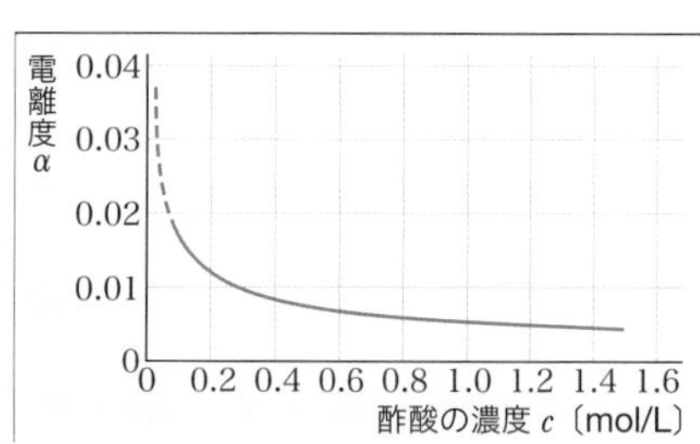

▲図13　酢酸水溶液の濃度と電離度

問5.　0.10 mol/L の酢酸水溶液について，ある温度における電離度が 1.8×10^{-2} であったとき，電離定数 K_a はいくらになるか。

問6.　酢酸の電離定数を $K_a = 2.8 \times 10^{-5}$ mol/L とするとき，次の問いに答えよ。
(1)　0.070 mol/L の酢酸水溶液における酢酸の電離度はいくらになるか。
(2)　0.10 mol/L の酢酸水溶液における水素イオン濃度を求めよ。ただし，$\sqrt{2.8} = 1.7$ とする。

---

❶ K_a の添字の a は，酸（acid）を意味する。

❷ **解離定数**（dissociation constant）ともいう

Note
電離度 α
電離度 α = $\frac{\text{電離した電解質の物質量}}{\text{溶かした電解質の物質量}}$

❸ 弱塩基についても，濃度を大きくすると電離度が小さくなり，電離が起こりにくくなる。

●2 価の酸の電離　2 価の酸では，電離は 2 段階で起こる。たとえば，炭酸（二酸化炭素水溶液）$CO_2 + H_2O$ は次のように電離する。❹

$$CO_2 + H_2O \rightleftarrows H^+ + HCO_3^- \quad \text{(1 段階目の電離)} \qquad \langle 40\rangle$$

$$HCO_3^- \rightleftarrows H^+ + CO_3^{2-} \quad \text{(2 段階目の電離)} \qquad \langle 41\rangle$$

式〈40〉，式〈41〉の電離定数をそれぞれ K_1，K_2 とすると次の式がなりたつ。

$$\frac{[H^+][HCO_3^-]}{[CO_2]} = K_1 = 4.5 \times 10^{-7}\ \text{mol/L} \quad \text{(1 段階目の電離定数)} \qquad \langle 42\rangle$$

$$\frac{[H^+][CO_3^{2-}]}{[HCO_3^-]} = K_2 = 4.7 \times 10^{-11}\ \text{mol/L} \quad \text{(2 段階目の電離定数)} \qquad \langle 43\rangle$$

このように，2 価の酸の電離定数の値は $K_1 \gg K_2$ となる。そのため，2 価の弱酸では，2 段階目の電離はほとんど無視できる。❺

2 価の強酸の硫酸 H_2SO_4 も 2 段階で電離する。1 段階目の電離（$H_2SO_4 \longrightarrow H^+ + HSO_4^-$）は完全に起こるが，2 段階目（$HSO_4^- \rightleftarrows H^+ + SO_4^{2-}$）は一部しか電離しない。

❹ 炭酸中には，H_2CO_3 はほとんど存在しないため，ここでは CO_2 と H_2O のみに着目している。

❺ 硫化水素 H_2S も 2 価の弱酸で $K_1 = 9.5 \times 10^{-8}$ mol/L，$K_2 = 1.3 \times 10^{-14}$ mol/L である。やはり，1 段階目の電離定数に比べて 2 段階目の電離定数はかなり小さい。（▶p.218）

Thinking Point 2　0.1 mol/L の硫酸と 0.2 mol/L の塩酸で，pH が小さいのはどちらだろうか，理由とともに考えよ。

◆弱塩基の電離平衡　弱塩基のアンモニアを水に溶かすと，式〈44〉のような電離平衡がなりたち，化学平衡の法則から式〈45〉が得られる。

$$NH_3 + H_2O \rightleftarrows NH_4^+ + OH^- \qquad \langle 44\rangle$$

$$\frac{[NH_4^+][OH^-]}{[NH_3][H_2O]} = K \qquad \langle 45\rangle$$

希薄水溶液では，酢酸のときと同様に，$[H_2O]$ を一定とみなし，$K[H_2O]$ を K_b❻ と表すと，式〈45〉は次のようになる。

$$\frac{[NH_4^+][OH^-]}{[NH_3]} = K_b \qquad \langle 46\rangle$$

この K_b を，**塩基の電離定数**（electrolytic dissociation constant of base）といい，温度が一定ならば一定の値となる。

❻ K_b の添字の b は，塩基（base）を意味する。

◆弱塩基の電離度と電離定数の関係　弱酸の酢酸における電離度 α と電離定数 K_a との関係（▶p.206）のように，弱塩基のアンモニア NH_3 についても，電離度 α' と電離定数 K_b との間に関係が求められる。アンモニアのモル濃度を c' [mol/L]，電離度を α'，式〈44〉における塩基の電離定数を K_b とすると，電離度 α' は次のように表される。

●弱塩基の電離度 α' と電離定数 K_b の関係

電離度 $\alpha' = \sqrt{\dfrac{K_b}{c'}}$　　$[OH^-] = c'\alpha' = \sqrt{c'K_b}$　　〈47〉

（弱塩基のモル濃度：c' [mol/L]）

問 7.　アンモニアの電離度は，25 ℃ において 0.10 mol/L では 0.015 である。
(1)　25 ℃ におけるアンモニア水の電離定数を求めよ。
(2)　0.025 mol/L のアンモニア水での 25 ℃ におけるアンモニアの電離度を求めよ。

3 章　物質の変化と平衡

◆電離定数と pH　1 価の弱酸や 1 価の弱塩基について，電離度が 1 より十分に小さい場合，濃度や電離定数から[H⁺]や［OH⁻］を表すことができる。[1] したがって，電離定数からも弱酸・弱塩基の pH を求めることができる。

[1] 電離度 α の値が無視できないほど大きい場合は，電離定数 K，電離前の濃度 c のとき，

$$K = \frac{c\alpha^2}{1-\alpha}$$

より（▶p.206），

$$c\alpha^2 + K\alpha - K = 0$$

の二次方程式から α を得て，[H⁺] や［OH⁻］を求める。

●弱酸・弱塩基の電離定数と [H⁺]，［OH⁻］

弱酸の場合　電離度 $\alpha = \sqrt{\dfrac{K_a}{c}}$　より　$[H^+] = c\alpha = \sqrt{cK_a}$　〈48〉

（弱酸のモル濃度：c〔mol/L〕）

弱塩基の場合　電離度 $\alpha' = \sqrt{\dfrac{K_b}{c'}}$　より　$[OH^-] = c'\alpha' = \sqrt{c'K_b}$　〈49〉

（弱塩基のモル濃度：c'〔mol/L〕）

例題 4　電離定数と pH

ギ酸水溶液における 25 ℃ でのギ酸の電離定数 K_a は 2.8×10^{-4} mol/L である。1.0 mol/L のギ酸水溶液の水素イオン濃度 [H⁺] と pH を小数第 1 位まで求めよ。ただし，$\sqrt{2.8} = 1.7$，$\log_{10}1.7 = 0.23$ とする。

解　ギ酸は水溶液では次のように電離しており，生じる水溶液の水素イオン濃度 [H⁺] を x〔mol/L〕とすると，次のような関係がなりたつ。

	HCOOH ⇄	H⁺ +	HCOO⁻
電離前の濃度(mol/L)	1.0	0	0
電離後の濃度(mol/L)	$1.0 - x$	x	x

$$\frac{[H^+][HCOO^-]}{[HCOOH]} = K_a \text{ から } \frac{x^2}{1.0 - x} = 2.8 \times 10^{-4}$$

x は 1 より十分小さいと考えられ，$1.0 - x \fallingdotseq 1.0$ と近似すると，

$x^2 \fallingdotseq 2.8 \times 10^{-4}$ から，$x = \sqrt{2.8} \times 10^{-2}$　$(x > 0)$

したがって，$[H^+] = 1.7 \times 10^{-2}$ mol/L

$\mathrm{pH} = -\log_{10}(1.7 \times 10^{-2})$ より，$\mathrm{pH} = -0.23 + 2 = 1.77$

答　水素イオン濃度 $[H^+] = 1.7 \times 10^{-2}$ mol/L，pH = 1.8

（別解）電離度は 1 より十分に小さいため，式〈48〉より，

$[H^+] = \sqrt{1.0 \text{ mol/L} \times 2.8 \times 10^{-4} \text{ mol/L}} = \sqrt{2.8} \times 10^{-2}$ mol/L

$= 1.7 \times 10^{-2}$ mol/L

答　水素イオン濃度 $[H^+] = 1.7 \times 10^{-2}$ mol/L，pH = 1.8

参考　酸・塩基の水溶液の希釈と pH

酸の水溶液をどれだけ希釈しても pH は 7 よりも大きくならず，塩基の水溶液をどれだけ希釈しても pH は 7 よりも小さくならない。これは水の電離平衡が関係している。

●水の電離の影響

25 ℃ の純水の水素イオン濃度[H⁺]は，1.0×10^{-7} mol/L である。したがって，水に溶けて完全に電離する強酸の pH を求める場合でも，酸の濃度が 10^{-6} mol/L 程度よりうすくなると，水の電離で生じる水素イオンの濃度と同程度になり，これを無視することができなくなる。

塩基の水溶液の場合も同様にして，水の電離の影響により pH はつねに 7 より大きく，7 よりも小さくなることはない。

◆ **pH と指示薬**　pH の変化によって色が変化する pH 指示薬(指示薬)は，多くの場合，弱酸またはその塩で，水溶液中で異なった色を示す分子とイオンの電離平衡にある。弱酸および弱酸の陰イオンを一般的に HA および A^- と表すと，水溶液中では，次のような電離平衡がなりたっている。

$$\mathrm{HA} \rightleftarrows \mathrm{H^+} + \mathrm{A^-} \qquad \langle 50 \rangle$$

この水溶液に酸を加えると H^+ が増加するため，式⟨50⟩の平衡は左に移動し，HA の割合が多くなる。これにより水溶液は HA の色に着色して見える。また，塩基を加えると，OH^- と H^+ が反応して平衡は右に移動し，A^- の割合が多くなる。A^- が有色の場合は，水溶液は A^- の色に着色して見える。

$[H^+]$ についてみてみると，式⟨50⟩の電離定数 K_{HA} は，

$$\frac{[\mathrm{H^+}][\mathrm{A^-}]}{[\mathrm{HA}]} = K_{HA} \text{ であるから，}$$

$$[\mathrm{H^+}] = K_{HA} \times \frac{[\mathrm{HA}]}{[\mathrm{A^-}]} \qquad \langle 51 \rangle$$

HA　A^-　H^+

HAの色に見える　A^-の色に見える

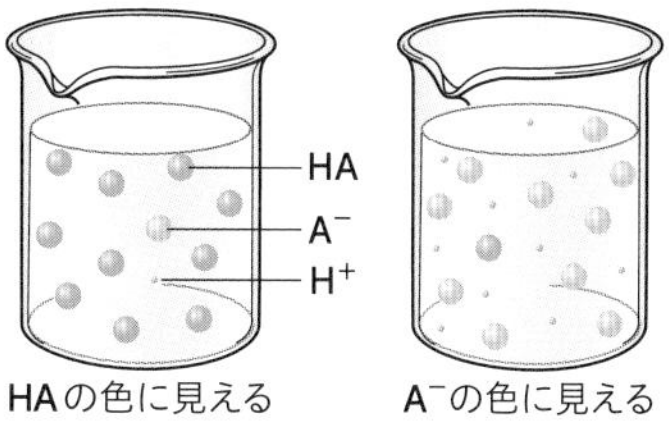

▲図14　HA と A^- の割合と水溶液の色

すなわち，pH によって HA と A^- の濃度の比が変化し，指示薬を加えた水溶液の色が決まる。このとき，一般に，$\dfrac{[\mathrm{HA}]}{[\mathrm{A^-}]} > 10$ なら HA の色，$\dfrac{[\mathrm{HA}]}{[\mathrm{A^-}]} < 0.1$ なら A^- の色を示すとみなせる。

◉フェノールフタレインと pH

フェノールフタレインは，電離定数 $K_{HA} = 1.0 \times 10^{-9}$ mol/L の弱酸である。変色域は，

$$0.1 \leqq \frac{[\mathrm{HA}]}{[\mathrm{A^-}]} = \frac{[\mathrm{H^+}]}{K_{HA}} \leqq 10 \qquad \langle 52 \rangle$$

となる範囲で，$1 \times 10^{-10} \leqq [\mathrm{H^+}] \leqq 1 \times 10^{-8}$ すなわち $8 \leqq \mathrm{pH} \leqq 10$[❷] となる。

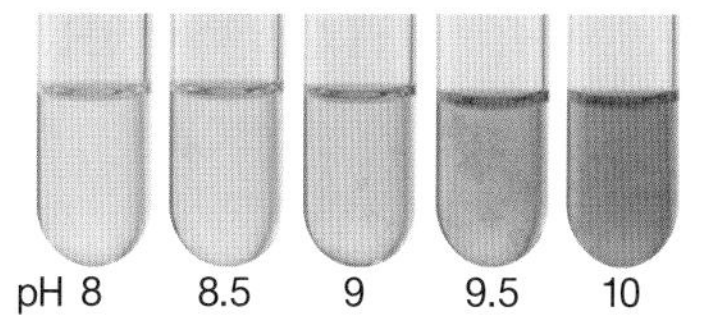

▲図15　フェノールフタレインの色の変化

問8.　メチルオレンジも式⟨50⟩の平衡がなりたち，$K_{HA} = 3.0 \times 10^{-4}$ mol/L で，変色域は $3.0 \times 10^{-5} \leqq [\mathrm{H^+}] \leqq 3.0 \times 10^{-3}$ であるとする。このとき，変色域の pH の範囲を求めよ。($\log_{10}3.0 = 0.48$)

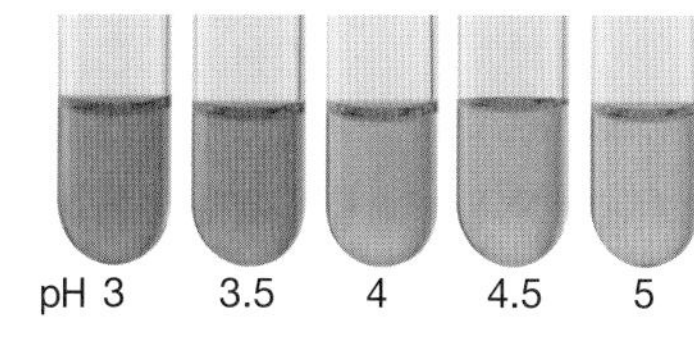

▲図16　メチルオレンジの色の変化

❷ フェノールフタレインの変色域は厳密には pH 8.0 ～ 9.8 である。

D 塩の反応と平衡移動

◆ **塩の加水分解**　酸と塩基の中和反応によって生じる塩の水溶液は，中性とは限らない。塩を水に溶かしたとき，電離して生じたイオンが水と反応して，水溶液が酸性または塩基性を示すことがある。これを**塩の加水分解**(hydrolysis of salt)という。

❶ 水溶液中でほぼ完全に電離する電解質を**強電解質**，水溶液中で一部が電離する電解質を**弱電解質**という。

◉酢酸ナトリウム水溶液　強電解質[1]である酢酸ナトリウム CH_3COONa を水に溶かすと，すべて電離して CH_3COO^- と Na^+ になっている。

$$CH_3COONa \longrightarrow CH_3COO^- + Na^+ \qquad \langle 53\rangle$$

CH_3COO^- は水 H_2O の電離によって生じた H^+ と結びつきやすい。

$$H_2O \rightleftarrows H^+ + OH^- \qquad \langle 54\rangle$$

$$CH_3COO^- + H^+ \rightleftarrows CH_3COOH \qquad \langle 55\rangle$$

反応全体は次のように表される。

$$CH_3COO^- + H_2O \rightleftarrows CH_3COOH + OH^- \qquad \langle 56\rangle$$

CH_3COO^- の一部が H_2O と反応して，酢酸 CH_3COOH を生じ，式〈54〉の平衡が右に移動し，OH^- の濃度が増加する。これにより，溶液は弱塩基性を示す。

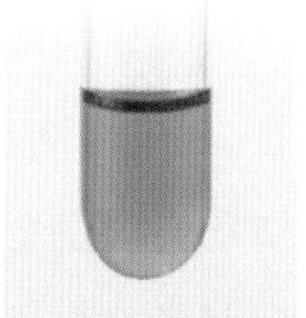

▲図17　BTB溶液を加えた CH_3COONa 水溶液

◉塩化アンモニウム水溶液　塩化アンモニウム NH_4Cl を水に溶かすと，塩はすべて電離して NH_4^+ と Cl^- とになっている。

$$NH_4Cl \longrightarrow NH_4^+ + Cl^- \qquad \langle 57\rangle$$

弱塩基の陽イオン NH_4^+ は OH^- と結びつきやすいため，NH_4^+ の一部が H_2O と反応して H_3O^+ を生じ，水溶液は弱酸性となる。

$$NH_4^+ + H_2O \rightleftarrows NH_3 + H_3O^+ \qquad \langle 58\rangle$$

▲図18　BTB溶液を加えた NH_4Cl 水溶液

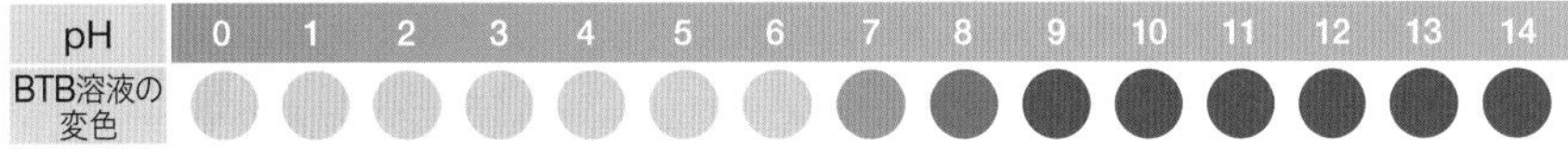

▲図19　BTB溶液の変色域

塩の成分：　弱酸 ＋ 強塩基

$$CH_3COONa \longrightarrow CH_3COO^- + Na^+$$

$$H_2O \rightleftarrows H^+ + OH^-$$

弱塩基性

$$CH_3COOH$$

塩の加水分解によって $[H^+] < [OH^-]$ となる。

塩基性を示す酢酸ナトリウム水溶液

塩の成分：　弱塩基 ＋ 強酸

$$NH_4Cl \longrightarrow NH_4^+ + Cl^-$$

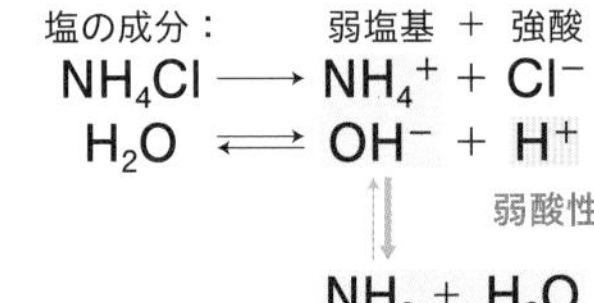

$$H_2O \rightleftarrows OH^- + H^+$$

弱酸性

$$NH_3 + H_2O$$

塩の加水分解によって $[H^+] > [OH^-]$ となる。

酸性を示す塩化アンモニウム水溶液

▲図20　塩の加水分解

◆正塩の成分と水溶液の性質

一般に，弱酸と強塩基から生じた形の正塩は，加水分解されて塩基性を示す。また，弱塩基と強酸から生じた形の正塩は，加水分解されて酸性を示す。▶p.144

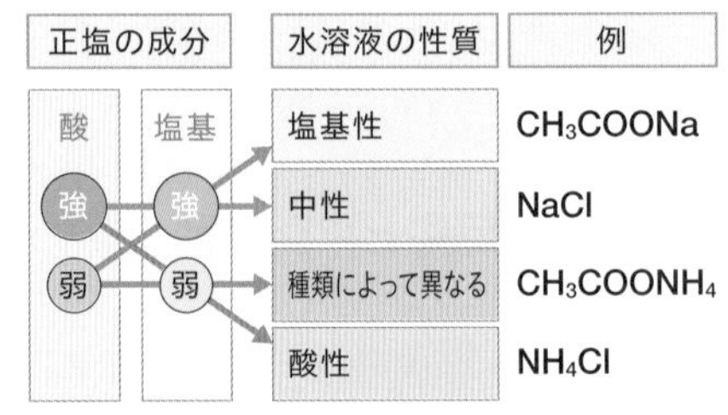

▲図21　正塩の成分と水溶液の性質

加水分解定数と塩の水溶液の pH

塩の加水分解にも電離平衡の考え方が応用できる。

●**加水分解定数**　酢酸イオンは，水溶液中で次のように反応する。

$$CH_3COO^- + H_2O \rightleftarrows CH_3COOH + OH^- \quad (1)$$

この平衡に化学平衡の法則を用い，水の濃度を一定として整理すると，次の式が得られる。▶p.192

$$\frac{[CH_3COOH][OH^-]}{[CH_3COO^-]} = K[H_2O] = K_h \quad (2)$$

(注2) このの K_h を **加水分解定数** といい，温度が一定ならば濃度に関係なく一定である。上式の分母，分子に $[H^+]$ を乗じて整理すると，

$$\frac{[CH_3COOH][OH^-][H^+]}{[CH_3COO^-][H^+]} = \frac{[CH_3COOH]K_w}{[CH_3COO^-][H^+]} = \frac{K_w}{K_a}$$

$$K_h = \frac{K_w}{K_a} \quad （K_w：水のイオン積，K_a：酸の電離定数） \quad (3)$$

温度一定のとき，K_w は一定なので，K_a の小さい弱い酸ほど加水分解を受ける。

●**塩の水溶液の pH**　濃度 c[mol/L]の酢酸ナトリウム CH_3COONa 水溶液の pH を計算してみよう。CH_3COONa は完全に電離すると考える。

$$CH_3COONa \longrightarrow CH_3COO^- + Na^+$$

しかし，水溶液中では式(1)の平衡がなりたつから，$[OH^-] = x$[mol/L]とすると，CH_3COO^- と CH_3COOH の濃度は次のようになる。

$$[CH_3COO^-] = (c - x)\ [mol/L],\quad [CH_3COOH] = x\,[mol/L]$$

これらを式(2)に代入し，式(3)を用いると式(4)が得られる。

$$\frac{x^2}{c - x} = K_h = \frac{K_w}{K_a} \quad (4)$$

式(1)の加水分解で生じる $[OH^-]$ の濃度は，酢酸ナトリウムの電離で生じた CH_3COO^- の濃度に比べて十分に小さいので，$c - x \fallingdotseq c$ と近似すると，式(4)は次のようになる。

$$\frac{x^2}{c} = \frac{K_w}{K_a}，これにより\ x = \sqrt{\frac{cK_w}{K_a}}$$

したがって，水素イオン濃度 $[H^+]$ は次の式で表される。

$$[H^+] = \frac{K_w}{[OH^-]} = \sqrt{\frac{K_aK_w}{c}}$$

25 ℃ で $K_w = 1.0 \times 10^{-14} (mol/L)^2$，酢酸の電離定数 $K_a = 2.7 \times 10^{-5}$ mol/L であるから，$\sqrt{2.7} = 1.6$，$\log_{10}1.6 = 0.20$ とすれば，0.10 mol/L の酢酸ナトリウム水溶液に対して $[H^+]$ および pH は次のようになる。

$$[H^+] = \sqrt{\frac{2.7 \times 10^{-5} \times 1.0 \times 10^{-14}}{0.10}}\ mol/L = \sqrt{2.7} \times 10^{-9}\ mol/L = 1.6 \times 10^{-9}\ mol/L$$

$$pH = -\log_{10}(1.6 \times 10^{-9}) = -\log_{10}1.6 + 9 = -0.20 + 9 = 8.80$$

共役酸と共役塩基

塩の加水分解では，正反応にも，逆反応にも酸と塩基が存在する。

●**共役酸と共役塩基**

H^+ を放出するのが 酸，受け取るのが 塩基 であり，次の関係がなりたつ。

$$CH_3COO^-(塩基) + H_2O\,(酸) \rightleftarrows CH_3COOH(酸) + OH^-(塩基)$$

正反応：H^+ を放出する H_2O が 酸，H^+ を受け取る CH_3COO^- が 塩基
逆反応：H^+ を放出する CH_3COOH が 酸，H^+ を受け取る OH^- が 塩基

CH_3COOH は CH_3COO^- の**共役酸**(conjugate acid)といい，OH^- は H_2O の**共役塩基**(conjugate base)という。(注3)

❷ K_h の添字の h は，加水分解（hydrolysis）を意味する。

❸ 同様に，CH_3COO^- は CH_3COOH の共役塩基，H_2O は OH^- の共役酸である。一般に，酸（塩基）が弱いほどその共役塩基（共役酸）は強い。したがって，弱酸 CH_3COOH の陰イオンであり，共役塩基である CH_3COO^- は，強酸 HCl の共役塩基 Cl^- とは異なり，H_2O から H^+ を受け取る（加水分解）。

E 緩衝液と pH

医療

◆緩衝液　少量の酸や塩基を加えても pH(または水素イオン濃度)の変化が起こりにくいことを**緩衝作用**(かんしょう, buffer action)といい，このような溶液を**緩衝液**(buffer solution)という。一般に，弱酸とその塩，または弱塩基とその塩の混合溶液には，緩衝作用がある。酸・塩基と塩の種類およびそれらの混合比をうまく選ぶと，いろいろな pH の値をもつ緩衝液が得られる。

血液のパック　スポーツドリンク

ほぼ pH = 7.4 に保たれる血液や，ほぼ pH = 3.5 に保たれるスポーツドリンクなどがある。

▲図22　身近な緩衝液の例

▼表4　緩衝液の例(常温，混合比は溶液の体積比)　(出典：化学便覧5版)

酸または塩基とその塩	混合前の各溶液の濃度	混合比	pH	混合比	pH
CH_3COOH と CH_3COONa	0.1 mol/L	1：1	4.7	1：2	5.0
NH_3 と NH_4Cl	0.1 mol/L	2：1	9.8	1：1	9.5
NaH_2PO_4 と Na_2HPO_4 ▶p.215	0.3 mol/L	7：3	6.5	4：6	7.0

◆弱酸とその塩の水溶液　弱酸とその塩の水溶液は，もとの弱酸の水溶液とは違い，電離していない弱酸と弱酸の塩から生じたイオンが多く存在する。

0.1 mol/L の酢酸水溶液と 0.1 mol/L の酢酸ナトリウム水溶液の体積比 1：1 の混合水溶液では，それぞれが次のように電離している。

$$CH_3COOH \rightleftarrows CH_3COO^- + H^+ \quad \text{(わずかに電離)} \quad \langle 59 \rangle$$

$$CH_3COONa \longrightarrow CH_3COO^- + Na^+ \quad \text{(ほぼ完全に電離)} \quad \langle 60 \rangle$$

この混合水溶液中には，式〈60〉で生じた CH_3COO^- が多く存在するため，式〈59〉の平衡は左に移動し，酢酸はほとんど電離しない。したがって，混合水溶液中の $[H^+]$ が減少し，表4のように pH は 4.7 で，酢酸水溶液より大きくなる。

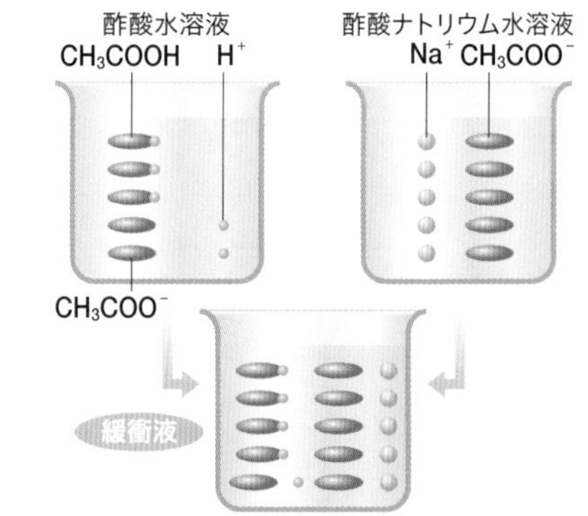

▲図23　酢酸と酢酸ナトリウムによる緩衝液

たとえば，純水 1.0 L に塩化水素を 0.01 mol 加えると，pH は 7.0 から 2.0 に変化するが，酢酸と酢酸ナトリウムの 1：1 の混合水溶液 1.0 L に 0.01 mol の塩化水素を加えると，pH は 0.1 程度しか小さくならない。

◆緩衝作用と pH

緩衝液である，酢酸と酢酸ナトリウムの混合溶液に，少量の酸または塩基を加えたとき，溶液の pH がどのように変化するかをみてみる。

◉酸を加えたとき　混合溶液に少量の酸を加えると，酸によって生じた H^+ は溶液中に多く存在する CH_3COO^- と結合してしまうため，pH はほとんど変わらない。

$$CH_3COO^- + H^+ \longrightarrow CH_3COOH \quad \langle 61 \rangle$$

◉塩基を加えたとき　混合溶液に少量の塩基を加えると，塩基によって生じた OH^- は溶液中に多く存在する CH_3COOH と中和してしまうため，pH はほとんど変わらない。

$$CH_3COOH + OH^- \longrightarrow CH_3COO^- + H_2O \quad \langle 62 \rangle$$

以上のことから，次のことがいえる。

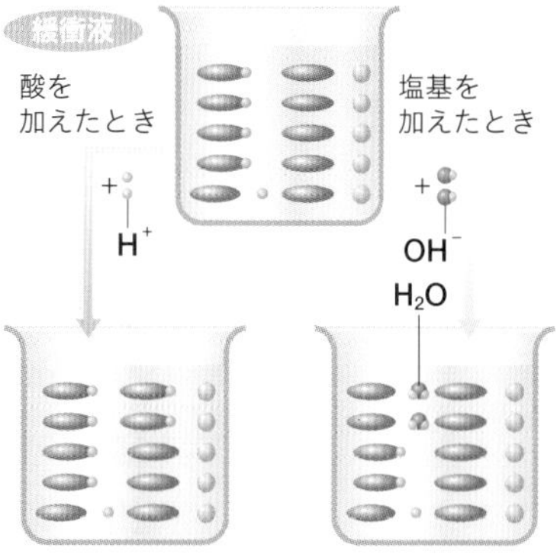

▲図24　酢酸・酢酸ナトリウム水溶液の緩衝作用

◉緩衝液とその緩衝作用(弱酸とその塩の混合溶液の場合)

弱酸 HA とその塩 MA の混合溶液では，弱酸 HA はごく一部，塩はすべて電離しているため，溶液中には，HA と A^- が多く存在する。

$$HA \rightleftarrows H^+ + A^- \quad \langle 63 \rangle$$

$$MA \longrightarrow M^+ + A^- \quad \langle 64 \rangle$$

ここに，少量の酸または塩基を加えると，それぞれ次のように反応し，$[H^+]$ や $[OH^-]$ の増加がおさえられる。

少量の酸を加えた場合　$A^- + H^+ \longrightarrow HA$　〈65〉

少量の塩基を加えた場合　$HA + OH^- \longrightarrow A^- + H_2O$　〈66〉

参考　緩衝液と pH の変化

緩衝液である酢酸と酢酸ナトリウムの混合溶液を希釈すると pH はどのように変化するだろうか。

●酢酸の電離平衡と希釈

酢酸の電離平衡の式〈59〉は，酢酸水溶液について表したものであるが，酢酸ナトリウムが加わったときでも成立する。ただし，平衡移動のために，各成分の濃度が変わっている。

$$\frac{[CH_3COO^-][H^+]}{[CH_3COOH]} = K_a \quad (1)$$

▶p.206

酢酸に十分な量の酢酸ナトリウムを加えた水溶液では，$[CH_3COOH]$ は加えた酢酸の濃度 c_a[mol/L]にほぼ等しい。また，$[CH_3COO^-]$は酢酸ナトリウムの濃度 c_s[1][mol/L]にほぼ等しい。式(1)から，混合水溶液の水素イオン濃度は次の式になる。

$$[H^+] = \frac{[CH_3COOH]}{[CH_3COO^-]}K_a = \frac{c_a}{c_s}K_a \quad (2)$$

式(2)より，緩衝液を希釈しても，$[CH_3COOH]$ と $[CH_3COO^-]$ が同じだけ小さくなるため，pH は変わらないことがわかる。また，$[CH_3COOH]:[CH_3COO^-]$ が 1：1 から 1：10 に変わっても，pH の変化はわずか 1 であることもわかる[2]。

❶ K_s の添字の s は，塩（salt）を意味する。

❷ $pH = -\log_{10}K_a + \log_{10}\frac{c_s}{c_a}$

◆**緩衝作用と滴定曲線**　0.10 mol/L 酢酸 CH_3COOH 水溶液を 0.10 mol/L 水酸化ナトリウム NaOH 水溶液で滴定するときの pH 変化は，図 25 の赤線のようになる。pH ＝ 3 付近の点 **A** から始まり，滴定途中の領域 **B** では緩衝作用によって pH の変化が小さく，点 **C** の中和点では，生じた酢酸ナトリウム CH_3COONa の加水分解によって pH は 7 よりも大きくなる。

0.10 mol/L アンモニア水を 0.10 mol/L 塩酸で滴定するときの pH 変化は，図 25 の青線で，領域 **E** で緩衝作用がみられる。中和点 **F** では生成した塩の塩化アンモニウム NH_4Cl の加水分解により pH が 7 より小さくなっている。

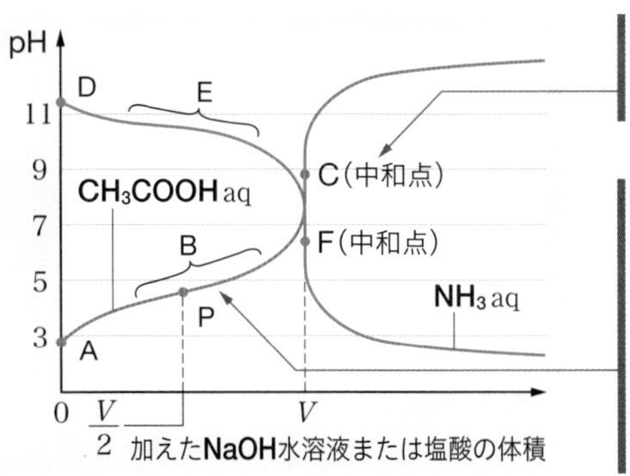

点 C(中和点)
中和点で CH_3COONa 水溶液となり，塩の加水分解のため pH は 7 より大きくなる。

領域 B　中和で生成した CH_3COONa と未中和の CH_3COOH が混合した緩衝液となり，NaOH 水溶液を滴下しても pH はほとんど変化しない。中和点に近づくと CH_3COOH の濃度が非常に小さくなり，pH は急激に上昇する。
$[CH_3COO^-]=[CH_3COOH]$ の点 P のとき，溶液の pH 変化は最小となる。

▲図 25　滴定曲線と緩衝作用・塩の加水分解

弱酸・弱塩基の滴定曲線

- **中和点前**　中和によって**塩が生じるため緩衝作用が起こり，pH の変化が小さくなる**が，未反応の弱酸・弱塩基が少なくなると緩衝作用が失われ，急激に pH の変化が大きくなる。
- **中和点**　生じた塩の加水分解によって，**中和点での pH は 7 にならないことが多い。**

例題 5　緩衝液と pH の変化

0.100 mol の酢酸と 0.100 mol の酢酸ナトリウムを含む混合水溶液 1.0 L がある。これに，0.010 mol の塩化水素を吹き込み溶かした。水溶液の pH はどのように変化したか。小数第 2 位まで求めた pH の値を用いて答えよ。ただし，酢酸の電離定数 $K_a = 2.7 \times 10^{-5}$ mol/L，$\log_{10}2.7 = 0.43$，$\log_{10}3.3 = 0.52$ とする。

解　水溶液中で酢酸ナトリウムは完全に電離し，CH_3COO^- が多量にあるため酢酸の電離はほとんど起こっていない。

$$CH_3COONa \longrightarrow CH_3COO^- + Na^+$$
$$CH_3COOH \rightleftarrows CH_3COO^- + H^+$$

したがって，水溶液中の $[CH_3COOH] = [CH_3COO^-] = 0.100$ mol/L とみなせるので，

$$[H^+] = \frac{[CH_3COOH]}{[CH_3COO^-]}K_a = K_a \qquad pH = -\log_{10}(2.7 \times 10^{-5}) = 4.57$$

ここに，0.010 mol の塩化水素を吹き込むと，$CH_3COO^- + H^+ \longrightarrow CH_3COOH$ の反応が起き，$[CH_3COOH] = 0.110$ mol/L，$[CH_3COO^-] = 0.090$ mol/L になるから，

$$[H^+] = \frac{[CH_3COOH]}{[CH_3COO^-]}K_a = \frac{0.110}{0.090} \times 2.7 \times 10^{-5} = 3.3 \times 10^{-5}\ \text{mol/L}$$

$$pH = -\log_{10}(3.3 \times 10^{-5}) = 4.48$$

答　4.57 から 4.48 に変化した

参考 生体内における緩衝作用

生体内の反応は，特定の pH で働く酵素などに大きく依存しており，pH を一定に保つために，いくつかの緩衝作用が知られている。

❶血液中の緩衝作用

ヒトの血液(液体成分である血しょう)の pH は，約 7.4 に保たれている。動脈血の pH がほんの少し酸性に傾くと，昏睡(こんすい)状態になり，反対に pH がほんの少し塩基性に傾くと，けいれんなどを起こす。したがって，血液の pH の変動をおさえるために，いくつかの緩衝作用が知られている。その一つである血液中の炭酸 H_2CO_3 と炭酸水素イオン HCO_3^- の緩衝作用を示す。

$$H_2CO_3 \rightleftarrows H^+ + HCO_3^-$$

血液中に H^+ が増えると，上記の HCO_3^- が反応し，H_2CO_3 が生成する。

$$H^+ + HCO_3^- \longrightarrow H_2CO_3$$

H_2CO_3 は，CO_2 と H_2O に分解し，肺と腎臓から排出される。

血液中に OH^- が増えると，H_2CO_3 が反応し，H_2O と HCO_3^- が生成する。

$$H_2CO_3 + OH^- \longrightarrow H_2O + HCO_3^-$$

過剰な HCO_3^- は最終的には腎臓から尿として排出される。

生体内ではpHや温度などが一定の範囲内に保たれている。

❷細胞内や尿中の緩衝作用

細胞内や尿中では，リン酸二水素イオン $H_2PO_4^-$ とリン酸水素イオン HPO_4^{2-} による緩衝作用が働いている。

$$H_2PO_4^- \rightleftarrows H^+ + HPO_4^{2-}$$

$H_2PO_4^-$ は弱酸で，Na_2HPO_4 をその塩とみなすことができる。

H^+ が増えると，　$HPO_4^{2-} + H^+ \longrightarrow H_2PO_4^-$

OH^- が増えると，　$H_2PO_4^- + OH^- \longrightarrow H_2O + HPO_4^{2-}$

この緩衝作用は，次の滴定曲線の pH の変化を見れば，明らかである。

0.1 mol/L のリン酸水溶液 10 mL を，0.1 mol/L の水酸化ナトリウム水溶液で滴定したときの滴定曲線が右図である。

pH ＝ 7 の付近では，水酸化ナトリウム水溶液を加えても，pH はあまり変化しない。図 1 では，約 14 mL 滴下したところで，pH ＝ 7 であるが，さらに 2 mL 加えても，pH ≒ 7.5 になるだけである。ちなみに，純水 24 mL に 0.1 mol/L の水酸化ナトリウム水溶液を 0.01 mL 加えただけでも，pH ≒ 9.6 にまで変化してしまう。

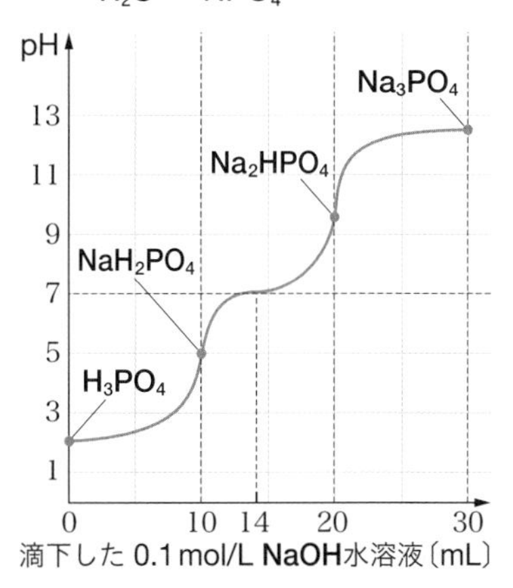

図 1　リン酸の滴定曲線

参考 中和点付近における pH の変化

0.10 mol/L の 1 価の弱酸 HA の水溶液 20 mL を 0.10 mol/L の NaOH 水溶液で滴定したときの滴定曲線をみてみる。弱酸 HA の電離定数 K_a が小さいほど，中和点付近での pH の増加は緩やかになる。

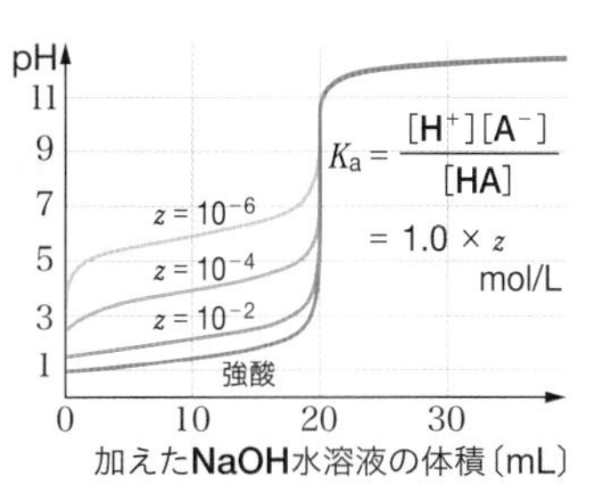

図 1　弱酸HAの滴定曲線

F 溶けにくい塩の溶解平衡

◆**溶解度積**　硝酸銀 $AgNO_3$ 水溶液に塩化物イオン Cl^- を含む水溶液を加えると，塩化銀 AgCl の沈殿が生じる。

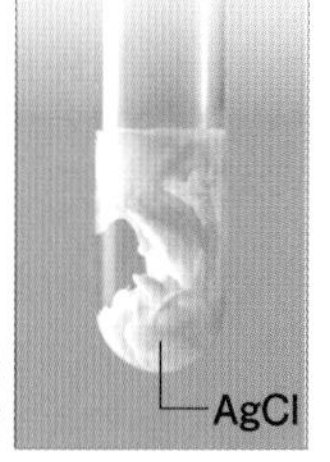

▶図26　塩化銀の沈殿

$$Ag^+ + Cl^- \longrightarrow AgCl \quad \langle 67 \rangle$$

塩化銀は水に溶けにくい塩（難溶性塩）であるが，水中できわめて少量は溶けて飽和溶液になる。溶けた塩はほぼ完全に電離してイオンになっている。沈殿が存在しているときには，イオンと沈殿との間に平衡がなりたつ。

$$AgCl(固) \rightleftarrows Ag^+ + Cl^- \quad \langle 68 \rangle$$

AgCl（固）の濃度は一定とみなせるため，$[Ag^+][Cl^-]$ は一定になる。

$$[Ag^+][Cl^-] = K_{sol}\text{❶}(= 一定) \quad \langle 69 \rangle$$

定数 K_{sol} は **溶解度積**（solubility product）とよばれ，温度が変わらなければ，常に一定である。室温では，表 5 より，$[Ag^+] = [Cl^-] = 1.34 \times 10^{-5}$ mol/L であるから，K_{sol} の値は次のように求められる。

$$K_{sol} = [Ag^+][Cl^-] = (1.34 \times 10^{-5}\ \mathrm{mol/L})^2 \fallingdotseq 1.8 \times 10^{-10}\ \mathrm{mol^2/L^2}$$

▼表 5　難溶性塩の溶解度積（25 ℃）

物質	飽和溶液の濃度	溶解度積 K_{sol}
AgCl	1.34×10^{-5} mol/L	1.8×10^{-10} mol²/L²
CuS	2.55×10^{-15} mol/L	6.5×10^{-30} mol²/L²
ZnS	1.45×10^{-9} mol/L	2.1×10^{-18} mol²/L²
$CaCO_3$	8.19×10^{-3} mol/L	6.7×10^{-5} mol²/L²
$BaCO_3$	9.11×10^{-5} mol/L	8.3×10^{-9} mol²/L²
Ag_2CrO_4	1.03×10^{-4} mol/L	4.1×10^{-12} mol³/L³❷

（出典：Lange's Handbook of Chemistry 15th Edition）

❶ 添字の sol は，溶解度積（solubility product）を意味する。K_{sp} や K_s と表すこともある。

❷ クロム酸銀 Ag_2CrO_4 は水溶液中で $Ag_2CrO_4 \rightleftarrows 2Ag^+ + CrO_4^{2-}$ と電離し，飽和溶液の濃度が s〔mol/L〕のとき，$[Ag^+] = 2s$〔mol/L〕，$[CrO_4^{2-}] = s$〔mol/L〕となるので，溶解度積は
$K_{sol} = [Ag^+]^2[CrO_4^{2-}]$
$= (2s)^2 \times s$
$= 4s^3$〔mol³/L³〕
となる。

Key concept　溶解度積 K_{sol}

● M^{m+} と X^{n-} からなる難溶性塩 M_aX_b が次式のような平衡にあるとき，

$$M_aX_b \rightleftarrows aM^{m+} + bX^{n-} \quad （ただし，am = bn である） \quad \langle 70 \rangle$$

溶解度積 K_{sol} は次式のように表される。

$$K_{sol} = [M^{m+}]^a[X^{n-}]^b (= 一定) \quad \langle 71 \rangle$$

◆**溶解度積と難溶性塩の沈殿**　AgCl の溶解度積 $K_{sol} = 1.8 \times 10^{-10}$ mol²/L² であるから，$[Ag^+][Cl^-]$ が K_{sol} より大きくなると AgCl の沈殿が生じ，水溶液中では $[Ag^+][Cl^-] = K_{sol} = 1.8 \times 10^{-10}$ mol²/L² の関係が保たれる。

このため，イオンの積の値と K_{sol} から難溶性塩が沈殿するかを判断できる。

問 9． 0.10 mol/L の NaCl 水溶液 4.0 mL に 0.10 mol/L の $AgNO_3$ 水溶液を 1.0 mL 加えたら，$[Cl^-] = 6.0 \times 10^{-2}$ mol/L になった。このとき，水溶液中の $[Ag^+]$ はどれだけか。

●難溶性塩の沈殿の有無の判断

M^{m+} と X^{n-} からなる難溶性塩 M_aX_b の沈殿が生じるかどうかは，次から判断することができる。

$[M^{m+}]^a[X^{n-}]^b > K_{sol}$　沈殿が生じる
$[M^{m+}]^a[X^{n-}]^b \leqq K_{sol}$　沈殿が生じない

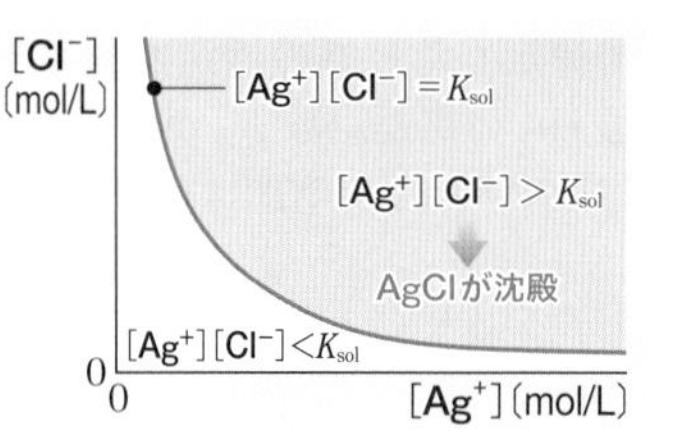

◆**共通イオン効果** イオン M^+ とイオン X^- からなる塩 MX についてみてみる。塩 MX の沈殿は，水溶液中の M^+ の濃度と X^- の濃度の積 $[M^+][X^-]$ が溶解度積より大きければ生じる。そのため，沈殿 MX が存在している水溶液中にさらに X^- を加えて $[X^-]$ を大きくすると，溶解度積の値を保つために $[M^+]$ と $[X^-]$ が小さくなるように MX が沈殿する。また，同様に，水溶液中に M^+ を加えると，溶解度積を一定に保つように新たな MX が生じる。このように，ある電解質の水溶液に，電解質の構成イオンと同じイオンを加えると，平衡が移動する現象を **共通イオン効果**（common-ion effect）という。0.10 mol/L の NaCl 水溶液に Ag^+ を加えた場合，$K_{sol} = 1.8 \times 10^{-10}$ mol²/L²，$[Cl^-] = 0.10$ mol/L であるから，$[Ag^+] > 1.8 \times 10^{-9}$ mol/L のとき AgCl の沈殿が生成する。

塩化ナトリウムの固体と水溶液中のイオンが平衡状態 NaCl(固) $\rightleftarrows$ $Na^+ + Cl^-$ にあるとき，$[Na^+]$ や $[Cl^-]$ が増加すれば，平衡は左に移動する。いずれの場合も，NaCl の固体が析出する。

▲図27　塩化ナトリウムの飽和水溶液での共通イオン効果

Thinking Point 3 水溶液中で Ag^+ は NH_3 と容易に $[Ag(NH_3)_2]^+$ をつくる。塩化銀が沈殿した水溶液にアンモニア水を加えたらどうなるか。次の反応式から考えよ。

$$AgCl(固) \rightleftarrows Ag^+ + Cl^-$$

◆**硫化物の沈殿** 水溶液中に硫化物イオン S^{2-} を加えると，水溶液中の金属イオンを沈殿させることができる。硫化物の沈殿は溶液の pH の影響を受け，酸性で沈殿するものや中性・塩基性でないと沈殿しないものがある。

たとえば，水溶液中に硫化水素 H_2S を吹き込むと，H_2S は水に溶けて次のような電離平衡になる。

$$H_2S \rightleftarrows 2H^+ + S^{2-} \quad \langle 72 \rangle$$

酸性溶液では $[H^+]$ が大きくなるので，上式の平衡は左にかたより，$[S^{2-}]$ は小さくなる。ZnS では，$[Zn^{2+}]$ がかなり大きくならないと $[Zn^{2+}][S^{2-}]$ の値は溶解度積を超えないので，沈殿しにくい。しかし，溶解度積の小さい CuS では，$[S^{2-}]$ は小さくなっても容易に $[Cu^{2+}][S^{2-}]$ の値が溶解度積に達するので，酸性溶液でも沈殿が生じる。[3]

▼表6　0.10 mol/L H_2S 飽和溶液中の pH と $[S^{2-}]$

pH	硫化物イオン濃度 $[S^{2-}]$ (mol/L)
1	1.2×10^{-20}
3	1.2×10^{-16}
5	1.2×10^{-12}
7	1.2×10^{-8}
9	1.2×10^{-4}

(p.218 式(4)から求めた)

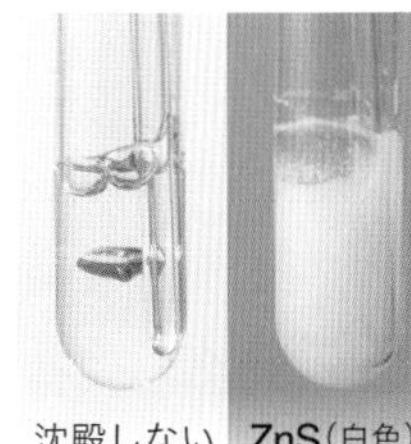

▲図28　硫化物の沈殿

❸ ZnS は，$[Zn^{2+}] = 0.10$ mol/L のとき，pH = 1 の強酸性では沈殿しないが，pH = 2 ～ 3 程度で沈殿する。

3章 物質の変化と平衡

参考 水溶液の pH と硫化物の沈殿生成

硫化物の沈殿は溶液の pH の影響を受け，酸性で沈殿するものや中性・塩基性でないと沈殿しないものがある。これはなぜだろうか。硫化水素によって銅と亜鉛の硫化物を生じる場合についてみてみよう。

●**硫化水素の電離平衡**　硫化水素は 2 価の弱酸で，次のように電離する。

$$H_2S \rightleftarrows H^+ + HS^- \qquad K_1 = \frac{[H^+][HS^-]}{[H_2S]} = 9.5 \times 10^{-8}\ \mathrm{mol/L} \qquad (1)$$

$$HS^- \rightleftarrows H^+ + S^{2-} \qquad K_2 = \frac{[H^+][S^{2-}]}{[HS^-]} = 1.3 \times 10^{-14}\ \mathrm{mol/L} \qquad (2)$$

これらの式から

$$K_1 \times K_2 = \frac{[H^+][HS^-]}{[H_2S]} \times \frac{[H^+][S^{2-}]}{[HS^-]} = \frac{[H^+]^2[S^{2-}]}{[H_2S]} \qquad (3)$$

となる。これより

$$[S^{2-}] = \frac{K_1K_2\,[H_2S]}{[H^+]^2} \qquad (4)$$

H_2S の飽和水溶液は 0.10 mol/L であるから，$[S^{2-}]$ は $[H^+]^2$ に反比例することがわかる。ここで，pH＝1 の条件のとき，$[H^+] = 1.0 \times 10^{-1}$ mol/L より，$[S^{2-}]$ は次のようになる。

$$[S^{2-}] = \frac{K_1K_2\,[H_2S]}{[H^+]^2} = \frac{1.2 \times 10^{-21} \times 0.10}{0.10^2} = 1.2 \times 10^{-20}\ \mathrm{mol/L} \qquad (5)$$

●**硫化物の沈殿の有無**　0.10 mol/L の銅(Ⅱ)イオン Cu^{2+} と 0.10 mol/L の亜鉛イオン Zn^{2+} を含む水溶液がそれぞれあり，これらはいずれも塩酸を加えて $[H^+] = 0.10$ mol/L(pH = 1.0)に調製されているとする。このとき，各水溶液に硫化水素 H_2S を通じて飽和させると，どのようになるだろうか。

硫化物の溶解度積 $[Cu^{2+}][S^{2-}] = 6.5 \times 10^{-30}\ \mathrm{mol^2/L^2}$，$[Zn^{2+}][S^{2-}] = 2.1 \times 10^{-18}\ \mathrm{mol^2/L^2}$ より，各イオンの最大の濃度は次のようになる。

$$[Cu^{2+}] = \frac{6.5 \times 10^{-30}}{1.2 \times 10^{-20}} \fallingdotseq 5.4 \times 10^{-10}\ \mathrm{mol/L} \ll 0.10\ \mathrm{mol/L} \qquad (6)$$

$$[Zn^{2+}] = \frac{2.1 \times 10^{-18}}{1.2 \times 10^{-20}} \fallingdotseq 1.8 \times 10^{2}\ \mathrm{mol/L} > 0.10\ \mathrm{mol/L} \qquad (7)$$

よって，pH = 1 の条件においては，Cu^{2+} を含む水溶液では CuS の沈殿が生じるが，Zn^{2+} を含む水溶液では ZnS の沈殿は生じないことがわかる。

0.10 mol/L の Zn^{2+} を含む水溶液に硫化水素 H_2S を飽和させ，ZnS の沈殿が生じる pH の値について，式(4)と ZnS の溶解度積から考えてみる。

$$[S^{2-}] = \frac{K_1K_2[H_2S]}{[H^+]^2} = \frac{2.1 \times 10^{-18}\ \mathrm{mol^2/L^2}}{[Zn^{2+}]}$$

$K_1K_2[H_2S] = 1.2 \times 10^{-21} \times 0.10\ \mathrm{mol^3/L^3}$, $[Zn^{2+}] = 0.10$ mol/L を代入すると，

$$[H^+]^2 = 5.7 \times 10^{-6}\ \mathrm{mol^2/L^2} \quad \text{よって，} \mathrm{pH} = -\log\sqrt{5.7 \times 10^{-6}} = 2.62$$

したがって，pH = 1 のような強酸性下では沈殿しないが，pH が 2.62 を超えると沈殿することになり，この pH の値は水溶液中の $[Zn^{2+}]$ に依存する。

参考 沈殿滴定

沈殿の生成を利用して，溶液中のイオンを定量する方法が沈殿滴定である。塩化物イオン Cl^- を定量するモール法などがある。

●モール法（Cl^- の定量）

塩化銀 AgCl よりクロム酸銀 Ag_2CrO_4 の方が，沈殿生成に必要な$[Ag^+]$が大きい。これを利用して，Cl^- の定量を行うことができる。

Cl^- の入った試料の一定量をとり，指示薬として，少量のクロム酸カリウム K_2CrO_4 水溶液を加える。濃度のわかっている硝酸銀 $AgNO_3$ 水溶液をビュレットから滴下すると，試料中の Cl^- と反応し，AgCl の白色沈殿が生成する。

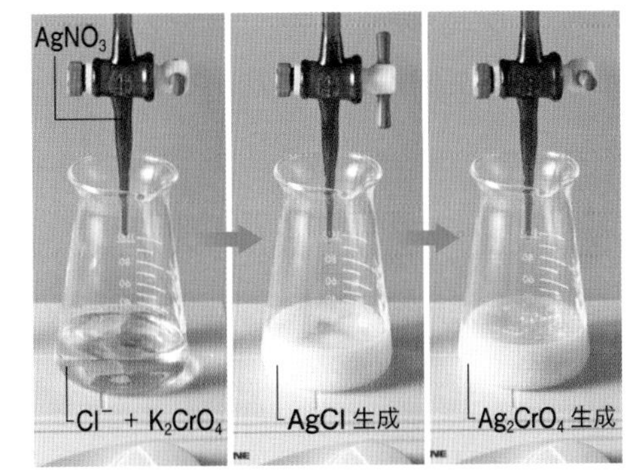

図１　モール法

$$Ag^+ + Cl^- \rightleftarrows AgCl\downarrow（白色） \quad (1)$$

さらに，$AgNO_3$ を滴下していくと，AgCl の生成により$[Cl^-]$が減少し，溶解度積は一定であるから，溶解できる$[Ag^+]$が大きくなっていく。やがて$[Ag^+]$が Ag_2CrO_4 の溶解度積を超える濃度に達すると，Ag_2CrO_4 の赤褐色沈殿が生成する。

$$2Ag^+ + CrO_4^{2-} \rightleftarrows Ag_2CrO_4\downarrow（赤褐色） \quad (2)$$

このとき，$[Cl^-]$はごく小さくなっていて，滴定の終点とみなせるため，そこまでに滴下した $AgNO_3$ 水溶液の体積から，試料中の$[Cl^-]$を求めることができる。このような沈殿生成を利用した滴定（**沈殿滴定** precipitation titration）により Cl^- を定量する方法を**モール法** Mohr method という。

例題 6 モール法

塩化銀 AgCl とクロム酸銀 Ag_2CrO_4 の溶解度積をそれぞれ，1.8×10^{-10} mol^2/L^2，4.1×10^{-12} mol^3/L^3 とする。$[Ag^+] = 1.0 \times 10^{-4}$ mol/L のとき，沈殿を生じる $[Cl^-]$ と $[CrO_4^{2-}]$ の範囲を求めよ。

解　塩化銀 AgCl とクロム酸銀 Ag_2CrO_4 の溶解度積から，

$$[Ag^+][Cl^-] = 1.8 \times 10^{-10}\ mol^2/L^2$$
$$[Ag^+]^2[CrO_4^{2-}] = 4.1 \times 10^{-12}\ mol^3/L^3$$

$[Ag^+] = 1.0 \times 10^{-4}$ mol/L であるから，

1.0×10^{-4} mol/L × $[Cl^-] = 1.8 \times 10^{-10}$ mol^2/L^2 より，

$[Cl^-] = 1.8 \times 10^{-6}$ mol/L　　**答** $[Cl^-] > 1.8 \times 10^{-6}$ mol/L

$(1.0 \times 10^{-4}\ mol/L)^2 \times [CrO_4^{2-}] = 4.1 \times 10^{-12}$ mol^3/L^3 より，

$[CrO_4^{2-}] = 4.1 \times 10^{-4}$ mol/L　　**答** $[CrO_4^{2-}] > 4.1 \times 10^{-4}$ mol/L

類題 6　0.10 mol/L の NaCl 水溶液 10 mL に 2.0 mol/L の K_2CrO_4 水溶液 0.050 mL を加え，ビュレットから 0.10 mol/L の硝酸銀水溶液を 10 mL 滴下したとき，クロム酸銀 Ag_2CrO_4 の赤褐色沈殿が生じはじめた。このときの $[Cl^-]$ はどれだけか。ただし，$\sqrt{8.2} = 2.86$ とし，溶解度積の値は p.216 の表 5 の値を用いるものとする。

まとめ

1. 可逆反応と化学平衡

● **可逆反応**　正反応と逆反応がみられる反応　$H_2 + I_2 \underset{逆反応}{\overset{正反応}{\rightleftarrows}} 2HI$

● **不可逆反応**　逆反応がみられない反応　$Zn + 2HCl \longrightarrow ZnCl_2 + H_2$

● **化学平衡**　正反応と逆反応の反応速度が等しく，反応が止まっているように見える状態。

化学平衡の法則：$aA + bB \rightleftarrows mM + nN$

$$\frac{[M]^m[N]^n}{[A]^a[B]^b} = K\left[(\mathrm{mol/L})^{(m+n)-(a+b)}\right]$$

（平衡定数 K：温度が一定ならば一定値）

2. 化学平衡の移動

● **化学平衡の移動**　反応条件の変化により，化学反応が新しい平衡状態になること。濃度，圧力，温度の変化に対して，平衡はその変化をやわらげる方向に移動する（ルシャトリエの原理）。

● 濃度変化：濃度が減少 ⟶ 濃度が増加する方向に平衡が移動
　　　　　　濃度が増加 ⟶ 濃度が減少する方向に平衡が移動
　圧力変化：減圧（膨張） ⟶ 気体分子の数が増加する方向に平衡が移動
　　　　　　加圧（圧縮） ⟶ 気体分子の数が減少する方向に平衡が移動
　温度変化：冷却 ⟶ 発熱の方向に，加熱 ⟶ 吸熱の方向に平衡が移動

● **エントロピー S**　物質の状態の乱雑さを表す尺度。

● **化学反応が自発的に進む要因**　エンタルピー変化 ΔH，エントロピー変化 ΔS

3. 電解質水溶液の平衡

● **水のイオン積**　$[H^+][OH^-] = K_w$（25 ℃ では，$K_w = 1.0 \times 10^{-14}\ \mathrm{mol^2/L^2}$）

● **水素イオン指数**　$[H^+] = a$ mol/L とすると，$\mathrm{pH} = -\log_{10} a$

● 弱酸または弱塩基の濃度 c〔mol/L〕，電離度 α

酸では $\alpha = \sqrt{\dfrac{K_a}{c}}$，塩基では $\alpha' = \sqrt{\dfrac{K_b}{c'}}$（酸のときは電離定数 K_a，塩基のときは電離定数 K_b）

● **塩の加水分解**　正塩の液性は，成分の酸の陰イオン，塩基の陽イオンによる。
正塩の成分　強酸＋強塩基（中性），弱酸＋強塩基（塩基性），強酸＋弱塩基（酸性）

● **緩衝液**　酸や塩基を加えても pH の変化が起こりにくい溶液。

● **難溶性塩の溶解**　難溶性塩 M_aX_b は，水溶液中で，溶けたイオンと溶けない塩とが平衡状態にある。　$M_aX_b \rightleftarrows aM^{m+} + bX^{n-}$　$K_{sol} = [M^{m+}]^a[X^{n-}]^b$（$K_{sol}$ は溶解度積）

論述問題　3章　4節

1 化学平衡　化学平衡とはどういう状態をいうのか。正反応，逆反応という語句を使って簡潔に説明せよ。

point 化学平衡は，見かけ上，反応が止まっているような状態である。

2 塩の加水分解　塩 NaCl の水溶液は中性であるが，塩 $NaHCO_3$ の水溶液は弱塩基性を示す。この理由を述べよ。

point $NaHCO_3$ が水に溶けて電離すると，HCO_3^- が生じる。

節末問題　3章　4節

1 平衡の移動　次の反応が平衡状態にあるとき，NO_2 の含有量をできるだけ多くするための条件を，次の(a)～(d)の中から選べ。

$$2NO + O_2 \rightleftarrows 2NO_2 \quad \Delta H = -114\ \mathrm{kJ}$$

(a) 高温・高圧　(b) 高温・低圧　(c) 低温・高圧　(d) 低温・低圧

2 平衡定数　酢酸とエタノール各 1 mol を混合して，ある温度で平衡状態になったとき，酢酸が 0.3 mol 残っていた。

$$CH_3COOH + C_2H_5OH \rightleftarrows CH_3COOC_2H_5 + H_2O$$

(1) このとき，酢酸エチル，エタノール，水はそれぞれ何 mol になるか。

(2) 平衡定数を求めよ。

3 電離度　電離度に関する次の(a)～(d)の記述のうち，正しいものを選べ。

(a) 同一温度における弱酸の電離度は，濃度が小さいほど小さい。

(b) 強電解質の電離度は，1 より非常に小さい。

(c) 同じ濃度の 1 価の酸では，pH が等しければ電離度は等しい。

(d) 1 価の弱酸のモル濃度を c，電離度を α とすると，$[H^+]$ は $c\alpha$ となる。

4 pH　次の問いに答えよ。ただし，水のイオン積 K_w は $1.0 \times 10^{-14}\ \mathrm{mol^2/L^2}$ とし，pH は小数第 1 位まで求めよ。

(1) pH = 2 の水溶液 100 mL 中に含まれている水素イオンは何 mol か。

(2) pH = 3 の塩酸を水で 100 倍にうすめたときの pH はいくらか。

(3) 水酸化ナトリウム 2.0 g を水に溶かし，500 mL にした溶液の pH はいくらか。

(4) 0.01 mol/L アンモニア水の pH はいくらか。ただし，この濃度におけるアンモニアの電離度は 0.04 であり，$\log_{10}2 = 0.3$ とする。

5 電離定数　酢酸は水の中で一部電離し，次のような電離平衡にある。

$$CH_3COOH \rightleftarrows CH_3COO^- + H^+$$

ある温度でこの酢酸の電離定数 K_a を 2.8×10^{-5} mol/L とすると，0.28 mol/L 酢酸水溶液の水素イオン濃度は何 mol/L か。

5節 電気化学
Chemical Reaction and Electric Energy

Beginning
1 世界最古の電池はどのようなものだろうか？
2 なぜ稲妻というのだろうか？

1 電池
Beginning 1

A 金属のイオン化傾向

◆**金属のイオン化傾向**　金属が水溶液中で陽イオンになろうとする性質を金属の **イオン化傾向**（ionization tendency）という。

◆**金属と金属イオンの反応**　銅(Ⅱ)イオン Cu^{2+} を含む水溶液に亜鉛 Zn を入れると，次の反応が起こる。

$$Zn + Cu^{2+} \longrightarrow Zn^{2+} + Cu \quad \langle 1 \rangle$$

この反応では，次のような電子e^-の授受が行われている。

$$Zn \longrightarrow Zn^{2+} + 2e^- \quad \langle 2 \rangle$$
$$Cu^{2+} + 2e^- \longrightarrow Cu \quad \langle 3 \rangle$$

Zn は電子を失うので酸化され，Cu^{2+}は電子を受け取るので還元されている。

▲図1　硫酸銅(Ⅱ)水溶液中の亜鉛の反応

金属イオンを含む水溶液に，それよりもイオン化傾向の大きい金属を入れると，イオン化傾向の大きな金属は陽イオンとなり，イオン化傾向の小さな金属イオンは析出し，**金属樹** ができる(図２)。

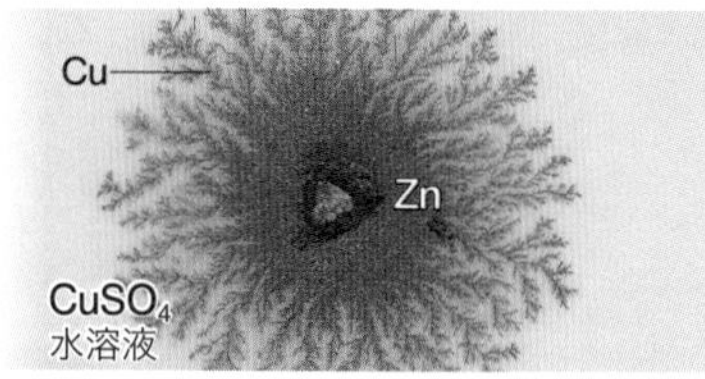

▲図２　金属樹

◆**イオン化列**　亜鉛 Zn，銅 Cu，銀 Ag のイオン化傾向を比べると Zn > Cu > Ag の順になり，この順で電子を失いやすく，酸化されやすい。金属をイオン化傾向の大きい順に並べたものを **イオン化列**[1]（ionization series）という。

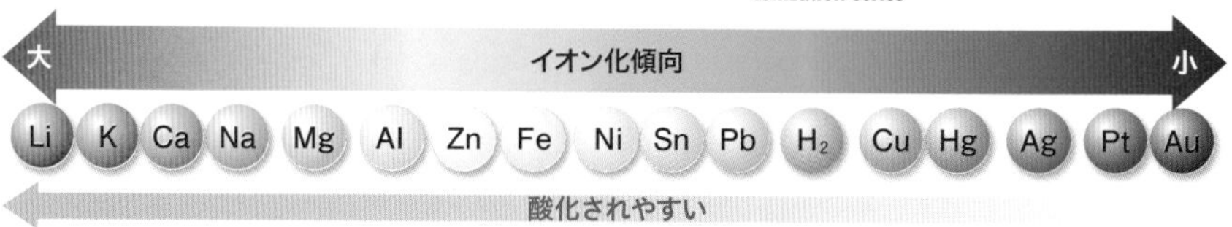

▲図３　イオン化列　水素は金属ではないが，陽イオンになるので，比較のために加えてある。

[1] 金属のイオン化傾向は，水溶液中で金属が陽イオンになるなりやすさを示しており，濃度によって変化する。イオン化エネルギー（▶p.29）が小さければ，電子が取れやすいので，イオン化傾向が大きくなる場合がある。

B 電池

◆化学電池　金属のイオン化傾向の違いを利用して，酸化還元反応により化学エネルギーを電気エネルギーとして取り出す装置が **電池**(cell)(**化学電池**(chemical cell))である。

◆電池の構成と反応　電池は，電解質と，酸化反応が起こる **負極**(negative electrode)，還元反応が起こる **正極**(positive electrode) から構成される。負極で酸化される還元剤を **負極活物質**(anode active material)，正極で還元される酸化剤を **正極活物質**(cathode active material) という。❷

図 4 のダニエル電池では，負極活物質の Zn が酸化され，正極活物質として Cu^{2+} が還元されている。

負極	$Zn \longrightarrow Zn^{2+} + 2e^-$	〈4〉
正極	$Cu^{2+} + 2e^- \longrightarrow Cu$	〈5〉
〈電池全体〉	$Zn + Cu^{2+} \longrightarrow Zn^{2+} + Cu$	〈6〉

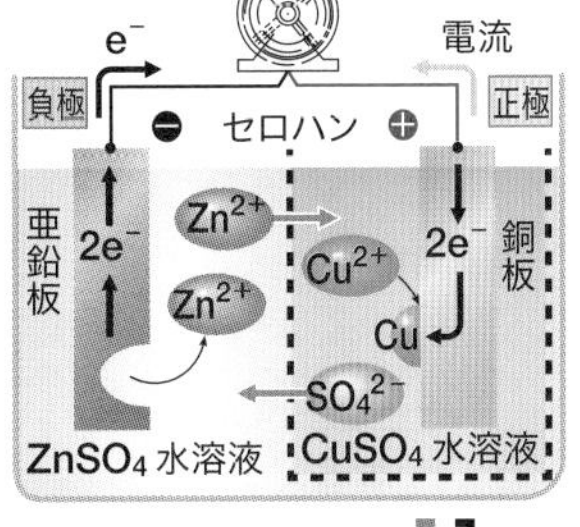

▲図 4　ダニエル電池 QR

❷ ダニエル電池に用いられる，セルロースを透明な膜状に加工したセロハンや，素焼き板は，**セパレーター** とよばれ，正極と負極の水溶液が混ざりあうのを制御するが，水溶液中のイオンが通過できるようにしている。

Note

電池の構成

一般に，負極(または負極活物質)，電解質や電解質を含む溶液(電解液)，正極(または正極活物質)を示して表される。

(−)負極 | 電解質 | 正極(+)

〈例〉ダニエル電池

(−)Zn | $ZnSO_4$aq | $CuSO_4$aq | Cu(+)

参考 ボルタ電池 QR

電池の発明はボルタ電池から始まった。

ボルタ(イタリア，1745〜1827)が1800年に発明した**ボルタ電池**の起電力は，電流を通すとすぐに下がってしまう。実用電池では起電力が下がらないよう，さまざまな工夫がされている。

負極	$Zn \longrightarrow Zn^{2+} + 2e^-$	(酸化反応)
正極	$2H^+ + 2e^- \longrightarrow H_2$	(還元反応)
〈電池全体〉	$Zn + 2H^+ \longrightarrow Zn^{2+} + H_2$	

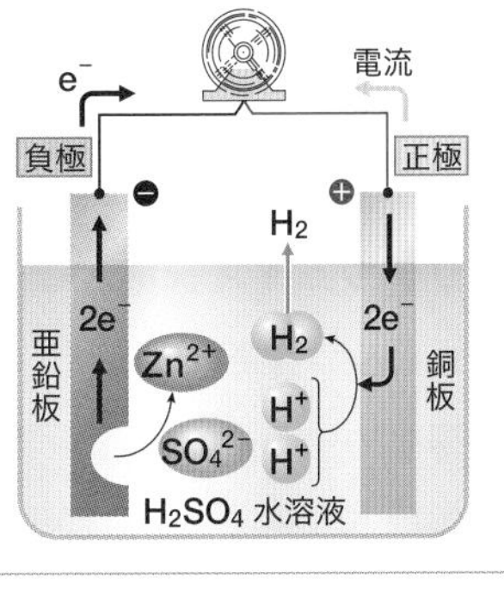

C 実用電池

◆一次電池　電池から電気エネルギーを取り出すことを **放電**(discharge)，放電した電池に外部から電気エネルギーなどを与えて放電の逆向きの反応を起こすことを **充電**(charge) という。放電のみで充電できない電池を **一次電池**(primary battery) という。

◉乾電池　電池の電解質を含んだ溶液(**電解液**)(electrolyte, electrolytic solution)をペースト状にし，携帯に便利にした電池を **乾電池**(dry cell) という。

マンガン乾電池　負極活物質に Zn を用い，電解液には塩化亜鉛 $ZnCl_2$ を主体に塩化アンモニウム NH_4Cl を少量加えた水溶液を用いている。

アルカリマンガン乾電池　マンガン乾電池と同様の構成で，電解液には酸化亜鉛 ZnO を飽和させた水酸化カリウム KOH 水溶液を用いる。大きな電流を安定に取り出せる。

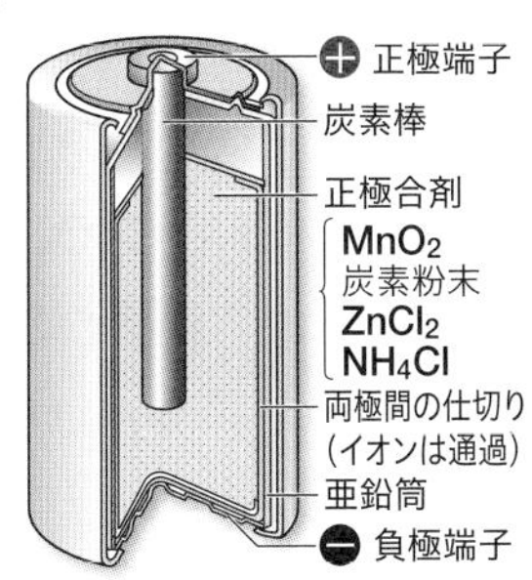

▲図 5　マンガン乾電池

マンガン乾電池 / アルカリマンガン乾電池

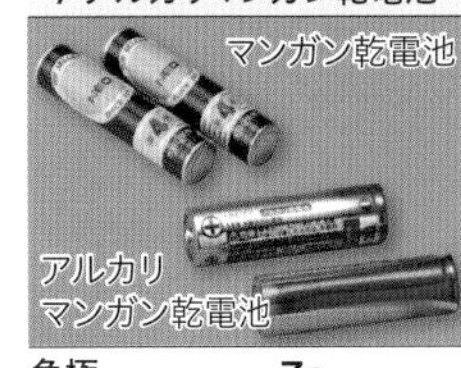

負極	Zn
電解質	$ZnCl_2$, NH_4Cl / KOH
正極	MnO_2
電池全体の反応	$MnO_2 + H_2O + Zn \longrightarrow Mn(OH)_2 + ZnO$
起電力	1.5 V
利用例	リモコン，置時計

◆**二次電池**　充電ができる電池を **二次電池**（secondary battery）または **蓄電池**（storage battery）という。

◉**鉛蓄電池** QR　負極活物質は鉛 Pb，正極活物質は酸化鉛（Ⅳ）PbO_2，電解液には希硫酸 H_2SO_4 を用いた代表的な二次電池で，自動車のバッテリーなどに用いられる。放電時の反応式は，次のようになる。

負極　$Pb + SO_4^{2-} \longrightarrow PbSO_4 + 2e^-$　〈7〉
（SO_4^{2-}：硫酸の濃度低下，$PbSO_4$：極板表面に付着（白色））

正極　$PbO_2 + 4H^+ + SO_4^{2-} + 2e^- \longrightarrow PbSO_4 + 2H_2O$　〈8〉
（SO_4^{2-}：硫酸の濃度低下，$PbSO_4$：極板表面に付着（白色））

充電時は式〈7〉，式〈8〉が逆向きに起こる。電池全体の反応は次のようになる。

$$Pb + PbO_2 + 2H_2SO_4 \underset{充電}{\overset{放電}{\rightleftarrows}} 2PbSO_4 + 2H_2O \qquad 〈9〉$$

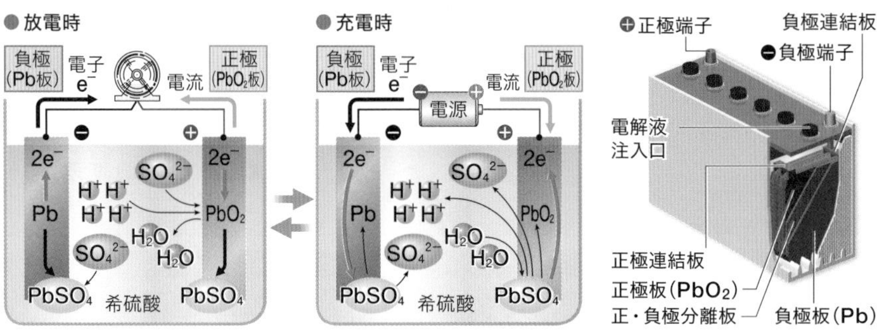

▲図 6　鉛蓄電池（(−)Pb | H_2SO_4 aq | PbO_2(+)）の反応　▲図 7　鉛蓄電池の構造

◉**リチウムイオン電池**[1]　リチウム電池よりも安全性を高めた二次電池である。負極は黒鉛 C，正極はコバルト酸リチウム $LiCoO_2$，電解液には有機化合物を用いる。充電すると Li^+ が正極から負極に移動して黒鉛と層間化合物[2]を形成する。起電力が約 4 V と大きい。また，電解液には水が含まれておらず，低温で凍らないため，低温でも使用できる。携帯電話，電気自動車（EV）などに広く利用されている。

▲図 8　電気自動車

放電時の反応式は，次のようになる。

負極　Li_xC[3] $\longrightarrow C + xLi^+ + xe^-$　〈10〉

正極　$Li_{(1-x)}CoO_2 + xLi^+ + xe^- \longrightarrow LiCoO_2$　〈11〉

放電時に，負極の黒鉛 C の層間から Li^+ が溶け出す。正極では，放出された Li^+ を受け取ってコバルト酸リチウム $LiCoO_2$ になっていく。

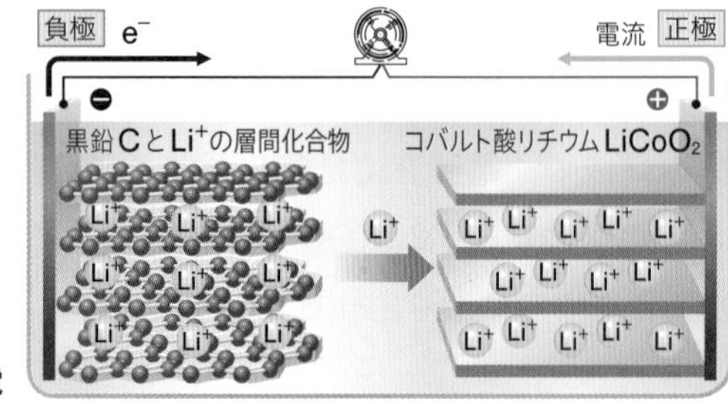

▶図 9　リチウムイオン電池の放電

❶ リチウムイオン電池の発明者の一人として 2019 年に吉野彰がノーベル化学賞を受賞した。

吉野彰

❷ 層状構造をもつ物質の層間に，金属などを挿入してできた化合物のこと。

❸ x は 0 ～ 1 の実数で，各元素の構成比を整数で表すことが困難なときは，小数を用いて化学式を表現する。

◆燃料電池　水素 H_2 のような燃料がもつ化学エネルギーを電気エネルギーとして取り出す装置を **燃料電池**(fuel cell) という。代表的な水素－酸素燃料電池では，H_2 が負極で酸化され，酸素 O_2 が正極で還元される。燃料電池は，化学エネルギーを直接電気エネルギーとして取り出すため，エネルギーの損失が少ない。また，放電反応で水 H_2O のみが生じるため，環境への影響が小さい。現在，電解質が異なる数種類の燃料電池が実用化されており，いずれも放電反応は H_2 の燃焼反応である。

▲図 10　燃料電池バス

$$2H_2 + O_2 \longrightarrow 2H_2O \quad \langle 12 \rangle$$

◉リン酸形燃料電池　電解質にリン酸 H_3PO_4 水溶液を用いる。負極で H_2 が H^+ になり電解質溶液中を移動し，正極で O_2 と反応して水が生成する。電池の起電力は約 1.2 V である。

負極　$H_2 \longrightarrow 2H^+ + 2e^-$　〈13〉

正極　$O_2 + 4H^+ + 4e^- \longrightarrow 2H_2O$　〈14〉

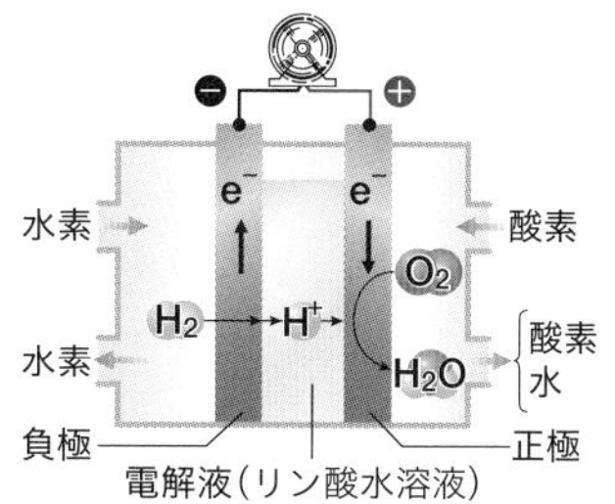

▲図 11　リン酸形燃料電池

作動温度が 200 ℃ と高いが，排熱が燃料改質[4]に利用できるとともに，高い発電効率が期待でき，ビルや工場の定置型電源に使用されている。

参考　燃料電池と電解質

水素－酸素燃料電池には，リン酸形燃料電池のほかに，電解質が違うアルカリ形燃料電池や固体高分子形燃料電池があり，用途によって使い分けられている。

●**アルカリ形燃料電池**　(−)H_2 | KOH aq | O_2(+)　電解液に高濃度の KOH 水溶液，燃料に純粋な酸素と水素を用いる[5]。航空宇宙用に使われてきた。

負極　$H_2 + 2OH^- \longrightarrow 2H_2O + 2e^-$

正極　$O_2 + 2H_2O + 4e^- \longrightarrow 4OH^-$

●**固体高分子形燃料電池**　高分子膜を電解質として，燃料には水素と空気(酸素)を用いる。小型軽量化できて作動温度が低いことから，材料の腐食が少ないという特徴がある。自動車に適した燃料電池である。

from Beginning　世界最古の電池はどのようなものだろうか？　**歴史**

イラクのバグダッドの遺跡で他とは異なる壺(つぼ)が発掘されました。この壺は，電池と同じしくみをもっており，約2000年以上前につくられたと考えられています。使用目的には諸説があり，はっきりとしていません。実際に当時あったと考えられる酢やワインを電解液に用いて実験を行うと，0.9 ～ 2 V 程度の電圧を生じますが，すぐに電流が流れなくなります。

▶発掘されたバグダッド電池ともよばれる壺

④ 家庭用燃料ガスの主成分メタン CH_4 と水蒸気を反応させ水素 H_2 を取り出す反応。

$$CH_4 + 2H_2O \longrightarrow 4H_2 + CO_2$$

などの反応によって水素が発生する。

⑤ 空気中の二酸化炭素により劣化が起こるので，純粋な酸素と水素を使用する必要がある。

参考 酸化剤・還元剤の強さと標準電極電位 ▶p.151,222

金属の酸化されやすさと考えられるイオン化傾向を数量的に表したものに，標準電極電位がある。標準電極電位とはどのように求められるのか，また，標準電極電位と酸化剤・還元剤の強さにはどのような関係があるかをみてみよう。

❶標準電極電位

金属のイオン化傾向の大小を数量的に表したものが **標準電極電位** とよばれる量である。標準電極電位は E° で表す。

● 標準電極電位の測定　電子の出しやすさ，受け取りやすさを調べたい物質を一方の電極(**動作電極** という)とし，基準の電極と組み合わせて電池を構成したとき，測定される起電力を動作電極の **電極電位** という(図1)。基準の電極には，水素イオン濃度1 mol/Lの水溶液に白金板を浸し，圧力 10^5 Paの水素 H_2 を吹き込んだ **標準水素電極**(SHE)がよく用いられる。調べたい物質が金属の場合，動作電極の金属がその金属イオンの1 mol/L水溶液に浸されているときの電極電位が，その金属の標準電極電位となる。

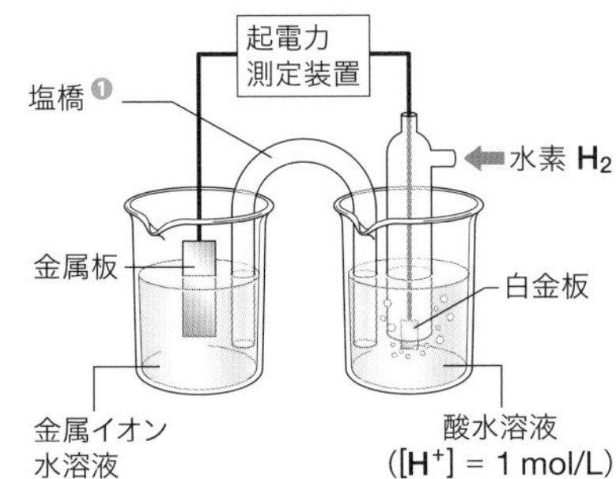

図1　標準水素電極を用いた電極電位の測定

● 標準電極電位と起電力　E° が小さい金属ほど電子を出しやすいため，2つの金属から電池を作成すると E° が小さい金属が負極，E° が大きい金属が正極となる。さらに，作成される電池の起電力は，それぞれの金属の E° から求めることができる。

たとえば，亜鉛 Zn と銅 Cu の E° は，それぞれ −0.763 V(*vs.* SHE)❷，+0.337 V(*vs.* SHE)であるから，これらを組み合わせると，次のように，Zn 側が負極の電池になることがわかる。

$$(-)\mathrm{Zn} \mid \mathrm{Zn^{2+}}(1\ \mathrm{mol/L}) \parallel \mathrm{Cu^{2+}}(1\ \mathrm{mol/L}) \mid \mathrm{Cu}(+)$$ ❸

さらに，この電池の起電力 E_{cell} はそれぞれの E° の差であるから，次のようになる。

$$E_{cell} = 0.337\ \mathrm{V} - (-0.763\ \mathrm{V}) = 1.100\ \mathrm{V}$$

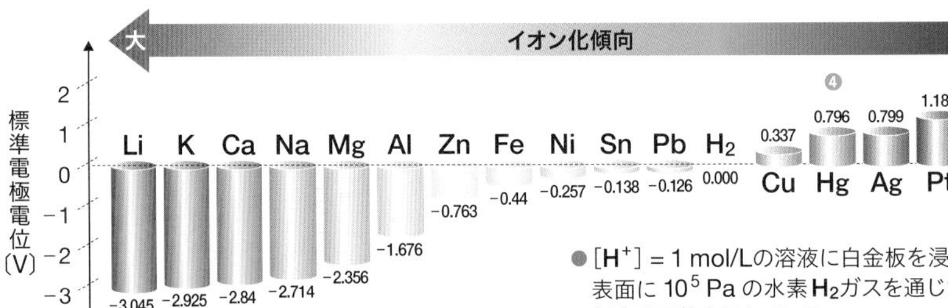

図2　標準電極電位(*vs.* SHE，25 °C)とイオン化傾向　(出典：理科年表2022)

❶ 塩橋は電極間にイオンの伝導性をもたせるために，2つの溶液を連結する電解質の橋である。寒天で固めた塩化カリウムなどの濃厚溶液が用いられる。

❷ 標準水素電極(Standard Hydrogen Electrode)を基準とする標準電極電位であることを明示している。*vs.* は *versus*(〜に対する)の略記。

❸ 記号‖は塩橋を表す。

❹ 教科書などのイオン化列では Hg は

$$\mathrm{Hg_2^{2+}} + 2e^- \rightleftarrows 2\mathrm{Hg}$$

の値 + 0.796 V を採用している。

● 標準電極電位と反応の進みやすさ

標準電極電位が小さければ小さいほど，反応の平衡は左にかたよっていて，電子を相手に与える反応が進みやすい。すなわち，相手を還元しようとする傾向が強い。これら溶液の反応のいずれか２つを何らかの方法(たとえば塩橋)でつなぐと，電子は一方の平衡から他方の平衡へと流れはじめ，平衡は崩れ，ルシャトリエの原理が働く。電極電位がよりマイナス側の平衡は左へ移動し，よりプラス側の平衡は右へ移動する。

反応する例としてマグネシウムを希硫酸に入れる場合をとりあげる。

$$Mg^{2+}(aq) + 2e^- \rightleftarrows Mg(s) \qquad E^\circ = -2.356\ V$$

$$2H^+(aq) + 2e^- \rightleftarrows H_2(g) \qquad E^\circ = 0.000\ V$$

酸(H^+)の中に金属マグネシウム(Mg)を入れて，この反応を始めることにする(硫酸イオンは省いてある)。

電極電位がよりマイナスの平衡は左へ移動

$$Mg^{2+}(aq) + 2e^- \rightleftarrows Mg(s) \qquad E^\circ = -2.356\ V$$

電子の流れ

電極電位がよりプラスの平衡は右へ移動

$$2H^+(aq) + 2e^- \rightleftarrows H_2(g) \qquad E^\circ = 0.000\ V$$

結果として，マグネシウムは溶けてイオンになり，水素が発生する。

表1　標準電極電位(*vs.* SHE，25 °C)(出典：理科年表2022)

反応	標準電極電位 E°〔V〕
$Li^+(aq) + e^- \rightleftarrows Li(s)$	−3.045
$K^+(aq) + e^- \rightleftarrows K(s)$	−2.925
$Ca^{2+}(aq) + 2e^- \rightleftarrows Ca(s)$	−2.84
$Na^+(aq) + e^- \rightleftarrows Na(s)$	−2.714
$Mg^{2+}(aq) + 2e^- \rightleftarrows Mg(s)$	−2.356
$Al^{3+}(aq) + 3e^- \rightleftarrows Al(s)$	−1.676
$Zn^{2+}(aq) + 2e^- \rightleftarrows Zn(s)$	−0.763
$Fe^{2+}(aq) + 2e^- \rightleftarrows Fe(s)$	−0.44
$Ni^{2+}(aq) + 2e^- \rightleftarrows Ni(s)$	−0.257
$Sn^{2+}(aq) + 2e^- \rightleftarrows Sn(s)$	−0.138
$Pb^{2+}(aq) + 2e^- \rightleftarrows Pb(s)$	−0.126
$2H^+(aq) + 2e^- \rightleftarrows H_2(g)$	0.000
$Cu^{2+}(aq) + 2e^- \rightleftarrows Cu(s)$	+0.337
$Hg_2{}^{2+}(aq) + 2e^- \rightleftarrows 2Hg(l)$	+0.796
$Ag^+(aq) + e^- \rightleftarrows Ag(s)$	+0.799
$Pt^{2+}(aq) + 2e^- \rightleftarrows Pt(s)$	+1.188
$Au^{3+}(aq) + 3e^- \rightleftarrows Au(s)$	+1.52

❷酸化剤・還元剤の強さの指標

標準電極電位 E° は金属だけではなく，あらゆる酸化剤・還元剤について求めることができる。

代表的な酸化剤・還元剤の E° を表2に示した。E° が大きい電極反応の左辺の物質ほど，強力な酸化剤となる。一方，E° が小さい電極反応の右辺の物質ほど，強力な還元剤となる。

表2　標準電極電位（*vs.* SHE，25 °C）

電極反応	E°〔V〕
$S + 2H^+ + 2e^- \longrightarrow H_2S$(気)	0.174
I_2(固) $+ 2e^- \longrightarrow 2I^-$	0.536
$NO_3^- + 4H^+ + 3e^- \longrightarrow NO$(気) $+ 2H_2O$	0.957
Br_2(液) $+ 2e^- \longrightarrow 2Br^-$	1.065
$O_2 + 4H^+ + 4e^- \longrightarrow 2H_2O$	1.229
Cl_2(気) $+ 2e^- \longrightarrow 2Cl^-$	1.358
$MnO_4^- + 4H^+ + 3e^- \longrightarrow MnO_2 + 2H_2O$	1.70
$O_3 + 2H^+ + 2e^- \longrightarrow O_2 + H_2O$	2.075
F_2(気) $+ 2e^- \longrightarrow 2F^-$	2.87

酸化剤の強さ（下が強）　還元剤の強さ（上が強）

（出典：化学便覧 基礎編 改訂5版）

● ハロゲンの酸化力の違い

ハロゲンの単体である，F_2，Cl_2，Br_2，I_2 は，いずれも強い酸化剤である。ハロゲンの単体の E° を比較すると，次のような関係がなりたつ。

$$F_2 > Cl_2 > Br_2 > I_2$$

この関係は，ハロゲン単体の酸化力の関係と一致する。このように標準電極電位 E° を用いることによって，酸化剤・還元剤の強さを数量的に表すことができる。

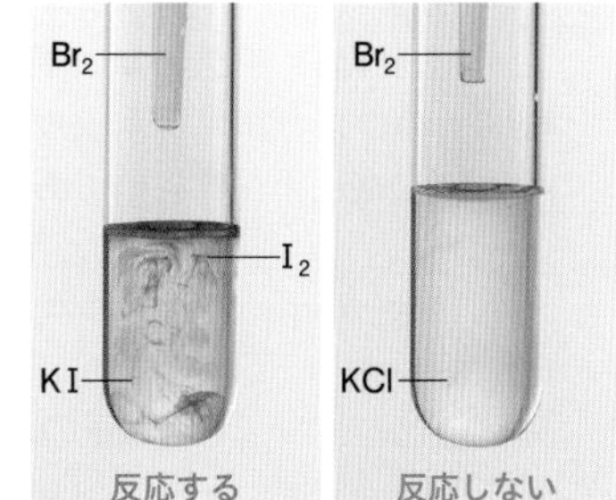

図3　ハロゲンの酸化力の違い▶p.151

また，ある酸化剤と還元剤の反応が進行するかどうかも，表2からわかる。表2において，酸化剤として左から右に進むときは下の方が強く，還元剤として右から左に進むときは上の方が強い。たとえば，次の反応では，左辺の Br_2 のほうが，右辺の I_2 より酸化剤として強く，還元剤としては弱いので，Br_2 が酸化剤として，I^- が還元剤としてはたらく右向きの反応が起こる。[❶]

$$2I^- + Br_2 \longrightarrow I_2 + 2Br^-$$

一方，次の反応では，左辺の Br_2 のほうが，右辺の Cl_2 より酸化剤として弱く，還元剤として強いので，Br_2 が酸化剤としてはたらく右向きの反応は起こらない。

$$2Cl^- + Br_2 \not\longrightarrow Cl_2 + 2Br^-$$

❶ 表2において，左辺の酸化剤より右辺の還元剤が上位にあれば，その反応が起こる。

❸標準電極電位とネルンストの式

金属のイオン化傾向は，**標準電極電位**によって数量的に表すことができる。一般に，標準電極電位は，**標準水素電極**（SHEと略記する）に対する起電力（電位差）で表す。たとえば，亜鉛Znの標準電極電位は，半反応

$$Zn^{2+} + 2e^- \rightleftarrows Zn$$

に対して定められ，E° (Zn^{2+}/Zn) と表記される。ここで“ o ”は標準状態，すなわち気体では 10^5 Pa，溶液では 1 mol/L と定義される状態を表す（標準を表す記号として“$\ominus$”も用いられる。プリムソルとよばれ，船の喫水線を意味する。IUPACのルールでは“ o ”と“$\ominus$”のどちらを用いてもよいことになっている）。

標準状態にない溶液を測定に用いた場合は，標準水素電極との電位差 E は次式で表される。

$$E = E^\circ(Zn^{2+}/Zn) + \frac{RT}{nF}\ln(a_{Zn^{2+}}) \qquad (1)$$

ここでは，R は気体定数（8.314 J/(K·mol)），T は絶対温度，F はファラデー定数（9.649×10^4 C/mol）である。また，n は反応に関与する電子の数を表し，Znの場合には $n = 2$ となる。$a_{Zn^{2+}}$ は，亜鉛イオンの**活量**を表す。イオンの活量 a とは，イオンの周囲の電

場の影響や正負イオンの相互作用などを考慮して補正した実効的な濃度を，標準状態の濃度(1 mol/L)で除したものである。希薄溶液の場合は，溶液のモル濃度[Zn^{2+}]の数値によって代用することができる。(1)式はネルンストの式であり，定数と T = 298 K を代入し，$\ln x = 2.303 \log_{10}x$ を用いると，

$$E = E^\circ(Zn^{2+}/Zn) + \frac{0.0592}{n}\log[Zn^{2+}]$$

となる。(CuやZnは n = 2)

● **濃淡電池**

ネルンストの式が示すように，濃度が大きいほど電極電位は高くなる。したがって，濃度の異なる同じ種類の金属イオン溶液にそれぞれ同じ金属を入れて電極とし，それらを組み合わせると電池ができる。この場合，濃度が大きい方が正極，小さい方が負極となる。このような電池を**濃淡電池**という。図4 に，濃度の異なる硝酸銀溶液から構成される濃淡電池の模式図を示す。濃淡電池は，気体やイオンの濃度測定に利用されている。

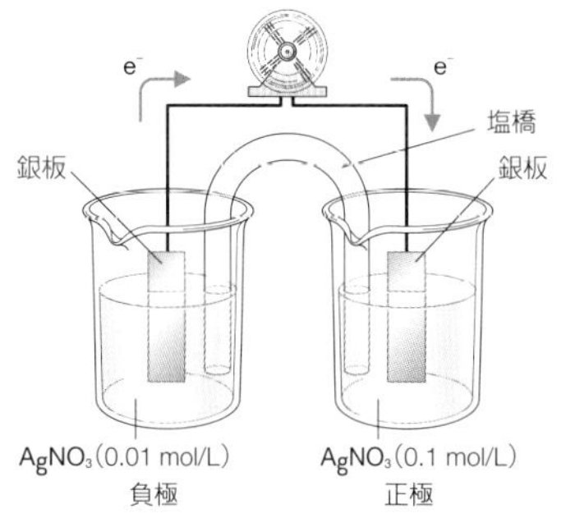

図4　濃淡電池

❹標準電極電位とギブズエネルギー変化 ΔG ▶p.202, 203

電池反応のギブズエネルギー変化は起電力と次の関係にある。

$$\Delta G = -nFE$$

ここで，Fはファラデー定数，nは反応に関与する電子の数である。反応のギブズエネルギー変化ΔGの正負は，反応が進む可能性と関係している。$\Delta G < 0$ のときは反応が自発的に進み，$\Delta G = 0$ になって平衡に達する。一方，$\Delta G > 0$ のときは反応は進行せず，逆反応が自発的に進む方向となる。

亜鉛電極の場合は，反応 $Zn^{2+} + H_2 \longrightarrow Zn + 2H^+$ に対して，標準状態において

$$\Delta G^\circ = -2F[E^\circ(Zn^{2+}/Zn) - E^\circ(H^+/H_2)] = -2FE^\circ(Zn^{2+}/Zn)$$

$E^\circ(Zn^{2+}/Zn) = -0.763$ V であるから，

$$\Delta G^\circ = -2F \times (-0.763) > 0$$

となる。すなわち，この反応は自発的には進行せず，水素によって亜鉛イオンが還元される反応は起こりにくい。逆に，金属亜鉛が酸化されて，亜鉛イオンになる反応が進む。

これに対して，銅電極の場合は，$E^\circ(Cu^{2+}/Cu) = +0.337$ V であるから，

$$\Delta G^\circ = -2F \times (+0.337) < 0$$

となり，反応 $Cu^{2+} + H_2 \longrightarrow Cu + 2H^+$ は自発的に進行する。逆に，金属銅が銅(Ⅱ)イオンになる反応は起こりにくい。こうして，イオン化する傾向は，亜鉛の方が銅よりも大きいことがわかる。このようにして，種々の金属の電極を相互に比べていけば，イオン化傾向の序列が原理的には決められる。

このようにイオン化傾向の序列は，標準電極電位E° (M^{n+}/M)をもとに決められていることに注意する必要がある。ただし，E° (M^{n+}/M)はイオンの濃度が標準状態，すなわち 1 mol/L という状態での電位である。式(1)にも示したように，金属Mの標準水素電極との電位差Eは，25℃において，次式に従って変化する。

$$E = E^\circ(M^{n+}/M) + \frac{0.0592}{n}\log_{10}[M^{n+}]$$

たとえば，1価の金属イオンで濃度が2桁変化すれば，電位は 0.12 V 程度変わる。

2 電気分解

A 電気分解

◆**強制的な酸化還元反応**　電気エネルギーによって強制的に酸化還元反応を起こすことを **電気分解**（electrolysis）という。電気分解では，電池などの直流電源の正極とつないだ電極を **陽極**（anode），負極とつないだ電極を **陰極**（cathode）という。電解質の水溶液や融解した塩に 2 本の電極を入れ，外部から直流電圧をかけることで電流が流れ，陽極で酸化反応，陰極で還元反応を起こす。

塩化銅(Ⅱ)$CuCl_2$ 水溶液に，2 本の炭素棒を電極として入れて，電気分解すると，次のような反応が起こる。

陽極　$2Cl^- \longrightarrow Cl_2 + 2e^-$　〈15〉

陰極　$Cu^{2+} + 2e^- \longrightarrow Cu$　〈16〉

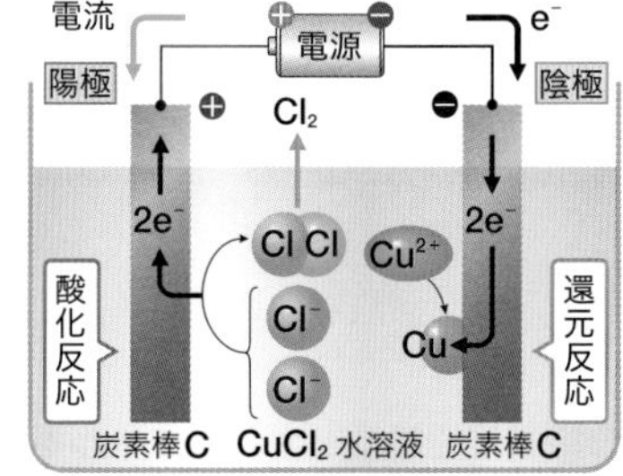

▲図12　塩化銅(Ⅱ)水溶液の電気分解

B 電気分解と電池

◆**電極での反応**　電気分解と電池の関係は，図 13 のようになる。電気分解では，水溶液の場合，水溶液中の還元されやすい物質が陰極で電子を受け取り還元され，酸化されやすい物質が陽極で電子を失い酸化される。水溶液中に水よりも還元されにくいイオン，または，水よりも酸化されにくいイオンが存在するときは，溶媒である水が反応する。

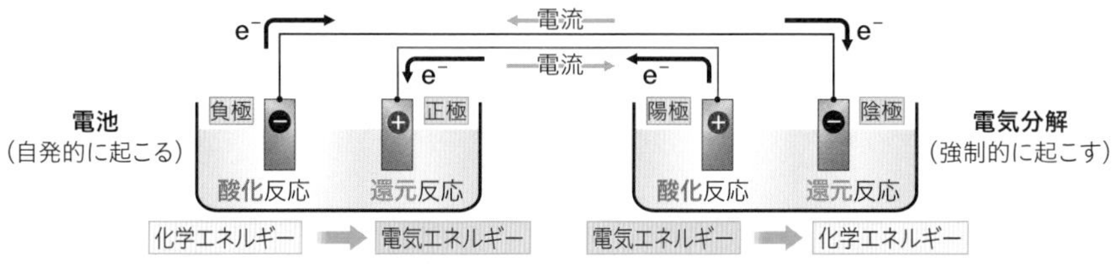

▲図13　電気分解と電池の関係

参考　電気分解と分解電圧

電気分解を起こすにはある値以上の電圧が必要である。これを分解電圧という。

●**電気分解に必要な電圧**　電池は自発的に進む酸化還元反応であるが，電気分解は，自発的には進まない酸化還元反応であり，外部の電源から電圧をかけて，電気エネルギーを与える必要がある。陽極と陰極に白金を用いて，0.5 mol/L の硫酸を電気分解する場合，電圧を 0 V から徐々に上げていくと，電極表面では気体が生成する[1]が，電極面に付着した気体の影響などにより電流は流れにくくなる。

しだいに電圧を上げていくと，1.67 V から気体が盛んに発生するようになり，電流も流れはじめるようになる。この電圧を 0.5 mol/L 硫酸(白金電極)の **分解電圧** という。

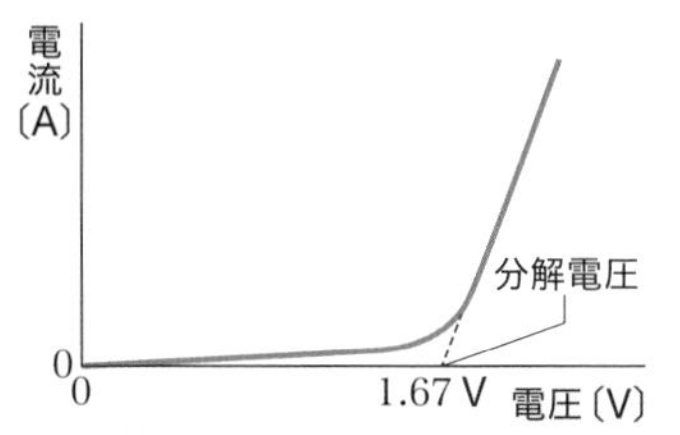

0.5 mol/L 硫酸の電圧と電流の関係

❶ **陽極**　$H_2O \longrightarrow \frac{1}{2}O_2 + 2H^+ + 2e^-$

陰極　$2H^+ + 2e^- \longrightarrow H_2$

⊕陽極で起こる反応(電極に使われている物質に最初に着目)
陽極では，電子が奪われるので酸化される反応が起こる。

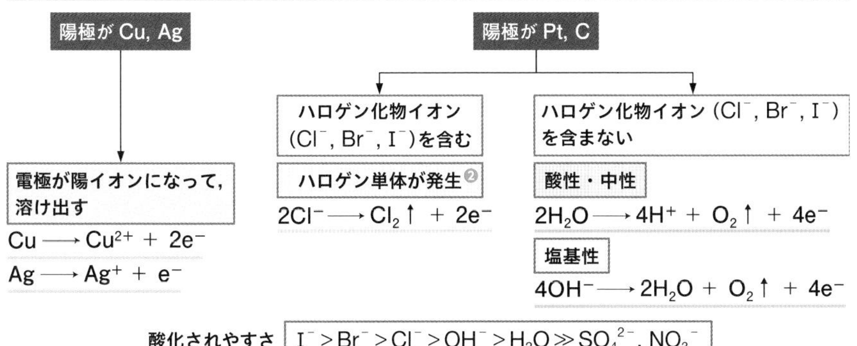

❷ うすい食塩水だと，$2H_2O \longrightarrow 4H^+ + O_2\uparrow + 4e^-$ なども起こる。

⊖陰極で起こる反応
陰極では，電源から電子が供給されるので還元される反応が起こる。

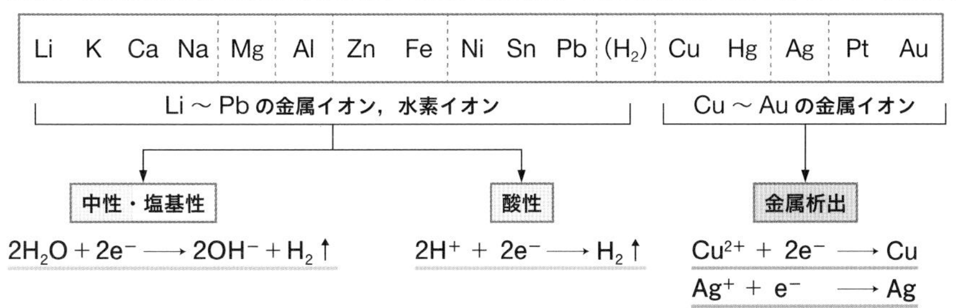

※Zn ～ Pb などの金属イオンでは，これらの濃度が大きいと，
金属イオンが還元されて析出する場合がある。
$Zn^{2+} + 2e^- \longrightarrow Zn$ (金属析出)

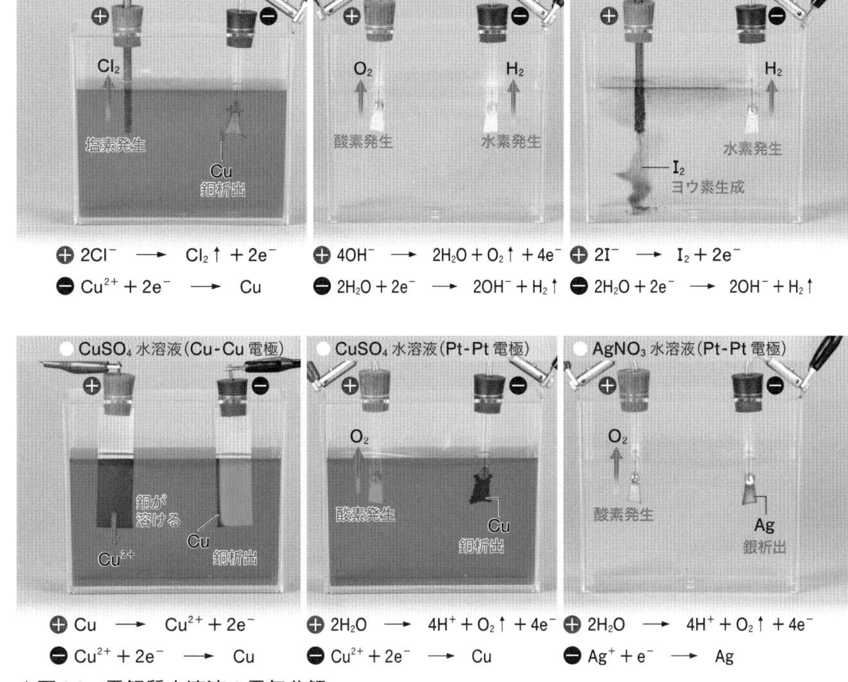

▲図14　電解質水溶液の電気分解

C 電気分解の応用

◆**水酸化ナトリウムの製造** 水酸化ナトリウム NaOH は，塩化ナトリウム NaCl 水溶液を電気分解してつくられる。

陽極 $2Cl^- \longrightarrow Cl_2\uparrow + 2e^-$ 〈17〉

陰極 $2H_2O + 2e^- \longrightarrow 2OH^- + H_2\uparrow$ 〈18〉

陰極付近の水溶液には OH^- が増加し，その電荷を打ち消すために Na^+ が移動してくる。そのため，この付近の水溶液を濃縮すると NaOH が得られる。このとき，両極の水溶液が混合して Cl_2 と NaOH の間で反応が起こるのを防ぐため，陽イオンだけを通過させることができる陽イオン交換膜を使って，両極を分離する(**イオン交換膜法**)。
ion-exchange membrane method

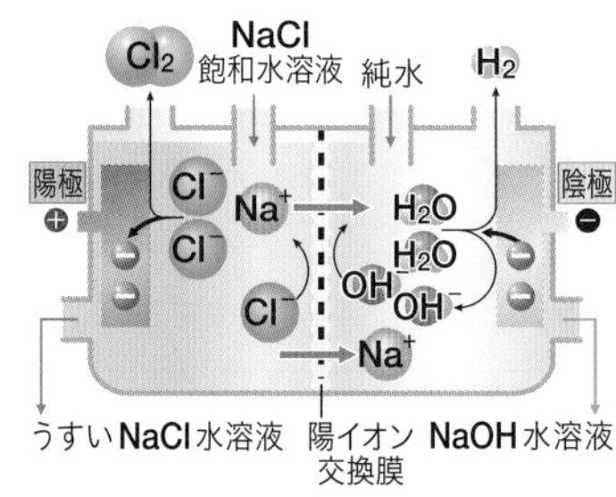

▲図15 イオン交換膜法

◆**金属の製錬** 鉱石中に酸化物などの状態で存在する金属を，単体として取り出す操作(製錬)には，電気分解を利用しているものがある。

◉**銅の製造** 黄銅鉱(主成分 $CuFeS_2$)を製錬すると，粗銅が得られる。その粗銅板を陽極，薄い純銅板を陰極に用いて，硫酸酸性の硫酸銅(Ⅱ)$CuSO_4$ 水溶液中で電気分解すると，さらに純度の高い銅が得られる。電気分解を応用して，不純物を含む金属から純粋な金属を精製する方法を**電解精錬**という。
electrolytic refining

約 0.3 V の低電圧で電解精錬すると，粗銅板(陽極)中の銅はイオンとなって溶け出し，純銅板(陰極)上に純度 99.99 %以上の純銅が析出する。金や銀などの不純物は，**陽極泥**(でい)となって沈殿する。
anode slime

陽極 $\underset{\text{粗銅}}{Cu} \longrightarrow Cu^{2+} + 2e^-$ 〈19〉

陰極 $Cu^{2+} + 2e^- \longrightarrow \underset{\text{純銅}}{Cu}$ 〈20〉

▲図16 銅の電解精錬
銅よりもイオン化傾向の小さい金や銀は，陽極泥となる。鉄や亜鉛などは，イオンとなって溶けるが，析出しない。

◉**アルミニウムの製造** アルミニウム Al の単体は，鉱石のボーキサイト[1]から直接取り出すのが難しい。そこで，まず，酸化アルミニウム Al_2O_3 にしてから融解した氷晶石 Na_3AlF_6 に溶解させ，炭素電極で電気分解する。[2]

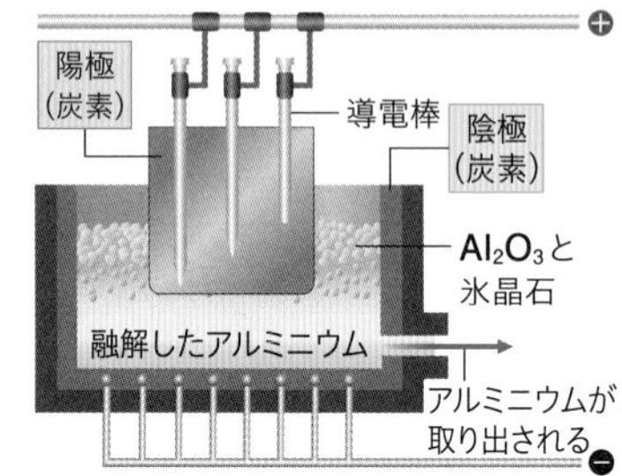

▲図17 アルミニウムの製造

❶ 種々のアルミニウム水酸化物 $Al(OH)_3$ などを含む混合物で，形式的に $Al_2O_3\cdot nH_2O$ と表す。

❷

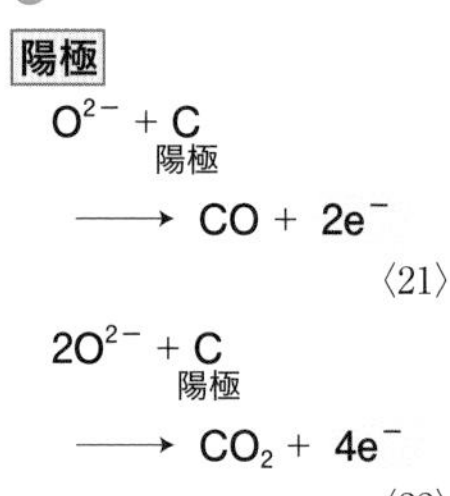

陽極

$O^{2-} + \underset{\text{陽極}}{C} \longrightarrow CO + 2e^-$ 〈21〉

$2O^{2-} + \underset{\text{陽極}}{C} \longrightarrow CO_2 + 4e^-$ 〈22〉

陰極

$Al^{3+} + 3e^- \longrightarrow Al$ 〈23〉

D 電気分解の量的関係

◆電気分解の法則　硫酸銅(Ⅱ)$CuSO_4$ 水溶液を白金 Pt を電極として電気分解したとき，陽極と陰極の反応式の係数から次の関係がわかる。

陽極　$2H_2O \longrightarrow 4H^+ + O_2 + 4e^-$　4 molの電子と 1 molの酸素が発生　〈24〉

陰極　$Cu^{2+} + 2e^- \longrightarrow Cu$　2 molの電子で 1 molの銅が析出　〈25〉

1833年，ファラデー(イギリス，1791～1867)は **電気分解の法則** (Faraday's law of electrolysis) を発見した。

●ファラデーの電気分解の法則

電気分解において，**陽極や陰極で変化した物質の物質量** と，**流れた電気量** とは **比例** する。

ファラデー

これにより，電気分解で反応した物質の量が求められる。

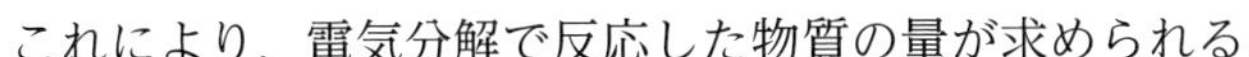

Key concept　**電気量と物質量の量的関係**

- **電気量〔C〕＝電流〔A〕×時間〔s〕**　〈26〉
- **1 molの電子がもつ電気量の絶対値は，9.65 × 10^4 C(クーロン)である。**
- 9.65 × 10^4 C/molを**ファラデー定数**❸といい，記号Fで表す。
- **電気量とファラデー定数から電気分解で流れた電子 e^- の物質量は次式となる。**

$$\text{電子 } e^- \text{ の物質量〔mol〕} = \frac{\text{電気量〔C〕}}{9.65 \times 10^4 \text{ C/mol}}$$　〈27〉

❸ ファラデー定数は，電子 1 個のもつ電気量の絶対値（電気素量 e）とアボガドロ定数 N_A の積で求められる。

$$F = e \times N_A = 1.602 \times 10^{-19}\ \text{C} \times 6.022 \times 10^{23}\ /\text{mol} \fallingdotseq 9.65 \times 10^4\ \text{C/mol}$$

例題 1　電気量と物質量(1)

白金電極を用い，硫酸銅(Ⅱ)$CuSO_4$ 水溶液を 0.500 A の一定電流で 2 時間 8 分 40 秒間電気分解した。ファラデー定数は 9.65 × 10^4 C/mol，銅の原子量は 63.5 とし，次の(1)，(2)に答えよ。

(1)　流れた電気量は何 C か。　(2)　陰極に析出する銅は何 g か。

解　(1)　流れた電気量は，0.500 A × (2 × 3600 + 8 × 60 + 40) s ＝ 3860 C

答　3.86 × 10^3 C

(2)　陰極の反応は　$Cu^{2+} + 2e^- \longrightarrow Cu$　であることから，2 mol の電子 e^- に相当する電気量が流れると，1 mol の銅 Cu が析出する。

析出する Cu の物質量：$\dfrac{3860\ \text{C}}{96500\ \text{C/mol}} \times \dfrac{1}{2} = 2.00 \times 10^{-2}$ mol

よって，析出する Cu の質量は，

63.5 g/mol × 2.00 × 10^{-2} mol ＝ 1.27 g　**答**　1.27 g

from Beginning　なぜ稲妻というのだろうか？

稲妻は，古代の雷光が稲を実らせるという信仰から，「稲の夫(つま)」から生まれた言葉です。現在では「つま」という語に「妻」という文字が使われています。宮沢賢治も「カミナリと農作物の出来具合について何らかの関係がある」と書物に書いています。稲妻の放電により，水に溶けにくい空気中の窒素が化合物に変化し，水に溶け込むことで農作物の成長に寄与しているかもしれません。

例題 2　電気量と物質量(2)

右図のような装置を用いて電気分解を行ったところ，電極②から，0 ℃，1.013×10^5 Pa で 0.896 L の気体が発生した。次の問いに答えよ。ただし，銅 Cu，銀 Ag の原子量はそれぞれ 63.5，108 とする。

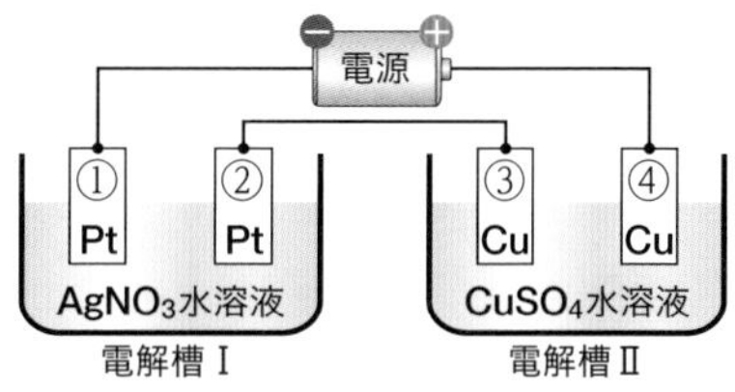

(1) 電極①～④のそれぞれで起こる反応を e^- を使った式で表せ。

(2) 回路に流れた電気量は電子何 mol に相当するか答えよ。

(3) 電極①～④で質量変化があった電極について，それぞれ何 g 質量が増減したか答えよ。

(4) 電極付近の pH が変化する電極は電極①～④のうちどれか。また，pH は増加するか，減少するかも答えよ。

解

(1) **答**
電極①　$Ag^+ + e^- \longrightarrow Ag$
電極②　$2H_2O \longrightarrow 4H^+ + O_2 + 4e^-$
電極③　$Cu^{2+} + 2e^- \longrightarrow Cu$
電極④　$Cu \longrightarrow Cu^{2+} + 2e^-$

(2) 電極②で発生した，0 ℃，1.013×10^5 Pa で 0.896 L の O_2 の物質量は

$$\frac{0.896\ \text{L}}{22.4\ \text{L/mol}} = 0.0400\ \text{mol}$$

電極②の反応式より，回路に流れた電子の物質量は，

$0.0400\ \text{mol} \times 4 = 0.160\ \text{mol}$　　**答** 0.160 mol

(3) 電極①　0.160 mol の Ag が析出する。

$108\ \text{g/mol} \times 0.160\ \text{mol} = 17.28\ \text{g}$　　**答** 電極①が 17.3 g 増加

電極③　0.0800 mol の Cu が析出する。

$63.5\ \text{g/mol} \times 0.0800\ \text{mol} = 5.08\ \text{g}$　　**答** 電極③が 5.08 g 増加

電極④　0.0800 mol の Cu が溶解する。

$63.5\ \text{g/mol} \times 0.0800\ \text{mol} = 5.08\ \text{g}$　　**答** 電極④が 5.08 g 減少

(4) 反応式から，電極②の付近で H^+ が生成。よって電極②付近の水溶液の pH が減少する。

答 電極②，pH は減少する

類題 2　例題 2 において，硝酸銀 $AgNO_3$ 水溶液のかわりにヨウ化カリウム KI 水溶液を用いて，同じ電流，同じ時間で電気分解を行った。

(1) 電極①，②で起こる反応を e^- を使った式で表せ。

(2) 電極①で発生する気体の名称と 0 ℃，1.013×10^5 Pa での体積を示せ。

(3) 電極付近の pH が変化する電極は電極①～④のうちどれか。また，pH は増加するか，減少するか。

まとめ

1. イオン化傾向と標準電極電位

●金属の標準電極電位

この 標準電極電位 と，その値が小さい金属ほど，酸化されて陽イオンになりやすく，イオン化傾向が大きい。
normal electrode potential, standard electrode potential

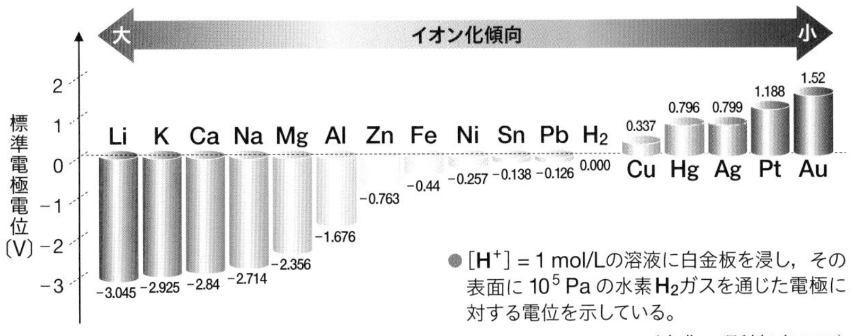

● $[H^+]$ = 1 mol/Lの溶液に白金板を浸し，その表面に 10^5 Pa の水素 H_2 ガスを通じた電極に対する電位を示している。

（出典：理科年表2022）

2. 電池

●電池

酸化還元反応を利用して化学エネルギーを電気エネルギーとして取り出す装置

負極　電子を**放出**…**酸化**される反応（**酸化**されやすい物質）

正極　電子を**受け取る**…**還元**される反応（**還元**されやすい物質）

●電池の種類

実用電池　一次電池（充電できない），二次電池（充電できる）

燃料電池　水素などの燃焼によるエネルギーを電気エネルギーとして取り出す電池

3. 電気分解

●**電気分解**　電気エネルギーによって強制的に酸化還元反応を起こす操作

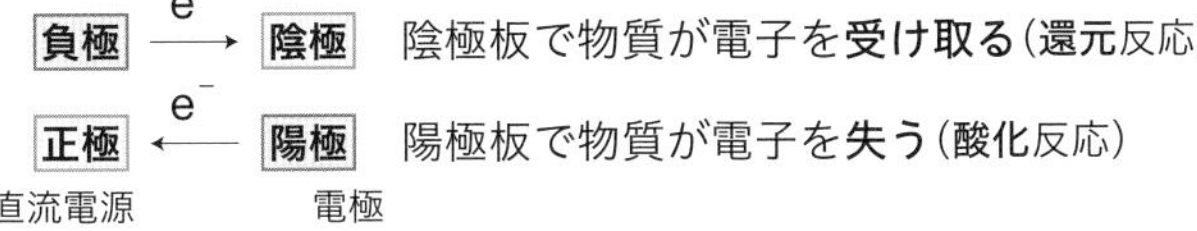

陰極板で物質が電子を**受け取る**（**還元**反応）

陽極板で物質が電子を**失う**（**酸化**反応）

●**ファラデーの電気分解の法則**（ファラデーの法則）

1)　電気分解における各電極で変化する物質の物質量は，電気量に比例する。

2)　1 mol の電子の電気量の絶対値 ＝ ファラデー定数　$F = 9.65 \times 10^4$ C/mol

3)　電気量〔C〕＝ 電流〔A〕× 時間〔s〕

論述問題　3章　5節

1 トタンとブリキ　めっきに傷がついてその表面に水滴が付着すると，鉄の表面に亜鉛をめっきしたトタンはさびにくいが，鉄の表面にスズをめっきしたブリキでは鉄にさびが発生しやすい。この違いをイオン化傾向の観点から説明せよ。

point イオン化傾向の大きい金属ほど酸化されやすく，さびやすい。

2 鉛蓄電池　鉛蓄電池の電極の表面積を大きくすると，電流値はどのように変化するか説明せよ。

point 電極の表面積が大きくなると，単位時間に反応する活物質が増加する。

(▶p.224)

節末問題　3章　5節

1 金属のイオン化傾向　次の(1)～(4)の事実をもとに，金属A～Eをイオン化傾向の大きい順に並べよ。

(1)　B，C，Eは塩酸と反応したが，A，Dは反応しなかった。
(2)　A，B，C，Eは硝酸と反応したが，Dは反応しなかった。
(3)　Eは水と室温で反応したが，他は反応しなかった。
(4)　Bの化合物の水溶液中にCを入れたら，Bが析出した。

2 鉛蓄電池　次の(1)，(2)の鉛蓄電池に関する問いに答えよ。

(1)　鉛蓄電池(−)Pb | H_2SO_4 aq | PbO_2(+)が放電するとき，両極でどのような変化が起こるか，イオンを含む反応式で表せ。
(2)　2.0 A で 1.0 時間放電すると，正極および負極の質量はそれぞれ何 g 増加するか。

3 電気分解とファラデーの法則　硫酸ナトリウム Na_2SO_4 水溶液を，白金電極を用いて 0.500 A で 3860 秒間電気分解した。

(1)　陽極での変化をイオンを含む反応式で表せ。
(2)　陰極での変化をイオンを含む反応式で表せ。
(3)　両極に生成した物質の名称とそれぞれの質量を答えよ。また，気体の場合，0 ℃，1.013×10^5 Pa での体積を求めよ。

1 次の実験(A・B)に関して(1)，(2)に答えよ。

A 固体の水酸化ナトリウム 0.200 g を 0.1 mol/L の塩酸 100 mL に溶かしたところ，505 J の発熱があった。

B 固体の水酸化ナトリウム 0.200 g を水 100 mL に溶かしたところ，225 J の発熱があった。

(1) 実験 A で発生した熱が溶液の温度上昇のみに使われたとすると，その上昇温度は何 ℃ か。溶液の体積の変化はないものとし，溶液 1.0 mL の温度を 1 ℃ 上昇させるのに必要な熱量は 4.18 J とする。

(2) 実験 A，B の結果から，次の反応のエンタルピー変化〔kJ〕の値を求めよ。

$$NaOH\ aq + HCl\ aq \longrightarrow NaCl\ aq + H_2O(液)$$

2 少量の酸化マンガン(Ⅳ)に 0.640 mol/L の過酸化水素水を 10.0 mL 加え，分解反応で発生した酸素を水上置換ですべて捕集した。捕集容器内の圧力を大気圧に合わせて気体の体積を測ったところ，60 秒後に 18.0 mL の気体が捕集された。実験は 300 K で行われ，大気圧は 1.010×10^5 Pa であった。気体定数を 8.3×10^3 Pa·L/(K·mol)，300 K における水蒸気圧は 0.040×10^5 Pa として，次の問いに有効数字 2 桁で答えよ。

(1) 0～60 秒における H_2O_2 の平均の分解速度はいくらか。

(2) この実験における H_2O_2 の分解速度 v は，$v = k[H_2O_2]$ で表される。速度定数 k を 0～60 秒における H_2O_2 の平均の分解速度と平均の濃度より求めよ。

3 容積を変化させることによって圧力を一定に保つことのできる密閉容器に，H_2O 3.00 mol と CO 4.00 mol を入れて高温に保ったところ，以下の反応で平衡状態になった。このときの容器内の H_2 の物質量は 2.40 mol であった。反応に関与する水はすべて気体とし，気体はすべて理想気体としてふるまうものとする。このときの平衡定数 K はいくらか。

$$H_2O(気) + CO(気) \rightleftarrows H_2(気) + CO_2(気)$$

4 ある濃度の塩化ナトリウム水溶液 100 mL を 25 ℃ において，2 本の白金電極により 0.500 A の電流で 16 分 5 秒間電気分解した。ファラデー定数は 9.65×10^4 C/mol，水のイオン積 K_w は 1.0×10^{-14} mol^2/L^2，$\log_{10}2 = 0.3$ として，以下の(1)～(3)に答えよ。

(1) 陽極で発生した気体の体積は 0 ℃，1.013×10^5 Pa で何 mL か。

(2) 陰極で発生した気体は何か。その体積は，0 ℃，1.013×10^5 Pa で何 mL か。

(3) 電気分解後の溶液の pH の値を小数第 1 位まで求めよ。

資料 1　化学計算の基礎

1　有効数字

長さ，質量，体積，温度などを測定するとき，実際の値(真の値)になるべく近い値を測定値として得るために，ふつう測定に用いる器具の**最小目盛の $\frac{1}{10}$ までを目分量で読む**。

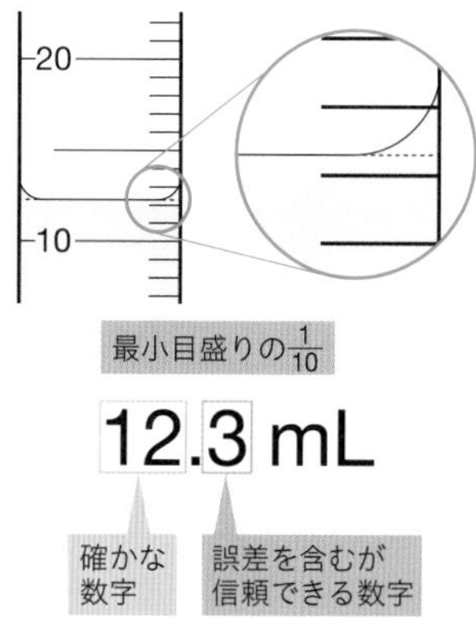

たとえば最小目盛 1 mL のメスシリンダーで液体の体積を測り，右図のように 12.3 mL と読み取ったとする。このとき，末位の数字である 3 は，目分量で読み取ったため誤差を含むが，信頼できる数字である。このように測定値として信頼できる数字を**有効数字**という。12.3 という測定値は，真の値 x が $12.25 \leqq x < 12.35$ であることを意味する。このとき，小数点に関係なく意味のある数字の桁数だけを数えて，12.3 の有効数字は 3 桁であるという。

もし，同様の方法で体積を測定したときに 12.0 mL という測定値が得られたとすると，真の値 x は $11.95 \leqq x < 12.05$ である。これを 12 mL と表すと，真の値 x は $11.5 \leqq x < 12.5$ ということになり，数字のもつ意味が異なる。

また，有効数字を考えるときには 0 の扱いに注意が必要である。たとえば，メスシリンダーで液体の体積を 12.0 mL と読み取り，単位を L に変換して表すと，0.0120 L となる。このとき，真の値 x は $0.01195 \leqq x < 0.01205$ であり，有効数字は 3 桁である(はじめの 2 つの 0 は，位取りの 0 で有効数字ではない)。

測定値を計算する場合，加減算と乗除算とで考え方が異なるので注意する。

(1) **加減算**　計算後，有効数字の末位が最も高いものに合わせる。

例　17.6 と 0.29 の和　17.6 + 0.29 = 17.89 ≒ 17.9

17.6：小数第 1 位　0.29：小数第 2 位　17.9：小数第 1 位に合わせる

(2) **乗除算**　計算後，有効数字の桁数よりも 1 桁多い数字を四捨五入して，有効数字の桁数の最も少ないものに合わせる。

例　4.56 と 0.78 の積　4.56 × 0.78 = 3.5568 ≒ 3.6

4.56：有効数字 3 桁　0.78：有効数字 2 桁　3.6：有効数字 2 桁に合わせる

ただし，途中の数値は有効数字より 1 桁多くとって次へ進める。

例　1.234 と 0.567 の積を 0.789 で割る場合

1.234 × 0.567 = 0.699678 ≒ 0.6996

1.234：有効数字 4 桁　0.567：有効数字 3 桁　0.6996：1 桁多い 4 桁にする

0.6996 ÷ 0.789 = 0.8866 … ≒ 0.887

0.789：有効数字 3 桁　0.887：4 桁目を四捨五入して 3 桁にする

2 指数・対数の計算

◉指数

特に大きな数値や小さな数値，あるいは有効数字の桁数を明確に示すとき，指数で表示する。

(1) **10^n の意味**　$10^n = \underbrace{10 \times 10 \times 10 \times \cdots \times 10 \times 10}_{10\text{ が }n\text{ 個}} = \underbrace{1000 \cdots 00}_{0\text{ が }n\text{ 個}}$

(2) **10^{-n} の意味**　$10^{-n} = \dfrac{1}{10^n} = \dfrac{1}{\underbrace{1000 \cdots 00}_{0\text{ が }n\text{ 個}}}$

(3) **指数の計算**　指数の計算をするときは，次のような性質に従う。

$$10^0 = 1,\ 10^a \times 10^b = 10^{a+b},\ \frac{10^a}{10^b} = 10^{a-b}$$

◉常用対数

$10^a = b$ のとき，a を b の **常用対数** といい，$a = \log_{10} b$ と表す($\log_{10} b$ の $_{10}$ を 底(てい) とよび，$_{10}$ を省略して $\log b$ と記することもある)。常用対数の計算は，次のように行う。

$$\log_{10}10^x = x\ (x\text{ は実数}),\ -\log_{10}10^{-n} = n,\ \log_{10}10^0 = 0,\ -\log_{10}10^{-1} = 1$$

$$\log_{10}(a \times b) = \log_{10}a + \log_{10}b,\ \log_{10}\frac{a}{b} = \log_{10}a - \log_{10}b,\ \log_{10}a^n = n\log_{10}a$$

◉自然対数

次のように定義される e は，2.7182818284590…(一定値)であり，自然科学において，重要な数値である。

$$e = \lim_{t \to 0}(1 + t)^{\frac{1}{t}} = 2.7182818284590\cdots\ (\lim_{t \to 0}\text{ は }t\text{ を限りなく }0\text{ に近づけることを表す})$$

$e^a = b$ のとき，a を b の **自然対数** といい，$a = \log_e b$ と表す($\log_e b$ の $_e$ を省略して $\log b$，$\ln b$ と記することもある)。自然対数の計算は，次のように行う。

$$\log_e e^x = x\ (x\text{ は実数}),\ -\log_e e^{-n} = n,\ \log_e e^0 = 0,\ -\log_e e^{-1} = 1$$

$$\log_e(a \times b) = \log_e a + \log_e b,\ \log_e\frac{a}{b} = \log_e a - \log_e b,\ \log_e a^n = n\log_e a$$

$$\log_a e^x = \frac{\log_e e^x}{\log_e a} = \frac{x}{\log_e a}$$

《常用対数と自然対数の関係》　$\log_e 10 = 2.303$ とすると，$2.303\log_{10}x = \log_e x$

> **Chemistry　常用対数と有効数字**
>
> 常用対数における有効数字の桁数は，小数点の右側にある桁で考えられる。たとえば，有効数字3桁である42.5の常用対数は次のようになる。
>
> $\log_{10}42.5 = \log_{10}(4.25 \times 10^1) = \log_{10}4.25 + \log_{10}10^1 = 0.6283\cdots + 1 \fallingdotseq 1.628$
>
> 1.628の1は，42.5を指数表示したときの累乗を表す正確な数値であり，有効数字ではない。小数点右側の6，2，8が有効数字となり3桁となる。
>
> 25 ℃ における水溶液において，$[H^+] = 1.0 \times 10^{-7}$ mol/L(有効数字2桁 1.0の1,0)のとき，pHは次のようになる。
>
> $\mathrm{pH} = -\log_{10}(1.0 \times 10^{-7}) = -(\log_{10}1.0 + \log_{10}10^{-7}) = 7.00$

資料 2　物理量と単位

◉物理量と量記号

物理量(physical quantity)とは，「アルミニウムの質量」，「ナトリウムイオンの半径」，「水の沸点」などのように，測定器を用いて客観的に測定できる量，およびその量を用いて算出できる量のことをいう。**物理量は数値と単位の積で表される。**

物理量 ＝ 数値 × 単位

次に，アルミニウムの質量 $m = 2.69\ \mathrm{kg}$ の記号 m について考えてみる。m のような数値と単位を含んだ物理量を表す記号を，JIS では**量記号**という。一般に，量記号は，ラテン文字またはギリシア文字の 1 文字(大文字と小文字のどちらを用いてもよい)を用いて表す。**量記号は，イタリック体(斜体)で表記する。**ただし，pH という記号は，物理量の記号に関する例外である。これは，2 文字の記号であり，しかも必ずローマン体(立体)で表記される。

◉単位の表記

$m = 2.69\ \mathrm{kg} = 2.69 \times 10^3\ \mathrm{g}$ であり，**量記号は単位を含み**，かつ，**特定の単位にしばられない。**そこで，この教科書では，ある定められた単位を含む m を記す場合，m〔kg〕のように，その単位記号を〔　〕で強調している。数値に単位記号をつけて量を表す場合は，2.69 kg と記せばよく，2.69〔kg〕のように〔　〕をつける必要はない。

◉国際単位系

国際単位系 SI は，**単位と接頭語**(**表 3**)からなる。SI には，**基本単位**(7 種類，**表 1**)と**組立単位**(例を**表 2** に示す)の 2 種類がある。基本単位は，7 つの基本物理量に対応している。

表 1　基本単位

物理量	名称	記号
長さ	メートル	m
質量	キログラム	kg
時間	秒	s
電流	アンペア	A
温度	ケルビン	K
物質量	モル	mol
光度	カンデラ	cd

表 2　固有の名称をもつ組立単位の例

物理量	名称	記号	定義
力	ニュートン	N	$\mathrm{kg \cdot m/s^2}$
圧力	パスカル	Pa	$\mathrm{kg/(m \cdot s^2) = N/m^2}$
エネルギー	ジュール	J	$\mathrm{kg \cdot m^2/s^2 = N \cdot m}$
仕事率	ワット	W	$\mathrm{kg \cdot m^2/s^3 = J/s}$
電気量	クーロン	C	$\mathrm{A \cdot s}$
電位差	ボルト	V	$\mathrm{kg \cdot m^2/(s^3 \cdot A) = J/(A \cdot s)}$
周波数	ヘルツ	Hz	1/s

表 3　SI 接頭語

接頭語	テラ	ギガ	メガ	キロ	ヘクト	デカ		デシ	センチ	ミリ	マイクロ	ナノ	ピコ	フェムト	アト
記号	T	G	M	k	h	da		d	c	m	μ	n	p	f	a
倍数	10^{12}	10^9	10^6	10^3	10^2	10^1	1	10^{-1}	10^{-2}	10^{-3}	10^{-6}	10^{-9}	10^{-12}	10^{-15}	10^{-18}

表 4　SI 以外の単位の例

物理量	単位	換算
長さ	Å (オングストローム)	1 Å ＝ 10^{-10} m ＝ 10^{-8} cm ＝ 10^{-1} nm
体積	L	1 L ＝ 10^{-3} m³ ＝ 10^3 cm³

物理量	単位	換算
圧力	atm	1 atm ＝ 760 mmHg ＝ 101325 Pa
	mmHg	1 mmHg ＝ 133 Pa
質量	t	1 t ＝ 10^3 kg ＝ 10^6 g

資料 3　原子の電子配置　（「岩波理化学辞典第５版」による）

周期	分類	原子番号	元素記号	電子殻											
				K	L		M			N				O	
				1s	2s	2p	3s	3p	3d	4s	4p	4d	4f	5s	5p
1	典型元素	1	H	1											
		2	He	2											
2		3	Li	2	1										
		4	Be	2	2										
		5	B	2	2	1									
		6	C	2	2	2									
		7	N	2	2	3									
		8	O	2	2	4									
		9	F	2	2	5									
		10	Ne	2	2	6									
3		11	Na	2	2	6	1								
		12	Mg	2	2	6	2								
		13	Al	2	2	6	2	1							
		14	Si	2	2	6	2	2							
		15	P	2	2	6	2	3							
		16	S	2	2	6	2	4							
		17	Cl	2	2	6	2	5							
		18	Ar	2	2	6	2	6							
4		19	K	2	2	6	2	6		1					
		20	Ca	2	2	6	2	6		2					
	遷移元素	21	Sc	2	2	6	2	6	1	2					
		22	Ti	2	2	6	2	6	2	2					
		23	V	2	2	6	2	6	3	2					
		24	Cr	2	2	6	2	6	5	1					
		25	Mn	2	2	6	2	6	5	2					
		26	Fe	2	2	6	2	6	6	2					
		27	Co	2	2	6	2	6	7	2					
		28	Ni	2	2	6	2	6	8	2					
		29	Cu	2	2	6	2	6	10	1					
		30	Zn	2	2	6	2	6	10	2					
	典型元素	31	Ga	2	2	6	2	6	10	2	1				
		32	Ge	2	2	6	2	6	10	2	2				
		33	As	2	2	6	2	6	10	2	3				
		34	Se	2	2	6	2	6	10	2	4				
		35	Br	2	2	6	2	6	10	2	5				
		36	Kr	2	2	6	2	6	10	2	6				
5		37	Rb	2	2	6	2	6	10	2	6			1	
		38	Sr	2	2	6	2	6	10	2	6			2	
	遷移元素	39	Y	2	2	6	2	6	10	2	6	1		2	
		40	Zr	2	2	6	2	6	10	2	6	2		2	
		41	Nb	2	2	6	2	6	10	2	6	4		1	
		42	Mo	2	2	6	2	6	10	2	6	5		1	
		43	Tc	2	2	6	2	6	10	2	6	5		2	
		44	Ru	2	2	6	2	6	10	2	6	7		1	
		45	Rh	2	2	6	2	6	10	2	6	8		1	
		46	Pd	2	2	6	2	6	10	2	6	10			
		47	Ag	2	2	6	2	6	10	2	6	10		1	
		48	Cd	2	2	6	2	6	10	2	6	10		2	
	典型元素	49	In	2	2	6	2	6	10	2	6	10		2	1
		50	Sn	2	2	6	2	6	10	2	6	10		2	2
		51	Sb	2	2	6	2	6	10	2	6	10		2	3
		52	Te	2	2	6	2	6	10	2	6	10		2	4
		53	I	2	2	6	2	6	10	2	6	10		2	5
		54	Xe	2	2	6	2	6	10	2	6	10		2	6

周期	分類	原子番号	元素記号	電子殻																	
				K	L		M			N				O				P			Q
				1s	2s	2p	3s	3p	3d	4s	4p	4d	4f	5s	5p	5d	5f	6s	6p	6d	7s
6	典型元素	55	Cs	2	2	6	2	6	10	2	6	10		2	6			1			
		56	Ba	2	2	6	2	6	10	2	6	10		2	6			2			
	遷移元素（ランタノイド）	57	La	2	2	6	2	6	10	2	6	10		2	6	1		2			
		58	Ce	2	2	6	2	6	10	2	6	10	1	2	6	1		2			
		59	Pr	2	2	6	2	6	10	2	6	10	3	2	6			2			
		60	Nd	2	2	6	2	6	10	2	6	10	4	2	6			2			
		61	Pm	2	2	6	2	6	10	2	6	10	5	2	6			2			
		62	Sm	2	2	6	2	6	10	2	6	10	6	2	6			2			
		63	Eu	2	2	6	2	6	10	2	6	10	7	2	6			2			
		64	Gd	2	2	6	2	6	10	2	6	10	7	2	6	1		2			
		65	Tb	2	2	6	2	6	10	2	6	10	9	2	6			2			
		66	Dy	2	2	6	2	6	10	2	6	10	10	2	6			2			
		67	Ho	2	2	6	2	6	10	2	6	10	11	2	6			2			
		68	Er	2	2	6	2	6	10	2	6	10	12	2	6			2			
		69	Tm	2	2	6	2	6	10	2	6	10	13	2	6			2			
		70	Yb	2	2	6	2	6	10	2	6	10	14	2	6			2			
		71	Lu	2	2	6	2	6	10	2	6	10	14	2	6	1		2			
	遷移元素	72	Hf	2	2	6	2	6	10	2	6	10	14	2	6	2		2			
		73	Ta	2	2	6	2	6	10	2	6	10	14	2	6	3		2			
		74	W	2	2	6	2	6	10	2	6	10	14	2	6	4		2			
		75	Re	2	2	6	2	6	10	2	6	10	14	2	6	5		2			
		76	Os	2	2	6	2	6	10	2	6	10	14	2	6	6		2			
		77	Ir	2	2	6	2	6	10	2	6	10	14	2	6	7		2			
		78	Pt	2	2	6	2	6	10	2	6	10	14	2	6	9		1			
		79	Au	2	2	6	2	6	10	2	6	10	14	2	6	10		1			
		80	Hg	2	2	6	2	6	10	2	6	10	14	2	6	10		2			
	典型元素	81	Tl	2	2	6	2	6	10	2	6	10	14	2	6	10		2	1		
		82	Pb	2	2	6	2	6	10	2	6	10	14	2	6	10		2	2		
		83	Bi	2	2	6	2	6	10	2	6	10	14	2	6	10		2	3		
		84	Po	2	2	6	2	6	10	2	6	10	14	2	6	10		2	4		
		85	At	2	2	6	2	6	10	2	6	10	14	2	6	10		2	5		
		86	Rn	2	2	6	2	6	10	2	6	10	14	2	6	10		2	6		
7		87	Fr	2	2	6	2	6	10	2	6	10	14	2	6	10		2	6		1
		88	Ra	2	2	6	2	6	10	2	6	10	14	2	6	10		2	6		2
	遷移元素（アクチノイド）	89	Ac	2	2	6	2	6	10	2	6	10	14	2	6	10		2	6	1	2
		90	Th	2	2	6	2	6	10	2	6	10	14	2	6	10		2	6	2	2
		91	Pa	2	2	6	2	6	10	2	6	10	14	2	6	10	2	2	6	1	2
		92	U	2	2	6	2	6	10	2	6	10	14	2	6	10	3	2	6	1	2
		93	Np	2	2	6	2	6	10	2	6	10	14	2	6	10	4	2	6	1	2
		94	Pu	2	2	6	2	6	10	2	6	10	14	2	6	10	6	2	6		2
		95	Am	2	2	6	2	6	10	2	6	10	14	2	6	10	7	2	6		2
		96	Cm	2	2	6	2	6	10	2	6	10	14	2	6	10	9	2	6	1	2
		97	Bk	2	2	6	2	6	10	2	6	10	14	2	6	10	10	2	6		2
		98	Cf	2	2	6	2	6	10	2	6	10	14	2	6	10	11	2	6		2
		99	Es	2	2	6	2	6	10	2	6	10	14	2	6	10	12	2	6		2
		100	Fm	2	2	6	2	6	10	2	6	10	14	2	6	10	13	2	6		2
		101	Md	2	2	6	2	6	10	2	6	10	14	2	6	10	14	2	6		2
		102	No	2	2	6	2	6	10	2	6	10	14	2	6	10	14	2	6		2
		103	Lr	2	2	6	2	6	10	2	6	10	14	2	6	10	14	2	6	1	2
	遷移元素	104	Rf	2	2	6	2	6	10	2	6	10	14	2	6	10	14	2	6	2	2
		105	Db	2	2	6	2	6	10	2	6	10	14	2	6	10	14	2	6	3	2
		106	Sg	2	2	6	2	6	10	2	6	10	14	2	6	10	14	2	6	4	2

資料 4　化合物の命名法

IUPAC(国際純正および応用化学連合)では，化合物の名称と化学式が対応するように，命名法の規則を定めている。日本化学会は，これをもとにして，原語の名称を翻訳したり，カナ書きしたりする(字訳という)場合の規則を定めた。その要点を以下にまとめる。(　)内は例を示す。

1　無機化合物 (IUPAC 2005年勧告による)

◉化学式の書き方

① 明確な分子からなる化合物は，分子量に相当する分子式で表す(H_2，H_2O)。
分子量が温度などで変わるときは，最も簡単な化学式で表す(S_8, P_4 のかわりに S, P)。

② 複数の非金属元素からなる化合物では，次に示す電気的に陽性・陰性の序列(後ろほど陰性)に従い，前方にある元素を前に書く(NH_3，H_2S，HCl)。

B, Si, C, Sb, As, P, N, H, Se, S, O, I, Br, Cl, F

鎖状構造の分子では，原子の結合順に書く(HOCN，HCNO，HNCO)。

③ 一つの中心原子に２種類以上の原子(原子団)が結合しているときは，中心の原子を先頭に書き，それ以外の原子(原子団)は元素記号のアルファベット順に書く(PBr_2Cl，PCl_3O)。
ただし，酸では H を先頭に書く(H_2SO_4，$HClO_4$)。

④ 電気的に陽性な成分(陽イオン)を前に，電気的に陰性な成分(陰イオン)を後に記す(NaBr，NH_4Cl，K_2CO_3)。

⑤ 電気的に陽性あるいは陰性な成分が複数となるとき，陽性成分，陰性成分のそれぞれについて，元素あるいは原子団の名称のアルファベット順に記す($KNaCO_3$，MgCl(OH)，NaClO，$AlK(SO_4)_2$)。

◉化合物名の読み方

化合物名は，化学式の成分(原子，原子団，イオンなど)の名称とそれら成分の数を用いて表す。成分の数は，数を示すギリシア語の数詞で示す(表1)。

① 電気的に陰性な成分を先に読み，「……化」(単原子または同種の多原子のとき)，または「……酸」(異種多原子のとき)をつけて，陽性な成分の元素名に続ける(KI_3 三ヨウ化カリウム，KSCN チオシアン酸カリウム)。

(数) + (陰性成分の名称) + 化(酸) + (数)
+ (陽性成分の名称)

表１　数を表す接頭語

原語	翻訳	字訳
mono	一	モノ
di	二	ジ
tri	三	トリ
tetra	四	テトラ
penta	五	ペンタ
hexa	六	ヘキサ
hepta	七	ヘプタ
octa	八	オクタ
nona	九	ノナ
deca	十	デカ
undeca	十一	ウンデカ

② 陰性成分が複数のときは，陰性部分を元素記号のアルファベット順に読み，「……化(酸)」を付けて陽性部分に続ける(MgCl(OH) 塩化水酸化マグネシウム)。
陽性成分が複数のときは，陰性部分に近い成分から先頭に向かって読む($KNaCO_3$ 炭酸ナトリウムカリウム)。

③ 中心の元素の酸化数によって組成比が自明となるときは，元素名に続く丸括弧内にローマ数字を表記する名称としてもよい(MnO_2 酸化マンガン(Ⅳ)，$FeCl_2$ 塩化鉄(Ⅱ))。ただし，非金属元素間の化合物には通常用いない。

◉イオン名の読み方

① 単原子陽イオンは，元素名に「イオン」をつける（Na^{+} ナトリウムイオン，Cu^{+} 銅(I)イオン，Cu^{2+} 銅(II)イオン）。多原子陽イオンは，ふつう錯イオンとして扱う（例外 NH_4^{+}，H_3O^{+} など）。

② 単原子陰イオンは，元素名に「……化物イオン」をつける（Cl^{-} 塩化物イオン，O^{2-} 酸化物イオン）。多原子陰イオンにも，同様に「……化物イオン」とよばれるものが多い（OH^{-} 水酸化物イオン，CN^{-} シアン化物イオン）。

③ 酸素を含むイオンには，慣用名でよばれるものが多い（SO_4^{2-} 硫酸イオン，SO_3^{2-} 亜硫酸イオン，ClO_4^{-} 過塩素酸イオン，ClO_2^{-} 亜塩素酸イオン，ClO^{-} 次亜塩素酸イオン，SCN^{-} チオシアン酸イオン）。

◉錯イオン・錯塩・錯体

① 錯イオン・錯塩・錯体の化学式（配位式）の書き方は，中心原子（イオン）を前に書き，ついで配位子の記号（化学式，略号）をアルファベット順に書いて，全体を［　］で囲む（$[Ag(NH_3)_2]^{+}$，$K_4[Fe(CN)_6]$，$[Ni(CO)_4]^{2+}$）。

② 読むときは，まず表１に示す字訳の接頭語に続けて，表２の配位子の名称（読み方）をアルファベット順に読み，次に中心原子（イオン）を読む（$[Zn(NH_3)_4]^{2+}$ テトラアンミン亜鉛(II)イオン）。

③ 中心原子の読み方は，錯陽イオンと錯体分子では中心原子の元素名を，錯陰イオンでは中心元素名の後に「酸」をつける（$[Co(NH_3)_6]^{3+}$ ヘキサアンミンコバルト(III)イオン，$[Fe(CN)_6]^{3-}$ ヘキサシアニド鉄(III)酸イオン）。

④ 錯塩の読み方は，錯イオンを先に，他を後にする（$[Co(NH_3)_6]Cl_3$ ヘキサアンミンコバルト(III)塩化物，$K_4[Fe(CN)_6]$ ヘキサシアニド鉄(II)酸カリウム）。

表２　配位子の読み方

配位子	読み方
H_2O	アクア
NH_3	アンミン
CO	カルボニル
Cl^{-}	クロリド
Br^{-}	ブロミド
I^{-}	ヨージド
O^{2-}	オキシド
OH^{-}	ヒドロキシド
CN^{-}	シアニド

索引

た

ち

て

と

な

に

ね

の

は

ひ

ふ

QR 本文中の左のマークがついた項目では，解説アニメーション，実験動画，問題解答など各項目に関連したコンテンツをご用意しています。下の URL または右の二次元コードからアクセスしてください。

https://www.jikkyo.co.jp/web_ni_link/primary_university_chemistry.html

■編修

木下　實（きのした　みのる）　東京大学名誉教授
中村暢男（なかむらのぶお）　元法政大学教授
大野公一（おおのこういち）　東北大学名誉教授
村田　滋（むらた　しげる）　東京大学名誉教授
菅原義之（すがはらよしゆき）　早稲田大学教授
佃　達哉（つくだ　たつや）　東京大学教授
吉江尚子（よしえなおこ）　東京大学教授
井村考平（いむらこうへい）　早稲田大学教授
山本孝二（やまもとこうじ）　元千葉県立八千代高等学校教諭
齊藤幸一（さいとうこういち）　開成学園教諭
歌川晶子（うたがわあきこ）　元多摩大学附属聖ヶ丘高等学校教諭
吉本千秋（よしもとちあき）　東京都立西高等学校教諭
水間武彦（みずまたけひこ）　東京都立八王子東高等学校教諭
前田直美（まえだなおみ）　品川女子学院教諭
岩井秀人（いわいひでと）　逗子開成高等学校教諭
堀　真人（ほり　まさと）　駒場東邦高等学校教諭
加藤優太（かとうゆうた）　東京都立小石川中等教育学校教諭
小柳めぐみ（こやなぎ）　神奈川大学附属高等学校教諭
高島大輔（たかしまだいすけ）　高槻高等学校教諭

●表紙・本文デザイン――難波邦夫
●DTP 制作――ニシ工芸株式会社

Primary 大学テキスト
これだけはおさえたい化学　改訂版

2010 年　4 月 20 日　初版第 1 刷発行
2022 年 12 月 15 日　改訂第 1 刷発行
2024 年　1 月 20 日　第 2 刷発行

●執筆者　大野公一 / 村田滋 / 齊藤幸一
ほか 16 名（別記）
●発行者　小田良次
●印刷所　共同印刷株式会社

●発行所　実教出版株式会社
〒102-8377
東京都千代田区五番町 5 番地
電話［営　業］(03) 3238-7765
［企画開発］(03) 3238-7751
［総　務］(03) 3238-7700
https://www.jikkyo.co.jp/

ISBN　978-4-407-35590-1　C3043　Printed in Japan

イオン化エネルギー

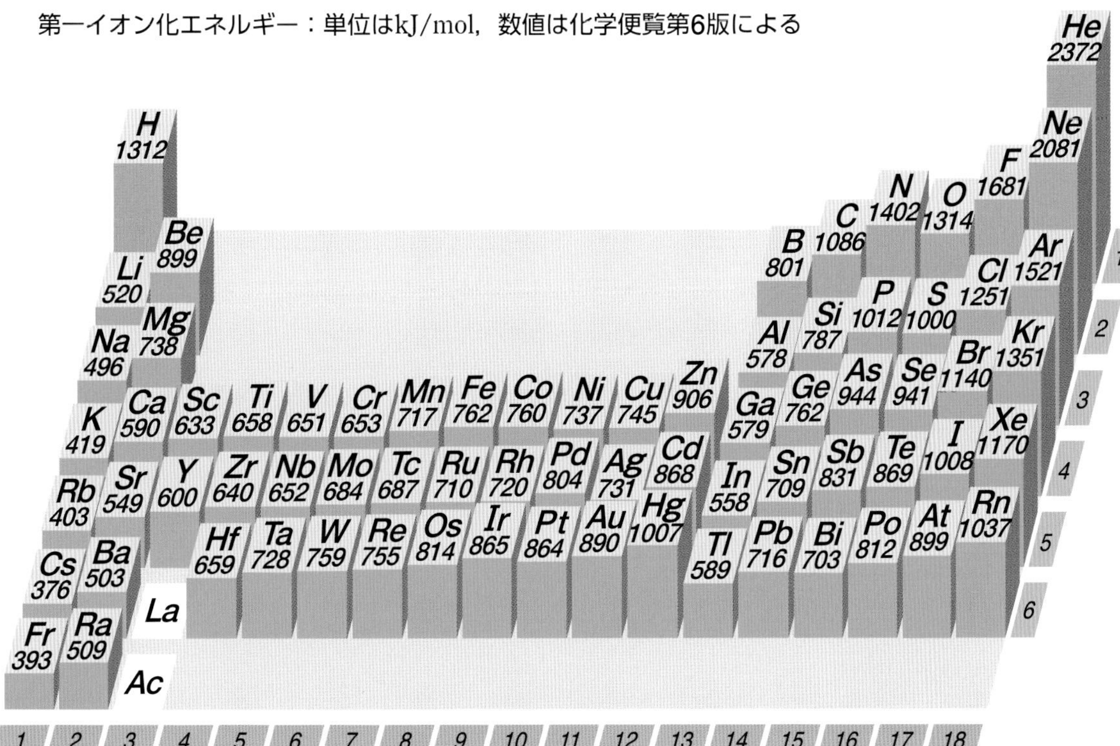

電気陰性度

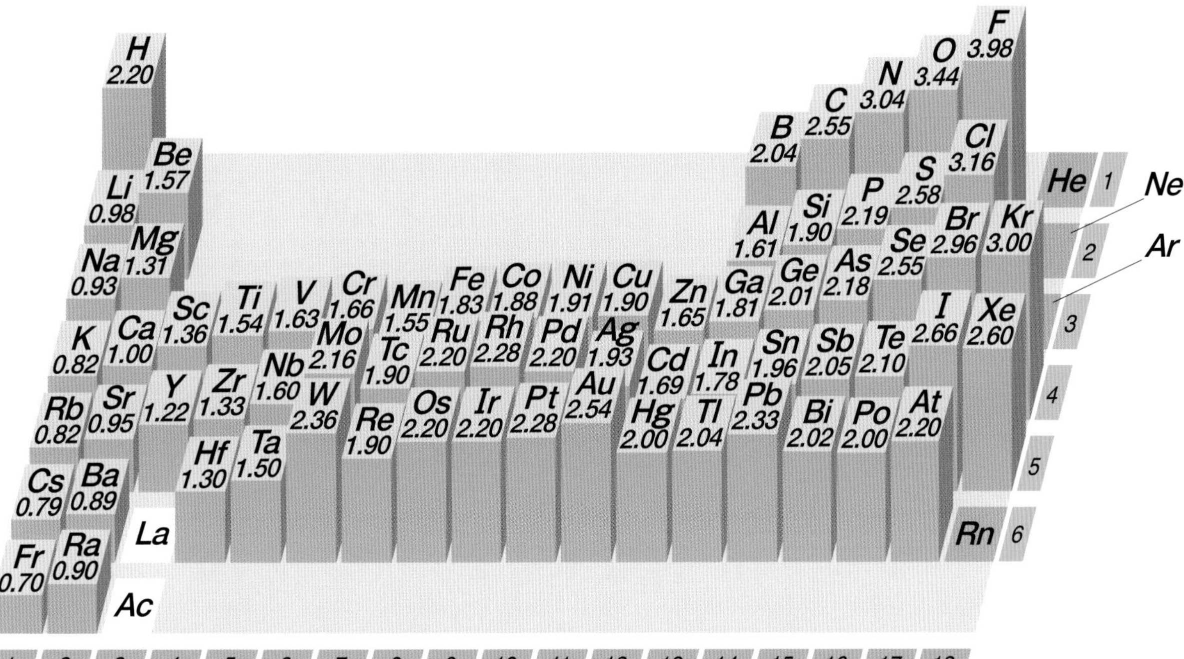

元素の周期表《単体》

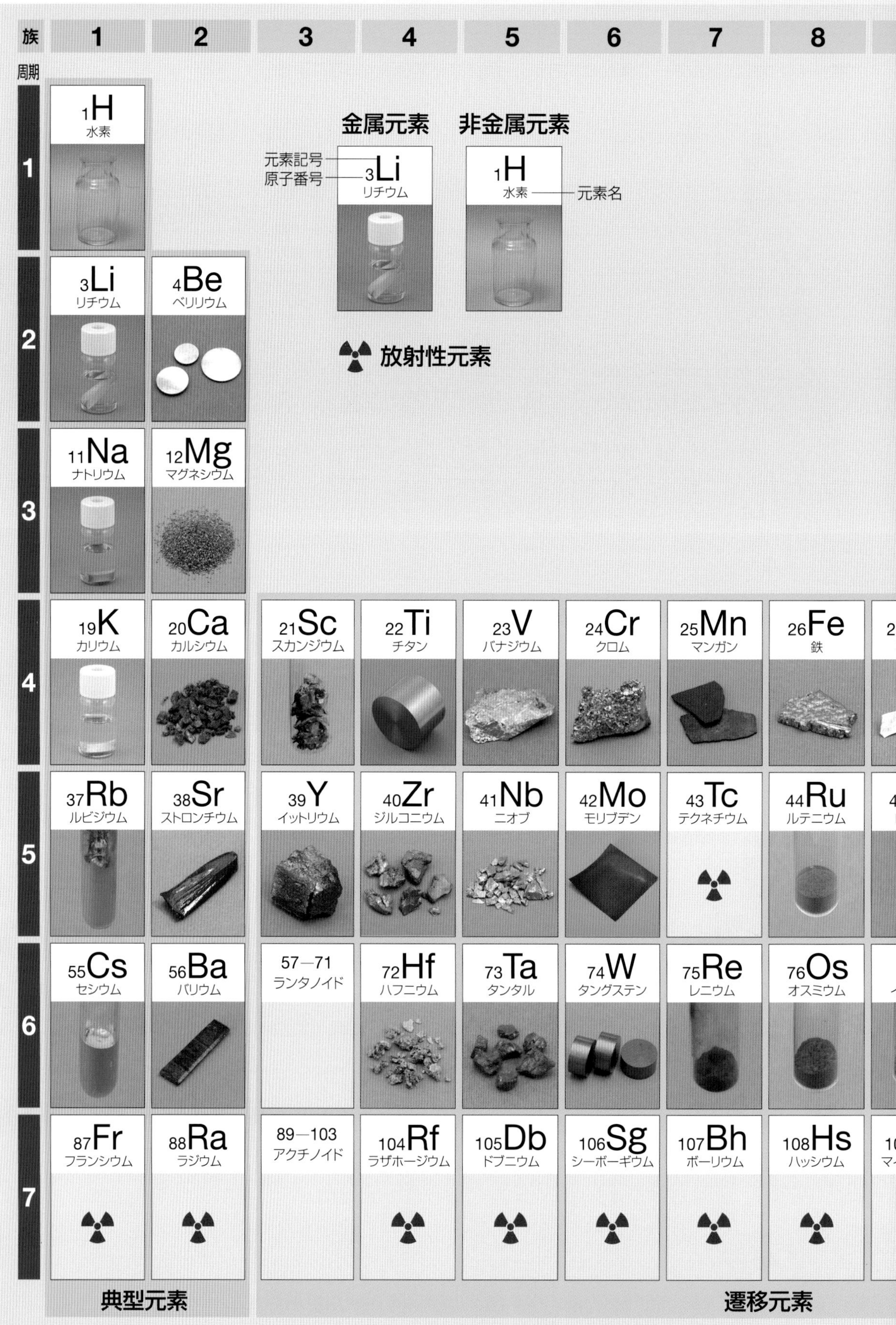

族
1
2
3
4
5
6
7
8
周期
1
2
3
4
5
6
7
金属元素
非金属元素
元素記号
原子番号
3Li
リチウム
1H
水素
元素名
放射性元素
1H
水素
3Li
リチウム
4Be
ベリリウム
11Na
ナトリウム
12Mg
マグネシウム
19K
カリウム
20Ca
カルシウム
21Sc
スカンジウム
22Ti
チタン
23V
バナジウム
24Cr
クロム
25Mn
マンガン
26Fe
鉄
37Rb
ルビジウム
38Sr
ストロンチウム
39Y
イットリウム
40Zr
ジルコニウム
41Nb
ニオブ
42Mo
モリブデン
43Tc
テクネチウム
44Ru
ルテニウム
55Cs
セシウム
56Ba
バリウム
57—71
ランタノイド
72Hf
ハフニウム
73Ta
タンタル
74W
タングステン
75Re
レニウム
76Os
オスミウム
87Fr
フランシウム
88Ra
ラジウム
89—103
アクチノイド
104Rf
ラザホージウム
105Db
ドブニウム
106Sg
シーボーギウム
107Bh
ボーリウム
108Hs
ハッシウム
典型元素
遷移元素